Oracle 12c 数据库入门与应用

靳智良　冯海燕　编著

清华大学出版社

北京

内 容 简 介

Oracle数据库系统是数据库领域最优秀的数据库之一，本书以Oracle最新版本12c为蓝本，系统地讲述了Oracle数据库的概念、管理和应用开发等内容。全书结构合理、内容翔实、示例丰富、语言简洁。从实际角度出发，系统地介绍了数据库和Oracle的相关概念和原理、数据维护(查询、更新和删除)、Oracle数据库管理(如安装与启动、用户权限)以及Oracle的应用开发基础，并在最后通过设计医院预约挂号系统数据库讲解开发的详细过程。

本书面向数据库管理人员和数据库开发人员，是初学者很好的入门教程，对Oracle管理员和应用程序开发员也有很好的学习和参考价值，也可以作为各大、中专院校相关专业的参考用书和相关培训机构的培训教材。

图书在版编目(CIP)数据

Oracle 12c数据库入门与应用 / 靳智良，冯海燕编著. —北京：清华大学出版社，2019 (2019.11重印)

ISBN 978-7-302-51565-4

Ⅰ.①O… Ⅱ.①靳…②冯… Ⅲ.①关系数据库系统 Ⅳ.①TP311.138

中国版本图书馆CIP数据核字（2018）第257409号

责任编辑：韩宜波
封面设计：李 坤
责任校对：王明明
责任印制：沈 露

出版发行：清华大学出版社

网　　　址：http://www.tup.com.cn，http://www.wqbook.com
地　　　址：北京清华大学学研大厦A座　　　　　　　　　　邮　　编：100084
社 总 机：010-62770175　　　　　　　　　　　　　　　邮　　购：010-62786544
投稿与读者服务：010-62776969，c-service@tup.tsinghua.edu.cn
质量反馈：010-62772015，zhiliang@tup.tsinghua.edu.cn

印 装 者：清华大学印刷厂
经　销：全国新华书店
开　本：190mm×260mm　　　印　张：26　　　字　数：630千字
版　次：2019年4月第1版　　　印　次：2019年11月第2次印刷
定　价：66.00元

产品编号：071058-01

◎ 前言

Oracle Database（Oracle数据库）是甲骨文公司（即Oracle公司）以高级结构化查询语言（SQL）为基础设计的大型关系数据库。Oracle系统采用的是并行服务器模式，能在对称多CPU的系统上提供并行处理，拥有可移植性强、可用性强、可扩展性强、数据安全性强和高稳定性等优点，能适应高吞吐量的数据库，适用于各类大、中、小、微型计算机环境，是目前最流行的数据库之一。

甲骨文公司在2013年发布了Oracle Database 12c正式版，版本号是12.1.0.1.0，支持的平台有Windows、Linux、Solaris，这次的命名用了c而不是以前的g（Grid），c代表Cloud（云计算）的意思。Oracle 12c新增了诸多的新特性，在数据类型、分区表、统计信息、数据优化等方面都有所改进，功能比上一版本强大很多。

本书以Oracle Database 12c为例，详细介绍初学Oracle所需掌握的常用知识点。适合作为Oracle数据库基础入门学习书籍，也可以帮助中级读者提高使用数据的技能，适合大专院校在校学生、程序开发人员以及编程爱好者学习和参考。

📖 本书内容

全书共分为15章，各章主要内容如下。

📁 第1章 关系数据库与Oracle 12c。本章从数据库的基本概念开始介绍，进而讲解Oracle 12c的安装、登录方式及其体系结构。

📁 第2章 Oracle的基本操作。本章使用6种工具来讲解Oracle 12c的基本操作，分别是OEM、SQL Plus、SQL Developer、网络配置助手、网络管理器和数据库管理助手。

📁 第3章 操作Oracle数据表。本章介绍了数据表的概念和创建规则，重点介绍表的各种操作，像创建表、指定表属性、删除表以及分析表等。

📁 第4章 维护表的完整性。本章详细介绍Oracle中约束数据完整性的各种方法，如约束不能为空和不能重复等。

📁 第5章 SELECT简单查询。本章主要介绍SELECT语句查询数据的简单方法，如查询所有列、查询不重复列、查询时指定范围和列表以及对结果集进行排序和分组等。

📁 第6章 修改表数据。本章详细介绍修改表中数据的各种方法，如直接插入、根据条件更新和删除以及批量导入等。

📁 第7章 高级查询。本章主要介绍SELECT语句多表查询的高级方法，包括子查询、多表基本连接、内连接、外连接和交叉连接等。

📁 第8章 Oracle表空间的管理。本章主要介绍Oracle中的各种表空间，包括表空间的创建、修改、切换和管理等操作。

📁 第9章 PL/SQL编程基础。本章主要详细介绍PL/SQL编程所需掌握的基础，包括PL/SQL编写规则、编程结构、变量和常量的声明与使用、字符集、运算符以及流程结构和异常处理等。

📁 第10章 PL/SQL应用编程。本章从6个方面介绍PL/SQL编程的高级应用，分别是系统函数、自定义函数、PL/SQL集合、游标、数据库事务和锁。

📁 第11章 管理数据库对象。本章主要介绍Oracle数据库中常用的6个对象，分别是包、序列、同义词、索引、视图和伪列。

📁 第12章 存储过程和触发器。本章主要介绍Oracle中存储过程与触发器的创建、调用以及管理方法。

📁 第13章 Oracle数据库的安全性。本章主要介绍Oracle 12c中与安全性有关的对象，包括用户、角色和权限以及这些对象的操作。

📁 第14章 Oracle数据库文件。本章主要介绍Oracle中三类文件的创建与管理，分别是控制文件、日志文件和数据文件。

第15章 医院预约挂号系统数据库的设计。本章以医院预约挂号系统为背景进行需求分析，然后在Oracle 12c中实现。具体实现包括表空间和用户的创建、创建表和视图，并在最后模拟实现常见业务的办理。

本书特色

本书中采用大量的实例进行讲解，力求通过实际操作使读者更容易地掌握Oracle数据库应用。本书难度适中，内容由浅入深，实用性强，覆盖面广，条理清晰。

知识点全

本书紧紧围绕Oracle数据库展开讲解，具有很强的逻辑性和系统性。

实例丰富

各章实例短小却又能体现出知识点的精髓，让读者很轻松地学习，并能灵活地应用到实际项目中。

基于理论，注重实践

在讲述过程中，不仅仅只介绍理论知识，而且在合适位置安排综合应用实例或者小型应用程序，将理论应用到实践当中，来加强读者实际应用能力，巩固开发基础和知识。

贴心的提示

为了便于读者阅读，全书还穿插着一些技巧、提示等小贴士，体例约定如下。

提示： 通常是一些贴心的提醒，让读者加深印象或提供建议，或者解决问题的方法。

注意： 提出学习过程中需要特别注意的一些知识点和内容，或者相关信息。

技巧： 通过简短的文字，指出知识点在应用时的一些小窍门。

读者对象

本书可以作为Oracle数据库的入门书籍，也可以帮助中级读者提高技能。本书适合以下人员阅读学习。

- 没有数据库应用基础的 Oracle 入门人员。
- 有一些数据库应用基础，并且希望全面学习 Oracle 数据库的读者。
- 各大中专院校的在校学生和相关授课老师。
- 相关社会培训班的学员。

本书由靳智良、冯海燕编著，其他参与编写的人员还有侯政云、刘利利、郑志荣、肖进、侯艳书、崔再喜、侯政洪、李海燕、祝红涛、贺春雷等，在此表示感谢。在本书的编写过程中，我们力求精益求精，但难免存在一些不足之处，敬请广大读者批评指正。

编　者

目录

第 7 章 高级查询

第 8 章 Oracle 表空间的管理

第 9 章 PL/SQL 编程基础

第 10 章　PL/SQL 应用编程

第 11 章　管理数据库对象

第 12 章 存储过程和触发器

第 13 章 Oracle 数据库的安全性

第 14 章　Oracle 数据库文件

第 15 章　医院预约挂号系统数据库的设计

练习题答案

第1章

关系数据库与Oracle 12c

在信息化如此发达的今天，数据库技术作为数据管理的核心技术在社会各个领域中发挥着重要的作用，具有强大的功能。企业使用数据库来保存数据，不仅会为企业带来更多的效益，而且会降低企业的生产和管理成本。

关系型数据库管理系统Oracle以其安全性、完整性和稳定性的特点在市场占有很大的优势，成为应用最广泛的数据库产品之一。

Oracle 12c是由Oracle公司发布的关系数据库管理系统，它为用户提供了完整的数据管理和分析解决方案。本章首先讲解什么是数据库、关系型数据库常见的一些专业术语等内容；然后以Oracle 12c版本为例介绍安装过程、登录方式及其体系结构。

 ## 本章学习要点

- ◎ 了解数据库、数据库管理系统、数据库系统的概念
- ◎ 熟悉数据库管理系统的管理模型
- ◎ 掌握关系型数据库的构成
- ◎ 熟悉关系型数据库常见的术语
- ◎ 了解范式理论和E-R模型
- ◎ 了解Oracle 12c的发展历史
- ◎ 熟悉Oracle 12c的数据库版本
- ◎ 熟悉Oracle 12c的新增特性
- ◎ 掌握Oracle 12c数据库管理系统的安装过程
- ◎ 掌握如何登录到Oracle 12c数据库
- ◎ 熟悉Oracle 12c的体系结构

1.1 数据库的概念

开发者可以将数据库理解为存放数据的仓库，数据库中包含系统运行所需要的全部数据。用户可以使用数据库来管理和维护数据库，并且可以对数据库表中的数据进行调用。为了更好地了解和使用数据库，开发者必须先了解一些数据库的基本概念和基本模型。

1.1.1 数据库概述

数据库（Database，DB）是存放数据的仓库。数据库是需要长期存放在计算机内，有组织、可共享的数据集合。数据库中的数据按一定的模型组织、描述和存储，具有较小的冗余度、较高的数据独立性和易扩展性，并且可以为不同的用户共享。例如，把一个学校教师的教学工龄、所教课程等数据有序地组织并存放在计算机内，这样就可以构成一个数据库。

与数据库经常一起出现的还有数据库管理系统和数据库系统，下面简单介绍它们的概念。

1. 数据库管理系统

数据库管理系统（DataBase Management System，DBMS）按一定的数据模型组织数据形成数据库，并对数据库进行管理。简单来说，数据库管理系统就是管理数据库的系统。数据库系统管理员（Database Adminastrator，DBA）通过 DBMS 对数据库进行管理。

目前，SQL Server、Oracle、MySQL、Access、Sybase 等都是比较流行的数据库管理系统。其中，Oracle 和 SQL Server 是目前最流行的中大型关系数据库管理系统。本书介绍的是 Oracle 版本。

2. 数据库系统

数据、数据库、数据库管理系统与操作数据库的应用程序，加上支撑它们的硬件平台、软件平台和与数据库有关的人员一起构成了一个完整的数据库系统。简单来说，数据库系统（Database System，DBS）是由数据库及其管理软件组成的系统。

数据库系统是为适应数据处理的需要而发展起来的一种较为理想的数据处理系统，也是一个为实际可运行的存储、维护和应用系统提供数据的软件系统，是存储介质、处理对象和管理系统的集合体。

1.1.2 数据库模型

数据库管理系统根据数据模型对数据进行存储和管理。数据库模型是指数据库中数据的存储结构，目前数据库管理系统采用的数据模型有 3 种，分别为层次模型（Hierarchical Model）、网状模型（Network Model）以及关系模型（Relation Model）。从当前的软件行业来看，关系型数据库使用得最为普遍。

1. 层次模型

层次型数据库使用层次模型作为自己的存储结构。层次模型将数据组织成一对多关系的结构，采用关键字来访问其中每一层次的每一部分。层次模型具有以下优势。

- 存取方便且速度快。
- 结构清晰，非常容易理解。
- 检索关键属性非常方便。
- 更容易实现数据修改和数据库扩展。

除了优势外，层次模型还有一定的缺点。例如，结构不够灵活，同一属性数据要存储多次，数据冗余大，不适合拓扑空间数据的组织。

2. 网状模型

网状型数据使用网状模型作为自己的存储结构。网状模型具有多对多类型的数据组织方式。这种模型能明确而方便地表示数据间的复杂关系，数据冗余小。但是网状结构的复杂性增加了用户查询和定位的困难，需要存储数据间联系的指针，使得数据量增大，同时不方便数据的修改。

3. 关系模型

关系模型突破了层次模型和网状模型的许多局限。它以记录组或二维数据表的形式组织数据，以便于利用各种实体与属性之间的关系进行存储和变换，不分层也无指针，是建立空间数据和属性数据之间关系的一种非常有效的数据组织和方法。

在关系模型中，实体和实体间的联系都是用关系表示的。关系是指由行与列构成的二维表。也就是说，二维表格中既存放着实体本身的数据，又存放着实体间的联系。关系不但可以表示实体间一对多的联系，通过建立关系间的关联，也可以表示多对多的联系。图 1-1 所示为关系模型的结构。

图书表

编　号	名　称	价　格	所属类型
ISBN001	红楼梦	52.1	1
ISBN002	水浒传	89.6	1
ISBN003	百年孤独	65	2

类型表

类型编号	类型名称
1	古典文学
2	国外小说
3	少儿小说

*此处使用图书的所属类型将图书表和类型表关联起来

图 1-1　关系模型的结构示意图

从图 1-1 中可以看出，关系模型数据库的优点是结构简单、格式统一、理论基础严格，而且数据表之间相对独立，可以在不影响其他数据表的情况下进行数据的增加、修改和删除。在进行查询时还可以根据数据表之间的关联性，从多个数据表中查询抽取相关的信息。

1.2　了解关系型数据库

关系型数据库就是指基于关系模型的数据库，它是一种重要的数据组织模型。在计算机中，关系型数据库是数据和数据库对象的集合，而管理关系型数据库的计算机软件称为关系数据库管理系统（Relational Database Management System，RDBMS）。

1.2.1　数据库的组成

关系型数据库是建立在关系模型基础上的数据库，是利用数据库进行数据组织的一种方式，是现代流行的数据管理系统中应用最为普遍的一种。下面通过两个方面来详细了解数据库的组成。

1. 数据库的表

关系型数据库是由数据表以及数据表之间的关联组成的。其中数据表通常是一个由行和列组成的二维表，每一个数据表分别说明数据库中某一特定的方面或部分的对象及其属性。

数据表中的行通常叫作记录或元组，它代表众多具有相同属性对象中的一个；数据库表中的列通常叫作字段或属性，它代表相应数据库表中存储对象的共有属性。图 1-2 所示为会员系统中的会员信息表。

编　号	名　称	性　别	出生日期	民　族	政治面貌
HY2018001	王萌萌	女	1990-04-22	汉	团员
HY2018002	李思源	男	1991-10-29	汉	预备党员
HY2018003	徐光华	男	1989-01-22	汉	党员
HY2018004	陈蓉	女	1988-06-23	回	团员

图 1-2　会员信息表

从图 1-2 所示的会员信息表中可以看出，该表中的数据都是会员系统中的每位会员的具体信息，每行代表一名会员的完整信息，而每行每一个字段列则代表会员的其中一方面信息，这样就组成了一个相对独立于其他数据表之外的会员信息表。可以对这个表进行添加、删除或修改记录等操作，而完全不会影响到数据库中其他的数据表。

2. 数据库表的关联

在关系型数据库中，表的关联是一个非常重要的组成部分。表的关联是指数据库中的数据表与数据表之间使用相应的字段实现数据表的连接。通过使用这种连接，无须再将相同的数据多次存储，同时，这种连接在进行多表查询时也非常重要。

例如，图 1-3 列出了订单表与会员信息表和会员类型表之间的关联。在该图中，使用"会员编号"列将订单同会员信息表关联起来；使用"会员类型编号"列将订单表与会员类型表关联起来。这样，开发者想要通过订单表查询会员名称或者会员类型名称时，只需要告知管理系统需要查询的"购买商品"名称，然后使用"会员编号"和"会员类型编号"列关联订单、会员信息和会员类型 3 个数据表就可以实现。

会员编号	会员名称	备　注
HY05001	朱蕴海	
HY05002	徐珍珍	
HY05003	张海阳	

会员信息表

类型编号	类型名称	备　注
BH05001	钻石会员	5折优惠
BH05002	黄金会员	8折优惠
BH05003	普通会员	不优惠

会员类型表

订单表

订单编号	购买商品	会员编号	会员类型编号	商品价格	购买日期
OD2018001	格力空调	HY05001	BH05001	3500.00	2013-05-01
OD2018002	矿泉水	HY05001	BH05001	2.00	2017-10-25
OD2018003	洗面奶	HY05002	BH05002	258.00	2017-11-01
OD2018004	沐浴露	HY05003	BH05003	73.50	2017-11-06

图 1-3　数据库表的关联

☞ **提示**

在数据库设计过程中，所有的数据表名称都是唯一的。因此，不能将不同的数据表命名为相同的名称。但是在不同的表中，可以存在同名的列。

🔊 1.2.2　常见术语

关系数据库的特点在于它将每个具有相同属性的数据独立地存在一个表中。对任何一个表而言，用户可以新增、删除和修改表中的数据，而不会影响表中的其他数据。下面来了解一下关系数据库中的一些基本术语。

1. 键

键（key）是关系模型中的一个重要概念，在关系中用来标识行的一列或多列。

2. 主关键字

主关键字（Primary Key）是被挑选出来作为表行的唯一标识的候选关键字，一个表中只有一个主关键字，主关键字又称为主键。主键可以由一个字段，也可以由多个字段组成，分别称为单字段主键或多字段主键。

3. 候选关键字

候选关键字（Candidate Key）是标识表中的一行而又不含多余属性的一个属性集。

4. 公共关键字

在关系数据库中，关系之间的联系是通过相容或相同的属性或属性组来表示的。如果两个关系中具有相容或相同的属性或属性组，那么这个属性或属性组被称为这两个关系的公共关键字（Common Key）。

5. 外关键字

如果公共关键字在一个关系中是主关键字，那么这个公共关键字被称为另一个关系的外关键字（Foreign Key）。由此可见，外关键字表示了两个关系之间的联系，外关键字又称为外键。

⊗ **警告**

主键与外键的列名称可以是不同的。但必须要求它们的值集相同，即主键所在表中出现的数据一定要和外键所在表中的值匹配。

1.2.3　完整性规则

关系模型的完整性规则是对数据的约束。关系模型提供了 3 类完整性规则，分别是实体完整性规则、参照完整性规则和用户定义完整性规则。其中，实体完整性规则和参照完整性规则是关系模型必须满足的完整性约束条件，称为关系完整性规则。

1. 实体完整性规则

实体完整性规则指关系的主属性（主键的组成部分）不能是空值。现实世界中的实体是可以区分的，即它们具有某种唯一性标识。

相应地，关系模型中以主键作为唯一性标识，主键中的属性（即主属性）不能取空值。如果取空值，就说明存在某个不可标识的实体，即存在不可区分的实体，这与现实世界的环境相矛盾，因此这个实体一定不是一个完整的实体，即主键不能为空并且必须是唯一的。

2. 参照完整性规则

如果关系 R1 的外键与关系 R2 中的主键相符合，那么外键的每个值必须在关系 R2 的主键值中找到或者是空值，即外键只能对应唯一的主键。

3. 用户定义完整性规则

用户定义完整性规则是针对某一具体的实际数据库的约束条件。它由应用环境所决定，反映某一具体应用所涉及的数据必须满足的要求。关系模型提供定义和检验这类完整性的机制，以便用统一的、系统的方法处理，而不必由应用程序承担这一功能。

1.3　范式理论和 E-R 模型

范式理论是数据库设计的一种理论基础和指南，它不仅能够作为数据库设计优劣的判断标准，而且还可以预测数据库系统可能出现的问题。而 E-R 模型方法则是一种用来在数据库

Oracle 12c 数据库

设计过程中表示数据库系统结构的方法，其主导思想是使用实体、实体的属性以及实体间的关系表示数据库系统结构。

1.3.1 范式理论

无规矩不成方圆。开发者在构建数据库时必须遵循一定的规则，在关系数据库中这种规则就是范式。范式是符合某一种级别的关系模式的集合。关系数据库中的关系必须满足一定的要求，即满足不同的范式。

目前关系数据库有 6 种范式，即第一范式（1NF）、第二范式（2NF）、第三范式（3NF）、第四范式（4NF）、第五范式（5NF）和第六范式（6NF）。

满足最低要求的范式是第一范式（1NF）。在第一范式的基础上进一步满足更多要求的范式称为第二范式（2NF），其余范式以此类推。一般说来，数据库只需满足第三范式（3NF）即可。

1. 第一范式

第一范式是指数据库表的每一列都是不可分割的基本数据项，同一列中不能有多个值，即实体中的某个属性不能有多个值或者不能有重复的属性。如果出现重复的属性，就可能需要定义一个新的实体，新的实体由重复的属性构成，新实体与原实体之间为一对多的关系。在第一范式（1NF）中表的每一行只包含一个实例的信息。

⚠ 注意

在任何一个关系数据库中，第一范式（1NF）是对关系模式的基本要求，不满足第一范式（1NF）的数据库就不是关系数据库。

例如，对于图 1-4 所示的员工信息表来说，不能将员工信息都放在一列中显示，也不能将其中的两列或多列在一列中显示；员工信息表的每一行只表示一个员工的信息，一个员工的信息在表中只出现一次。简而言之，第一范式就是无重复的列。

员工ID	员工名称	性 别	生 日	工作级别	部门ID	入职日期	每月薪酬
10010001	刘城阳	1	1988-01-01	2	1001	2015-10-08	7500
10010002	李有佳	1	1989-10-12	2	1002	2016-01-04	4000
10010003	王晨光	1	1985-07-21	2	1003	2017-11-15	3500
10010004	陈芳芳	0	1991-04-29	2	1004	2015-10-08	2000

图 1-4　员工信息表

2. 第二范式

第二范式是在第一范式的基础上建立起来的，即满足第二范式必须先满足第一范式。第二范式要求数据库表中的每个实例或行必须可以被唯一地区分。为实现区分通常需要为表加上一个列，以存储各个实例的唯一标识。

例如，在图 1-4 中，为员工信息表中加上了员工编号列，因为每个员工的员工编号是唯一的，因此每个员工可以被唯一区分。这个唯一属性列被称为主关键字或主键、主码。

第二范式要求实体的属性完全依赖于主关键字。完全依赖是指不能存在仅依赖主关键字一部分的属性，如果存在则这个属性和主关键字的这一部分应该分离出来形成一个新的实体，新实体与原实体之间是一对多的关系。为实现区分通常需要为表加上一个列，以存储各个实例的唯一标识。简而言之，第二范式就是非主属性非部分依赖于主关键字。

3. 第三范式

满足第三范式必须先满足第二范式。简而言之，第三范式要求一个数据库表中不包含已在其他表中包含的非主关键字信息。

例如，存在一个部门信息表，其中每个部门有部门编号、部门名称、部门简介等信息。那么在图 1-4 所示的员工信息表中列出部门编号后就不能再将部门名称、部门简介等与部门有关的信息再加入员工信息表中。如果不存在部门信息表，则根据第三范式也应该构建它；否则就会有大量的数据冗余。简而言之，第三范式就是属性不依赖于其他非主属性。

👉 **提示** ━━━━━━━━━━━━━━━━━━━━━━━━━━━━

实际上，第三范式就是要求不在数据库中存储可以通过简单计算得出的数据。这样不但可以节省存储空间，而且当函数依赖的一方发生变动时，避免了修改数据的麻烦，同时也避免了在这种修改过程中可能造成的人为错误。

根据前面 3 个范式的叙述可以看出，数据表规范化的程度越高，数据冗余就越少，同时造成人为错误的可能性也就越小。但是，规范化的程度越高，在查询检索时需要做的关联等工作就会越多，数据库在操作过程中需要访问的数据表以及它们之间的关联也就越多。

因此，在数据库设计的规范化过程中，需要根据数据库实际的需求选择一个折中的规范化程序。

🔊 1.3.2　E-R 模型

在数据库设计过程中，建立数据模型是第一步，它将确定要在数据库中保存什么信息和确认各种信息之间存在什么关系。建立数据模型需要使用 E-R 数据模型来描述和定义。

E-R（Entity-Relationship，实体 - 关系）模型用简单的图形反映了现实世界中存在的事物或数据以及它们之间的关系。

1. 实体模型

实体是观念世界中描述客观事物的概念，可以是具体的事物，如一张桌子、一条凳子、一间房屋等，也可以是抽象的事物，如一种感受或者一座城市等。同一类实体的所有实例就构成该对象的实体集。

实体集就是实体的集合，由该集合中实体的结构或形式表示，而实例则是实体集中某个特例。实体集中可以有多个实例，如图 1-5 所示。

在图 1-5 所示的电影实体中，每一个用来描述电影特性的信息都是一个实体属性。例如，电影实体包含编号、名称、主演、导演、上映日期，这些属性就组合成一个电影实例的基本数据信息。

电影信息	实例1	实例2
编号	20170001	20170002
名称	记忆大师	拆弹专家
主演	黄渤、徐静蕾	刘德华、姜武
导演	陈正道	邱礼涛
上映日期	2017年4月28日	2017年4月28日

图 1-5　实体模型

根据系统的描述，每个属性都有它的数据类型和特性，特性包括该属性在某些情况下是否是必需的、是否有默认值以及属性的取值限制等。另外，为了区分和管理多个不同的实例，要求每个实例都要有标识。例如，图 1-5 所示的电影实体，可以由电影编号或者电影名称来标识。但是，通常情况下，不用名称进行标识，这是因为可能出现名称相同的情况，而是使用具有唯一标识的电影编号进行标识，这样可以避免电影名称相同引起的混乱。

提示

开发者可以简单地将实体标识符理解为表的主键，由实体的一个或多个属性构成，如果标识符由多个属性组成，那么将其称为复合标识符。

2. 关系模型

实体之间是通过关系进行联系的，它们按照有意义的方式连接在一起，以确保数据的完整性，使得在一个关系中采取的操作对另一个关系中的数据不会产生消极影响。实体之间的关系通常分为一对一、一对多和多对多关系。

1）一对一关系

如果实体 A 中的每一个实例最多和实体 B 中的一个实例有关，反之亦然，那么就称实体 A 和实体 B 的关系为一对一（即 1：1）关系。

例如，图 1-6 所示的班级实体对班长实体就属于一对一关系，一个班级只能有一个正班长，同样一个班长只能在一个班级中任职。

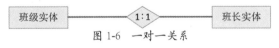

图 1-6 一对一关系

2）一对多关系

如果实体 A 中的每一个实例与实体 B 中的任意（零个或多个）实例有关，而实体 B 中的每个实例最多与实体 A 的一个实例有关，那么就称实体 A 对实体 B 的关系为一对多（即 1：N）关系。

例如，图 1-7 所示为班级对学生的一对多关系，将班级实体和学生实体进行关联，

即一个班级中可以有多名学生，但是每名学生只能在一个班级中学习。

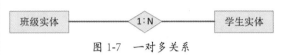

图 1-7 一对多关系

在一对多关系中，1 和 N 的位置是不能任意调换的。当 1 处于班级实例而 N 处于学生实例时，表示一个班级对应多个学生。如果将 1 和 N 的位置进行调换，即 N：1，此时表示班级可以有一个学生，但是一个学生可以属于多个班级，这显然不是大家想要的实体关系。

3）多对多关系

多对多关系是二元关联。如果实体 A 中的每一个实例与实体 B 中的任意（零个或多个）实例有关，并且实体 B 中每个实例与实体 A 中的任意（零个或多个）实例有关，这时就称实体 A 和实体 B 的关系为多对多即 N：M 关系。

例如，图 1-8 表示课程与学生之间的多对多关系。一门课程可以同时有多名学生选修，一个学生可以同时选修多门课程。

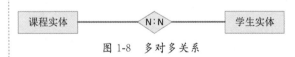

图 1-8 多对多关系

1.3.3 实践案例：E-R 模型转换为关系模型

由于 E-R 图直观易懂，在概念上表示了一个数据库的信息组织情况，所以如果能够画出数据库系统的 E-R 图，也就意味着弄清楚了应用领域中的问题。本小节将介绍如何根据 E-R 图将 E-R 模型演变为关系模型。

1. 实体转化为表

对 E-R 模型中的每个实体，在创建数据库时相应地为其建立一个表，表中的列对应实体

所具有的属性，主属性就作为表的主键。在图 1-8 中可以将学生实体和课程实体转换为学生信息表和课程信息表，如图 1-9 所示。

图 1-9 实体转化为表

2. 实体间联系的处理

对于实体间的一对一关系，为了加快查询速度，可以将一个表中的列添加到两个表中。一对一关系的变换比较简单，一般情况下不需要再建立一个表，而是直接将一个表的主键作为外键添加到另一个表中，如果联系在属性中则还需要将联系的属性添加到该表中。

实体间的一对多关系的变换也不需要再为其创建一个表。设表 A 与表 B 之间是 1：N 关系，则变换时可以将表 A 的主键作为外键添加到表 B 中。

多对多关系的变换要比一对多关系复杂得多。因为通常这种情况下需要创建一个称为连接表的特殊表，以表达两个实体之间的关系。连接表的列包含其连接的两个表的主键列，同时包含一些可能在关系中存在的特定的列。例如，学生和课程之间的多对多关系就需要借助选修表，图 1-10 所示为转换后的关系。

图 1-10 转换多对多关系

提示

为了保证设计的数据库能够有效、正确地运行，往往还需要对表进行规范，以消除数据库中的各种异常现象。

1.4 了解 Oracle 12c

Oracle Database（简称 Oracle）是美国 Oracle 公司开发的一款关系数据库管理系统，也是目前世界上使用最为广泛的数据库管理系统。作为一个通用的数据库系统，它具有完整的数据管理功能；作为一个关系数据库，它是一个完备关系的产品；作为分布式数据库它实现了分布式处理功能。

1.4.1 发展历史

1977 年，Larry Ellison、Bob Miner 和 Ed Oates 等人组建了 Relational 软件公司（Relational Software Inc., RSI）。他们决定使用 C 语言和 SQL 界面构建一个关系数据库管理系统（Relational Database Management System，RDBMS），并很快发布了第一个版本（仅是原型系统）。

1979 年，RSI 首次向客户发布了产品，即第 2 版。该版本的 RDBMS 可以在装有 RSX-11 操作系统的 PDP-11 机器上运行，后来又移植到了 DEC VAX 系统。

1983 年，发布的第 3 个版本中加入了 SQL 语言，而且性能也有所提升，其他功能也得到增强。与前几个版本不同的是，这个版本是完全用 C 语言编写的。同年，RSI 更名为 Oracle Corporation，也就是今天的 Oracle 公司（中文名为甲骨文公司）。

1984 年，Oracle 的第 4 版发布。该版本既支持 VAX 系统，也支持 IBM VM 操作系统。这也是第一个增加了读一致性的版本。

1985 年，Oracle 的第 5 版发布。该版本可称为 Oracle 发展史上的里程碑，因为它通过 SQL*Net 引入了客户端 - 服务器的计算机模式，同时它也是第一个打破 640KB 内存限制的 MS-DOS 产品。

1988 年，Oracle 的第 6 版发布。该版本除了改进性能、增强序列生成与延迟写入 (Deferred Writes) 功能以外，还引入了底层锁。此外，该版本还加入了 PL/SQL 和热备份等功能。这时 Oracle 已经可以在许多平台和操作系统上运行。

1991 年，Oracle 6.1 版在 DEC VAX 平台中引入了 Parallel Server 选项，很快该选项也可用于许多其他平台。

1992 年，Oracle 7 发布。Oracle 7 在对内存、CPU 和 I/O 的利用方面作了许多体系结构上的变动，这是一个功能完整的关系数据库管理系统，在易用性方面也作了许多改进，引入了 SQL*DBA 工具和 database 角色。

1997 年，Oracle 8 发布。Oracle 8 除了增加许多新特性和管理工具以外，还加入了对象扩展特性。开始在 Windows 系统下使用，以前的版本都是在 UNIX 环境下运行。

2001 年，Oracle 9i Release 1 发布。这是 Oracle 9i 的第一个发行版，包含 RAC（Real Application Cluster）等新功能。

2002 年，Oracle 9i Release 2 发布，它在 Release 1 的基础上增加了集群文件系统（Cluster File System）等特性。

2004 年，针对网格计算的 Oracle 10g 发布。该版本中 Oracle 的功能、稳定性和性能的实现都达到了一个新的水平。

2007 年 7 月 12 日，甲骨文公司推出数据库软件 Oracle 11g。Oracle 11g 有 400 多项功能，经过了 1500 万个小时的测试，开发工作量达到了 3.6 万人 / 月。

2013 年 6 月 26 日，Oracle 12c 版本正式发布，其中"c"代表云计算，首先发布的版本号是 12.1.0.1.0，目前最新的版本号是 12.1.0.2.0。Oracle 12c 数据库引入了一个新的多承租方架构，使用该架构可以轻松部署和管理数据库云。另外，一些创新特性可最大限度地提高资源使用率和灵活性，如 Oracle Multitenant 可快速整合多个数据库，而 Automatic Data Optimization 和 Heat Map 能以更高的密度压缩数据和对数据分层。这些独一无二的技术进步再加上在可用性、安全性和大数据支持方面的主要增强，使得 Oracle 12c 成为私有云和公有云部署的理想平台。

1.4.2　数据库版本

Oracle 12c 为适合不同规模的组织需要提供了多个量身定制的版本，并为满足特定的业务和 IT 需求提供了几个企业版专有选件。Oracle 12c 数据库有 4 个版本，即企业版、标准版、标准版 1 和个人版。

1.　企业版

Oracle 12c 企业版将对正在部署私有数据库云的客户和正在寻求以安全、隔离的多租户模型发挥 Oracle 数据库强大功能的 SaaS（Software-as-a-Service，软件即服务）供应商有极大帮助。而且企业版本提供综合功能来管理要求最严苛的事务处理、大数据以及数据仓库负载。客户可以选择各种 Oracle 数据库企业版选件来满足业务用户对性能、安全性、大数据、云和可用性服务级别的期望。

Oracle 12c 企业版数据库具有以下优势。

- 使用新的多租户架构，无须更改现有应用即可在云上实现更高级别的整合。
- 自动数据优化特性可高效地管理更多数据、降低存储成本和提升数据库性能。
- 深度防御的数据库安全性可应对不断变化的威胁和符合越来越严格的数据隐私法规。
- 通过防止发生服务器故障、站点故障、人为错误以及减少计划内停机时间和提升应用连续性，获得更高可用性。
- 可扩展的业务事件顺序发现和增强的数据库中大数据分析功能。
- 与 Oracle Enterprise Manager Cloud Control 12c 无缝集成，使管理员能够轻松管理整个数据库生命周期。

2. 标准版

Oracle 12c 标准版是面向中型企业的一个经济实惠、功能全面的数据库管理解决方案。该版本中包含一个可插拔数据库用于插入云端，还包含 Oracle 真正应用集群用于实现企业级可用性，并且可随用户的业务增长而轻松扩展。

使用 Oracle 12c 数据库具有以下优势。

- 每个用户 350 美元（最少 5 个用户），可以只购买目前需要的许可，然后使用 Oracle 真正应用集成随需扩展，从而节省成本。
- 提高服务质量，实现企业级性能、安全性和可用性。
- 可运行于 Windows、Linux 和 UNIX 操作系统。
- 通过自动化的自我管理功能轻松管理。
- 借助 Oracle Application Express、Oracle SQL Developer 和 Oracle 面向 Windows 的数据访问组件简化应用开发。

3. 标准版 1

Oracle 12c 标准版 1 经过了优化，适用于部署在小型企业、各类业务部门和分散的分支机构环境中。该版本可在单个服务器上运行，最多支持两个插槽。Oracle 12c 标准版可以在包括 Windows、Linux 和 UNIX 在内的所有 Oracle 支持的操作系统上使用。

使用 Oracle 12c 标准版 1 数据库具有以下优势。

- 以极低的价格即每个用户 180 美元起步（最少 5 个用户）。
- 以企业级性能、安全性、可用性和可扩展性支持所有业务应用。
- 可运行于 Windows、Linux 和 UNIX 操作系统。
- 通过自动化的自我管理功能轻松管理。
- 借助 Oracle Application Express、Oracle SQL Developer 和 Oracle 面向 Windows 的数据访问组件简化应用开发。

4. 个人版

个人版数据库只提供 Oracle 作为数据库管理系统的基本数据库管理服务，它适用于单用户开发环境，其对系统配置的要求也比较低，主要面向开发技术人员使用。

Oracle 12c 的所有版本均使用同一个代码库构建而成，彼此之间完全兼容。Oracle 12c 可用于多种操作系统中，并且包含一组通用的应用程序开发工具和编程接口。客户可以从标准版 1 开始使用，而后随着业务的发展或根据需求的变化，轻松升级到标准版或企业版。升级过程非常简单，只需安装下一个版本的软件，无须对数据库或应用程序进行任何更改，便可在一个易于管理的环境中获得 Oracle 举世公认的性能、可伸缩性、可靠性和安全性。

1.4.3 新特性

Oracle 12c 企业版包含 500 多个新特性，如数据库管理、RMAN、Data Guard 以及性能调优等方面的改进。其中包括一种新的架构，可简化数据库整合到云的过程，客户无须更改其应用即可将多个数据库作为一个进程管理。本小节只介绍对开发人员有用的 Oracle 12c 数据库的部分新特性。

1. WITH 语句的改善

在 Oracle 12c 中，开发人员可以用 SQL 语句更快地运行 PL/SQL 函数或过程，这些是由 SQL 语言的 WITH 语句加以定义和声明的。尽管不能在 PL/SQL 块中直接使用 WITH 语句，但是可以在 PL/SQL 中通过一个动态 SQL 加以引用。

2. 改善默认值

改善默认值包括：将序列作为默认值；自增列；当明确插入 NULL 时指定默认值；METADATA-ONLY default 值指的是增加一个新列时指定的默认值，和 Oracle 11g 中的区别在于，Oracle 11g 的 default 值要求 NOT NULL 约束。

3. 放宽多种数据类型长度限制

增加了 VARCHAR2、NVARCHAR2 和 RAW 类型的长度到 32KB，要求兼容性设置在 12.0.0.0 以上，且设置初始化参数 MAX_SQL_STRING_SIZE 的值为 EXTENDED，这个功能不支持 CLUSTER 表和索引组织表，最后这个功能并不是真正改变了 VARCHAR2 的限制，而是通过 OUT OF LINE 的 CLOB 实现。

4. TOP N 的语句实现

在之前的版本中有许多间接手段来获取顶部或底部记录 TOP N 查询结果的限制（如 ROWNUM），而在 Oracle 12c 中，通过新的 FETCH 语句（如 FETCH FIRST|NEXT|PERCENT）可简化这一过程，并使其变得更为直接。

例如，查询 dba_users 数据字典中 user_id 列的值最大的前 10 位用户信息。语句如下：

```
SELECT * FROM dba_users ORDER BY user_id DESC FETCH FIRST 10 ROWS ONLY;
```

5. 行模式匹配

类似分析函数的功能，可以在行间进行匹配判断并进行计算。在 SQL 中新的模式匹配语句是 match_recognize。

6. 分区改进

Oracle 12c 中对分区功能做了较多的调整，共分为 6 部分，简单说明如下。

1）TRUNCATE 和 EXCHANGE 分区及子分区

无论是 TRUNCATE 分区还是 EXCHANGE 分区，在主表上执行时都可以级联地作用在子表、孙子表、重孙子表、重重孙子表上同时运行。对于 TRUNCATE 而言，所有表的 TRUNCATE 操作在同一个事务中，如果中途失败，会回滚到命令执行之前的状态。这两个功能通过关键字 CASCADE 实现。

2）INTERVAL 和 REFERENCE 分区

把 Oracle 11g 的 INTERVAL 分区和 REFERENCE 分区相结合，这样主表自动增加一个分区后，所有的子表、孙子表、重孙子表、重重孙子表等都可以自动随着外接列增加数据，自动创建新的分区。

3）部分本地和全局索引

Oracle 的索引可以在分区级别定义。无论是全局索引还是本地索引都可以在分区表的部分分区上建立，其他分区上则没有索引。当通过索引列访问全表数据时，Oracle 通过 UNION ALL 实现，一部分通过索引扫描，另一部分通过全分区扫描。这可以减少对历史数据的索引量，极大地增加了灵活性。

4）多个分区同时操作

可以对多个分区同时进行维护操作。例如，将一年的 12 个分区合并到一个新的分区中，或者将一个分区分解成多个分区。可以通过 FOR 语句指定操作的每个分区，对于 RANGE 语句分区而言，也可以通过 TO 语句来指定处理分区的范围。多个分区同时操作自动并行完成。

5）在线移动分区

通过 MOVE ONLINE 关键字实现在线分区移动。在移动的过程中，对表和被移动的分区可以执行查询、DML 语句以及分区的创建和维护操作。整个移动过程对应用透明。这个功能极大地提高了整体可用性，缩短了分区维护速度。

6）异步全局索引维护（UPDATE GLOBAL INDEX）

对于非常大的分区表而言，异步全局索引不再痛苦。Oracle 可以实现异步全局索引异步维护的功能，即使是几亿条记录的全局索引，在分区维护操作时，如 DROP 或者 TRUNCATE 后，仍然是 VALID 状态，索引不会失效，不过索引的状态是包含 OBSOLETE 数据，当维护操作完成对索引状态恢复。

7. Adaptive 执行计划

拥有学习功能的执行计划，Oracle 会把实际运行过程中读取到的返回结果作为进一步执行计划判断的输入。因此，统计信息不准确或查询真正结果与计算结果不准时，可以得到更好的执行计划。

8. 统计信息增强

动态统计信息收集增加第 11 层，使得动态统计信息收集的功能更强；增加了混合统计信息用以支持包含大量不同值，且个别值数据倾斜的情况；添加了数据加载过程收集统计信息的能力；对于临时表增加了会话私有统计信息。

9. 临时 UNDO

将临时段的 UNDO 独立出来，放到 TEMP 表空间中，这样做有以下 3 个优点。

① 减少 UNDO 产生的数量。

② 减少 REDO 产生的数量。

③ 在 ACTIVE DATA GUARD 上允许对临时表进行 DML 操作。

10. 数据优化

新增数据生命周期管理（Information Lifecycle Management，ILM）的功能，添加"数据库热图（Database heat map）"，在视图中直接看到数据的利用率，找到哪些数据是最"热"的数据。可以自动实现数据的在线压缩和数据分级，其中数据分级可以在线将定义时间内的数据文件转移到归档存储，也可以将数据表定时转移至归档文件，还可以实现在线的数据压缩。

11. 应用连接性

Oracle 12c 之前 RAC 的故障隔离只做到 SESSION 和 SELECT 级别，对于 DML 操作无

Oracle 12c 数据库

能为力,当设置为 SESSION 时,进行到一半的 DML 自动回滚;而对于 SELECT,虽然故障隔离可以不中断查询,但是对于 DML 的问题更甚之,必须要手工回滚。但是在 Oracle 12c 版本中,Oracle 数据库始终支持事务的故障隔离操作。

12. Oracle Pluggable Database

Oracle PDB 由一个容器数据库(CDB)和多个可组装式数据库(PDB)构成,PDB 包含独立的系统表空间和 SYSAUX 表空间等,但是所有 PDB 共享 CDB 的控制文件、日志文件和 UNDO 表空间。

Oracle Pluggable Databases 特性可以带来以下好处。

- 加速重新部署现有的数据库到新平台的速度。
- 加速现有数据库打补丁和升级的速度。
- 从原有的 DBA 的职责中分离部分责任到应用管理员。
- 集中式管理多个数据库。
- 提升 RAC 的扩展性和故障隔离。
- 与 Oracle SQL Developer 和 Oracle Enterprise Manager 高度融合。

1.5 实践案例: 安装 Oracle 12c 数据库管理系统

Oracle 12c 是目前 Oracle 的最新版本,本节以 Windows 7 平台为例介绍安装过程。首先需要获取安装程序,图 1-11 所示为 Oralce 官方网站的下载页面。

开发人员可以选择相应的 Oracle 数据库版本进行下载,这里选择 Oracle 12c 版本。当下载完成之后,直接将下载的压缩文件进行解压缩,解压后的目录如图 1-12 所示。

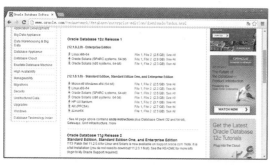

图 1-11　Oracle 下载页面

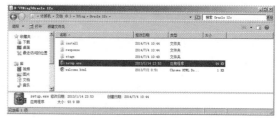

图 1-12　Oracle 12c 解压后的目录

解压缩完成后,按照以下步骤开始安装 Oracle 12c 数据库。

01 直接双击图 1-12 中的 setup.exe 文件就可以启动 Oracle 安装程序,出现如图 1-13 所示的界面。

02 之后会进入 Oracle 的安装对话框,该对话框询问用户是否接收邮件信息,如图 1-14 所示。

03 如果不接收 Oracle 的相关邮件,直接单击【下一步】按钮会弹出如图 1-15 所示的询问对话框。

04 直接单击【是】按钮进入下一步操作,如图 1-16 所示。该对话框询问用户是否需要接收 Oracle 的软件更新,如果要接收更新信息,则要提供用户的 Oracle 账户。

图 1-13　Oracle 安装启动界面

图 1-14　询问用户是否接收邮件信息

图 1-15　不接收电子邮件的提示

图 1-16　不接收软件信息的更新

05 单击【下一步】按钮，弹出如图 1-17 所示的对话框，默认情况下选中【创建和配置数据库】单选按钮。

06 单击【下一步】按钮，弹出如图 1-18 所示的对话框，在该对话框中选择要创建的数据库类型，这里选中【桌面类】单选按钮。

图 1-17　创建和配置数据库

图 1-18　创建桌面类数据库

Oracle 12c 数据库

07 单击【下一步】按钮，弹出如图 1-19 所示的对话框，在该对话框中配置 Oracle 安全认证模式。为了方便管理，这里将创建一个新 Windows 用户，用户名为 oracle，口令为 123456。

08 单击【下一步】按钮，弹出如图 1-20 所示的对话框，在该对话框中选择 Oracle 的安装路径，这里将数据库安装在 "G:\app\oracle" 目录下，其中 oracle 表示上个步骤创建的用户名。

图 1-19　选择数据库的认证模式

图 1-20　配置数据库的安装路径

试一试

在图 1-20 所示对话框中，除了可以设置安装路径外，还可以选择数据库版本、字符集，并且需要用户输入全局数据库名和管理口令，读者在安装时可以进行尝试，这里不再显示效果图。

09 单击【下一步】按钮，弹出如图 1-21 所示的对话框，在该对话框中显示安装前的检查情况，确保满足目标环境所选产品的最低安装和配置要求。

10 当安装环境检查完成后会进入如图 1-22 所示的对话框，该对话框显示安装程序的各个属性，单击右下角的【保存响应文件】按钮可以保存响应文件，以备日后查看。

图 1-21　安装检查

图 1-22　安装确认

11 单击【安装】按钮，启动安装程序正式进入安装界面，如图 1-23 所示。

12 在 Oracle 数据库安装完成后，会自动进入 orcl 数据库的安装对话框，如图 1-24 所示。

13 在进行 orcl 数据库安装时会出现口令管理对话框，如图 1-25 所示。

14 单击【口令管理】按钮，弹出如图 1-26 所示的对话框，在该对话框中将一些主要的用户解锁并进行密码设置。

15 配置口令管理完成后单击【确定】按钮，如图 1-27 所示。这时 Oracle 12c 数据库管理系统已经安装完成，此时单击【关闭】按钮关闭对话框。

Oracle 数据库管理系统安装完成后，会在 Windows 中出现如图 1-28 所示的服务选项。其中 OracleOraDB12Home1TNSListener 和 OracleServiceORCL 服务最为重要，也是在程序开发中必须启动的两个服务。

- OracleOraDB12Home1TNSListener 服务数据库监听服务，当需要通过程序进行数据库访问时，必须启动该服务；否则将无法进行数据库的连接。
- OracleServiceORCL 服务数据库主服务，命名格式为"OracleServer 数据库名称"。

图 1-23　安装程序启动

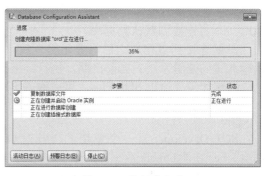

图 1-24　数据库安装

图 1-25　【口令管理】对话框

图 1-26　锁定/解锁用户或更改口令

图 1-27　安装完成

图 1-28　数据库服务

Oracle 12c 数据库

17

1.6 实践案例：登录 Oracle 数据库

Oracle 12c 数据库管理系统安装完成后，便可以执行登录语句登录到 MySQL 界面。最常用的有两种方式，分别是 SQL Plus 和 SQL Developer。下面依次加以介绍。

1. SQL Plus 登录

SQL Plus 是最常用的 Oracle 管理工具，它是一个 Oracle 数据库与用户之间的命令行交互工具。使用 SQL Plus 登录 Oracle 数据库的步骤如下。

01 执行【开始】|【程序】| Oracle - OraDB12Home1 |【应用程序开发】| SQL Plus 命令，打开 SQL Plus 窗口显示登录界面。

02 在登录界面中将提示输入用户名，根据提示输入相应的用户名和口令后按 Enter 键，SQL Plus 将连接到默认数据库。

03 连接到数据库之后将显示提示符"SQL>"，此时便可以输入 SQL 命令。例如，可以输入语句查看系统的当前日期，执行结果如图 1-29 所示。

04 如果要退出 SQL Plus，可以输入 EXIT 或者 QUIT 命令。

2. SQL Developer 工具登录

SQL Developer 是一个免费的、针对 Oracle 数据库的交互式图形开发环境。使用 SQL Developer 登录 Oracle 数据库的步骤如下。

01 选择【开始】|【程序】| Oracle - OraDB12Home1 |【应用程序开发】| SQL Developer 命令。如果是第一次打开，还需要指定随 Oracle 一起安装的 JDK 的位置。

02 在 SQL Developer 主界面左侧的【连接】列表中右击【连接】节点选择快捷菜单中的【新建连接】命令，弹出【新建/选择数据库连接】对话框，如图 1-30 所示。

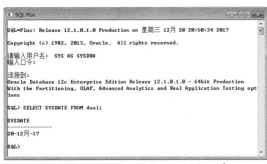

图 1-29 SQL Plus 登录 Oracle 数据库

图 1-30 在 SQL Developer 中创建连接

03 在图 1-30 所示对话框中，开发人员可以在【连接名】、【用户名】和【口令】等文本框中输入相应的内容，输入完毕后可以单击【测试】按钮进行连接测试，如果连接失败则会显示错误信息，可根据提示进行修改。

04 如果确定连接，直接单击【连接】按钮即可，连接成功后可以在打开的窗口中执行语句，如图 1-31 所示。

05 如果要断开连接，只需选中创建的连接后右击，在弹出的快捷菜单中选择【断开连接】命令即可。

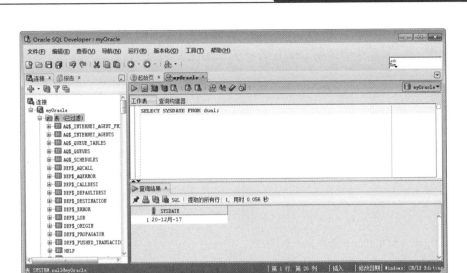

图 1-31 连接成功界面

3. cmd 命令窗口

除了上述两种方法外，开发人员还可以利用 cmd 命令窗口进行登录。在【开始】菜单中选择【运行】命令，在弹出的对话框的文本框中输入 cmd 命令后按 Enter 键打开命令窗口，在该命令窗口中可以执行连接操作，下面介绍不同的连接方式。

执行 sqlplus 命令打开 SQL Plus 工具，然后输入用户名和口令进行登录，如图 1-32 所示。

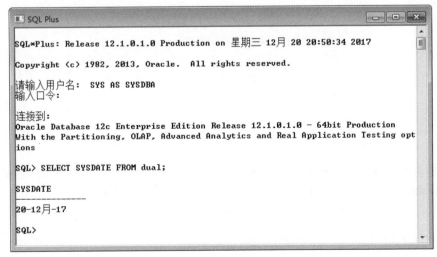

图 1-32 在命令窗口运行 SQL Plus 工具

在命令窗口中执行 sqlplus/nolog 命令直接进入 SQL Plus 的命令提示符"SQL>"，然后执行 connect 命令进行登录，如图 1-33 所示。

直接利用 sqlplus 命令登录到 Oracle 数据库，如图 1-34 所示。

图 1-33　进入 SQL Plus 的命令提示符

图 1-34　利用 sqlplus 命令登录到 Oracle 数据库

 # 1.7　实践案例：Oracle 用户解锁

在 Oracle 安装过程中可以设置系统用户的口令以及使用状态。默认情况下只有 SYS、SYSTEM、DBSNMP、SYSMAN 和 MGMT_VIEW 这 5 个用户是解锁状态，其他用户都被锁定。当然用户也可以在需要时进行手动解锁。

使用 Oracle 12c 的 DBA_USERS 数据字典可以查询当前系统中的用户列表及用户状态。语句如下：

```
SQL> SELECT username,account_status FROM DBA_USERS;
```

执行结果如图 1-35 所示。

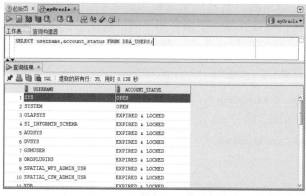

图 1-35　查看用户及状态

上面的查询语句中，username 字段表示用户名，account_status 字段表示用户的状态。如果 account_status 字段的值为 OPEN，则表示用户为解锁状态；否则为锁定状态。

假设要为 OLAPSYS 用户解锁，可以使用以下语句：

```
SQL> ALTER USER OLAPSYS ACCOUNT UNLOCK;
```

解锁后的用户还需要设置登录密码才能使用。假设要为 OLAPSYS 用户指定密码为

123456，语句如下：

```
SQL> ALTER USER OLAPSYS IDENTIFIED BY 123456;
```

1.8　Oracle 12c 的体系结构

一个完整数据库的体系结构是指数据库的组成、工作过程与原理以及数据在数据库中的组织与管理机制。Oracle 12c 数据库的体系结构相当庞大，开发人员可以从 Oracle 的官方网站上下载相应的体系结构图。本节从开发及管理的角度，简单介绍内存结构、进程结构和物理结构。

1.8.1　内存结构

Oracle 内存由 SGA（System Global Area，系统全局区）和 PGA（Process Global Area，程序全局区）构成。

SGA 中存储数据库信息，由多个数据库进行共享，包括共享池、数据缓冲区、日志缓冲区、大池、Java 池、Streams 池和数据字典缓冲区等。

1.　共享池

共享池是对 SQL、PL/SQL 程序进行语法分析、编译和执行的内存区域。共享池的大小直接影响数据库的性能，它由数据库高速缓冲区和数据字典缓冲区组成，其中数据库高速缓冲区又包括共享 SQL 区、私有 SQL 区（只在共享服务器内存）、共享 PL/SQL 区和控制结构区。

2.　数据库缓冲区

数据库缓冲区是 SGA 中的一个高速缓冲区域，用来存储最近从数据库中读出的数据块（如表）。数据库缓冲区的大小对数据库的读取速度有直接的影响。当用户处理查询时，服务器进程会先从数据库缓冲区查找所需要的数据库，当缓冲区中没有数据库时才会访问磁盘数据。

3.　日志缓冲区

当用户通过 INSERT、SELECT 和 DELETE 等语句更改数据库时，服务器进程会将这些修改记录到重做日志缓冲区内，这些修改记录也叫重做记录。相对来说，日志缓冲区对数据库的性能影响较小。当数据库发生意外时，可以从日志缓冲区内读取修改记录来恢复数据库。

4.　大池

为了进行大的后台操作而分配的内存空间，主要指备份恢复、大型 I/O 操作和并行查询等。

5.　Java 池

Java 池内存储了 Java 语句的文本和语法分析表等信息，如果要安装 Java 虚拟机，就必须启用 Java 池。

6.　Streams 池

Streams 池是高级复制技术的一部分，其功能是存放消息，这些消息是共享的。

21

7. 数据字典缓冲区

数据字典缓冲区是共享池的一部分，又称为数据字典区或行缓冲区，包含数据库的结构、用户信息和数据表、视图等信息。数据字典缓冲区存储数据库的所有表和视图的名称、数据库基表的列名和列数据类型以及所有 Oracle 用户的权限等。

PGA 包括会话信息、堆栈空间、排序分区以及游标状态。会话信息存放会话的权限、角色和会话性能统计信息等；堆栈空间存放的是变量、数组和属于会话的其他信息；排序区则是用于排序的一段专用空间；游标状态存放当前使用的各种游标的处理阶段。

1.8.2 进程结构

Oracle 数据库的进程结构包括用户进程、服务器进程和后台进程 3 种类型。用户进程位于客户端，服务器进程和后台进程位于服务器端。

1. 用户进程

用户进程是一个需要与 Oracle 服务器进行交互的程序。当用户运行一个应用程序准备向数据库服务器发送请求时，即创建了用户进程。对于专用连接来说，用户在客户端启用一个应用程序，就是在客户端启用一个用户进程。

2. 服务器进程

服务器进程用于处理连接到该实例的用户进程的请求。当用户连接到 Oracle 数据库实例创建会话时，即产生服务器进程。当用户与 Oracle 服务器端连接成功后，会在服务器端生成一个服务器进程，该服务器进程作为用户进程的代理进程，代替客户端执行各种命令并把结果返回给客户端。用户进程一旦中止，服务器进程立刻中止。

3. 后台进程

后台进程是 Oracle 数据库为了保持最佳系统性能和协调多个用户请求而设置的。Oracle 实例启动时即创建一系列后台进程，如 PMON 监视用户进程运行是否正常、SMON 实时监控整个 Oracle 状况，其他进程这里不再说明。

执行以下语句可以查询启动的后台进程信息：

```
SELECT * FROM v$process;
```

执行以下语句查看启动 DBWR 进程个数：

```
SHOW PARAMETER db_wr;
```

1.8.3 物理结构

物理结构就是 Oracle 数据库所使用的操作系统的物理文件，在数据库中的所有数据都保存在物理文件中，它是存放在磁盘上的结构文件。主要的物理文件包括数据文件、控制文件、重做日志文件和参数文件 4 类。

1. 数据文件

数据文件用于存储数据库的全部数据（如表和索引数据），每一个 Oracle 数据库都有一个或多个物理的数据文件。

2. 控制文件

控制文件用于控制数据库的物理结构，它记录数据库中所有文件的控制信息，包含数据库名称、数据库建立日期、数据库中数据文件与日志文件的名称和位置、表空间信息、归档日志信息、当前的日志序列号以及检查点信息等。

3. 重做日志文件

Oracle 用重做日志文件保存所有数据库事务的日志。当数据库被破坏时，用该文件恢复数据库。

4. 参数文件

参数文件保存与 Oracle 配置有关的信息，一般有以下 3 种参数文件。

① 初始化参数文件。用于在数据库启动实例时配置数据库，该文件主要设置数据库实例名称、主要使用文件的位置和实例所需要的内存区域大小等。

② 配置参数文件。一般被命名为 config.ora，由初始化参数文件调用。在数据库对应多个实例的时候才会存在，如果一个数据库只对应一个实例，则不会产生此文件。

③ 二进制参数文件。pfile（Parameter File，参数文件）和 spfile（Server Parameter File，服务器参数文件）都属于二进制文件。pfile 包含数据库的配置信息，是基于文本格式的参数文件；spfile 包含数据库及例程的参数和数值，是基于二进制格式的参数文件。

1.9　练习题

1. 填空题

（1）目前数据库管理系统采用的数据模型分为层次模型、_____ 和关系模型。

（2）在关系型数据库中，使用 _____ 来标识行的一列或多列。

（3）在关系型数据库中有 3 种完整性规则，分别为 _____、参照完整性规则和用户定义完整性规则。

（4）Oracle 内存由 SGA 和 _____ 构成。

（5）_____ 的大小对数据库的读取速度有直接的影响。

（6）Oracle 数据库的进程结构包括用户进程、_____ 和后台进程 3 种。

（7）_____ 一般被命名为 config.ora，由初始化参数文件调用。

2. 选择题

（1）下面关于数据库模型的描述不正确的是（　　）。

　A. 关系模型的缺点是这种关联错综复杂，关联维护起来非常困难

　B. 层次模型的优点在于更容易实现数据修改和数据库扩展，而且结构清晰便于理解

　C. 网状模型能明确而方便地表示数据间的复杂关系，数据冗余小

　D. 关系模型的优点是结构简单、格式统一、理论基础严格，而且数据表之间相对独立

（2）在一个数据库表中，（　　）是用于唯一标识一条记录的表关键字。

　A. 主关键字

　B. 外关键字

　C. 候选关键字

D．公共关键字

（3）Oracle 12c 的新特性不包括（　　　）。

A．放宽多种数据类型长度限制

B．SELECT 语句的改善

C．使用 FETCH 实现 TOP N 的查询

D．WITH 语句的改善

（4）SGA 中的内容不包括（　　　）。

A．Java 池

B．程序全局区

C．数据字典缓冲区

D．数据缓冲区

（5）（　　　）记录数据库中所有文件的信息，包括数据库的名称、数据库建立日期、表空间信息以及检查点信息等。

A．参数文件

B．数据文件

C．重做日志文件

D．控制文件

 上机练习：安装 Oracle 12c

　　使用本章介绍的方法在本机下载和安装 Oracle 12c 数据库管理系统。然后使用 sqlplus 以 SYSTEM 身份登录到 Oracle，并对系统用户 OUTLN 解除锁定，设置密码为 123456。

第 2 章
Oracle 的基本操作

通过第 1 章的学习，已经安装了 Oracle 12c 数据库管理系统，并对其体系结构有了简单了解。Oracle 12c 不仅是一个功能完善的关系型数据库管理系统，而且为数据库设计、数据库开发、数据库应用、数据库管理和分析提供了很多实用工具。这些工具会随安装程序一起安装，了解并掌握它们的使用方法将有助于读者更好地学习后面的知识。

本章选择了常用的 6 种工具来讲解对 Oracle 12c 的操作，分别是 OEM、SQL Plus、SQL Developer、网络配置助手、网络管理器和数据库管理助手。

本章学习要点

◎ 掌握 OEM 的启动方法
◎ 熟悉 OEM 工具的基本使用
◎ 掌握 SQL Plus 的启动和断开连接的方法
◎ 掌握在 SQL Plus 中查看表和执行 SQL 的方法
◎ 掌握变量在 SQL Plus 中的使用
◎ 熟练掌握 SQL Developer 对数据库的操作
◎ 熟悉网络配置助手
◎ 熟悉网络管理器
◎ 熟悉数据库管理助手

2.1 Web 管理工具——OEM

OEM（Oracle Enterprise Manager，Oracle 企业管理器）提供了一个基于 Web 的管理界面，可以管理单个 Oracle 数据库实例。OEM 是初学者和最终用户管理数据库最方便的管理工具。使用 OEM 可以很容易地对 Oracle 系统进行管理，而无需记忆大量的管理命令。

2.1.1 登录 OEM

与 Oracle 11g 的 OEM 相比，Oracle 12c 的 OEM 在功能上进行了大量精简。例如，不支持在线查看 AWR，不支持在线操作备份，不支持对 SCHEDULER 的操作等。在减少功能的同时也大大降低了其使用难度，如不像旧版本还需要启动 dbconsole 服务、需要配置数据库等一些烦琐的操作，还经常出现一些莫名其妙的问题不得不重建 OEM。

在 Oracle 12c 中默认情况下只需要在对应的 pdb 用户下执行以下操作即可启用 OEM。设置 HTTP 端口的命令如下：

```
exec DBMS_XDB_CONFIG.SETHTTPPORT( 端口号 );
```

设置 HTTPS 端口的命令如下：

```
exec DBMS_XDB_CONFIG.SETHTTPSPORT( 端口号 );
```

> **提示**
>
> 端口号必须是唯一的，而且该操作是使用 xdb 组件开启对应端口用来通过浏览器 HTTP/HTTPS 访问 OEM。

【例 2-1】

使用 lsnrctl status 命令查看 OEM 监听的端口，图 2-1 所示为该命令的执行结果。

从图 2-1 所示执行结果中可以看到，开启了使用 TCPS 协议位于 USER-20160116OY 主机上的 5500 端口。因此要访问 OEM 可以使用 https://USER-20160116OY:5500 进行访问。

OEM 的首页地址是 https://USER-2016-0116OY:5500/em，在浏览器中访问该地址将会弹出登录界面，如图 2-2 所示。

图 2-1 执行结果

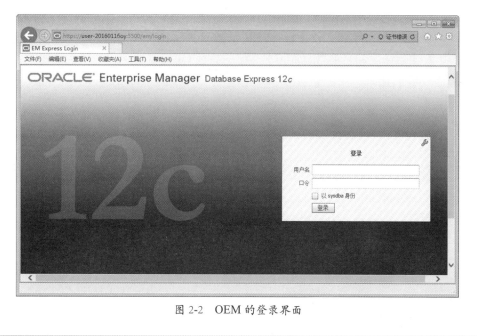

图 2-2 OEM 的登录界面

2.1.2 使用 OEM

在如图 2-2 所示的 OEM 登录界面中输入用户名及口令，再单击【登录】按钮即可进入 OEM。这里使用 sys 用户以 SYSDBA 身份进行登录。图 2-3 所示为登录之后的 OEM 管理主界面。

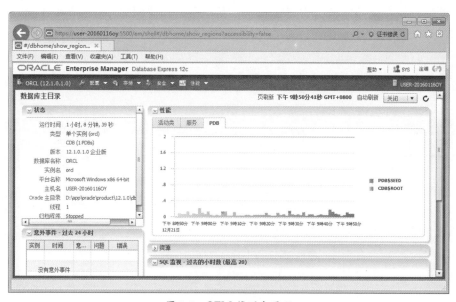

图 2-3 OEM 管理主界面

⚠️注意

如果要使用普通用户登录 OEM，则该用户必须具有两个角色，即 EM_EXPRESS_BASIC（view 权限）和 EM_EXPRESS_ALL（all 权限）。

OEM 界面非常简洁，解决了之前 OEM 对于简单应用的臃肿冗余问题。它将功能集中在 4 个方面，分别是配置、存储、安全和性能。在配置方面包含 4 项，分别是初始化参数、内存、数据库功能使用情况和当前数据库属性，每一方面 OEM 都提供了直观的查看方式。图 2-4 所示为配置内存时的界面。

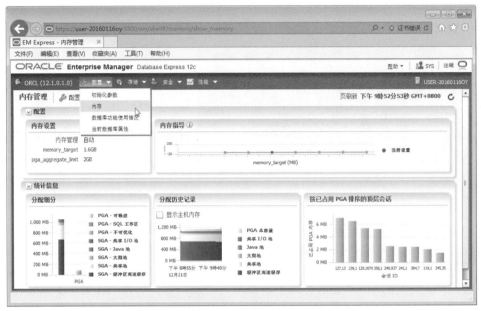

图 2-4　内存配置

存储的配置包含还原管理、重做日志组、归档日志和控制文件。图 2-5 所示为配置控制文件时的管理界面。

图 2-5　配置控制文件时的管理界面

安全方面包含 Oracle 中的用户和角色，图 2-6 所示为查看用户时的界面。

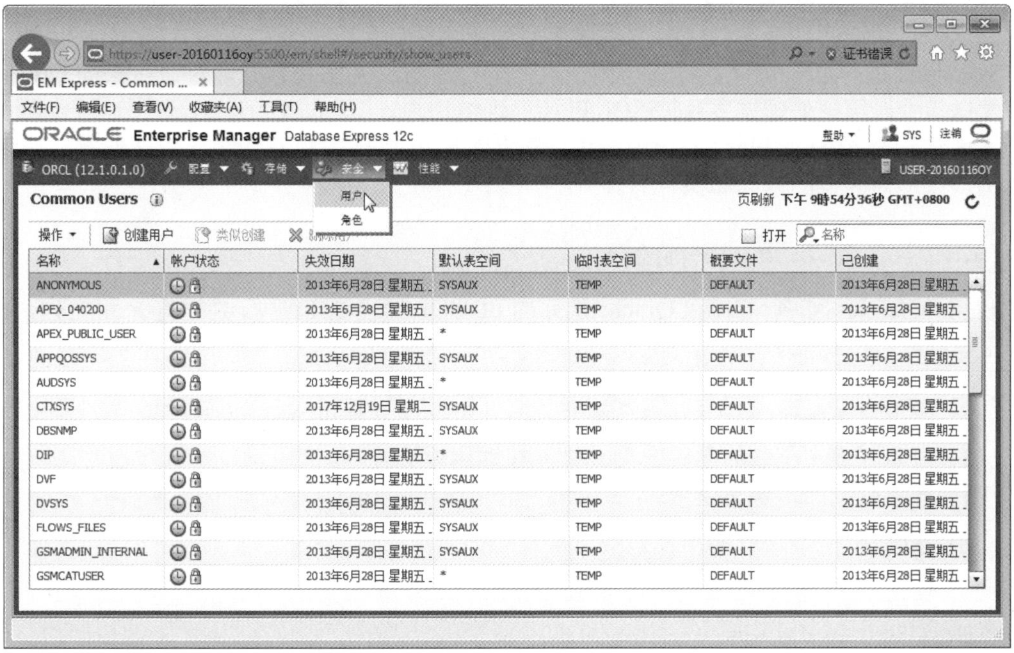

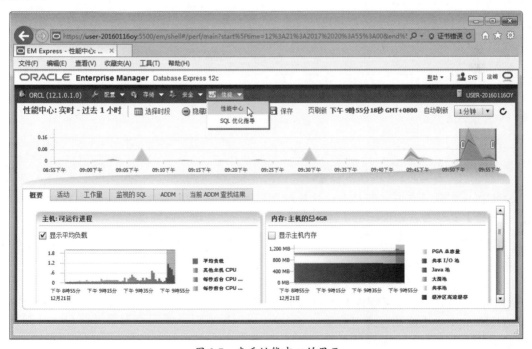

图 2-6　查看用户时的界面

最后一个选项是性能，包含性能中心和 SQL 优化指导。图 2-7 所示为 Oracle 性能中心的查看界面。

图 2-7　查看性能中心的界面

2.2 命令行工具——SQL Plus

SQL Plus 是一个 Oracle 数据库与用户之间的命令行交互工具。它通过命令来向 Oracle 数据库发送指令，再将处理结果通过 SQL Plus 呈现给用户。

下面详细介绍 SQL Plus 的具体应用，像使用 SQL Plus 连接 Oracle、断开连接、查看表的结构，以及对内容的修改和保存等。

2.2.1 SQL Plus 简介

利用 SQL Plus 可将 SQL 和 Oracle 专有的 PL/SQL 结合起来进行数据查询和处理。SQL Plus 工具拥有以下功能。

（1）对数据表的插入、修改、删除、查询操作以及执行 SQL、PL/SQL 块。

（2）查询结果的格式化、运算处理、保存、打印以及输出 Web 格式。

（3）显示任何一个表的字段定义，并与终端用户交互。

（4）连接数据库，定义变量。

（5）完成数据库管理。

（6）运行存储在数据库中的子程序或包。

（7）启动 / 停止数据库实例。要完成该功能，必须以 SYSDBA 身份登录数据库。

（8）在 SQL Plus 中可以执行以下 3 种命令。

① SQL 语句。SQL 语句是以数据库对象为操作对象的语言，主要包括 DDL、DML 和 DCL。

② PL/SQL 语句。PL/SQL 语句同样是以数据库对象为操作对象，但所有 PL/SQL 语句的解释均由 PL/SQL 引擎来完成。使用 PL/SQL 语句可以编写过程、触发器和包等数据库永久对象。

③ SQL Plus 内部命令。SQL Plus 命令可以用来格式化查询结果、设置选项、编辑以及存储 SQL 命令、设置查询结果的显示格式，并且可以设置环境选项，还可以编辑交互语句，以实现与数据库的交互功能。

☞ 提示 —————————————————

本章主要介绍 SQL Plus 内部命令的使用，有关 SQL 语句和 PL/SQL 语句的内容将在本书后面章节中具体介绍。

2.2.2 连接 Oracle

SQL Plus 工具只有连接到 Oracle 才能使用。SQL Plus 有两种连接 Oracle 的方式：一种是通过【开始】菜单直接连接；另一种是通过命令行启动连接。下面详细介绍这两种方式。

【例 2-2】

首先介绍通过【开始】菜单直接连接 Oracle，具体操作步骤如下。

01 执行【开始】|【程序】| Oracle - OraDB12Home1 |【应用程序开发】| SQL Plus 命令，打开 SQL Plus 窗口显示登录界面。

02 在登录界面中将提示输入用户名，根据提示输入相应的用户名和口令（如

SYSTEM 和 123456）后 按 Enter 键，SQL Plus 将连接到默认数据库。

03 连接到数据库之后将显示提示符 "SQL>"，此时便可以输入 SQL 命令。例如，可以输入以下语句来查看当前 Oracle 数据库实例的名称，执行结果如图 2-8 所示。

```
SELECT name FROM V$DATABASE;
```

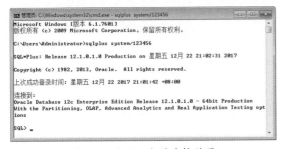

图 2-8　连接到默认数据库

技巧

　　图 2-8 所示界面中输入的口令信息被隐藏。也可以在"请输入用户名："后一次性输入用户名与口令，格式为：用户名 / 口令，如"SYSTEM/123456"，只是这种方式会显示出口令信息。

要从命令行启动 SQL Plus，可以使用 SQLPLUS 命令。SQLPLUS 命令的一般用法形式如下：

SQLPLUS [user_name[/ password][@connect_identifier]]
[AS { SYSOPER | SYSDBA | SYSASM }] | / NOLOG]

语法说明如下。

- user_name：指定数据库的用户名。
- password：指定该数据库用户的口令。
- @connect_identifier：指定要连接的数据库。
- AS：用来指定管理权限，权限的可选值有 SYSDBA、SYSOPER 和 SYSASM。
  - ◆ SYSDBA：具有 SYSOPER 权限的管理员可以启动和关闭数据库，执行联机和脱机备份，归档当前重做日志文件，连接数据库。
  - ◆ SYSOPER：SYSDBA 权限包含 SYSOPER 的所有权限，另外还能够创建数据库，并且授权 SYSDBA 或 SYSOPER 权限给其他数据库用户。
  - ◆ SYSASM：SYSASM 权限是 Oracle Database 11g 的新增特性，是 ASM 实例所特有的，用来管理数据库存储。
- NOLOG：表示不记入日志文件。

【例 2-3】

　　在 DOS 窗口中输入"sqlplus system/123456"命令可以用 system 用户连接数据库，如图 2-9 所示。

　　为了安全起见，连接到数据库时可以隐藏口令。例如，可以输入"sqlplus system@orcl"命令连接数据库，此时输入的口令会隐藏起来，如图 2-10 所示。

图 2-9　显示口令的连接效果　　　　　　　　　　图 2-10　隐藏口令的连接效果

Oracle 12c 数据库

提示

图 2-10 中在用户名后面添加了主机字符串"@orcl",这样可以明确指定要连接的 Oracle 数据库。

2.2.3 断开连接

通过输入 DISCONNECT 命令(可简写为 DISCONN)可以断开数据库连接,并保持 SQL Plus 运行。可以通过输入 CONNECT 命令重新连接到数据库。要退出 SQL Plus,可以输入 EXIT 或者 QUIT 命令。

如图 2-11 所示,在 SQL Plus 连接到 Oracle 之后执行了一条 SELECT 语句,可以看到有结果返回。然后运行 DISCONNECT 断开连接之后,再次执行 SELECT 语句会提示未连接。此时又使用 CONNECT 命令建立并执行 SELECT 语句,最后运行 EXIT 命令退出 SQL Plus,如图 2-12 所示。

图 2-11　断开数据库连接

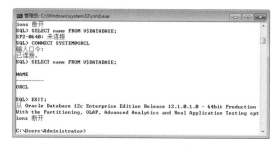

图 2-12　重新连接数据库

2.2.4 查看表结构

SQL Plus 为操作 Oracle 数据库提供了许多命令,如 HELP、DESCRIBE 以及 SHOW 命令等。这些命令主要用来查看数据库信息以及数据库中已经存在的对象信息,但不能对其进行修改等操作,常用命令如表 2-1 所示。

表 2-1　SQL Plus 的常用命令

命　令	说　明
HELP [topic]	查看命令的使用方法,topic 表示需要查看的命令名称,如 HELP DESC
HOST	使用该命令可以从 SQL Plus 环境切换到操作系统环境,以便执行操作系统命令
HOST [系统命令]	执行系统命令,如 HOST notepad.exe 将打开一个记事本文件
CLEAR SCR[EEN]	清除屏幕内容
SHOW ALL	查看 SQL Plus 的所有系统变量值信息
SHOW USER	查看当前正在使用 SQL Plus 的用户
SHOW SGA	显示 SGA 的大小
SHOW REL[EASE]	显示数据库的版本信息
SHOW ERRORS	查看详细的错误信息
SHOW PARAMETERS	查看系统初始化参数信息
DESC	查看对象的结构,这里的对象可以是表、视图、存储过程、函数和包等

下面以 DESC 命令为例介绍它的用法。该命令可以返回数据库中所存储的对象描述。对于表和视图等对象来说，DESC 命令可以列出各个列以及各个列的属性。此外，该命令还可以输出过程、函数和程序包的规范。

DESC 命令的语法格式如下：

```
DESC { [ schema. ] object [ @connect_identifier ] }
```

语法说明如下。
- schema：指定对象所属的用户名或者所属的用户模式名称。
- object：表示对象的名称，如表名或视图名等。
- @connect_identifier：表示数据库连接字符串。

使用 DESCRIBE 命令查看表的结构时，如果指定的表存在，则显示该表的结构。在显示表结构时，将按照"名称""是否为空"和"类型"这 3 列进行显示。其中：
- 名称：表示列的名称。
- 是否为空：表示对应列的值是否可以为空。如果不可以为空，则显示 NOT NULL；否则不显示任何内容。
- 类型：表示列的数据类型，并且显示其精度。

【例 2-4】

假设要查看 sys 用户下 user$ 表的结构，可使用以下命令：

```
SQL> DESC sys. user$;
```

执行后的结果如图 2-13 所示。

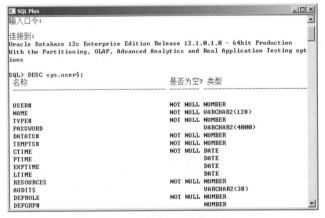

图 2-13　查看 user$ 表结构

由图 2-13 所示输出结果可知，DESCRIBE 命令输出 3 列，即"名称""是否为空"和"类型"。"名称"列显示该表中所包含的列名称；"是否为空"说明该列是否可以存储空值，如果该列值为 NOT NULL，就说明不可以存储空值；"类型"说明该列的数据类型。

2.2.5　编辑缓存区内容

SQL Plus 可以在缓存区中保存前面输入的 SQL 语句，所以可以编辑缓存区中保存的内容来构建自己的 SQL 语句，这样就不需要重复输入相似的 SQL 语句了。表 2-2 列出了常用的编辑命令。

表2-2　常用的编辑命令

命 令	说 明
A[PPEND] text	将 text 附加到当前行之后
C[HANGE]/old/new	将当前行中的 old 替换为 new
CL[EAR] BUFF[ER]	清除缓存区中的所有行
DEL	删除当前行
DEL x	删除第 x 行（行号从 1 开始）
L[IST]	列出缓存区中所有的行
L[IST] x	列出第 x 行
R[UN] 或 /	运行缓存区中保存的语句，也可以使用 / 来运行缓存区中保存的语句
x	将第 x 行作为当前行

【例 2-5】

假设要查看 sys 用户下 user\$ 表中用户名包含 SYS 的用户信息，使用的语句如下：

```
SQL> SELECT name
  2   FROM user$
  3   WHERE NAME like '%SYS' ;
```

执行结果如下：

```
NAME
--------------------------------
APPQOSSYS
AUDSYS
CTXSYS
DVSYS
LBACSYS
MDSYS
OJVMSYS
OLAPSYS
ORDSYS
SYS
WMSYS
已选择 11 行。
```

使用 SQL Plus 编辑命令时，如果输入超过一行的 SQL 语句，SQL Plus 会自动增加行号，并在屏幕上显示行号。根据行号就可以对指定的行使用编辑命令进行操作。

如果在"SQL>"提示符后直接输入行号将显示对应行的信息。例如，这里输入 3 按Enter 键后，SQL Plus 将显示第三行的内容，如图 2-14 所示。

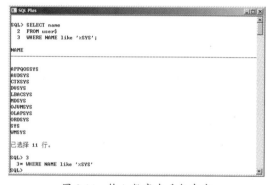

图 2-14　输入数字查看行内容

【例 2-6】

在例 2-5 的基础上，现在希望 user\$ 表的 user# 列和 type# 列也出现在查询结果中，可以使用 APPEND 命令将这两列追加到第 1 行，语句如下：

```
SQL> 1
  1* SELECT name
SQL> APPEND ,user#,type#
  1* SELECT name,user#,type#
```

从上面的例子可以看出，user# 列和type# 列已经追加到第一行中。然后，使用LIST 命令显示缓存区中所有的行，语句如下：

```
SQL> LIST
  1   SELECT name,user#,type#
  2   FROM user$
  3* WHERE NAME like '%SYS'
```

下面使用 RUN 命令来执行该查询：

```
SQL> RUN
    1    SELECT name,user#,type#
    2    FROM user$
    3*   WHERE NAME like '%SYS'
```

执行结果如下：

NAME	USER#	TYPE#
SYS	0	1
AUDSYS	7	1
APPQOSSYS	48	1
MDSYS	79	1
WMSYS	61	1
OJVMSYS	69	1
CTXSYS	73	1
ORDSYS	75	1
DVSYS	1279990	1
OLAPSYS	82	1
LBACSYS	92	1

【例 2-7】

在例 2-6 的基础上对查询条件进行修改，现在希望查询出编号小于 9 的 user# 列、name 列和 type# 列。

下面使用 CHANGE 命令对例 2-6 中的 WHERE 条件进行修改。首先切换到要修改语句所在的行号：

```
SQL> 3
    3*   WHERE NAME like '%SYS'
```

使用 CHANGE 命令修改条件：

```
SQL> CHANGE/NAME like '%SYS'/user#<9
    3*   WHERE user#<9
```

运行 LIST 命令查看修改后的语句：

```
SQL> LIST
    1    SELECT name,user#,type#
    2    FROM user$
    3*   WHERE user#<9
```

执行语句查看结果：

```
SQL> /
```

NAME	USER#	TYPE#
SYS	0	1
PUBLIC	1	0
CONNECT	2	0
RESOURCE	3	0
DBA	4	0
AUDIT_ADMIN	5	0
AUDIT_VIEWER	6	0
AUDSYS	7	1
SYSTEM	8	1

🔑 **技巧**

可以使用斜杠（/）代替 R[UN] 命令，来运行缓存区中保存的 SQL 语句。

2.2.6 保存缓存区内容

在 SQL Plus 中执行 SQL 语句时，Oracle 会把这些刚执行过的语句存放到一个称为"缓存区"的地方。每执行一次 SQL 语句，该语句就会存入缓存区而且会把以前存放的语句覆盖。也就是说，缓存区中存放的是上次执行过的 SQL 语句。

使用 SAVE 命令可以将当前缓存区的内容保存到文件中，这样即使缓存区中的内容被覆盖，也保留有前面的执行语句。SAVE 命令的语法格式如下：

```
SAV[E] [ FILE ] file_name [ CRE[ATE] | REP[LACE] | APP[END] ]
```

语法说明如下。

● file_name：表示将 SQL Plus 缓存区的内容保存到由 file_name 指定的文件中。

- CREATE：表示创建一个 file_name 文件，并将缓存区中的内容保存到该文件。该选项为默认值。
- REPLACE：如果 file_name 文件已经存在，则覆盖 file_name 文件的内容；如果该文件不存在则创建。
- APPEND：如果 file_name 文件已经存在，则将缓存区中的内容，追加到 file_name 文件的内容之后；如果该文件不存在则创建。

【例 2-8】

使用 SAVE 命令将 SQL Plus 缓存区中

的 SQL 语句保存到一个名称为 result.sql 的文件中。

```
SQL> SAVE result.sql
已创建 file result.sql
```

如果该文件已经存在，且没有指定 REPLACE 或 APPEND 选项，将会显示错误提示信息。语句如下：

```
SQL> SAVE result.sql
SP2-0540: 文件 " result.sql " 已经存在。
使用 "SAVE filename[.ext] REPLACE"。
```

提示

在 SAVE 命令中，file_name 的默认后缀名为 ".sql"；默认保存路径为 "Oracle 安装路径\product\12.1.0\dbhome_1\BIN" 目录下。

2.2.7 使用变量

在 SQL Plus 中输入 SQL 语句时如果在某个字符串前面使用了 & 符号，就表示定义了一个临时变量。例如，&v_deptno 表示定义了一个名为 v_deptno 的变量。临时变量可以使用在 WHERE 子句、ORDER BY 子句、列表达式或表名中，甚至可以表示整个 SELECT 语句。在执行 SQL 语句时，系统会提示用户为该变量提供一个具体的数据。

假设以 sys 用户连接到 Oracle 数据库，编写 SELECT 语句对 user$ 表进行查询，查询出编号小于某个数字的用户信息。该数字的具体值由临时变量 &userno 决定。

查询语句如下：

```
SELECT user#,name,type#
FROM user$
WHERE user#<=&userno;
```

由于上述语句中有一个临时变量 &userno，因此在执行时 SQL Plus 会提示用户为该变量指定一个具体的值。然后输出替换后的语句，再执行查询。例如，这里输入 8，执行结果如下：

```
SQL> SELECT user#,name,type#
  2    FROM user$
  3    WHERE user#<=&userno;
输入 userno 的值：8
原值   3: WHERE user#<=&userno
新值   3: WHERE user#<=8
```

USER#	NAME	TYPE#
0	SYS	1
1	PUBLIC	0
2	CONNECT	0
3	RESOURCE	0
4	DBA	0
5	AUDIT_ADMIN	0
6	AUDIT_VIEWER	0
7	AUDSYS	1
8	SYSTEM	1

从上述查询结果可以看出，当输入 8 后查询语句变成了以下最终形式：

```
SELECT user#,name,type# FROM user$ WHERE
user#<=8;
```

技巧

在 SQL 语句中如果希望重新使用某个变量并且不希望重新提示输入值，那么可以使用 && 符号来定义临时变量。使用 && 符号替代 & 符号，可以避免为同一个变量提供两个不同的值，而且使得系统为同一个变量值只提示一次信息。

除了在 SQL 语句直接使用临时变量之外，还可以先对变量进行定义，然后在同一个 SQL 语句中可以多次使用这个变量。已定义变量的值会一直保留到被显式地删除、重定义或退出 SQL Plus 为止。

DEFINE 命令既可以用来创建一个数据类型为 CHAR 的变量，也可以用来查看已经定义好的变量。该命令的语法形式有以下 3 种。

① DEF[INE]：显示所有的已定义变量。

② DEF[INE] variable：显示指定变量的名称、值及其数据类型。

③ DEF[INE] variable = value：创建一个 CHAR 类型的用户变量，并且为该变量赋初始值。

下面的语句定义了一个名称为 var_deptno 的变量，并将其值设置为 20。

```
SQL> DEFINE var_deptno=20
```

使用 DEFINE 命令和变量名就可以用来查看该变量的定义。下面这个例子就显示了变量 var_deptno 的定义：

```
SQL> DEFINE var_deptno
DEFINE VAR_DEPTNO        = "20" (CHAR)
```

使用 DEFINE 命令实现上述临时变量相同的功能，具体语句如下：

```
SQL> DEFINE userno=8
SQL> SELECT user#,name,type#
  2    FROM user$
  3   WHERE user#<=&userno;
原值    3: WHERE user#<=&userno
新值    3: WHERE user#<=8
```

输出结果相同，这里就不再显示。使用 UNDEFINE 命令可以删除已定义的变量，如执行"UNDEFINE userno"命令之后定义的 userno 变量将不再起作用。

2.2.8　使用提示参数

除了 DEFINE 命令外，还可以使用 ACCEPT 命令定义变量。ACCEPT 命令还允许定义一个用户提示，用于提示用户输入指定变量的数据。ACCEPT 命令既可以为现有的变量设置一个新值，也可以定义一个新变量并初始化。

ACCEPT 命令的语法格式如下：

```
ACC[EPT] variable [ data_type ] [ FOR[MAT] format ] [ DEF[AULT] default ]
[ PROMPT text | NOPR[OMPT] ] [ HIDE ]
```

下面从 USER$ 表中查询出编号为某个范围的用户信息，包括 user# 列、name 列和 type# 列。要求使用 ACCEPT 命令提示用户输入查询范围的最小值和最大值。

具体语句及执行结果如下：

```
SQL> ACCEPT minNo NUMBER FORMAT 9999 PROMPT '请输入最小编号：'
请输入最小编号：5
```

```
SQL> ACCEPT maxNo NUMBER FORMAT 9999 PROMPT '请输入最大编号：'
请输入最大编号：9
SQL> SELECT user#,name,type#
  2    FROM user$
  3    WHERE user#>&minNo and user#<&maxNo
  4  ;
原值      3: WHERE user#>&minNo and user#<&maxNo
新值      3: WHERE user#>   5 and user#<   9

USER#        NAME                 TYPE#
---------    ---------------------  ------------------
6            AUDIT_VIEWER         0
7            AUDSYS               1
8            SYSTEM               1
```

2.3 图形工具——SQL Developer

Oracle SQL Developer（简称 SQL Developer）是基于 Oracle 环境的一款功能强大、界面非常直观且容易使用的开发工具。SQL Developer 的目的就是提高开发人员和数据库用户的工作效率，单击鼠标就可以获取有用的信息，从而消除了输入冗长命令的烦恼。

2.3.1 打开 SQL Developer

SQL Developer 是一个免费的、针对 Oracle 数据库的交互式图形开发环境。通过 SQL Developer 可以浏览数据库对象、运行 SQL 语句和 SQL 脚本，并且还可以编辑和调试 PL/SQL 语句，另外还可以创建、执行和保存报表。SQL Developer 工具可以连接 Oracle 9.2.0.1 及以上所有版本数据库，支持 Windows、Linux 和 Mac OS X 操作系统。

【例 2-9】

在 Oracle 12c 中安装的是 SQL Developer 3.2。打开方法是选择【开始】|【程序】| Oracle - OraDB12Home1 |【应用程序开发】| SQL Developer 命令。第一次打开时还需要指定随 Oracle 一起安装的 JDK 的位置。图 2-15 所示为查看 SQL Developer 版本的工作界面。

图 2-15 查看 SQL Developer 版本

2.3.2 连接 Oracle

使用 SQL Developer 管理 Oracle 数据库时首先需要连接到 Oracle，连接时需要指定登录

账户、登录密码、端口和实例名等信息。具
体步骤如下。

【例 2-10】

01 在 SQL Developer 主界面左侧的【连
接】列表中右击【连接】节点选择快捷菜单
中【新建连接】命令，弹出【新建／选择数
据库连接】对话框。

02 在【连接名】文本框中为连接指定
一个别名，并在【用户名】和【口令】文
本框中指定该连接使用的登录名和密码，
再选中【保存口令】复选框来记住密码。
这里指定连接名为 oracle，并以 sys 用户进
行登录。

03 在【角色】下拉列表框中可以指定
连接时的身份为【默认值】或者 SYSDBA，
这里选择 SYSDBA。

04 在【主机名】文本框指定 Oracle
数据库所在的计算机名称，本机可以输入
localhost；在【端口】文本框指定 Oracle 数
据库的端口，默认为 1521。

05 选中【服务名】单选按钮并在后
面的文本框中输入 Oracle 的服务名称，如
orcl。

06 以上信息设置完成后单击【测试】
按钮进行连接测试，如图 2-16 所示。如果连
接失败则会显示错误信息，可根据提示进行
修改。

07 单击【保存】按钮保存连接，再单
击【连接】按钮连接到 Oracle。此时【连接】
列表中显示刚才创建的连接名称，展开该连
接可以查看 Oracle 中的各种数据库对象。在
右侧可以编辑 SQL 语句。图 2-17 所示为执
行 SQL 语句查看 Oracle 版本时的查询结果。

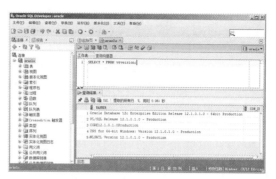

图 2-17　查看 Oracle 版本

提示 ━ ━ ━

单击【执行】按钮 ▶ 可以运行输入的
SQL 语句。

08 从左侧展开 oracle 连接下的【表】
节点查看属于当前用户的表。从列表中选择
一个表可查看表的定义，包括列名、数据类型、
数据长度以及是否主键等。图 2-18 所示为查
看 USER$ 表定义时的窗口。

图 2-18　查看 USER$ 表的定义

09 单击【数据】选项卡可查看
USER$ 表的数据，如图 2-19 所示。

图 2-16　设置连接信息

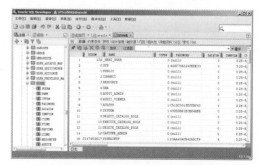

图 2-19　查看 USER$ 表的数据

2.3.3 执行存储过程

存储过程是保存在数据库服务器上的程序单元，这些程序单元在完成对数据库的重复操作时非常有用。有关存储过程的更多内容在本书后面介绍。下面重点介绍如何在SQL Developer 中创建和执行存储过程。

【例 2-11】

创建一个带有一些参数的存储过程，该参数用于指定返回结果的行数，其中每行的数据来自 USER$ 表，包括 user# 列、name 列和 type# 列。具体步骤如下。

01 在 SQL Developer 主界面【连接】窗格中右击【过程】节点，在弹出的快捷菜单中选择【新建过程】命令。

02 在弹出的对话框中指定存储过程名称为 proc_getUsers。

03 单击【添加】按钮➕创建一个名为 param1 的参数，类型为 NUMBER，如图 2-20 所示。

04 单击【确定】按钮进入存储过程的创建模板，此时会看到如图 2-21 所示的代码。

05 使用以下代码替换模板中 AS 关键字往后的内容：

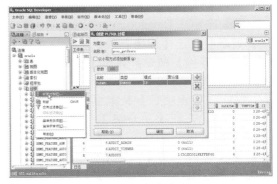

图 2-20 创建存储过程

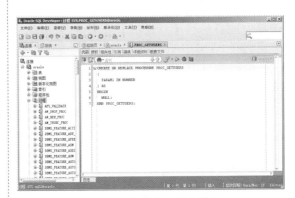

图 2-21 存储过程创建模板

```
CURSOR cursor1 IS
SELECT user#,name,type# FROM user$;
    record1 cursor1%ROWTYPE;
    TYPE user_tab_type IS TABLE OF cursor1%ROWTYPE INDEX BY BINARY_INTEGER;
    user_tab user_tab_type;
i NUMBER := 1;
BEGIN
    OPEN cursor1;
    FETCH cursor1 INTO record1;
    user_tab(i) := record1;
    WHILE ((cursor1%FOUND) AND (i < param1)) LOOP
        i := i + 1;
        FETCH cursor1 INTO record1;
        user_tab(i) := record1;
    END LOOP;
    CLOSE cursor1;
    FOR j IN REVERSE 1..i LOOP
```

```
    DBMS_OUTPUT.PUT_LINE(' 编号 :'||user_tab(j).user# ||'  姓名 :'||user_tab(j).name ||'  类
型 :'||user_tab(j).type#);
  END LOOP;
END;
```

06 单击工具栏上的【保存】按钮🔘保存存储过程的语句。

07 以上步骤就完成了存储过程的创建。在使用之前先需要对其进行编译并检测语法错误。单击工具栏上的【编译】按钮进行编译，当检测到无效的 PL/SQL 语句时会在底部的日志窗格中显示错误列表，如图 2-22 所示。

在日志窗格双击错误即可导航到错误中报告的对应行。SQL Developer 还在右侧边列中显示错误和提示。如果将鼠标指针放在边列中每个红色方块上，将显示错误消息。

08 经过检查，在本示例中 WHILE 后多出了一个左小括号，删除后再次编译将不再有错误出现，如图 2-23 所示。

图 2-22　编译时的错误

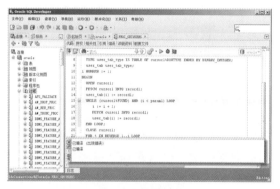
图 2-23　编译通过

09 下面执行 proc_getUsers 存储过程。方法是展开【过程】节点，右击 proc_getUsers 并选择右键快捷菜单中的【运行】命令。由于该存储过程有一个参数，会打开参数指定对话框，在这里设置 PARAM1 参数的值为 5，如图 2-24 所示。

10 单击【确定】按钮开始执行，然后会在下方的【运行】窗格中看到输出结果。这里会显示 5 行用户信息，如图 2-25 所示。

图 2-24　为参数指定值

图 2-25　存储过程运行结果

2.3.4 导出数据

SQL Developer 能够将用户数据导出为各种格式，包括 CSV、XML、HTML 及 TEXT 等。假设要将 USER$ 表中的数据导出为 INSERT 语句，可使用以下步骤。

01 打开查看 USER$ 表数据的界面，在空白处右击，并在弹出的快捷菜单中选择【导出】命令，如图 2-26 所示。

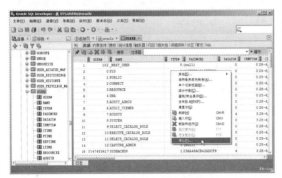

图 2-26　选择【导出】命令

02 打开【导出向导】对话框，从【格式】下拉列表框中选择 insert 作为导出数据的格式，在【行终止符】下拉列表框中选择【环境默认值】选项。再单击【浏览】按钮为导出的数据指定一个目录和文件名，如图 2-27 所示。

图 2-27　设置导出目标信息

03 单击【下一步】按钮查看导出的概要信息，如图 2-28 所示。

04 确认导出信息无误后单击【完成】按钮开始导出。导出完成后会在 SQL Developer 中自动打开导出文件。图 2-29 所示为用记事本查看导出数据文件的效果，可以看到很多 INSERT 语句。

图 2-28　查看导出概要信息

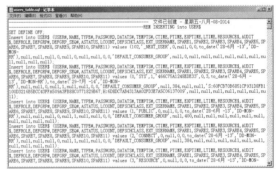

图 2-29　导出为 INSERT

上面的方法仅能够导出表中的数据，假设要导出数据表、视图、存储过程及其他数据库对象可通过以下方法。这里以导出 USER$ 表的定义及其数据为例，具体步骤如下。

01 打开 SQL Developer 从主菜单中选择【工具】|【数据库导出】命令打开【导出向导】对话框。

02 在【导出向导】对话框的第一个界面中设置要导出的 DDL、导出数据的格式以及导出文件的保存位置和编码格式，如图 2-30 所示。

03 单击【下一步】按钮，在进入的界面中选择要导出的对象类型。这里只希望导出 USER$ 表，所以选中【表】复选框即可，如图 2-31 所示。

图 2-30　【导出向导】对话框

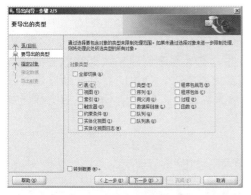

图 2-31　选择导出对象类型

04　单击【下一步】按钮，在进入的界面中选择要导出的表。首先单击【更多】按钮，再从【类型】下拉列表框中选择 TABLE 选项。然后单击【查找】按钮将会罗列所有可用的表，从列表框中选择 USER$ 并单击 按钮移动至目标列表，如图 2-32 所示。

图 2-32　选择要导出的表

05　单击【下一步】按钮在进入的界面中对数据的导出范围进行限制，这里使用默

认值，即导出表的所有数据，如图 2-33 所示。

图 2-33　指定要导出的数据

06　单击【下一步】按钮，在进入的界面中查看导出概要信息，如图 2-34 所示。

图 2-34　查看导出概要

07　确认导出信息无误后单击【完成】按钮开始导出。导出完成后会在 SQL Developer 中自动打开导出文件。图 2-35 所示为导出文件的内容，可以看到其中的语句首先是创建 USER$ 表，然后向表中插入数据。

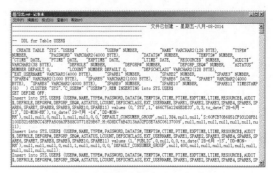

图 2-35　查看导出后的文件内容

提示

SQL Developer 工具的功能还有很多，限于篇幅这里就不再逐一介绍了。

2.4 网络配置助手

网络配置助手全称为 Net Configuration Assistant，主要为用户提供 Oracle 数据库的监听程序、命名方法、本地 NET 服务名和目录配置。该工具为每一种操作都提供了向导，使配置过程更加简单。

2.4.1 配置监听程序

监听程序是 Oracle 基于服务器端的一种网络服务。监听程序创建在数据库服务器端，主要作用是监听来自客户端的连接请求，再将请求转发给服务器。Oracle 监听程序总是存在于数据库服务器端，因此在客户端创建监听程序毫无意义。另外，每一个 Oracle 监听程序都会占用一个端口，默认端口是 1521。

【例 2-12】

使用网络配置助手配置监听程序的步骤如下。

01 选择【开始】|【程序】| Oracle - OraDB12Home1 |【配置和移植工具】| Net Configuration Assistant 命令，打开 Oracle 网络配置助手。图 2-36 所示为其主界面。

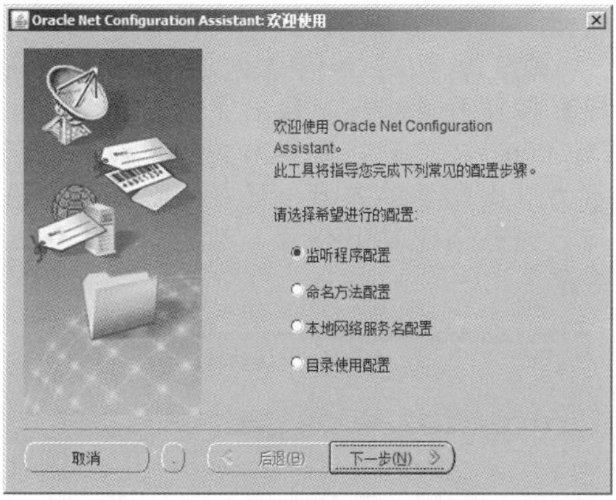

图 2-36　网络配置助手主界面

02 这里选中【监听程序配置】单选按钮，单击【下一步】按钮进入监听程序的操作选择界面，如图 2-37 所示。

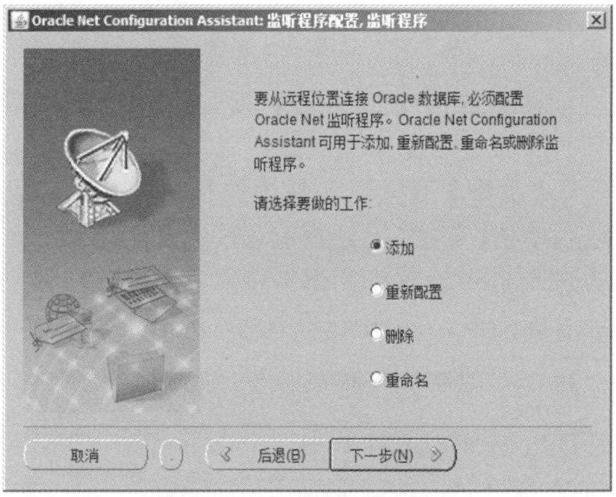

图 2-37　选择监听操作

03 这里选中【添加】单选按钮，单击【下一步】按钮在进入的界面为监听程序指定一个名称，默认值为 LISTENER，这里输入 myLISTENER，并且要求输入 Oracle 主目录的口令，如图 2-38 所示。

图 2-38 指定监听程序名称和口令

04 单击【下一步】按钮为监听程序选择可用的协议,可以是 TCP、TCPS、IPC 或者NMP。这里使用默认的TCP协议,如图2-39所示。

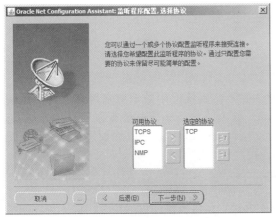

图 2-39 选择监听使用协议

![提示图标]提示

监听程序将协议地址保存在 listener.ora 文件中,该协议用于接收客户机的请求以及向客户机发送数据。根据所选协议的不同,所需的协议参数信息也会不同。

05 单击【下一步】按钮为监听程序指定监听的端口,可以是标准的 1521,也可以指定其他端口号,如图 2-40 所示。

06 这里使用标准端口,单击【下一步】按钮提示用户是否还需要配置另外一个监听程序。这里选中【否】单选按钮,如图 2-41 所示。

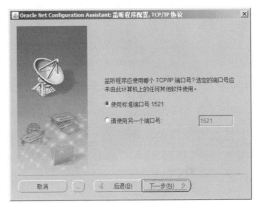

图 2-40 指定监听端口

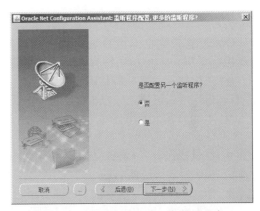

图 2-41 是否配置另外一个监听程序

07 最后会显示监听程序配置完成,单击【下一步】按钮返回主界面继续其他操作。

上面对监听程序的设置最终会写入 Oracle 的监听文件 listener.ora 中,以下语句为上面操作生成的内容:

```
# listener.ora Network Configuration File: G:\app\oracle\product\12.1.0\dbhome_1\NETWORK\ADMIN\
listener.ora
# Generated by Oracle configuration tools.
SID_LIST_LISTENER =
  (SID_LIST =
    (SID_DESC =
```

Oracle 12c 数据库

```
            (SID_NAME = CLRExtProc)
            (ORACLE_HOME = G:\app\oracle\product\12.1.0\dbhome_1)
            (PROGRAM = extproc)
            (ENVS = "EXTPROC_DLLS=ONLY:G:\app\oracle\product\12.1.0\dbhome_1\bin\oraclr12.dll")
        )
    )
MYLISTENER =
    (DESCRIPTION_LIST =
        (DESCRIPTION =
            (ADDRESS = (PROTOCOL = TCP)(HOST = hzkj)(PORT = 1521))
            (ADDRESS = (PROTOCOL = IPC)(KEY = EXTPROC1521))
        )
    )
```

该文件由网络助手自动生成，其中存储了各监听程序的配置参数，重要参数含义如下。

- MYLISTENER 为监听程序的名称。
- PROTOCOL = TCP 表示监听程序使用的是 TCP 协议。
- HOST = hzkj 表示监听的 Oracle 服务器所在主机名称，也可以是 IP 地址。
- PORT = 1521 表示监听程序使用的端口号。

2.4.2 配置命名方法

Oracle 客户端在连接 Oracle 数据库服务器时，并不会直接使用数据库名等信息，而是使用连接标识符。连接标识符存储了连接的详细信息。定义连接标识符一般有以下几种方法。

- 主机命名。客户端利用 TCP/IP 协议、Oracle Net Services 和 TCP/IP 协议适配器，仅凭主机地址即可建立与 Oracle 数据库服务器的连接。
- 本地命名。使用在每个 Oracle 客户端的 tnsnames.ora 文件中的配置和存储的信息来获取 Oracle 数据库服务器的连接标识符，从而实现与数据库的连接。
- 目录命名。将 Oracle 数据库服务器或网络服务名称解析为连接描述符，该描述符存储在中山目录服务器中。
- Oracle Names。这是由 Oracle Names 服务器系统构成的 Oracle 目录服务，这些服务器可以为网络上的每个服务提供由名称到地址的解析。
- 外部命名。使用受支持的第三方命名服务。

上述 5 种命名方法中最常用的是本地命名方法，它的配置步骤如下。

【例 2-13】

01 选择【开始】|【程序】| Oracle - OraDB12Home1 |【配置和移植工具】| Net Configuration Assistant 命令，打开 Oracle 网络配置助手的主界面。

02 这里选中【命名方法配置】单选按钮，单击【下一步】按钮进入命名方法的选择界面，如图 2-42 所示。

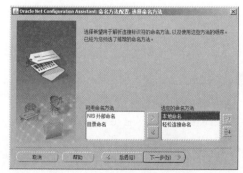

图 2-42 选择可用的命名方法

在【选定的命名方法】列表框中显示了当前使用的命名方法，也可以从【可用命名方法】列表框中添加其他方法。默认情况下，Oracle 推荐使用"本地命名"方法和"轻松连接命名"方法。这两种方法的使用顺序为：首先搜索"本地命名"方法，如果不能获得连接标识符，接着搜索"轻松连接命名"方法。当然在【选定的命名方法】列表框中也可以调整 Oracle 的搜索顺序。

03 在这里使用默认值，单击【下一步】按钮进入命名方法配置完成界面，如图 2-43 所示。

图 2-43 命名方法配置完成

在成功配置命名方法之后，可以打开 Oracle 安装目录 \NETWORK\ADMIN 下的 sqlnet.ora 文件，查看文件内容。这里生成的内容如下：

```
# sqlnet.ora Network Configuration File: G:\app\oracle\product\12.1.0\dbhome_1\network\admin\sqlnet.ora
# Generated by Oracle configuration tools.


SQLNET.AUTHENTICATION_SERVICES= (NTS)
NAMES.DIRECTORY_PATH= (TNSNAMES, EZCONNECT)
```

2.4.3 配置本地 NET 服务名

本地 NET 服务名也是属于 Oracle 的连接标识符，使用网络配置助手可以对它进行各种配置。

【例 2-14】

使用网络配置助手配置 Oracle 本地 NET 服务名的具体步骤如下。

01 选择【开始】|【程序】| Oracle - OraDB12Home1 |【配置和移植工具】| Net Configuration Assistant 命令，打开 Oracle 网络配置助手的主界面。

02 这里选中【本地网络服务名配置】单选按钮，单击【下一步】按钮进入本地网络服务名的操作选择界面。在该界面中提供了"添加""重新配置""删除""重命名"和"测试"操作选项，如图 2-44 所示。

03 这里要创建一个新的本地网络服务名，选中【添加】单选按钮，单击【下一步】按钮，在进入的界面中为"服务名"输入一个名称，默认的是 ORCL，这里输入 myORCL，如图 2-45 所示。

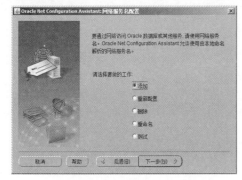

图 2-44 选择操作

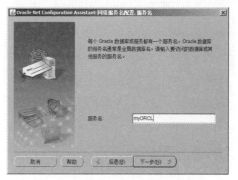

图 2-45 输入服务名称

04 单击【下一步】按钮，在进入的网络协议界面中使用默认值，即选择 TCP 协议，如图 2-46 所示。

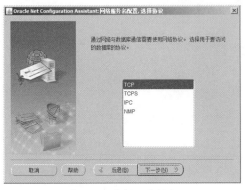

图 2-46　选择网络协议

05 单击【下一步】按钮为 TCP 协议所需的主机名和端口进行指定。在这里输入本机名称为 HZKJ，也可以是 IP 地址，并保持默认端口 1521，如图 2-47 所示。

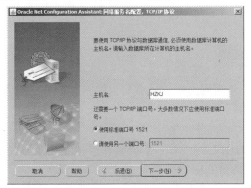

图 2-47　设置主机名和端口

06 单击【下一步】按钮，提示是否对刚才的配置进行测试，如图 2-48 所示。

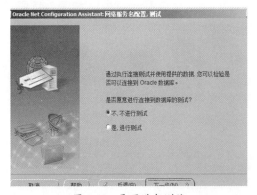

图 2-48　是否进行测试

07 在测试界面中选中【是，进行测试】单选按钮，并单击【下一步】按钮开始进行测试。无论成功与否都会显示测试结果，如果出现图 2-49 所示错误说明连接建立成功。

图 2-49　测试结果显示界面

08 在图 2-49 所示界面中单击【更改登录】按钮，从弹出的对话框中修改登录的用户名和密码。测试成功会出现图 2-50 所示界面。

图 2-50　测试成功

09 最后单击【下一步】按钮出现网络服务名配置完毕界面，如图 2-51 所示。

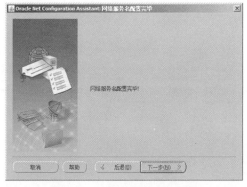

图 2-51　网络服务名配置完毕

上述配置过程完成之后，Oracle 会将配置信息写入 Oracle 安装目录 \NETWORK\ADMIN 下的 tnsnames.ora 文件中。以下语句为上述操作生成的内容：

```
# tnsnames.ora Network Configuration File: G:\app\oracle\product\12.1.0\dbhome_1\network\admin\
tnsnames.ora
# Generated by Oracle configuration tools.
MYORCL =
  (DESCRIPTION =
    (ADDRESS = (PROTOCOL = TCP)(HOST = HZKJ)(PORT = 1521))
    (CONNECT_DATA =
      (SERVER = DEDICATED)
      (SERVICE_NAME = orcl)
    )
  )
```

2.5 网络管理器

Oracle 网络配置助手总是以向导的模式出现，引导用户一步一步进行配置，非常适合初学者。而 Oracle 网络管理器（Net Manager）将所有配置步骤结合到一个界面，更适合熟练用户进行快速操作。

选择【开始】|【程序】| Oracle - OraDB12Home1 |【配置和移植工具】| Net Manager 命令，打开 Oracle 网络管理器的主界面，如图 2-52 所示。在该界面可以完成概要文件、服务命名和监听程序 3 个方面的配置。

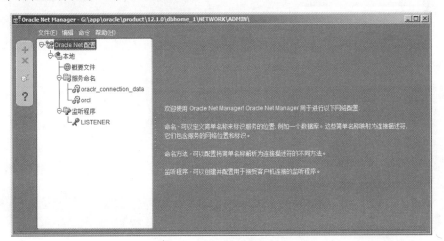

图 2-52 Oracle 网络管理器的主界面

1. 概要文件

使用 Oracle 网络管理器可以创建或修改概要文件，它是确定客户机如何连接到 Oracle 网络的参数集合。概要文件对应的是 sqlnet.ora 文件，里面包含命名方法、事件记录、跟踪、外

部命名参数以及 Oracle Advanced Security 的客户机参数。

图 2-53 所示为概要文件"一般信息"的配置界面。

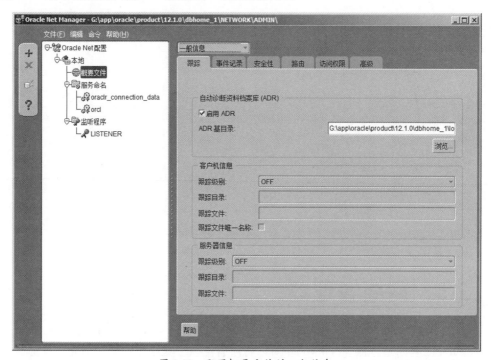

图 2-53　配置概要文件的一般信息

图 2-54 所示为概要文件"命名"的配置界面。

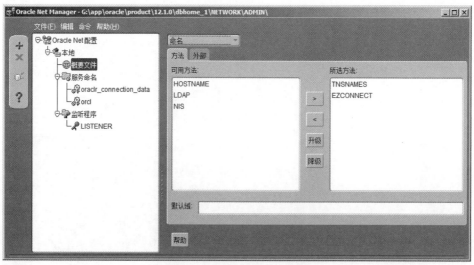

图 2-54　配置概要文件的命名

2. 服务命名

使用 Oracle 网络管理器可以对 tnsnames.ora 文件的连接标识符进行修改。图 2-55 所示为服务命名的配置界面。

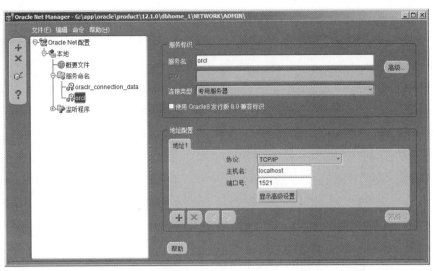

图 2-55　配置服务命名

3. 监听程序

使用 Oracle 网络管理器可以为 listener.ora 文件中的监听程序进行添加、修改和删除。图 2-56 所示为监听程序的配置界面。

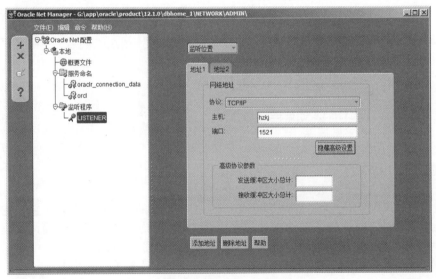

图 2-56　配置监听程序

2.6　数据库管理助手

如果在安装 Oracle 系统时选择不创建数据库，则会仅安装 Oracle 数据库服务器软件。在这种情况下要使用 Oracle 系统则必须创建数据库。如果在安装系统时已经创建了数据库，也可以再创建一个数据库。

在 Oracle 12c 中创建数据库最简单的方法是使用图形化用户界面工具 DBCA 完成。使用 DBCA 可以快速、直观地创建数据库，并且通过使用数据库模板，用户只需要做很少的操作就能够完成数据库创建工作。

例如，要创建学生管理系统的数据库，使用 DBCA 的具体创建步骤如下。

01 选择【开始】|【所有程序】| Oracle - OraDB12Home1 |【配置和移植工具】|Database Configuration Assistant 命令，打开数据库配置助手的【欢迎使用】界面，在该界面中单击【下一步】按钮，打开图 2-57 所示界面。

图 2-57　选择创建数据库

图 2-57 所示界面中各选项的含义如下。

- 创建数据库：创建一个新的数据库。
- 配置数据库选件：用来配置已经存在的数据库。
- 删除数据库：从 Oracle 数据库服务器中删除已经存在的数据库。
- 管理模板：用于创建或者删除数据库模板。
- 配置自动存储管理：创建和管理 ASM 及其相关磁盘组，与创建新数据库无关。

02 选中【创建数据库】单选按钮后单击【下一步】按钮。在图 2-58 所示界面中选择创建数据库时所使用的数据库模板。

图 2-58　选择数据库模板

03 在图 2-58 所示界面中采用默认设置，单击【下一步】按钮，在打开的界面中指定数据库的标识。在该界面中需要输入一个数据库名称和一个 SID，其中 SID 在同一台计算机上不能重复，用于唯一标识一个实例，如图 2-59 所示。

图 2-59　指定数据库标识

04 单击【下一步】按钮，在打开的界面中指定数据库的管理选项，这里采用默认设置，如图 2-60 所示。

05 单击【下一步】按钮打开【数据库身份证明】界面，在该界面中选中【所有账户使用同一管理口令】单选按钮并设置口令，如图 2-61 所示。

06 设置好口令后单击【下一步】按钮，打开【存储选项】界面，选中【文件系统】单选按钮，表示使用文件系统进行数据库的存储，如图 2-62 所示。

07 单击【下一步】按钮打开【数据库文件所在位置】界面，在此界面中指定存储数据库文件的位置和方式，如图 2-63 所示。

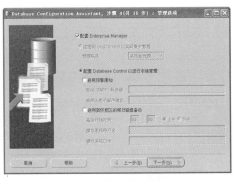

图 2-60 设置管理选项

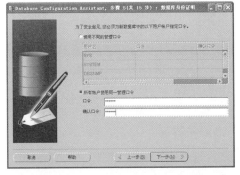

图 2-61 设置数据库口令

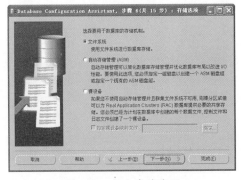

图 2-62 指定存储选项

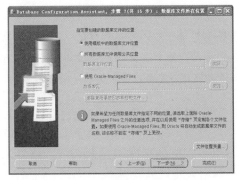

图 2-63 指定数据库文件存储位置

图 2-63 中各个可用选项的含义如下。

- 使用模板中的数据文件位置：使用为此数据库选择的数据库模板中的预定义位置。
- 所有数据库文件使用公共位置：为所有数据库文件指定一个新的公共位置。
- 使用 Oracle-Managed Files：可以简化 Oracle 数据库的管理。利用由 Oracle 管理的文件，DBA 将不必直接管理构成 Oracle 数据库的操作系统文件。用户只需提供数据库区的路径，该数据区用作数据库存放其数据库文件的根目录。

08 单击【下一步】按钮打开如图 2-64 所示的【恢复配置】界面，各个可用选项的含义如下。

图 2-64 恢复配置

①指定快速恢复区：快速恢复区用于恢复数据库的数据，以免系统发生故障时丢失数据。快速恢复区是由 Oracle 管理的目录、文件系统或"自动存储管理"磁盘组组成。该区提供了存放备份文件和恢复文件的

Oracle 12c 数据库

53

磁盘位置。

② 启用归档：启用归档后，数据库将归档其重做日志。利用重做日志可以将数据库中的数据恢复到重做日志中记录的某一状态。

09 单击【下一步】按钮打开如图 2-65 所示的界面。在这里选择数据库创建好后运行的 SQL 脚本，以便运行该脚本来修改数据库，这里使用默认设置。

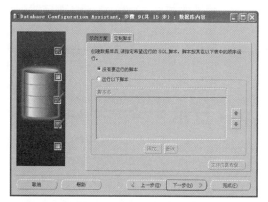

图 2-65　定制用户自定义脚本

10 单击【下一步】按钮打开如图 2-66 所示的设置【初始化参数】界面。

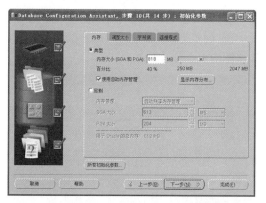

图 2-66　设置初始化参数

在该界面中有 4 个选项卡，"内存"和"字符集"前面已经讲过，这里不再赘述。其他选项卡说明如下。

- 调整大小：调整 Oracle 数据块的大小和连接到服务器的进程数。
- 连接模式：用于选择数据库的连接模式，包括专用服务器模式或者共享服务器模式。

11 使用默认设置初始化参数。单击【下一步】按钮打开如图 2-67 所示的【安全设置】界面。

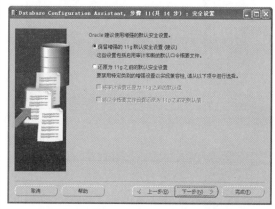

图 2-67　安全设置

12 确定数据库的安全设置后单击【下一步】按钮，打开如图 2-68 所示的配置数据库自动维护界面。

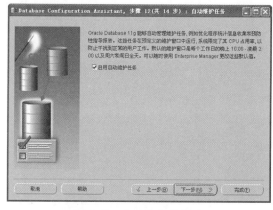

图 2-68　自动维护数据库

提示

自动管理维护任务可方便地管理各种数据库维护任务之间资源的分配，确保最终用户的活动在维护操作期间不受影响，并且这些活动可获得完成任务所需的足够资源。

13 采用默认设置，单击【下一步】按钮进入如图 2-69 所示的【数据库存储】界面。在这里可以对数据库的控制文件、数据文件和重做日志文件进行设置。

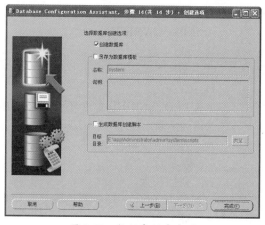

图 2-69　数据库存储　　　　　　　　图 2-70　数据库创建选项

14　单击【下一步】按钮，打开如图 2-70 所示的【创建选项】界面。

15　在图 2-70 所示界面中采用默认设置，

并单击【完成】按钮，在弹出数据库创建确认对话框中检查创建信息。如果无误则单击【确认】按钮开始数据库的创建工作。

 提示 ━ ━ ━ ━ ━ ━ ━ ━ ━ ━

【另存为数据库模板】将前面对创建数据库的参数配置另存为模板。【生成数据库创建脚本】将前面所做的配置以创建数据库脚本的形式保存起来，当需要创建数据库时可以通过运行该脚本创建。

2.7　练习题

1. 填空题

（1）Oracle 监听的端口可以通过 ＿＿＿＿＿＿ 命令查看。

（2）查看表结构时所使用的命令是 ＿＿＿＿＿＿ 。

（3）在 SQL 语句中如果在某个变量前面使用了 "＿＿＿＿＿＿" 符号，那么就表示该变量是一个临时变量。

（4）在 SQL Plus 工具中定义变量可以使用 ＿＿＿＿＿＿ 或 ACCEPT 命令。

（5）Oracle 的本地 NET 服务名信息保存在 ＿＿＿＿＿＿ 文件中。

2. 选择题

（1）假设计算机名为 myhost，下列打开 OEM 的 URL 不正确的是（　　　）。

A．http://myhost

B．http://localhost:5500

C．http://127.0.0.1:5500

D．http://myhost:5500

（2）如果需要断开与数据库的连接，可以使用（　　）命令。

    A．DISCONNECT

    B．quit

    C．exit

    D．close

（3）使用 DESCRIBE 命令不会显示表的（　　）信息。

    A．列名称

    B．列的空值特性

    C．表名称

    D．列的长度

（4）在 SQL Plus 工具中要删除变量可以使用（　　）命令。

    A．SET

    B．DELETE

    C．REMOVE

    D．UNDEFINE

（5）对于监听程序不可用的协议是（　　）。

    A．TCP

    B．TCPS

    C．IPC

    D．UDP

上机练习 1：使用 OEM 熟悉 Oracle 数据库

使用本章 2.1 节介绍的知识查看监听的端口，并登录上 OEM 后台。然后在 OEM 中使用导航菜单来查看 Oracle 各个方面的内容。

上机练习 2：运行外部文件

在 E 盘下新建一个 test.sql 文件，再向文件中添加格式化列的查询语句。然后使用 sys 用户在 SQL Plus 中登录到 Oracle 数据库。通过输入 start e:\test.sql 命令来执行 test.sql 文件中的语句，并查看执行结果。

第 3 章

操作 Oracle 数据表

在对数据库的操作中几乎所有的操作都与表息息相关，因为表中存储了关系型数据库中所使用的所有数据。表是其他对象的基础，没有数据表，关键字、主键、索引等也就无从谈起。因此，在数据库中对表的操作非常重要。

本章首先介绍了数据表的概念和创建规则，然后详细介绍表的各种操作，像创建表、指定表属性、删除表以及分析表的内容等。

 本章学习要点

◎ 了解表的构成
◎ 理解表的类型
◎ 掌握 Oracle 中的数据类型
◎ 掌握表的创建
◎ 掌握创建表时数据类型的使用
◎ 掌握表属性的修改
◎ 掌握列属性的修改
◎ 了解表分析的作用

3.1 Oracle 数据表

表是数据库最基本的逻辑结构，一切数据都存放在表中，一个 Oracle 数据库就是由若干个数据表组成。其他数据库对象都是为了用户很好地操作表中的数据。

3.1.1 数据表概述

表对应关系模型中的数据实体，它用于组织和存储具有行、列结构的一组数据。行是数据组中的单位，列用于描述数据实体的一个属性。每一行都表示一条完整的数据记录，对应一个数据实体，而每一列表示记录中元素的一个属性值。

【例 3-1】

例如，表 3-1 是用来表示某客户系统会员信息的"会员"表。

表 3-1　会员表

编　号	姓　名	性　别	联系方式	出生日期	积　分	备　注
No1001	许一姚	女	13838510003	1989-06-25	907	
No1002	程楠楠	女	13838510004	1988-01-05	1005	新客户
No1003	张一平	男	13838510005	1974-10-15	2004	

在表 3-1 中，表的名称为"会员"，该表共有 7 列，每列都有一个名字，即列名（一般情况下将标题作为列名），它描述了会员某一个方面的属性。每个表由多个行组成，表的第一行为标题，其他各行都是数据。

1. 与表有关的术语

根据表 3-1 中的内容，为大家介绍几个常见的与数据表有关的术语。

● 表结构。组成表的各列的名称及其数据类型，统称为表结构。
● 记录。每个表包含多个数据，它们是表的"值"，表中的一行称为一个记录。因此，表示记录的有限集合。
● 字段。每个记录由若干个数据项构成，将构成记录的每个数据项称为字段或者字段（列）。例如，表 3-1 包含 7 个字段，由 3 条记录构成。
● 空值。空值通常表示未知、不可用或将在以后添加的数据，如果一个列允许为空值，则向表中输入记录值时可不为该列给出具体值；而一个列如果不允许为空值，则在输入时必须给出具体值。
● 关键字。如果表中记录的某一字段或字段组合能唯一标识记录，则称该字段或字段组合为候选关键字。如果一个表有多个候选关键字，则选择其中一个为主关键字，简称主键。当一个表仅有唯一的一个候选关键字时，该候选关键字就是主关键字。

 提示

表的关键字不允许为空值，空值不能与数值数据 0 或者字符类型的空字符混为一谈。任意两个空值都不相等。

2. 表的特点

在 Oracle 数据库中，数据表通常有以下特点。

● 表通常代表一类实体。表是将实体关系模型映射为二维表格的一种实现方式，在同一个数据库中，每一个表具有唯一的名称。

- 表由行和列组成。二维表格是由横向的行和纵向的列组成。每一行表示一条完整的记录，对应于一个完整的数据实体。每一列表示每个实体对应的属性，列存储了多个实体对象的相同属性的值。
- 在同一个表中每一行的值具有唯一性。另外，列名在同一个表中也具有唯一性。
- 行和列具有无序性。在同一个表中，行的顺序可以任意排列，通常按照数据插入的先后顺序存储。在使用过程中，经常对表中的行使用索引进行排序，或者在检索时使用排序语句。另外，列的顺序也可以任意排列，列的先后顺序对于数据的存储没有实质影响。

3.1.2 数据表的创建规则

在 Oracle 中表的创建并不难。但是，作为一个合格的数据管理者或者开发者，在创建数据表之前首先必须要确定当前项目需要创建哪些表、表中要包含哪些列以及这些列所要使用的数据类型等。这就是表的创建规则，是需要在表创建之前确定的。下面罗列了创建数据表时需要考虑的几个方面。

1. 数据表的设计依据

在设计表的时候，首先要根据系统需求提取所需要的表以及每个表所包含的字段；然后根据数据库的特性，对表的结构进行分析设计。表的设计通常要遵循以下几点。

（1）表的类型，如堆表、临时表或者索引等。

（2）表中每个字段的数据类型，如 NUMBER、VARCHAR2 和 DATE 等。

（3）表中字段的数据类型长度大小。

（4）表中每个字段的完整性约束条件，如 PRIMARY KEY、UNIQUE 以及 NOT NULL 约束等。

2. 数据表的存储位置

在 Oracle 数据库中，需要将表放在表空间（TABLESPACE）中进行管理，在定义表和表空间时需要注意以下 3 点。

（1）设计数据表时，应该设计存放数据表的表空间，不要将表随意分散地创建到不同的表空间中去，这样对以后数据库的管理和维护将非常不利。

（2）如果将表创建在特定的表空间上，用户必须在表空间中具有相应的系统权限。

（3）为表指定表空间时，最好不要使用 Oracle 的系统表空间 SYSTEM；否则会影响数据库性能。

提示

在创建表时如果不指定表空间，Oracle 将会把表建立在用户的默认表空间中。

3. NOLOGGING 语句

在创建表空间的过程中，为了避免产生过多的重复记录（重做记录），可以指定NOLOGGING 语句，从而节省重做日志文件的存储空间，加强数据库的性能，加快数据表的创建。一般来说，NOLOGGING 适合在创建大表的时候使用。

4. 表名和列名规则

定义表名和列名必须遵循的规则如下。

- 不能以数字开头。
- 必须在 1 ～ 30 个字符之间。
- 不能和用户定义的其他对象重名。
- 尽量避免使用 Oracle 中的保留关键字。

3.1.3　Oracle 中表的类型

Oracle 中的表有很多种类型，不同类型的表有着不同的限制和数据处理方式。下面简要介绍 Oracle 中每种表的类型及其应用。

1. 堆组织表

堆组织表是普通的标准数据库表，数据以堆的方式管理。堆其实就是一个很大的空间，会以一种随机的方式管理数据，数据会放在合适的地方。

当增加数据时，将使用在堆中找到的第一个适合数据大小的空闲空间。当数据从表中删除时，留下的空间允许随后的 INSERT 和 UPDATE 重用。

2. 索引组织表

索引组织表（IOT 表）存储在索引结构中，利用行进行物理排序。表中的数据按主键存储和排序，按排序顺序来存储数据。

如果只通过主键访问一个表，就可以考虑使用 IOT 表。父子关系表中，如果是一对多关系，经常根据父表查找子表，子表可以考虑使用 IOT 表。

3. 索引聚簇表

聚簇是指一个或多个表的组。有相同聚簇值的行有着相邻的物理存储。Oracle 数据字典大量使用这种表，这样可以将表、字典信息存储在一起，提高访问效率。

如果数据只用于读，需要频繁地把一些表的信息连接在一起访问，可以考虑索引聚簇表。但聚簇会导致全表扫描的效率低下，而且索引聚簇表是不能分区的。

对于索引聚簇表，来自许多张表的数据可能被存储在同一个块上；包含相同聚簇码值的所有数据将物理上存储在一起。数据聚集在聚簇码值周围，聚簇码用 B 树索引构建。

4. 散列聚簇表

散列聚簇表类似索引聚簇表，不使用 B 树索引定位数据，而使用内部函数或者自定义函数进行散列，然后使用这个散列值得到数据在磁盘上的位置。

散列聚簇把码散列到簇中，来保存数据所在的数据库块。在散列聚簇中，数据本身相当于索引。这适合用于经常通过码等来读取的数据。

散列聚簇是一个占用较多 CPU、较少输入 / 输出（I/O）的操作，如果经常按 hashkey（散列键）查找数据，可以考虑散列聚簇表。

5. 有序散列聚簇表

有序散列聚簇表和索引聚簇表在概念上很相似，主要区别为散列函数代替了聚簇码索引。有序散列聚簇表同时兼有索引聚簇表、散列聚簇表的一些特性。

有序散列聚簇表中的数据就是索引，而没有物理索引。Oracle 采用行码值，使用内部函数或用户函数对它进行散列运算，利用这些来指定数据应放在硬盘的哪个位置。

使用散列算法来定位数据的副作用是没有在表中增加传统的索引，因此不能按区域扫描散列聚簇中的表。

6.　嵌套表

嵌套表与传统的父子表模型很相似，但其里面的数据元素是一个无序集，所有数据类型必须相同，很少用嵌套表来存储实体数据，大多数在 PL/SQL 代码中使用。

7.　临时表

临时表用来保存事务、会话中间结果集。临时表值对当前会话可见，可以创建基于会话的临时表，也可以创建基于事务的临时表。如果应用中需要临时存储一个行集合供其他表处理，可以考虑使用临时表。

8.　对象表

对象表用于实现对象关系模型，很少用来存储数据，可以在 PL/SQL 中用来得到对象关系组件。

9.　外部表

外部表可以把一个操作系统文件当作一个只读的数据库表。

 ## 3.2　Oracle 表列的数据类型

一个数据表可以看成是由行和列组合而成的表格。其中，行表示表中的数据记录信息，列则是表的字段信息，列定义了行中数据的保存形式。

一个数据表可以包含一列或者多列，每列都有一种数据和一个长度。Oracle 数据库内置了丰富的数据类型，如表 3-2 所示。

表 3-2　列的数据类型

Oracle 内置数据类型	说　明
NUMBER(precision,scale) 和 NUMERIC(precision,scale)	可变长度的数字，precision 是数字可用的最大位数（如果有小数点，是小数点前后位数之和）。支持的最大精度为 38 位；如果有小数点，scale 是小数点右边的最大位数。如果 precision 和 scale 都没有指定，可以提供 precision 和 scale 为 38 位的数字
DEC 和 DECIMAL	NUMBER 的子类型。小数点固定的数字，小数精度为 38 位
DOUBLE PRECISION 和 FLOAT	NUMBER 的子类型。38 位精度的浮点数
REAL	NUMBER 的子类型。18 位精度的浮点数
INT、INTEGER 和 SMALLINT	NUMBER 的子类型。38 位小数精度的整数
REF object_type	对对象类型的引用。与 C++ 程序设计语言中的指针类似
VARRAY	变长数组。它是一个组合类型，存储有序的元素集合
NESTED TABLE	嵌套表。它是一个组合类型，存储无序的元素集合
XML Type	存储 XML 数据
LONG	变长字符数据，最大长度为 2GB
NVARCHAR2(size)	变长字符串，最大长度为 4000B
VARCHAR2(size)[BYTE | CHAR]	变长字符串，最大长度为 4000B，最小为 1B。BYTE 表示使用字节语义变长字符串，最大长度为 4000B；CHAR 表示使用字符语义计算字符串的长度

Oracle 12c 数据库

续表

Oracle 内置数据类型	说　明
NCHAR(size)	定长字符串，其长度为 size，最大为 2000B，默认大小为 1B
CHAR(size)[BYTE | CHAR]	定长字符串，其长度为 size，最小为 1B，最大为 2000B。BYTE 表示使用字节语义的定长字符串；CHAR 表示使用字符语义的定长字符串
BINARY_FLOAT	32 位浮点数
BINARY_DOUBLE	64 位浮点数
DATE	日期值，从公元前 1712 年 1 月 1 日到公元 9999 年 12 月 31 日
TIMESTAMP(fractional_seconds)	年、月、日、小时、分钟、秒和秒的小数部分。fractional_seconds 的值从 0 到 9，也就是说，最多为十亿分之一秒的精度，默认值为 6（百万分之一）
TIMESTAMP(fractional_seconds) WITH TIME ZONE	包含一个 TIMESTAMP 值，此外还有一个时区置换值。时区置换可以是到 UTC（如 -06:00）或区域名（如 US/Central）的偏移量
TIMESTAMP(fractional_seconds) WITH LOCAL TIME ZONE	类似于 TIMESTAMP WITH TIMEZONE，但是有两点区别：①在存储数据时，数据被规范化为数据库时区；②在检索具有这种数据类型的列时，用户可以看到以会话的时区表示的数据
INTERVAL YEAR(year_precision) TO MONTH	以年和月的方式存储时间段，year_precision 的值是 YEAR 字段中数字的位数
INTERVAL DAY(year_precision) TO ECOND(fractional_seconds_precision)	以日、小时、分钟、秒、小数秒的形式存储一段时间。year_precision 的值从 0 到 9，默认值为 2。fractional_seconds_precision 的值类似于 TIMESTAMP 值中的小数位，范围从 0 到 9，默认值为 6
RAW(size)	原始二进制数据，最大为 2000B
LOGN RAW	原始二进制数据，可变长，最大为 2GB
ROWID	以 64 为基数的串，表示对应表中某一行的唯一地址，该地址在整个数据库中是唯一的
UROWID[(size)]	以 64 为基数的串，表示按索引组织的表中某一行的逻辑地址。size 的最大值是 4000B
CLOB	字符大型对象，包含单字节或多字节字符；支持定宽和变宽的字符集。最大容量为 (4GB − 1)*DB_BLOCK_SIZE
NCLOB	类似于 CLOB，除了存储来自于定宽和变宽的 Unicode 字符。最大容量为 (4GB − 1)*DB_BLOCK_SIZE
BLOB	二进制大型对象；最大容量为 (4GB − 1)*DB_BLOCK_SIZE
BFILE	指针，指向存储在数据库外部的大型二进制文件。必须能够从运行 Oracle 实例的服务器访问二进制文件。最大容量为 4GB
用户定义的对象类型	可以定义自己的对象类型，并创建该类型的对象

3.3 创建表

在了解表的设计原则、表类型和列类型之后便可以开始创建表了。创建表的方法很多，最简单的是直接创建，当然也可以创建时为表指定存储空间，还可以对表的存储参数等属性进行设置。

3.3.1 创建表的语句

创建表需要使用 CREATE TABLE 语句，该语句的语法格式如下：

```
CREATE TABLE [schema.]table_name(
    column_name data_type [DEFAULT expression] [constraint]
    [,column_name data_type [DEFAULT expression] [constraint]]
    [,column_name data_type [DEFAULT expression] [constraint]]
    [,…]
);
```

上述语法格式中的各个参数说明如下。

- schema：指定表所属的用户名，或者所属的用户模式名称。
- table_name：所要创建表的名称。
- column_name：列的名称。列名在一个表中必须具有唯一性。
- data_type：列的数据类型。
- DEFAULT expression：列的默认值。
- constraint：为列添加的约束，表示该列的值必须满足的规则。

【例 3-2】

例如，要创建 3.1.1 小节给出的会员表，该表中包含会员编号、姓名、性别、联系方式、出生日期、积分和备注 7 个字段。语句如下：

```
CREATE TABLE users(
    user_no varchar2(6) not null,
    name varchar2(20),
    sex varchar2(2),
    mobile varchar2(11),
    birthday date,
    score number(4),
    memo varchar2(500)
);
```

上述语句指定要创建的数据表名称为 users，该表 user_no 表示会员编号，数据类型为 VARCHAR2，NOT NULL 关键字表示该列值为非空；name 表示会员名称，数据类型为 VARCHAR2，长度为 20；birthday 表示出生日期，数据类型为 date；score 表示积分，数据类型为 number(4)，表示该字段的值为 4 位有效数字，最大可以是 9999.99。

3.3.2 指定表空间

在 Oracle 数据库中，一般将表存放于表空间中进行管理，因此在创建表时，可以使用 TABLESPACE 选项指定该表存放的表空间。指定表空间的语法格式如下：

```
TABLESPACE tablespace_name
```

【例 3-3】

例如，在创建会员表 users 时指定表空间为 TABLESPACE1（该表空间必须已存在）。创建语句如下：

```
CREATE TABLE users(
    user_no varchar2(6) not null,
    name varchar2(20),
    sex varchar2(2),
    mobile varchar2(11),
    birthday date,
    score number(4),
    memo varchar2(500)
) TABLESPACE tablespace1;
```

👉 **提示** ━ ━ ━ ━ ━ ━ ━ ━ ━ ━ ━ ━ ━ ━ ━ ━ ━ ━

如果在创建表时没有指定表空间，那么系统将表建立在默认表空间中。可以通过 USER_USERS 视图的 DEFAULT_TABLESPACE 字段查看当前用户的默认表空间名称。另外，还可以通过 USER_TABLES 视图查看表和表空间的对应关系。

3.3.3 指定存储参数

在创建表时，Oracle 允许用户对存储空间的使用参数进行自定义。这时需要使用关键字 STORAGE 来指定存储参数信息，其具体语法格式如下：

```
STORAGE(INITIAL n [k|M] NEXT n [k|M] PCTINCREASE n )
```

上述语法中的各个参数说明如下。

① INITIAL：用来指定表中的数据分配的第一个盘区大小，以 KB 或者 MB 为单位，默认值是 5 个 Oracle 数据块的大小。

🔑 **技巧** ━ ━ ━ ━ ━ ━ ━ ━ ━ ━ ━ ━ ━ ━ ━ ━

如果为已知数量的数据建立表，可以将 INITIAL 参数设置为一个可以容纳所有数据的值，这样就可以将表中所有数据存储在一个盘区，从而避免或者减少碎片的产生。

② NEXT：用来指定表中的数据分配的第二个盘区大小。该参数只有在字典管理的表空间中起作用；在本地化管理表空间中，该盘区大小将由 Oracle 自动决定。

③ MINEXTENTS（MAXEXTENTS）：用来指定允许为表中的数据所分配的最小（最大）盘区数量。同样，在本地化管理表空间的方式中该参数不再起作用。

⚠ 注意

如果指定的盘区管理方式为 UNIFORM，这时不能使用 STORAGE 子句，盘区的大小将是固定统一的。

【例 3-4】

例如，创建会员表 users 通过 STORAGE 指定存储参数，语句如下：

```
CREATE TABLE users(
    user_no varchar2(6) not null,
    name varchar2(20),
    sex varchar2(2),
    mobile varchar2(11),
    birthday date,
    score number(4),
    memo varchar2(500)
) STORAGE(INITIAL 120K);
```

👉 提示

通过查询 USER-TABLES 视图中的 INITIAL_EXTENT 字段值，可以获取表的 INITIAL 存储参数信息。

3.4 实践案例：使用设计器创建表

使用设计器创建新表的步骤比较简单。首先打开 SQL Developer 并连接到 Oracle，然后右击【表】节点，在弹出的快捷菜单中选择【新建表】命令即可打开如图 3-1 所示的对话框。

如图 3-1 所示，可直接修改表的名称，单击左下方的【添加列】按钮可添加新的列，图 3-1 中有默认的一个列，可直接修改列的名称、类型、大小、是否为空和是否为主键。选择图 3-1 中的 DDL 选项卡可设置表的定义语句，如图 3-2 所示。

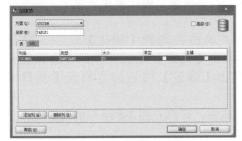

图 3-1 【创建表】对话框

图 3-2 表的定义语句

通过图 3-1 可创建一个简单的表。若想详细定义列的属性，可选中右上角的【高级】复选框，打开表的高级设置对话框，如图 3-3 所示。

如图 3-3 所示，在该对话框中可详细设置列的属性，包括主键设置、唯一约束条件设置、外键设置、检查约束条件设置、索引设置、列序列设置、表属性设置等。如选择【表属性】选项，可打开表的属性设置界面，如图 3-4 所示。单击【存储选项】按钮可打开【表存储选项】对话框，如图 3-5 所示。

图 3-3　表的高级设置　　　　　　　　　　图 3-4　表的属性

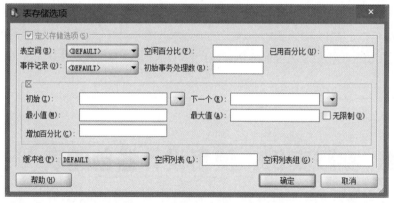

图 3-5　【表存储选项】对话框

如图 3-5 所示，在该对话框中可设置表的存储选项，如表的初始值、最大值、最小值等。设置完成后单击【确定】按钮回到图 3-4 所示对话框，再单击【确定】按钮回到图 3-3 所示对话框，单击【确定】按钮即可实现表的创建。

新建表时除了可以在【表】节点下右击，在弹出的快捷菜单中选择【新建表】命令外，还可以使用另外两种方式打开【创建表】对话框。

（1）在 SQL Developer 下找到【文件】菜单，单击并选择【新建】选项，打开如图 3-6 所示的对话框，选择列表框中的【表】并单击【确定】按钮，打开【选择连接】对话框，如图 3-7 所示。选择表所在的连接，单击【确定】按钮即可打开【创建表】对话框。

（2）在 Oracle SQL Developer 下找到 图标并单击，可打开图 3-6 所示的对话框，使用

上述（1）中的步骤可打开【创建表】对话框。

图 3-6 新建对象

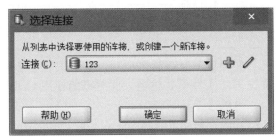

图 3-7 【选择连接】对话框

提示

如果用户需要在自己的模式下创建一个新表，必须具有 CREATE TABLE 权限；如果需要在其他用户模式中创建表，则必须具有 CREATE ANY TABLE 的系统权限。

3.5 修改表属性

在实际开发应用中，由于业务的需求或者其他种种原因，往往需要对已经存在的表进行修改操作，如增加或删除列、更新列名称等。下面详细介绍表属性的修改操作。

3.5.1 增加列

CREATE TABLE 语句用于创建表，对于已经存在的表可以使用 ALTER TABLE 语句的 ADD 关键字增加新列。

【例 3-5】

向前面创建的会员表 users 中增加一个表示身高的 height 列。语句如下：

```
ALTER TABLE users
ADD height number(1,2);
```

该语句表示向 users 表中增加了一个名称为 height 的列，数据类型为 NUMBER(1,2)，能表示的最大数字为 9.99，即允许两位小数。

3.5.2 删除列

当需要删除表中的某一列时，要在 ALTER TABLE 语句中添加 DROP COLUMN 关键字。

【例 3-6】

删除会员表 users 中的备注列 memo，语句如下：

```
ALTER TABLE users
DROP COLUMN memo;
```

Oracle 12c 数据库

> **提示** ——————————————————
>
> 在删除列时，系统将删除表中每条记录内的相应列的值，同时释放所占用的存储空间。

如果要同时删除多个列，则可以将要删除的列名放在一个括号内，多个列名之间使用英文逗号（,）隔开。注意，此时不能使用 COLUMN 关键字。

【例 3-7】

删除会员表 users 中的 mobile 列和 birthday 列，语句如下：

```
ALTER TABLE users
DROP (mobile, birthday );
```

3.5.3 更新列

更新列操作实际上就是修改列的有关属性，像列名、列的数据类型以及列的默认值等。在更新列时，需要使用 ALTER TABLE 语句。

1. 更新列名

对列进行重命名的语法格式如下：

```
ALTER TABLE table_name
RENAME COLUMN oldcolumn_name TO newcolumn_name;
```

上述语法格式中的各个参数说明如下。

- RENAME COLUMN：表示需要对列名进行重命名。
- oldcolumn_name：数据表的原列名。
- newcolumn_name：数据表的新列名。

【例 3-8】

将会员表 users 中的 mobile 列的名称修改为 phone，语句如下：

```
ALTER TABLE users
RENAME COLUMN mobile TO phone ;
```

2. 修改列的数据类型

当列的数据类型不符合要求时，则需要对数据表中的列类型进行修改。修改列数据类型的语法格式如下：

```
ALTER TABLE table_name
MODIFY column_name new_datatype;
```

上述语法中的各个参数说明如下。

- MODIFY：表示需要对列的一些属性进行修改操作。
- column_name：表示要修改的列名称。

● new_datatype：表示新的数据类型。

【例 3-9】

将会员表 users 中的 birthday 列的数据类型修改为 varchar2，语句如下：

```
ALTER TABLE users
MODIFY birthday varchar2(50);
```

⚠ 注意

在执行更新列的数据类型操作时，需要注意两点：一般情况下，只能将数据的长度由短向长改变，而不能由长向短改变；当表中没有数据时可以将数据的长度由长向短改变，也可以把某种类型改变为另一种数据类型。

3. 修改列的默认值

修改列的默认值时，需要使用以下语句：

```
ALTER TABLE table_name
MODIFY(column_name DEFAULT default_value);
```

⚠ 注意

如果对某个列的默认值进行更新，更改后的默认值只对后面的 INSERT 操作起作用，而对于先前的数据不起作用。

【例 3-10】

将会员表 users 中的 score 列的默认值修改为 100，语句如下：

```
ALTER TABLE users
MODIFY(score DEFAULT 100);
```

下面向 users 表中插入一行数据，验证 score 列的默认值是否生效。语句如下：

```
INSERT INTO users(user_no,name,sex,memo)
VALUES('NO1001','陈丝丝','女','新会员');
```

查询 users 数据表中的记录行，使用的语句及执行结果如下：

```
SQL> SELECT user_no,name,sex, score, memo FROM users;
USER_NO              NAME            SEX       SCORE         MEMO
------------------   -----------------   ----------   ------------   -----------------
NO1001               陈丝丝           女        100           新会员
```

从查询结果可知，users 数据表中的 score 列已经采用默认值 100 插入到新行中。

📢 3.5.4　更改存储表空间

如果将表移动到另一个表空间中，可以使用 ALTER TABLE … MOVE 语句。其语法格式如下：

```
ALTER TABLE table_name MOVE TABLESPACE tablespace_name;
```

上述语法格式中的各个参数说明如下。
- table_name：要移动的表名称。
- TABLESPACE：表空间的标识。
- tablespace_name：表空间名称，必须为已经存在。

【例 3-11】
将会员表 users 移动到 tablespace2 表空间中，语句如下：

```
ALTER TABLE users
MOVE TABLESPACE tablespace2;
```

通过查看数据字典 USER_TABLES，可以发现 users 表所对应的表空间为 TABLESPACE2，使用的语句及执行结果显示如下：

```
SQL> SELECT table_name,tablespace_name FROM user_tables
  2    WHERE table_name=users;

TABLE_NAME                          TABLESPACE_NAME
-----------------------------       -------------------------------------------

USERS                                   TABLESPACE2
```

📢 3.5.5　更改存储参数

在创建表之后，可以对表的存储参数 PCTFREE 和 PCTUSED 进行修改。

【例 3-12】
将会员表 users 的 PCTFREE 和 PCTUSED 参数值分别修改为 30 和 50，语句如下：

```
ALTER TABLE users
PCTFREE 30 PCTUSED 50;
```

👉 提示 ─ ─ ─ ─ ─ ─ ─ ─ ─ ─ ─ ─ ─ ─ ─ ─

在创建表后，表中的某些属性不能被修改，如 STORAGE 子句中的 INITIAL 参数，在创建表之后将不能被修改。如果对表的存储参数 PCTFREE 和 PCTUSED 进行修改，则表中的所有数据块不论是否已经使用，都将受到影响。

3.6 重命名表

重命名表指的是修改表的名称，这需要在 ALTER TABLE 语句中指定 RENAME 关键字。

【例 3-13】

将会员表 users 修改为表 my_users，语句如下：

```
ALTER TABLE users
RENAME TO my_users;
```

⚠ 注意

对表进行重命名操作非常容易，但是影响却非常大。虽然 Oracle 可以自动更新数据字典中表的外键、约束和表关系等，但是还不能更新数据库中的存储代码、客户应用以及依赖于该表的其他对象。所以对于表的重命名操作需要谨慎。

3.7 删除表定义

使用 DROP TABLE 语句可以删除数据表定义。当用户删除表定义之后，该表以及表中的数据也将被删除。

⚠ 注意

一般情况下，用户只能删除自己模式中的表定义；如果需要删除其他模式中的表定义，则该用户必须具有 DROP ANY TABLE 的系统权限。

【例 3-14】

使用 DROP TABLE 语句删除会员表 users，语句如下：

```
DROP TABLE users;
```

在使用 DROP TABLE 语句删除表定义时，可以使用以下两个参数。

● CASCADE CONSTRAINTS：当使用可选参数 CASCADE CONSTRAINTS 时，DROP TABLE 操作不仅删除该表，而且同时删除所有引用这个表的视图、约束、索引和触发器等。

● PURGE：使用可选参数 PURGE，表示在删除表定义后，立即释放该表所占用的资源空间。语句如下：

```
DROP TABLE users PURGE;
```

在删除一个表定义时，Oracle 将执行以下一系列操作：

（1）删除表中的所有记录。

（2）从数据字典中删除该表的定义。

（3）删除与该表相关的所有索引和触发器。

Oracle 12c 数据库

（4）回收为该表所分配的存储空间。

（5）如果有视图或者 PL/SQL 进程依赖于该表，这些视图或者 PL/SQL 进程将被设置为不可用状态。

提示

删除表定义和删除表中所有数据不同，后者只是前者的一部分。使用 DELETE 语句删除表中的所有数据时，该表仍然存在于数据库中；而删除表定义时，该表和表中的数据都不再存在。

3.8 分析表

在 Oracle 数据库中，用户可以通过数据字典查询 Oracle 中表的信息，如果用户的角色是数据库管理员，则可以使用 ANALYZE 语句对表进行统计分析，通过分析可以进行以下操作。

- 验证表的存储情况。
- 查看表的统计信息。
- 查找表中的链接记录和迁移记录。

3.8.1 验证表的存储情况

使用 ANALYZE VALIDATE STRUCTURE 语句可以验证表的存储结构，对存储结构的完整性进行分析，如果发现表中存在损坏的数据块，则需要用户重新创建该表。

提示

在使用表的过程中，由于软、硬件或者使用方法等多个方面的原因，可能会导致表中的某些数据块产生逻辑损坏，Oracle 在访问这些损坏的数据块时将出现错误，并提示错误信息。

验证时 Oracle 会将表中含有损坏数据块的记录的物理地址（即 ROWID）添加到一个名为 INVALID_ROWS 的表中。INVALID_ROWS 表可以通过 Oracle 提供的 UTLVALID.SQL 脚本文件创建。

【例 3-15】

首先进入 Oracle 安装目录，通过执行 UTLVALID.SQL 文件创建 INVALID_ROWS 表。语句如下：

```
SQL> @F:\utlvalid.sql
Table created
```

然后使用 DESC 命令查看表 INVALID_ROWS 的结构信息。显示如下：

```
SQL> desc invalid_rows;
Name                        Type             Nullable   Default   Comments
--------------------------  ---------------  ---------  --------  --------------
OWNER_NAME                  VARCHAR2(30)     Y
TABLE_NAME                  VARCHAR2(30)     Y
```

PARTITION_NAME	VARCHAR2(30)	Y
SUBPARTITION_NAME	VARCHAR2(30)	Y
HEAD_ROWID	ROWID	Y
ANALYZE_TIMESTAMP	DATE	Y

接下来便可以使用 ANALYZE VALIDATE STRUCTURE 语句对指定的表进行存储结构分析。例如，分析 users 表的语句如下：

```
SQL> analyze table users validate structure;
Table analyzed
```

然后，查询表 INVALID_ROWS 中是否存在破损数据块。语句如下：

```
SQL> select * from invalid_rows;
未选定行
```

提示

在 ANALYZE 语句中可以指定关键字 CASCADE，表示在分析一个对象时对所有与这个对象相关的其他对象（如索引和视图）进行相同分析。

在对表进行分析时，必须保证没有其他用户对该表进行操作；否则，需要使用语句 CASCADE ONLINE，表示以联机方式对表进行存储结构验证。

【例 3-16】

使用联机方式对 studentable 表进行存储结构验证。语句如下：

```
SQL> analyze table Studentable validate structure cascade online;
Table analyzed
```

3.8.2 查看表的统计信息

使用 ANALYZE 语句，可以收集关于表的物理存储结构和特性的统计信息，这些统计信息被存储到数据字典中，可以通过查询数据字典 USER_TANLES、ALL_TABLE 和 DBA_TABLE 查看表的统计结果。

在使用 ANALYZE 语句进行统计信息时，可以指定以下两个子句。

- COMPUTE STATISICS：在分析过程中对表进行全部扫描，获取整个表的精确统计信息。
- ESTIMATE STATISICS：在分析过程中对表进行部分扫描，并获取扫描信息，以部分扫描获取的数据来代表整个表的统计信息。

【例 3-17】

通过对会员表 users 进行不同形式的分析，对比不同的统计方法。如果进行全表统计，语句如下：

```
SQL> analyze table users compute statistics;
Table analyzed
```

通过对表中 20 条记录进行分析，获得对 users 表的近似统计。语句如下：

```
SQL> analyze table users estimate statistics sample 20 rows;
Table analyzed
```

通过对表中 20% 的记录进行分析，获得对 users 表的近似统计。语句如下：

```
SQL> analyze table users estimate statistics sample 20 percent;
Table analyzed
```

👉 **提示** ━ ━ ━ ━ ━ ━ ━ ━ ━ ━ ━ ━ ━ ━ ━ ━ ━

在使用部分扫描时，如果不使用 SAMPLE 关键字，则 Oracle 会默认扫描 1024 条记录，如果扫描的记录比例值大于 50%，则 Oracle 会进行全表统计。

通过获得的统计结果可以发现包含以下内容。
- NUM_ROWS：表中记录的总数。
- BLOCKS：表所占的数据块总数。
- EMPTY_BLOGKS：表中未使用的数据总数。
- AVG_SPACE：数据块中平均的空闲空间。

【例 3-18】

查看 users 表的分析结果，使用的语句及执行结果显示如下：

```
SQL> select num_rows, blocks, empty_blocks, avg_space
  2    from user_tables
  3    where table_name='USERS';
```

NUM_ROWS	BLOCKS	EMPTY_BLOCKS	AVG_SPACE
0	0	8	0

🔊 3.8.3　查找表中的连接记录和迁移记录

在 Oracle 数据库中，表中数据的基本组织单位是记录，这些记录都被存储在数据块中，如果一个数据块的大小足够容纳一条记录，那么 Oracle 将这条完整的记录存储到一个数据块中。

但是，如果一个数据块无法容纳一条完整记录，那么 Oracle 会将这条记录分割成多个片段，并将这些片段存储在多个数据块中，这种被存储在多个数据块中的记录称为"链接记录"。

🔑 **技巧** ━ ━ ━ ━ ━ ━ ━ ━ ━ ━ ━ ━ ━ ━ ━ ━ ━

对于链接记录，Oracle 会在各个数据块中保存物理地址 ROWID，以便于将记录的各个数据块链接成一条完整的记录。

如果一条记录原来存储在一个数据块中，但是由于进行更新操作，信息记录被扩展，从而导致数据块的存储空间不足。这时 Oracle 会将这条记录移动到另一个数据块中，这种情况下的记录被称为"迁移记录"。产生迁移记录的原因大多是由于记录中存在 LONG 或者 LOB 类型的数据。

技巧

对于迁移记录，Oracle 在原来的数据块中保存一个指向新数据块的指针，如果需要访问原来数据块中的记录，则可以利用这个指针找到记录迁移后的存储数据块。

如果需要查找链接记录和迁移记录，可以通过在 ANALYZE 语句中使用 LIST CHAINED ROWS 子句实现。表中的链接记录和迁移记录的 ROWID 都被保存到 CHAINED_ROWS 表中。可以通过 Oracle 提供的脚本文件 UTLCHAIN.SQL 创建 CHAINED_ROWS 表。

【例 3-19】

首先进入 Oracle 安装目录，通过执行 utlchain.sql 文件创建 CHAINED_ROWS 表。语句如下：

```
SQL> @F:\utlchain.sql;
Table created
```

然后使用 DESC 命令查看表 CHAINED_ROWS 的结构信息。使用的语句及执行结果如下：

```
SQL> desc chained_rows;
Name                 Type           Nullable Default Comments
------------------   -----------    -------- ------- --------
OWNER_NAME           VARCHAR2(30)   Y
TABLE_NAME           VARCHAR2(30)   Y
CLUSTER_NAME         VARCHAR2(30)   Y
PARTITION_NAME       VARCHAR2(30)   Y
SUBPARTITION_NAME    VARCHAR2(30)   Y
HEAD_ROWID           ROWID          Y
ANALYZE_TIMESTAMP    DATE           Y
```

创建表 CHAINED_ROWS 后，使用 ANALYZE LIST CHAINED ROWS 语句对指定的表进行链接分析，语句如下：

```
SQL> analyze table studentable
  2   list chained rows into chained_rows;
Table analyzed
```

通过 SELECT 语句查看表 CHAINED_ROWS 中的记录信息。语句如下：

```
SQL> select * from chained_rows;
未选定行
```

注意

如果表中存在大量的链接记录和迁移记录，则在对记录进行读取或者更新时，Oracle 都必须对两个或者多个数据块进行操作，因此会降低对表的访问性能。

如果表中存在链接记录和迁移记录，则可以通过某种方式将这些记录修复，使表中不再存在链接记录和迁移记录。例如，可以将所有的链接记录和迁移记录保存到一个临时表中，然后将链接记录和迁移记录从源表中删除，最后再将临时表中的记录全部保存添加到源表中，并删除临时表，清空 CHAINED_ROWS 表中的内容。

虽然可以将目前的链接记录和迁移记录删除，但是新数据可能会产生新的链接记录和迁移记录，这可能是由于数据块空间不足或者 PCTUSED 参数设置不合理造成的。如果要避免链接记录和迁移记录的发生，需要结合表中数据的特点，认真分析 PCTFREE 和 PCTUSED 参数的设置。

 提示

一般来说，如果对表 PCTFREE 参数设置得比较合理，则不会产生过多的链接记录和迁移记录。

3.8.4　dbms_stats 表

在 Oracle 中也可以使用 dbms_stats 关键字进行表的分析，其常用功能如表 3-3 所示。

表 3-3　dbms_stats 表的常用功能

名　称	功　能
GATHER_INDEX_STATS	分析索引信息
GATHER_TABLE_STATS	分析表信息，当 cascade 为 true 时分析表、列（索引）信息
GATHER_SCHEMA_STATS	分析方案信息
GATHER_DATABASE_STATS	分析数据库信息
GATHER_SYSTEM_STATS	分析系统信息
EXPORT_COLUMN_STATS	导出列的分析信息
EXPORT_INDEX_STATS	导出索引分析信息
EXPORT_SYSTEM_STATS	导出系统分析信息
EXPORT_TABLE_STATS	导出表分析信息
EXPORT_SCHEMA_STATS	导出方案分析信息
EXPORT_DATABASE_STATS	导出数据库分析信息
IMPORT_COLUMN_STATS	导入列分析信息
IMPORT_INDEX_STATS	导入索引分析信息
IMPORT_SYSTEM_STATS	导入系统分析信息
IMPORT_TABLE_STATS	导入表分析信息
IMPORT_SCHEMA_STATS	导入方案分析信息
IMPORT_DATABASE_STATS	导入数据库分析信息

dbms_stats 能很好地分析统计数据（尤其是针对较大的分区表），并能获得更好的统计

结果，最终制定出速度更快的 SQL 执行计划。DBMS_STATS.GATHER_TABLE_STATS 语句的语法格式如下：

```
DBMS_STATS.GATHER_TABLE_STATS(
ownname VARCHAR2,
tabname VARCHAR2,
partname VARCHAR2,
estimate_percent NUMBER,
block_sample BOOLEAN,
method_opt VARCHAR2,
degree NUMBER,
granularity VARCHAR2,
cascade BOOLEAN,
stattab VARCHAR2,
statid VARCHAR2,
statown VARCHAR2,
no_invalidate BOOLEAN,
force BOOLEAN);
```

其中各个参数的含义如下。

- ownname：要分析表的拥有者。
- tabname：要分析的表名。
- partname：分区的名字，只对分区表或分区索引有用。
- estimate_percent：采样行的百分比，取值范围为 [0.000001,100]，null 为全部分析，不采样。常量 DBMS_STATS.AUTO_SAMPLE_SIZE 是默认值，由 Oracle 决定最佳采样值。
- block_sample：是否用块采样代替行采样。
- method_opt：决定直方图信息是怎样被统计的，其取值如下。
  - for all columns：统计所有列的直方图。
  - for all indexed columns：统计所有索引列的直方图。
  - for all hidden columns：统计隐藏列的直方图。
  - for columns<list>size<n>|repeat|auto|skewonly：统计指定列的直方图的取值范围为 [1,254]；repeat 上次统计过的 histograms；auto 由 Oracle 决定 n 的大小；skewonly 选项会耗费大量处理时间，因为它要检查每个索引中的每个列的值的分布情况。

假如 dbms_stats 发现一个索引的各个列分布得不均匀，就会为那个索引创建直方图，帮助基于代价的 SQL 优化器决定是进行索引访问还是进行全表扫描访问。

- degree：决定并行度，默认值为 null。
- granularity：设置分区表收集统计信息的粒度，分别有以下几种。
  - all：对表的全局、分区、子分区的数据都做分析。
  - auto：Oracle 根据分区的类型，自动决定做哪一种粒度的分析。
  - global：只做全局级别的分析。
  - global and partition：只对全局和分区级别做分析，对子分区不做分析，这是和 all 的一个区别。
  - partition：只做分区级别的分析。

Oracle 12c 数据库

♦ subpartition：只做子分区的分析。
● cascade：是收集索引的信息，默认为 false。
● stattab：指定要存储统计信息的表；statid：如果多个表的统计信息存储在同一个 stattab 中用于进行区分；statown：存储统计信息表的拥有者。以上 3 个参数若不指定，统计信息会直接更新到数据字典。
● no_invalidate：如果设置为 true，当收集完统计信息后，收集对象的游标不会失效；如果为 false，游标会立即失效。
● force：即使表锁住了也收集统计信息。

【例 3-20】

分析在 scott 用户下所有表的信息，语句如下：

```
SQL> execute dbms_stats.gather_table_stats(ownname => 'scott',tabname => 'student' ,estimate_percent
=> null ,method_opt => 'for all indexed columns' ,cascade => true);
PL/SQL procedure successfully completed
```

使用以下 4 个预设的方法之一，这个选项能控制 Oracle 统计的刷新方式。
● gather：重新分析整个架构（Schema）。
● gather empty：只分析目前还没有统计的表。
● gather stale：只重新分析修改量超过 10% 的表（这些修改包括插入、更新和删除）。
● gather auto：重新分析当前没有统计的对象，以及统计数据过期（变脏）的对象。

⚠ 注意

使用 gather auto 类似于组合使用 gather stale 和 gather empty。

在分析之前，需要建立备份表，用于备份之前最近的一次统计分析数据，dbms_stats 包提供了专用的导入导出功能。

【例 3-21】

首先创建一个分析表，该表用来保存之前的分析值。使用的语句及执行结果如下：

```
SQL> begin
  2    dbms_stats.create_stat_table(ownname => 'scott',stattab => 'STAT_TABLE');
  3    end;
  4    /
PL/SQL procedure successfully completed
SQL> begin
  2    dbms_stats.gather_table_stats(ownname=>'scott',tabname=>'T1');
  3    end;
  4    /
PL/SQL procedure successfully completed
```

导出表分析信息到 stat_table 表中。使用的语句及执行结果如下：

```
SQL> begin
  2    dbms_stats.export_table_stats(ownname=>'scott',tabname=>'T1',stattab=>'STAT_TABLE');
```

```
3   end;
 4   /
PL/SQL procedure successfully completed
SQL> select count(*) from scott.STAT_TABLE;
COUNT(*)
--------------
4
```

关于导出需要的内容，主要有表 3-4 所示的几种。

表 3-4 导出表的内容

关 键 词	作 用
EXPORT_COLUMN_STATS	导出列的分析信息
EXPORT_INDEX_STATS	导出索引分析信息
EXPORT_SYSTEM_STATS	导出系统分析信息
EXPORT_TABLE_STATS	导出表分析信息
EXPORT_SCHEMA_STATS	导出方案分析信息
EXPORT_DATABASE_STATS	导出数据库分析信息
IMPORT_COLUMN_STATS	导入列分析信息
IMPORT_INDEX_STATS	导入索引分析信息
IMPORT_SYSTEM_STATS	导入系统分析信息
IMPORT_TABLE_STATS	导入表分析信息
IMPORT_SCHEMA_STATS	导入方案分析信息
IMPORT_DATABASE_STATS	导入数据库分析信息
GATHER_INDEX_STATS	分析索引信息
GATHER_TABLE_STATS	分析表信息，当 cascade 为 true 时分析表、列（索引）信息
GATHER_SCHEMA_STATS	分析方案信息
GATHER_DATABASE_STATS	分析数据库信息
GATHER_SYSTEM_STATS	分析系统信息

统计分析信息的删除使用的语句及执行结果如下：

```
SQL> begin
  2 dbms_stats.delete_table_stats(ownname=>'scott',tabname=>'T1');
  3 end;
  4 /
PL/SQL procedure successfully completed
SQL> select num_rows,blocks,empty_blocks as empty, avg_space, chain_cnt, avg_row_len from dba_tables
where owner = 'scott' and table_name = 'T1';

NUM_ROWS    BLOCKS    EMPTY    AVG_SPACE    CHAIN_CNT    AVG_ROW_LEN
----------------  ------------  ----------  -----------------  -----------------  ---------------------
```

Oracle 12c 数据库

3.8.5 dbms_stats 与 analyze 对比

dbms_stats 和 analyze 相比,具有不同的优、缺点,所以在 Oracle 中可以使用不同的关键字进行表的分析。

dbms_stats 相对于 analyze 的优点如下。

① dbms_stats 可以并行分析。

② dbms_stats 有自动分析的功能 (alter table monitor)。

③ 有时 analyze 分析统计信息不准确,主要是指对分区表的处理。dbms_stats 会完整去分析表全局统计信息;而 analyze 是将表分区 (局部) 的统计汇总计算成表全局统计,可能导致误差。

dbms_stats 相对于 analyze 的缺点如下。

① 不能验证结构。

② 不能收集链接的行,不能收集集群表的信息,这两个仍旧需要使用 analyze 语句。

③ dbms_stats 默认不对索引进行 analyze,因为默认 cascade 是 false,需要手工指定为 true。

④ dbms_stats 可以收集表、索引、列、分区的统计,但不收集聚簇统计 (需要在各个表上收集替代整个聚簇)。

对于分区表,建议使用 dbms_stats,而不是使用 analyze 语句。analyze 命令只收集最低一级对象 (子分区或分区) 的统计信息,然后推导出上一级对象的统计信息。但是如果上一级对象的统计信息的 Global Status 值为 yes,则将不会覆盖和更新原有的统计信息。

- 可以得到整个分区表的数据和单个分区的数据。
- 可以在不同级别上计算统计信息:如单个分区、子分区、全表、所有分区。
- 可以导出统计信息。
- 可以用户自动收集统计信息。

在使用 LIST CHAINED ROWS 和 VALIDATE 子句与收集空闲列表块的统计过程中,还是提倡使用 analyze。

3.9 实践案例:创建导游信息表

创建表的实质就是定义表结构、设置表和列的属性。例如,在旅游管理系统中需要一个导游表,其中需要保存的信息包含导游编号、职位、姓名、性别、年龄等信息,最终结构设计如表 3-5 所示。

表 3-5 导游表的结构

字段名称	数据类型	允许为空	说　明
guideNo	字符串	否	导游编号
guidePosition	字符串	否	导游的职位信息,如经理、职员
guideName	字符串	否	姓名
guideSex	字符串	是	性别,默认为"女"
guideAge	数字	是	年龄
languageList	字符串	是	掌握语言,如中文(默认)、英语、法语
way	字符串	是	简历
leadDate	日期类型	是	任职日期,默认值为系统当前日期

假设表名为 GuideMessage，使用 CREATE TABLE 创建语句如下：

```
CREATE TABLE GuideMessage(
    guideNo varchar2(8) not null,
    guidePosition varchar2(10),
    guideName varchar2(20),
    guideSex varchar2(2),
    guideAge number(2),
    languageList varchar2(100),
    way varchar2(500),
    leadDate date
    ) ;
```

为 guidePosition 列增加不可为空的属性，语句如下：

```
ALTER TABLE GuideMessage
MODIFY guidePosition varchar2(10) not null;
```

为 guideName 列增加不可为空的属性，语句如下：

```
ALTER TABLE GuideMessage
MODIFY guideName varchar2(20) not null;
```

为 guideSex 列增加默认值为"女"的设置，语句如下：

```
ALTER TABLE GuideMessage
MODIFY(guideSex DEFAULT ' 女 ');
```

为 leadDate 列增加使用系统当前日期的设置，语句如下：

```
ALTER TABLE GuideMessage
MODIFY(leadDate DEFAULT sysdate);
```

修改表空间为 system，语句如下：

```
ALTER TABLE GuideMessage
MOVE TABLESPACE system;
```

将表重命名为 GuidInfos，语句如下：

```
ALTER TABLE GuideMessage
RENAME TO GuideInfos;
```

3.10　练习题

1. 填空题

（1）_____ 表是普通的标准数据库表，数据以堆的方式管理。

（2）_____ 是可变长度的数字类型，支持最大精度为 38。

（3）指定表的表空间名称应使用 _____ 关键字。

（4）删除 Product 表的语句是 _____。

（5）使用 _____ 语句可以收集关于表的物理存储结构和特性的统计信息，并且存放到数据字典中去。

2. 选择题

（1）下面（　　）数据类型不是 Oracle 中的数据类型。

    A．NUMBER

    B．INT

    C．VARCHAR2

    D．STRING

（2）假设要为 STUDENT 表添加 STUSEX 列（CHAR 类型），语句正确的是（　　）。

    A．ALTER TABLE STUDENT DROP COLUMN STUSEX;

B．ALTER TABLE STUDENT ADD STUSEX CHAR(2);
C．ALTER TABLE STUDENT ADD STUSEX;
D．ALTER TABLE STUDENR STUSEX CHAR(2);

（3）通过（　　　）语句对表进行删除操作。
A．CONSTRAINT … PRIMARY KEY
B．DROP USERS
C．DROP TABLE
D．CONSTRAINT UNIQUE

（4）如果要修改列的名字，应使用（　　　）关键字。
A．NEWNAME
B．NAME
C．RENAME
D．RENNAME

✎ 上机练习：创建员工信息表

根据表 3-6 给出的结构创建员工表 emp_job。

表 3-6　emp_job 表结构

名　称	类　型	是否为空
empid （员工编号）	NUMBER(2)	否
empname （员工姓名）	VARCHAR2(10)	否
empdept（员工部门编号）	VARCHAR （10）	否
empsal （员工工资）	NUMBER(4)	是

（1）将员工信息表 emp_job 重命名为 employee。
（2）将员工信息表中添加一列 empdate（雇用时间）。数据类型为 date。
（3）将 empdept 列的数据类型改为 NUMBER(4)。
（4）为员工信息表中的员工部门编号（empdept）列添加默认值。
（5）将表移动到 USER 表空间。

第4章

维护表的完整性

　　在创建数据表之后便可以向表中存储数据。但是由于数据是从外界输入的，而数据的输入由于种种原因，会发生输入无效或错误信息。为了保证输入的数据符合规定，Oracle 提供了大量的完整性约束。这些约束应用于基表，基表使用约束确保表中值的正确性。

　　本章详细介绍 Oracle 中使用约束维护表数据完整性的各种方法，如约束不能为空和不能重复等。

 本章学习要点

- ◎ 理解表的完整性和约束
- ◎ 掌握主键约束的操作
- ◎ 掌握唯一约束的操作
- ◎ 掌握非空约束的操作
- ◎ 掌握外键约束的操作
- ◎ 掌握检查约束的操作
- ◎ 了解约束的禁止和激活

4.1 数据完整性简介

数据完整性（Database Integrity）是指数据库中数据的准确性和一致性。数据完整性是衡量数据库中数据质量好坏的一种标志，是确保数据库中数据一致、正确以及符合企业规则的一种思想。它可以使无序的数据条理化，确保正确的数据被存放在正确位置的一种手段。

满足完整性要求的数据必须具有以下 3 个特点。

（1）数据的值正确无误。

首先数据类型必须正确，其次数据的值必须处于正确的范围内。例如，在"图书管理系统"数据库的"图书明细表"中，"出版日期"一列必须满足取值范围在当前日期之前。

（2）数据的存在必须确保同一表格数据之间的和谐关系。

例如，在"图书明细表"的"图书编号"一列中每一个编号对应一本图书，不能将其编号对应多本图书。

（3）数据的存在必须能确保维护不同表之间的和谐关系。

例如，在"图书明细表"中"作者编号"列所对应"作者表"中的作者编号及相关信息。

在为约束进行分类时，根据分类角度的不同，约束类别也不相同。根据约束的作用域，可以将约束分为以下两类。

① 表级别的约束。定义在表中，可以用于表中的多个列。

② 列级别的约束。对表中的一列进行约束，只能够应用于一个列。

根据约束的用途，可以将约束分为以下 5 类。

① PRIMARY KEY：主键约束。

② FOREIGN KEY：外键约束。

③ UNIQUE：唯一性约束。

④ NOT NULL：非空约束。

⑤ CHECK：检查约束。

下面对这些常用约束以及其他类型约束进行总结说明，如表 4-1 所示。

表 4-1　约束的类型及说明

约　束	约束类型	说　明
NOT NULL	C	指定一列不允许存储空值。这实际就是一种强制的 CHECK 约束
PRIMAPY KEY	P	指定表的主键。主键由一列或多列组成，唯一标识表中的一行
UNIQUE	U	指定一列或一组只能存储唯一的值
CHECK	C	指定一列或一组列的值必须满足某种条件
FOREIGN KEY	R	指定表的外键，外键引用另一个表中的一列，在自引用的情况下，则引用本表中的一列

在 Oracle 系统中定义约束时，需要使用 CONSTRAINT 关键字来为约束指定一个名称。如果没有指定，Oracle 将自动为约束建立默认名称。所有的约束既可以在 CREATE TABLE 语句中完成，也可以在 ALTER TABLE 语句中完成。

4.2 主键约束

主键约束（PRIMARY KEY）是表中最重要的约束。一个表可以没有其他约束，但一定要有 PRIMARY KEY 约束；这也是主键列不能被直接删除的原因。主键约束可以在创建表时设置，也可以在现有表中添加。添加主键的方式有两种，即通过 SQL 语句和设计器。下面详细介绍具体的实现。

4.2.1 主键约束简介

表中列的数据大多会有重复，如描述会员信息的表中会员的用户名、密码、注册时间和会员等级等字段值都会有重复，能确定身份的身份证在大多数网站上也不方便使用。那么如何确定是某一个会员而不和其他会员搞混，这就用到了主键。一个不重复并且不能有空值的列，就可以确定是具体哪一个会员。PRIMARY KEY 约束具有以下 3 个特点。

① 在一个表中，只能定义一个 PRIMARY KEY 约束。

② 定义为 PRIMARY KEY 的列或者列组合中，不能包含任何重复值，并且不能包含 NULL 值。

③ Oracle 数据库会自动为具有 PRIMARY KEY 约束的表建立一个唯一索引以及一个 NOT NULL 约束。

在定义 PRIMARY KEY 约束时，可以在列级别和表级别上分别进行定义，具有如下。

- 如果 PRIMARY KEY 约束是由一列组成，那么该 PRIMARY KEY 约束被称为列级别上的约束。
- 如果 PRIMARY KEY 约束定义在两个或两个以上的列上，则该 PRIMARY KEY 约束被称为表级别约束。
- 不允许在两个级别上都进行定义 PRIMARY KEY 约束。

4.2.2 创建表时定义主键约束

在创建表时，如果要为一列指定 PRIMARY KEY 约束，可以使用 CONSTRAINT 关键字，也可以直接在列数据类型之后进行定义。语法格式如下：

CONSTRAINT 约束名 PRIMARY KEY (主键字段)

【例 4-1】

创建一个 member 表，并将其中的 id 列设置为主键约束。语句如下：

```
CREATE TABLE member(
    id number(4),
    name varchar(10) not null,
    constraint id_pk primary key (id)
);
```

上述语句执行后将在 member 表上创建一个名称为 id_pk 的 PRIMARY KEY 约束，该约束定义在 id 列上。

在创建表时，如果使用系统自动为 PRIMARY KEY 约束分配名称的方式，则可以省略 CONSTRAINT 关键字，这时只能创建列级别的 PRIMARY KEY。上面语句的等价语句如下：

```
CREATE TABLE member(
    id number(4) primary key,
    name varchar(10) not null
);
```

Oracle 12c 数据库

4.2.3 为现有表添加主键约束

如果需要为已经存在的表添加 PRIMARY KEY 约束，则需要在 ALTER TABLE 语句中使用 ADD CONSTRAINT 关键字。

【例 4-2】

假设 member1 表具有与 member2 表相同的列，且没有定义 PRIMARY KEY 约束。下面对 member1 表进行修改，设置 id 列为 PRIMARY KEY 约束：

```
ALTER TABLE member1
ADD CONSTRAINT id_pk PRIMARY KEY(id);
```

如果表中已经存在 PRIMARY KEY 约束，则向该表中再添加 PRIMARY KEY 约束时系统将出现错误。上述语句如果执行两次，将会看到以下错误提示：

```
ALTER TABLE member1
ADD CONSTRAINT id_pk PRIMARY KEY(id)
错误报告：
SQL 错误：ORA-02260: 表只能具有一个主键
02260. 00000 -   "table can have only one primary key"
*Cause:        Self-evident.
*Action:    Remove the extra primary key.
```

4.2.4 删除主键约束

如果需要将表中的主键约束删除，则可以在 ALTER TABLE 语句中使用 DROP CONSTRAINT 关键字。

【例 4-3】

假设要删除 member1 表 id 列上的主键约束，语句如下：

```
ALTER TABLE member1 DROP CONSTRAINT id_pk;
```

4.2.5 在设计器中设置主键约束

在设计器中设置主键可以使用创建表的方法，在高级设置对话框中选择【主键】项打开图 4-1 所示对话框。

如图 4-1 所示，主键需要在已经添加的列上进行设置，在选择了【主键】节点后，对话框中列举了已经添加的列。选择需要设置主键的列，单击 按钮可将左侧列表框选中的列移到右侧列表框；单击 按钮可将左侧列表框所有列移到右侧列表框； 按钮可将右侧列表框被选择的列移回左侧列表框； 按钮可将右侧列表框所有列移回左侧列表框。

右侧列表框中的列是被选择要设置为主

图 4-1 设置主键

键的列，在 Oracle 中支持主键组的使用，即将多个字段作为一个主键来使用。这一组字段中的每个字段，作为主键的构成缺一不可。对主键的操作即对这一组字段的操作。

设置完成后单击【确定】按钮即可，保存设置的操作与创建表的操作一样。也可在设计器中为没有主键的列设置主键，其操作与修改表的操作一样。

4.3　唯一约束

Oracle 中的唯一约束（UNIQUE 约束）是用来保证表中的某一列，或者是表中的某几列组合起来不重复的约束。唯一约束具有以下 4 个特点。

① 如果为列定义 UNIQUE 约束，那么该列中不能包括重复的值。

② 在同一个表中，可以为某一列定义 UNIQUE 约束，也可以为多个列定义 UNIQUE 约束。

③ Oracle 将会自动为 UNIQUE 约束的列建立一个唯一索引。

④ 可以在同一个列上建立 NOT NULL 约束和 UNIQUE 约束。

4.3.1　创建表时定义唯一约束

在创建表时为列使用 CONSTRAINT UNIQUE 关键字来指定唯一约束。语法格式如下：

```
字段名 字段类型 CONSTRAINT 约束名 UNIQUE
```

【例 4-4】

创建一个员工信息表 employee，包含的列有编号、姓名、性别和年龄，并在姓名列上定义唯一约束。语句如下：

```
CREATE TABLE employee
(
    ID NUMBER NOT NULL ,
    NAME VARCHAR2(20) CONSTRAINT NAME_PK UNIQUE ,
    SEX VARCHAR2(20),
    AGE NUMBER
);
```

上述语句执行后将会使用唯一约束来限制 NAME 列的数据。但是该列由于没有添加 NOT NULL 约束，那么该列的数据可以包含多个 NULL 值。也就是说，多个 NULL 值不算重复值。

4.3.2　为现有表添加唯一约束

如果需要为已经存在的表添加唯一约束，则需要在 ALTER TABLE 语句中使用 ADD UNIQUE 关键字。语法格式如下：

```
ALTER TABLE 表名 ADD UNIQUE( 列名 )
```

也可以使用 CONSTRAINT 语句在添加约束的同时为唯一约束命名，语法格式如下：

```
ALTER TABLE 表名 ADD CONSTRAINT 约束名 UNIQUE( 列名 )
```

Oracle 12c 数据库

【例 4-5】

例如，为员工信息表 employee 的编号列 ID 添加唯一约束。语句如下：

```
ALTER TABLE employee ADD UNIQUE(ID);
```

4.3.3 删除唯一约束

如果需要将表中唯一约束删除，可以使用 ALTER TABLE DROP UNIQUE 语句，语法格式如下：

```
ALTER TABLE 表名 DROP UNIQUE( 列名 );
```

上述代码只能删除单列的唯一约束。若要删除有着多个列的唯一约束，需要使用以下格式语句：

```
ALTER TABLE 表名 DROP CONSTRAINT 约束名 ;
```

【例 4-6】

分别删除员工信息表 employee 中 ID 列的约束和名为 NAME_PK 的约束。语句如下：

```
ALTER TABLE employeeDROP UNIQUE(ID);
ALTER TABLE employeeDROP CONSTRAINT NAME_PK;
```

4.3.4 在设计器中设置唯一约束

唯一约束列也是需要在已经添加的列上进行设置，在选择了【唯一约束条件】节点后，对话框中列举了已经添加的列，如图 4-2 所示。选择需要设置唯一约束的列，单击 按钮可将选中的左侧列表框中的列移到右侧列表框；单击 按钮可将左侧列表框所有列移到右侧列表框； 按钮可将右侧列表框被选择的列移回左侧列表框； 按钮可将右侧列表框所有列移回左侧列表框。

需要注意的是，唯一约束与之前的约束不同，一个表中可设置任意多个唯一约束，一个唯一约束可包括一个或多个列。若一个唯一约束只作用于一个列，那么该列不能有重复的数据；如果一个唯一约束作用多个列，那么这几个列的值组合起来不能重复。

在图 4-2 中对右边所选列设置唯一约束，一次只能设置一个唯一约束。可以设置单列或多列。若需要为表中的多个列分别设置唯一约

图 4-2 设置唯一约束

束，需要单击右上角的【添加】按钮添加多个约束，并分别进行设置。设置完成后单击【确定】按钮即可，保存设置的操作与创建表的操作一样。

也可在设计器中为没有唯一约束的列设置唯一约束、修改唯一约束或取消唯一约束，其操作与修改表的操作一样。

4.4 非空约束

表中一些列在实际生活中是不能没有数据的，如用户注册时是不能没有用户名的。非空约束（NOT NULL）用于限制列中的数据不能是空，但可以是 0 或空字符串。非空约束具有以下 4 个特点。

① 非空约束只能在列级别上定义。

② 在一个表中可以定义多个非空约束。

③ 在列定义非空约束后，该列中不能包含 NULL 值。

④ 如果表中数据已经存在空值 NULL，添加非空约束就会失败。

非空约束与其他约束不同，一个字段只能有允许为空和不允许为空这两种情况。允许为空可使用 NULL 设置；不允许为空使用 NOT NULL 设置。因此对非空约束的修改相当于对字段在 NULL 和 NOT NULL 之间进行切换，而不需要对字段进行约束的添加和删除。

非空约束可以在设计器中进行设置，也可以使用 SQL 语句进行设置。可以在创建表时设置，也可以在现有表中修改。

4.4.1 创建表时定义非空约束

如果在创建一个表时，要为表中的列指定非空约束，只需在列的数据类型后面添加 NOT NULL 关键字即可。

【例 4-7】

创建一个通信录表 contact，并给 name 列设置非空约束。语句如下：

```
CREATE TABLE contact(
    id number(4),
    name varchar(10) not null
    );
```

4.4.2 为现有表添加非空约束

使用 ALTER TABLE 语句结合 MODIFY 关键字为表添加非空约束时，如果表中该列的数据存在 NULL 值将会添加失败。因为 Oracle 将检查非空约束列中的所有数据行，以保证所有行对应的该列都不能存在 NULL 值。

【例 4-8】

假设通信录表 contact 的 name 列不允许为空，可用以下语句进行修改：

```
ALTER TABLE contact
MODIFY name NOT NULL;
```

当列被应用非空约束之后，再向表中添加数据时，如果没有为非空约束列提供数据，将返回一个错误提示；或者在表中为已经存在空值的列添加非空约束时也会出现错误。

【例 4-9】

假设通信录表 contact 的 name 列不允许为空，下面代码演示了插入空值时的错误信息：

```
SQL> INSERT INTO contact values(1,'huoke');
1 行已插入。
SQL> INSERT INTO contact values(2,null);
 INSERT INTO contact values(2,null);
错误报告：
SQL 错误：ORA-01400: 无法将 NULL 插入 ("SYSTEM"."CONTACT"."NAME")
01400. 00000 -    "cannot insert NULL into (%s)"
*Cause:
*Action:
SQL> INSERT INTO contact values(3);
 INSERT INTO contact values(3);
错误报告：
SQL 错误：ORA-00947: 没有足够的值
00947. 00000 -    "not enough values"
*Cause:
*Action:
```

从结果中可以看出，在为添加了非空约束列指定数据时，必须保证该列的值不含有NULL 值。

【例 4-10】

假设 contact1 表具有与 contact 表相同的列，且没有定义非空约束。下面示例演示了插入空值之后设置非空约束的错误：

```
SQL> INSERT INTO contact1 VALUES(1,'xiake');
 1 行已插入。
SQL> INSERT INTO contact1 VALUES(2,NULL);
 1 行已插入。
SQL> ALTER TABLE contact1
 2   MODIFY name NOT NULL;

ALTER TABLE contact1
MODIFY name NOT NULL
ORA-02296: 无法启用 (STUDENTSYS.) - 找到空值
```

 ### 4.4.3　删除非空约束

使用 ALTER TABLE 语句中的 MODIFY 关键字可以删除表中的非空约束。

【例 4-11】

假设要删除 contact1 表 name 列上的非空约束，使用的语句和命令及执行结果如下：

```
ALTER TABLE contact1 MODIFY name NULL;

DESC contact1;

Name            Type                 Nullable  Default  Comments
------------    --------------------  ----------  --------  -------------
ID              NUMBER(4)            Y
NAME            VARCHAR(10)          Y
```

从 DESC 命令的结果会看到 contact1 表的 NAME 列允许为空。

4.4.4　使用设计器设置非空约束

在对表的列进行设置时可以通过【不能为 NULL】复选框设置非空约束的打开与关闭，如图 4-3 所示。

图 4-3　非空约束设置

4.5　外键约束

外键约束（FOREIGN KEY）的作用是将不同表的字段关联起来，这些字段在修改和删除时都有着关联。外键的设置需要涉及两个表，设置方法相对于其他约束较为麻烦。外键约束可以在设计器中进行设置，也可以使用 SQL 语句进行设置。可以在创建表时设置，也可以在现有表中修改。

4.5.1 外键约束简介

外键除了关联着表之间的联系，还将在数据操作时维护数据完整性。以学生选课表为例，学生选课表有学生编号、所选科目等数据，而没有记录学生的详细信息，学生的详细信息在学生信息表中。那么，选课表的学生编号字段中的值必须在学生表的学生编号字段中有记录；而且学生表在删除学生信息时，需要确保选课表中没有该学生的记录。

在使用外键约束时，被引用的列应该具有主键约束，或者具有唯一性约束。要使用外键约束应该具有以下 4 个条件。

① 如果为某列定义外键约束，则该列的取值只能为相关表中引用列的值或者 NULL 值。

② 可以为一个字段定义外键约束，也可以为多个字段的组合定义外键约束。因此，外键约束既可以定义在列级别定义，也可以在表级别定义。

③ 定义了外键约束的外键列，与被引用的主键列可以存在于同一个表中，这种情况称为"自引用"。

④ 对于同一个字段，可以同时定义外键约束和非空约束。

 4.5.2 创建表时定义外键约束

创建表时只需在列的定义中添加 REFERENCES 关键字，并指出相关联的表和列，即可定义一个外键约束。语法格式如下：

> 列名 数据类型 REFERENCES 父表名 (关联列)

假设有一个产品表 products，其中包含产品编号（p_id）、产品名称（p_name）和所属分类（cate_id）列。还有一个分类信息表 category，其中包含分类编号（c_id）和分类名称（c_name）列。根据产品的分类关联关系，可以将产品表 products 中的所属分类（cate_id）列与分类信息表 category 中的分类编号（c_id）列设置为外键约束关系。

此时产品表 products 中所属分类（cate_id）列必须来自分类信息表 category 中的 c_id 列。如果分类信息表 category 中的分类编号（c_id）数据不存在，则无法向产品表 products 添加约束，会出现 FOREIGN KEY 约束错误。所以说，外键约束实现了两个表之间的参照完整性。

【例 4-12】

创建产品表 products 和分类信息表 category，为 products 表中的 cate_id 列添加外键约束，指向 category 表中的 c_id 列。语句如下：

```
CREATE TABLE category(
    c_id number(4) not null primary key,
    c_name varchar2(20)
);
CREATE TABLE products(
    p_id number(4) not null primary key,
    p_name varchar2(20),
    cate_id    number(4) references category(c_id)
);
```

其中 references 关键字将 cate_id 列作为外键关联到 category 表的 c_id 列。

提示

在为一个表创建外键约束之前，要确定父表已经存在，并且父表的引用列必须被定义为 UNIQUE 约束或者 PRIMARY KEY 约束。外键列和被引用列的列名可以不同，但是数据类型必须完全相同。

4.5.3 对现有表添加外键约束

对于已经存在的表，可以在 ALTER TABLE 语句中使用 CONSTRAINT FOREIGN KEY REFERENCES 子句来添加外键约束。

【例 4-13】

假设产品表 products 和分类信息表 category 已经创建，但是并没有添加外键约束。现在为 products 表中的 cate_id 列添加外键约束，指向 category 表中的 c_id 列，外键约束名称为 cate_fk。语句如下：

```
ALTER TABLE products
ADD CONSTRAINT cate_fk FOREIGN KEY (cate_id)
REFERENCES category(c_id);
```

4.5.4 外键的引用类型

在定义外键约束时，还可以使用关键字 ON 指定引用行为类型。当删除父表中的一条数据记录时，通过引用行为可以确定如何处理外键表中的外键列。引用类型可以分为以下 3 种。

① 使用 CASCADE 关键字。

② 使用 SET NULL 关键字。

③ 使用 NO CATION 关键字。

如果在定义外键约束时使用 CASCADE 关键字，那么父表中被引用列的数据被删除时，子表中对应的数据也将被删除。

【例 4-14】

将产品表 products 上 cate_id 列的外键约束引用类型修改为 CASCADE，语句如下：

```
ALTER TABLE products
ADD CONSTRAINT cate_fk FOREIGN KEY (cate_id)
REFERENCES category(c_id) ON DELETE CASCADE;
```

向分类表 category 和产品表 products 中添加测试数据，语句如下：

```
INSERT INTO category VALUES(1,' 饮料 ');
INSERT INTO category VALUES(2,' 食品 ');
INSERT INTO    products VALUES(1,' 绿茶 ',1);
INSERT INTO    products VALUES(2,' 方便面 ',2);
```

Oracle 12c 数据库

将编号为 1 的分类删除，语句如下：

```
DELETE category WHERE c_id=1;
```

然后查看 products 中的数据，会发现 cate_id 为 1 的数据也被删除了。使用的语句及执行结果如下：

```
SELECT * FROM products;

P_ID      P_NAME          CATE_ID
--------  --------------  ----------
2         方便面           2
```

如果在定义外键约束时使用 SET NULL 关键字，那么当父表被引用的列的数据被删除时，子表中对应的数据被设置为 NULL。要使这个关键字起作用，子表中对应的列必须要支持 NULL 值。

【例 4-15】

假设 products1 表与 products 表结构相同，下面为 products1 表中的 cate_id 列指定外键约束，并设置引用类型为 SET NULL。语句如下：

```
ALTER TABLE products1
ADD CONSTRAINT cate1_fk FOREIGN KEY (cate_id)
REFERENCES category(c_id) ON DELETE SET NULL;
```

向分类表 category 和产品表 products1 中

添加测试数据。语句如下：

```
INSERT INTO category VALUES(3,' 书籍 ');
INSERT INTO products1 VALUES(1,'少儿读物',3);
INSERT INTO products1 VALUES(2,'历史名著',3);
在 category 表中将 c_id 为 3 的数据删除，如下:
DELETE category WHERE c_id=3;
```

然后查看 products1 中的数据。发现 c_id 为 3 的数据中 cate_id 列的值为空值。显示如下：

```
SELECT * FROM products1;

P_ID      P_NAME          CATE_ID
--------  --------------  ----------
1         少儿读物
2         历史名著
```

如果在定义外键约束时使用 NO CATION 关键字，那么当父表中被引用列的数据被删除时将会违反外键约束，该操作也将被禁止执行，这也是外键约束的默认引用类型。

⚠️ **注意**

在使用默认引用类型的情况下，当删除父表中应用列的数据时，如果子表的外键列存储了该数据，那么删除操作将失败。

4.5.5 删除外键约束

对于不需要的外键约束可以使用 ALTER TABLE 语句的 DROP CONSTRAINT 子句进行删除。

【例 4-16】

删除产品信息表 products 上的 cate_fk 外键约束。语句如下：

```
ALTER TABLE products
DROP CONSTRAINT cate_fk;
```

4.5.6 使用设计器设置外键约束

Oracle 外键的设置要求对应的表中要有主键或唯一约束，而且该表的外键列与对应表的主键或唯一约束设置关联，因此在创建时需要确保对应的表中有主键或唯一约束。

如果表中定义了外键约束，那么该表就称为"子表"；如果表中包含引用键，那么该表称为"父表"。

在创建表时设计外键，需要确保相关联的表已经存在，并且有主键或唯一约束。外键约束需要在已经添加的列上进行设置，打开【创建表】对话框，选择【外键】节点，如图4-4所示。

首先需要单击【添加】按钮添加新的外键，接着选择引用表并选择引用约束条件。约束条件的选择直接影响了父表关联的列。此时右下方的引用列一栏将出现引用表的列处于不可编辑状态，而本地列有下拉框可选择新建表中需要设置外键的列。

如图4-4所示，右下角的【删除时】下拉列表框用于选择当前表中外键列数据修改时将执行的操作，有以下3个选项。

① RESTRICT：表示拒绝删除或者更新父表。

② CASCADE：表示父表中被引用列的数据被删除时，子表中对应的数据也将被删除。

③ SET NULL：表示当父表被引用的列的数据被删除时，子表中对应的数据被设置为 NULL。要使这个选项起作用，子表中对应的列必须要支持 NULL 值。

外键设置完成后，可根据创建表的步骤执行表的创建。若所引用的表中没有主键或唯一约束，那么【引用约束条件】将处于空白状态，同时下方的本地列和引用列处于不可编辑状态，如图4-5所示。

图 4-4 设置外键

图 4-5 外键限制

 # 4.6 检查约束

检查约束（CHECK 约束）的作用是查询用户向该列插入的数据是否满足了约束中指定的条件，如果满足则将数据插入到数据库内；否则就返回异常。检查约束具有以下特点。

① 在检查约束的表达式中，必须引用表中的一个或者多个列，表达式的运算结果是一个布尔值，且每列可以添加多个检查约束。

② 对于同一列，可以同时定义检查约束和 NOT NULL 约束。

③ 检查约束既可以定义在列级别中，也可以定义在表级别中。

④ 约束条件必须返回布尔值，这样插入数据时 Oracle 将会自动检查数据是否满足条件。

4.6.1 使用 SQL 语句添加检查约束

使用 SQL 语句添加检查约束包括创建表时添加检查约束；在现有表中添加、修改或删除检查约束等。

在创建表时添加检查约束，需要在检查约束所作用的列后面使用 CONSTRAINT CHECK 子句。语法格式如下：

```
列名 数据类型 CONSTRAINT 约束名 CHECK( 约束条件 )
```

【例 4-17】

假设学生信息表 STUDENT 中有一个年龄列 age，为它添加限制值在 18~25 的检查约束。语句如下：

```
CREATE TABLE STUDENT
(
  id NUMBER NOT NULL ,
  name VARCHAR2(20) ,
  sex VARCHAR2(20) ,
  age NUMBER CONSTRAINT STUDENT_CHK1 CHECK(age >=18    AND age <=25)
);
```

如果要为已经存在的表添加检查约束，需要使用 ALTER TABLE 语句的 ADD CHECK 子句。语法格式如下：

```
ALTER TABLE 表名 ADD CONSTRAINT 约束名 CHECK( 约束条件 );
```

【例 4-18】

为 STUDENT 表的性别字段添加检查约束，要求 sex 字段的值只能是"男"或"女"。语句如下：

```
ALTER TABLE STUDENT ADD CONSTRAINT SEX_CHECK CHECK( sex=' 男 ' OR sex=' 女 ');
```

在 ALTER TABLE 语句中结合 DROP CONSTRAINT 子句可实现删除检查约束。例如，要删除 STUDENT 表 sex 字段上的 SEX_CHECK 约束，语句如下：

```
ALTER TABLE STUDENT DROP CONSTRAINT SEX_CHECK ;
```

4.6.2 使用设计器设置检查约束

在设计器中设置检查约束可以使用创建表的方法，在高级设置对话框中选择【检查约束条件】项，如图 4-6 所示。

首先单击右侧的【添加】按钮添加新的检查约束，接着编辑约束的名称和检查条件。检查约束在设置时不需要针对具体的列，但若对列数据进行限制，需要在条件中有表示。图 4-6 创建的约束限制了 S_AGE 的值要在 0~20 之间，虽然没有显式地设置列，但在条件中表示了出来。检查约束设置完成之后，

图 4-6 设置检查约束

可根据创建表的步骤执行表的创建。

4.7 操作约束

前面详细介绍了每种约束的创建，以及对现表添加约束的方法和删除约束的语句。约束也可以像表一样进行操作，如查询约束中的信息、禁止约束和验证约束等。

4.7.1 查询约束信息

通过查询 Oracle 中的 USER_CONSTRAINTS 数据字典可以获得当前用户模式中所有约束的基本信息。表 4-2 列出了 USER_CONSTRAINTS 视图常用字段及说明。

表 4-2 USER_CONSTRAINTS 视图常用信息字段说明

列	类 型	说 明
owner	VARCHAR2(30)	约束的所有者
constraint_name	VARCHAR2(30)	约束名
constraint_type	VARCHAR2(1)	约束类型（P、R、C、U、V、O）
table_name	VARCHAR2(30)	约束所属的表
status	VARCHAR2(8)	约束状态（ENABLE、DISABLE）
deferrable	VARCHAR2(14)	约束是否也延迟（DEFERRABLE、NOTDEFERRABLE）
deferred	VARCHAR2(9)	约束是立即执行还是延迟执行（IMMEDIATE、DEFERRED）

提示

约束类型中 C 代表 CHECK 或 NOT NULL 约束，P 代表主键约束，R 代表外键约束，U 代表唯一约束，V 代表 CHECK OPTION 约束，O 代表 READONLY 只读约束。

【例 4-19】
查看 products 表中所有的约束信息，显示如下：

```
SELECT CONSTRAINT_NAME,CONSTRAINT_TYPE,DEFERRED,DEFERRABLE,STATUS
 FROM USER_CONSTRAINTS
 WHERE TABLE_NAME='products';


CONSTRAINT_NAME    CONSTRAINT_TYPE    DEFERRED         DEFERRABLE             STATUS
---------------    ---------------    ----------       ------------------     ---------
SYS_C009771        C                  IMMEDIATE        NOT DEFERRABLE         ENABLED
CATE_CK            C                  IMMEDIATE        NOT DEFERRABLE         DISABLED
```

通过查询数据字典 USER_CONS_COLUMNS 可以了解定义约束的列。表 4-3 列出了 USER_CONS_COLUMNS 视图常用字段及说明。

表 4-3   USER_CONS_COLUMNS 视图常用信息字段说明

列	类　型	说　明
owner	VARCHAR2(30)	约束的所有者
constraint_name	VARCHAR2(30)	约束名
table_name	VARCHAR2(30)	约束所属的表
column_name	VARCHAR2(4000)	约束所定义的列

【例 4-20】

查看 products 表中所有的约束信息定义在哪个列上，使用的语句及执行结果如下：

```
SELECT CONSTRAINT_NAME,COLUMN_NAME
FROM USER_CONS_COLUMNS
WHERE TABLE_NAME='products';


CONSTRAINT_NAME                          COLUMN_NAME
------------------------------           ------------------------------
CATE_CK                                  cate_id
SYS_C009771                              p_id
```

4.7.2 禁止和激活约束

在 Oracle 数据库中根据对表的操作与约束规则之间的关系，将约束分为 DISABLE 和
ENABLE 两种约束，也就是说，可以通过这两个约束状态来控制约束是禁用还是激活。

当约束状态处于激活状态时，如果对表的操作与约束规则相冲突，则操作就会被取消。
在默认情况下，新添加的约束状态是激活的。只有在手动配置的情况下约束才可以被禁止。

- 禁止约束。DISABLE 关键字用来设置约束的状态为禁止状态。也就是说，约束状态禁止
  的时候，即使对表的操作与约束规则相冲突，操作也会被执行。
- 激活约束。ENABLE 关键字用来设置约束的状态为激活状态。也就是说，约束状态激活
  的时候，如果对表的操作与约束规则相冲突，操作就会被取消。

禁止约束和激活约束可以在设计器中进行设置，也可以使用 SQL 语句进行设置。可以在
创建表时设置，也可以在现有表中修改。

在设计器设置约束的禁止和激活状态，可以在创建表时设置，也可在现有表中设置。如
设置主键约束的状态，可在图 4-1 所示的对话框中选择【启用】复选框激活约束，或取消【启
用】复选框禁止约束。

其他约束的状态设置与主键约束一样，在约束设置对话框中选择【启用】复选框激活约束，
或取消选中【启用】复选框禁止约束。在现有的表中修改约束状态，也是对【启用】复选框
的设置，这里不再介绍。

使用 SQL 设置约束的状态，分为在创建表时设置和在现有表中修改。创建表时设置
需要在约束语句的后面添加 DISABLE 关键字禁止约束（默认是激活状态，不需要显式地
定义）。

【例 4-21】

创建一个教师信息表 TEACHER，包含有编号、姓名、性别和年龄字段，其中年龄字段

添加了检查约束限制字段的值在 20~60 之间，要求默认禁用该约束。语句如下：

```
CREATE TABLE TEACHER
(
    T_ID NUMBER NOT NULL ,
    T_NAME VARCHAR2(20) ,
    T_SEX VARCHAR2(20) ,
    T_AGE NUMBER CONSTRAINT TAGE_CHK1 CHECK(T_AGE > 20 AND T_AGE < 60) DISABLE
);
```

在现有的表中修改约束的状态分为：将约束状态修改为禁止状态；将约束状态修改为激活状态。

将约束状态修改为激活状态有以下两种方法。

- 使用 ALTER TABLE...ENABLE 语句语法格式如下：

ALTER TABLE 表名 ENABLE CONSTRAINT 约束名；

- 使用 ALTER TABLE...MODIFY...ENABLE 语句语法格式如下：

ALTER TABLE 表名 MODIFY ENABLE CONSTRAINT 约束名；

将约束状态修改为禁止状态使用 DISABLE 关键字，语法格式如下：

ALTER TABLE 表名 DISABLE CONSTRAINT 约束名；

约束的状态可以通过一些 Oracle 数据库提供的数据字典视图和动态性能视图来查询，如使用 USER_CONSTRAINTS 和 USER_CONS_COLUMNS 等来查询。

通过这些视图可以查询表和列中的约束信息，包括约束的所有者、约束名、约束类型、所属的表和约束状态等。数据字典视图 USER_CONSTRAINTS 中常用的字段及其含义如表 4-4 所示。

表 4-4　USER_CONSTRAINTS 视图常用字段说明

字 段 名	类 型	说 明
owner	VARCHAR2(30)	约束的所有者
constraint_name	VARCHAR2(30)	约束名
constraint_type	VARCHAR2(1)	约束类型（P、R、C、U、V、O）
table_name	VARCHAR2(30)	约束所属的表
status	VARCHAR2(8)	约束状态（ENABLE、DISABLE）
deferrable	VARCHAR2(14)	约束是否延迟（DEFERRABLE、NOTDEFERRABLE）
deferred	VARCHAR2(9)	约束是立即执行还是延迟执行（IMMEDIATE、DEFERRED）

在表 4-4 中，约束类型的含义如下。

- C 代表 CHECK 或 NOT NULL 约束。
- P 代表 PRIMARY KEY 约束。
- R 代表 FOREIGN KEY 约束。
- U 代表 UNIQUE 约束。

- V 代表 CHECK OPTION 约束。
- O 代表 READONLY 约束。

【例 4-22】

为前面的 TEACHER 表添加编号字段的唯一约束，查询表中约束的信息，修改其检查约束为激活状态，再次检查表中的约束信息，步骤如下。

01 添加 T_ID 字段的唯一约束，语句如下：

```
ALTER TABLE TEACHER ADD CONSTRAINT TID_PK UNIQUE(T_ID);
```

02 首先查询 TEACHER 表中的约束信息，语句如下：

```
SELECT CONSTRAINT_NAME ,CONSTRAINT_TYPE ,STATUS
FROM USER_CONSTRAINTS
WHERE TABLE_NAME='TEACHER';
```

上述代码的执行效果如下：

```
CONSTRAINT_NAME        C       STATUS
--------------------   ---- -----  ----------------
TAGE_CHK1              C       DISABLED
TID_PK                U       ENABLED
SYS_C009878           C       ENABLED
```

03 修改检查约束为激活状态，语句如下：

```
ALTER TABLE TEACHER ENABLE CONSTRAINT TAGE_CHK1;
```

04 再次查询 TEACHER 表中的约束信息，参考步骤 02 中的代码，其效果如下：

```
CONSTRAINT_NAME        C       STATUS
--------------------   ---- -----  ----------------
TID_PK                U       ENABLED
SYS_C009878           C       ENABLED
TAGE_CHK1             C       ENABLED
```

通过查询数据字典 USER_CONS_COLUMNS，可以了解定义约束的列。表 4-5 所列为 USER_CONS_COLUMNS 视图中部分列的说明。

表 4-5　USER_CONS_COLUMNS 视图常用字段及其说明

字 段 名	类 型	说 明
owner	VARCHAR2(30)	约束的所有者
constraint_name	VARCHAR2(30)	约束名
table_name	VARCHAR2(30)	约束所属的表
column_name	VARCHAR2(4000)	约束所定义的列

【例4-23】

查询 TEACHER 表中的约束定义在哪个列上，语句如下：

```
SELECT CONSTRAINT_NAME,COLUMN_NAME
FROM USER_CONS_COLUMNS
WHERE TABLE_NAME='TEACHER';
```

上述语句的执行效果如下：

```
CONSTRAINT_NAME              COLUMN_NAME
----------------------------  -- -------------------------
TID_PK                       T_ID
TAGE_CHK1                    T_AGE
SYS_C009878                  T_ID
```

激活和禁用两种约束状态是对表进行更新和插入操作时是否验证操作符合约束规则。在 Oracle 中，除了激活和禁用两种约束状态，还有另外两种约束状态，用来决定是否对表中已经存在的数据进行约束规则检查。

4.7.3 约束的状态

通常约束的验证状态有两种：一种是验证约束状态，如果约束处于验证状态，则在定义或者激活约束时，Oracle 将对表中所有已经存在的记录进行验证，检验是否满足约束限制；另一种是非验证约束，如果约束处于非验证状态，则在定义或者激活约束时，Oracle 将对表中已经存在的记录不执行验证操作。

将禁止、激活、验证和非验证状态相互结合，则可以将约束分为 4 种状态，如表4-6 所示。

表4-6 约束的状态

状 态	说 明
激活验证状态 （ENABLE VALIDATE）	激活验证状态是默认状态，这种状态下 Oracle 数据库不仅对以后添加和更新数据进行约束检查，也会对表中已经存在的数据进行检查，从而保证表中的所有记录都满足约束限制
激活非验证状态 （ENABLE NOVALIDATE）	这种状态下，Oracle 数据库只对以后添加和更新的数据进行约束检查，而不检查表中已经存在的数据
禁止验证状态 （DISABLE VALIDATE）	这种状态下，Oracle 数据库对表中已经存在的记录执行约束检查，但是不允许对表执行添加和更新操作，因为这些操作无法得到约束检查
禁止非验证状态 （DISABLE NOVALIDATE）	这种状态下，无论是表中已经存在的记录还是以后添加和更新的数据，Oracle 都不进行约束检查

技巧

在非验证状态下激活约束比在验证状态下激活约束节省时间。所以，在某些情况下，可以选择使用激活非验证状态，如当需要从外部数据源引入大量数据时。

4.7.4　延迟约束

在 Oracle 程序中，如果使用了延迟约束，那么当执行增加和修改等操作时，Oracle 将不会像以前一样立即做出回应和处理，而是在规定条件下才会被执行。这样用户可以自定义何时验证约束，如将约束检查放在失误结束后进行。

默认情况下，新添加的 Oracle 约束延迟操作是没有开启的，也就是说，在执行 INSERT 和 UPDATE 操作语句时，Oracle 程序将会马上做出对应的处理和操作，如果语句违反了约束，则相应的操作无效。要想对约束进行延迟，那么就使用关键字 DEFERRABLE 创建延迟约束。延迟约束还有以下两种初始状态。

- INITIALLY DEFERRED：约束的初始状态是延迟检查。
- INITIALLY IMMEDIATE：约束的初始状态是立即检查。

修改约束的延迟状态使用 ALTER TABLE...MODIFY CONSTRAINT 语句，语法格式如下：

```
ALTER TABLE 表名 MODIFY CONSTRAINT 约束名 INITIALLY DEFERRED| INITIALLY IMMEDIATE;
```

如果约束的延迟已经存在，则可以使用 SET CONSTRAINTS ALL 语句将所有约束切换为延迟状态，表现如下。

- 如果设置为 SET CONSTRAINTS ALL DEFERRED，则延迟检查。
- 如果设置为 SET CONSTRAINTS ALL IMMEDIATE，则立即检查。

延迟约束是在事务被提交时强制执行的约束。添加约束时可以通过 DEFERRED 子句来指定约束为延迟约束。约束一旦创建以后，就不能修改为 DEFERRED 延迟约束。

> ⚠ **注意**
>
> 在 Oracle 中是不能修改任何非延迟性约束的延迟状态的。

4.8　实践案例：设计电器信息管理表

数据表是数据库的基本构成单元，用来保存用户的各类数据，后期的各种操作也是在数据表的基础上进行的。本章详细介绍了如何约束表中列数据的完整性。本次案例结合本章内容，要求设计电器信息相关的表以及添加约束，具体描述如下。

- 创建电器信息表有商品编号、名称、类型、品牌、价格和能效等级字段，其中商品编号、类型和品牌字段为 NUMBER 类型，商品编号为主键。
- 创建类型表有类型编号和类型名称字段。
- 创建品牌表有品牌编号和品牌名称字段。
- 为电器信息表添加外键设置，使其类型字段关联类型表的类型编号；品牌字段关联品牌表中的品牌编号。
- 为电器信息表的能效等级字段添加检查约束，使字段值在 1~5 之间，包含 1 和 5。
- 为电器信息表添加唯一约束，使商品名称和品牌字段的组合不能重复。
- 检查约束信息和约束所作用的列。

01 创建电器信息表有商品编号、名称、类型、品牌、价格和能效等级字段，其中商品编号、类型和品牌字段为 NUMBER 类型，商品编号为主键。语句如下：

```
CREATE TABLE APPLIANCES
(
    A_ID NUMBER NOT NULL ,
    A_TITLE VARCHAR2(20) ,
    A_TYPE NUMBER,
    A_BRAND NUMBER,
    A_PRICE NUMBER,
    A_GRADE NUMBER,
    CONSTRAINT AID_PK PRIMARY KEY(A_ID)
    ENABLE
);
```

02 创建类型表有类型编号和类型名称字段。语句如下：

```
CREATE TABLE A_TYPE
(
    T_ID NUMBER NOT NULL ,
    T_TITLE VARCHAR2(20) ,
    CONSTRAINT ATID_PK PRIMARY KEY(T_ID)
    ENABLE
);
```

03 创建品牌表有品牌编号和品牌名称字段。语句如下：

```
CREATE TABLE A_BRAND
(
    B_ID NUMBER NOT NULL ,
    B_TITLE VARCHAR2(20) ,
    CONSTRAINT BID_PK PRIMARY KEY(B_ID)
    ENABLE
);
```

04 为电器信息表添加外键设置，使其类型字段关联类型表的类型编号；品牌字段关联品牌表中的品牌编号。语句如下：

```
ALTER TABLE APPLIANCES ADD CONSTRAINT AT_PK FOREIGN KEY (A_TYPE) REFERENCES A_TYPE(T_ID);
```

05 为电器信息表的能效等级字段添加检查约束，使字段值在 1~5 之间，包含 1 和 5。语句如下：

```
ALTER TABLE APPLIANCES ADD CONSTRAINT AB_PK FOREIGN KEY (A_BRAND) REFERENCES A_BRAND(B_ID);
```

Oracle 12c 数据库

06 为电器信息表添加唯一约束，使商品名称和品牌字段的组合不能重复。语句如下：

```
ALTER TABLE APPLIANCES ADD CONSTRAINT UNIQUE_PK UNIQUE(A_TITLE,A_BRAND);
```

07 检查约束信息。语句如下：

```
SELECT CONSTRAINT_NAME ,CONSTRAINT_TYPE ,STATUS
FROM USER_CONSTRAINTS
WHERE TABLE_NAME='APPLIANCES';
```

上述语句的执行结果如下：

```
CONSTRAINT_NAMEC STATUS
-----------------------------------------------------------
AID_PKP ENABLED
UNIQUE_PKU ENABLED
AT_PKR ENABLED
AB_PKR ENABLED
SYS_C009886C ENABLED
```

08 检查约束所作用的列。语句如下：

```
SELECT CONSTRAINT_NAME,COLUMN_NAME
FROM USER_CONS_COLUMNS
WHERE TABLE_NAME='APPLIANCES';
```

上述语句的执行结果如下：

```
CONSTRAINT_NAMECOLUMN_NAME
----------------------------------------------------------------
UNIQUE_PKA_BRAND
UNIQUE_PKA_TITLE
AB_PKA_BRAND
AT_PKA_TYPE
AID_PKA_ID
SYS_C009886A_ID
已选择 6 行。
```

4.9 练习题

1. 填空题

（1）完成下面的语句，使其可以为 EMPLOYEES 表的 EMPNO 列添加一个名为 PK_EMPNO 的主键约束。

```
aTER TABLE employees
Add _____ PK_empno PRIMARY KEY _____
```

（2）如果主键约束由一列组成时，该主键约束被称为 _____。

（3）与主键约束相比，唯一约束的列允许 _____，而主键约束不允许。

（4）在 ALTER TABLE 子句配合 _____ 子句可以删除外键约束。

2. 选择题

（1）如果一个列定义了一个 PRIMARY KEY 约束，那么该列（ ）。

    A．不能为空，可以重复

    B．可以为空，不能重复

    C．可以为空，也可以重复

    D．不能为空，也不可以重复

（2）一个表中，外键约束所关联的列要满足（ ）要求。

    A．必须是主键约束

    B．必须有唯一约束

    C．既要有主键约束也要有唯一约束

    D．可以是唯一约束或主键约束

（3）下面（ ）约束表示该列的值不能重复。

    A．NOT NULL

    B．UNIQUE

    C．PRIMARY KEY

    D．CHECK

（4）如果希望在激活约束时不验证表中已有的数据是否满足约束的定义，那么可以使用下列（ ）关键字。

    A．disactive

    B．validate

    C．active

    D．novalidatc

Oracle 12c 数据库

✎ 上机练习：设计会员信息约束规则

假设有一个会员信息表，包含有编号、姓名、手机号、部门编号和注册时间列；部门信息表包含有编号、名称和状态列。完成以下约束规则。

- 为会员编号和部门编号列设置主键约束。
- 设置会员姓名不能重复。
- 设置会员注册时间不能为空。
- 限制会员手机号只能是 11 位或者空。
- 将会员的部门编号列关联到部门信息表的编号列。
- 限制部门编号的状态只能是 0 或者 1。

Oracle 12c 数据库

第5章

SELECT 简单查询

数据是数据库的核心，数据库的所有功能都是围绕数据进行的。在前面两章中，介绍了如何管理保存数据的数据表和对数据进行约束。

本章主要介绍使用 SELECT 语句从数据表中查询数据的简单方法，如查询所有列、查询不重复列、查询时指定范围和列表以及对结果集进行排序和分组等。

 本章学习要点

◎ 掌握 SELECT 查询表中所有列和指定列的用法
◎ 掌握查询时为列添加别名的方法
◎ 掌握 SELECT 语句中 DISTINCT 的使用
◎ 掌握 WHERE 子句筛选结果条件的方法
◎ 掌握 GROUP BY 子句的使用
◎ 掌握 ORDER BY 子句的使用
◎ 掌握 HAVING 子句的使用

5.1 SQL 语言简介

SQL（Structured Query Language，结构化查询语言）是一种数据库查询和程序设计语言。SQL 标准由 ISO 和 ANSI 共同定制，主要用于存取数据以及查询、更新和管理关系数据库系统。

5.1.1 特点

目前，几乎所有的数据库都支持 SQL 语言。SQL 语言是用来对数据库进行管理的标准语言，也是程序与数据库之间交互的桥梁。

SQL 语言具有以下几个特点。

① SQL 语言理解起来类似于英语的自然语言，非常简单也很容易理解，这样就方便开发人员使用 SQL 语言对数据库进行操作。

② SQL 语言是一种非过程语言，也就是说，用户不需要了解具体操作的过程，也不必了解数据库的存储路径，只需要指定所需要的数据操作即可。

③ SQL 语言是一种面向集合的语言，每个 SQL 命令的操作对象是一个或多个关系，结果也是一个关系。

④ SQL 语言既是内置语言，同时也属于嵌入式语言。它可以嵌入到某一种主体语言中使用，同时也可以单独使用。内置语言可以独立使用交互命令，适用于终端用户、应用程序开发人员和数据库管理员；嵌入式语言可以在高级语言中使用，供应用程序开发人员开发应用程序。

5.1.2 分类

SQL 中的操作都是由 SQL 语句实现的。根据作用大致可以将 SQL 语句划分为 5 类，即查询语句（SELECT）、数据操纵语言（DML）、数据定义语言（DDL）、事务控制语言（TCL）和数据控制语言（DCL）。

1. 查询语句

使用 SQL 语言中的 SELECT 语句可以查询数据库表中存储的数据信息。

2. 数据操纵语言

数据操纵语言（Data Manipulation Language，DML）中包括了插入、修改和删除数据等操作。数据更新操作对数据库有一定的风险，数据库管理系统必须在更改期内保护所存储数据的一致性，确保数据有效，DML 语句主要有以下几种。

① INSERT：向表中添加行。

② UPDATE：修改行的内容。

③ DELETE：删除行。

④ MERGE：合并（插入或修改）。

3. 数据定义语言

数据定义语言（Data Definition Language，DDL）是指对数据的格式和形态下定义的 SQL 语言，是用户在建立数据库时首先要考虑的问题。数据定义语言可用来定义数据库、数据表及索引等。DDL 语句主要有以下几种基本类型。

① CREATE：创建数据库结构。例如，CREATE TABLE 语句用于创建一个表；CREATE USER 用于创建一个数据库用户。

② ALTER：修改数据库结构。例如，ALTER TABLE 语句用于修改一个表。

③ DROP：删除数据库结构。例如，DROP TABLE 语句用于删除一个表。

④ RENAME：更改表名。

⑤ TRUNCATE：删除表的全部内容。

4. 事务控制语言

事务控制语言（Transaction Control Language，TCL）用于将对行所做的修改永久性地存储到表中，或者取消这些修改操作。事务控制语言主要有以下几种。

- COMMIT：永久性地保存对行所做的修改。
- ROLLBACK：取消对行所做的修改。
- SAVEPOINT：设置一个"保存点"，可以将对行的修改回滚到此点。

5. 数据控制语言

数据控制语言（Data Control Language，DCL）用于修改数据库结构的操作权限，可以针对数据库用户进行权限的分配。DCL 语句主要有以下两种。

① GRANT：授予其他用户对数据库结构的访问权限。

② REVOKE：收回用户访问数据库结构的权限。

5.1.3 语句编写的规则

在使用 SQL 语言时需要编写一些 SQL 操作语句，SQL 语句也有自己的定义规则。在编写 SQL 语句时必须遵循下面一些规则。

① SQL 关键字不区分大小写，既可以使用大写格式，也可以使用小写格式，或者混用大小写格式。

② 对象名和列名不区分大小写，它们既可以使用大写格式，也可以使用小写格式，或者混用大小写格式。

③ 字符值和日期：值区分大小写。当在 SQL 语句中引用字符值和日期值时，必须给出正确的大小写数据；否则不能返回正确信息。

④ 在应用程序中编写 SQL 语句时，如果 SQL 语句文本很短，可以将语句文本放在一行上；如果 SQL 语句文本很长，可以将语句文本分布到多行上，并且可以通过使用跳格和缩进提高可读性。无论 SQL 语句的长短，最终都要以分号结束。

5.2 SELECT 语句的语法格式

SELECT 语句是所有 SQL 语句中使用最频繁的，主要用于查询数据信息。SELECT 语句的语法格式如下：

```
SELECT [ALL|DISTINCT] select_list
FROM table_name
[WHERE<search_condition>]
[GROUP BY<group_by_expression>]
[HAVING<search_condition>]
[ORDER BY<order_by_expression> [ASC|DESC]]
```

Oracle 12c 数据库

上述语法格式中，在 [] 之内的子句表示可选项。具体参数说明如下。

- SELECT：指定查询需要返回的列。
- ALL|DISTINCT：用来标识在查询结果集中对相同行的处理，关键字 ALL 表示返回查询结果集的所有行，其中包括重复行；关键字 DISTINCT 表示如果结果集中有重复行，那么只显示一行，默认值为 ALL。
- select_list：如果返回多列，各个列名之间用逗号隔开；如果需要返回所有列的数据信息，则可以用"*"表示。
- FROM：用来指定要查询的表或者视图的名称列表。
- table_name：要查询的表的名称。
- WHERE：用来指定搜索的限定条件。
- GROUP BY：用来指定查询结果的分组条件。根据 group_by_expression 中的限定条件对结果集进行分组。
- HAVING：与 GROUP BY 子句组合使用，用来对分组的结果进一步限定搜索条件。
- ORDER BY：用来指定结果集的排序方式，根据 order_by_expression 中的限定条件对结果集进行排序。
- ASC|DESC：ASC 表示升序排列；DESC 表示降序排列。

在 SELECT 语句中，FROM、WHERE、GROUP BY 和 ORDER BY 子句必须按照语法中列出的次序依次执行。例如，如果把 GROUP BY 放在 ORDER BY 子句之后，则会出现语法错误。

SELECT 语句可以按照用户要求从数据库中查询出数据，并将查询结果返回。但是在使用 SELECT 语句进行查询时，会用到查询条件中包含有字符值的情况。表数据中字符值区分大小写，所以在引用时要注意区分大小写。

5.3 简单查询

在 5.2 节介绍 SELECT 的完整语法之后，本节将介绍 SELECT 语句在表中查询简单数据的方法，像获取所有行、获取指定列以及排除重复数据等。

5.3.1 查询所有列

查询时表中一部分列是可以直接展示的，如果要把表中所有的列及列数据展示出来可使用符号"*"，它表示所有的。将 * 代替字段列表就包含了所有字段。要获取整张表的数据，使用 SELECT 语句的语法格式如下：

```
SELECT * FROM 表名
```

【例 5-1】

假设要查询当前用户模式中 admins 表的所有列，使用的查询语句如下：

```
SQL> SELECT * FROM admins;
```

执行结果显示如下：

NAME	EMAIL	MOBILE	PASSWORD	STATUS
admin	admin@qq.com	13812345678	123456	1
guest	guest@qq.com	18800001111	45678	2
root	root@qq.com	18678901234	0000	1
network			45678	1

 提示

也可以使用表名.* 来查询表中所有列。在查询所有列的时候，不能再对列重命名。

5.3.2　查询指定列

将 5.3.1 节 SELECT 语法中的 "*" 换成所需字段的字段列表就可以查询指定列数据，若将表中所有的列都放在这个列表中，将查询整张表的数据。语法格式如下：

```
SELECT 字段列表
FROM 表名
```

【例5-2】

查询当前用户模式中 admins 表的 NAME 字段、PASSWORD 字段和 STATUS 字段。查询语句如下：

```
SQL> SELECT NAME, PASSWORD, STATUS
  2   FROM admins ;
```

执行结果如下：

NAME	PASSWORD	STATUS
admin	123456	1
guest	45678	2
root	0000	1
network	45678	1

5.3.3　使用别名

在 SELECT 语句查询中使用别名也就是为表中的列名另起一个名字，通常有两种实现方式。第一种是采用符合 ANSI 规则的标准方法，即在列表达式中给出列名。

【例5-3】

同样是查询 admins 表的 NAME 字段、PASSWORD 字段和 STATUS 字段。这里要求将字段依次重命名为"姓名""密码"和"状态"。最终 SELECT 语句如下：

Oracle 12c 数据库

```
SQL> SELECT NAME AS " 姓名 ", PASSWORD AS " 密码 ", STATUS AS " 状态 "
  2    FROM admins ;
```

执行后的结果集如下：

姓名	密码	状态
admin	123456	1
guest	45678	2
root	0000	1
network	45678	1

【例 5-4】

第二种方法其实是上面的简化形式，即省略 AS 关键字。对于上面的例子，可以修改为以下语句：

```
SQL> SELECT NAME " 姓名 ", PASSWORD " 密码 ", STATUS " 状态 "
  2    FROM admins ;
```

执行后的结果集与上例相同。

5.3.4 查询不重复数据

使用 DISTINCT 关键字筛选结果集，对于重复行只保留并显示一行。这里的重复行是指结果集数据行的每个字段数据值都一样。

使用 DISTINCT 关键字的语法格式如下：

```
SELECT DISTINCT column 1[,column 2 ,···, column n]
FROM table_name
```

【例 5-5】

查询 users 表中 ROLES 字段所有数据，并使用"角色"作为别名，SELECT 语句如下：

```
SQL> SELECT ROLES AS " 角色 " FROM users;
```

查询结果如下：

```
角色
--------------------
管理员
普通会员
普通会员
超级会员
VIP 会员
普通会员
超级会员
VIP 会员
VIP 会员
```

在上述结果中出现了很多重复的值。下面在 SELECT 语句中添加 DISTINCT 关键字筛选重复的值，语句如下：

```
SQL> SELECT DISTINCT ROLES AS "角色" FROM users;
```

此时的结果如下：

```
角色
--------------------
管理员
普通会员
超级会员
VIP 会员
```

可以看到结果中仅保留了不重复的值。

提示

DISTINCT 关键字会将表中存在多个 NULL 行作为相等处理。

5.3.5　查询计算列

在数据查询过程中，SELCET 子句后的 select list 列也可以是一个表达式，表达式是经过对某些列的计算而得到的结果数据。通过在 SELECT 语句中使用计算列可以实现对表达式的查询。

【例 5-6】

在 users 表中的 create_at 列保存的是注册日期，要根据该日期显示会员注册的天数，可以通过当前日期减去注册日期来进行计算。最终语句如下：

```
SQL> SELECT account "账号", name "姓名", FLOOR(sysdate - create_at) "注册天数"
  2    from users;
```

执行后的结果集如下：

账号	姓名	注册天数
3430679769	胡莲柯	0
1404855700	牛孟强	0
1865314402	范春燕	312
4777623507	王瑜	0
9960757642	刘文娟	0
1867464652	郭建明	2
1147584707	庞梦梦	6
1733176367	贺晓燕	31
1826024019	王小珂	4

由于计算列在表中没有相应的列名，因此这里指定了一个别名"注册天数"。

Oracle 12c 数据库

5.4 按条件查询

要根据一定条件查询数据库表中的部分数据，可以在 SELECT 语句中添加筛选条件进行查询（即 WHERE 子句查询），此时只返回符合条件的结果集。

条件查询的语法格式如下：

```
SELECT [* | column]
FROM table_name
WHERE search_condition
```

在上面的语法格式中，search_condition 表示为用户选取所需查询数据行的条件，即查询返回的行需要满足的条件。返回结果集中的行都满足 search_condition 条件，不满足条件的行不会返回。

本节将对 WHERE 子句中的各类条件进行详细介绍，像比较条件、范围条件以及列表条件等。

5.4.1 比较条件

WHERE 子句比较条件中可用的运算符如表 5-1 所示。

表 5-1 比较运算符及含义

比较运算符	含　义	比较运算符	含　义
=	等于	<>、!=	不等于
<	小于	>	大于
<=	小于等于	>=	大于等于

使用上述几种比较运算符可以对查询语句进行限制。其具体语法格式如下：

```
WHERE expression1 comparison_operator expression2
```

语法说明如下。
- expression：表示要比较的表达式。
- comparison_operator：表示比较运算符。

【例 5-7】

使用简单的比较运算符，从部门信息表 departs 中查询出编号大于 5 的信息。相关语句及执行结果如下：

```
SQL> SELECT id " 编号 ", d_name " 部门名称 ", name_piny " 拼音简写 ", parent_id " 上级部门编号 "
  2    FROM departs
  3    WHERE id>5;


编号        部门名称              拼音简写            上级部门编号
--------- ---  -------------------  -------------------  ---------------------------
    6      综合部                ZHB                 0
```

7	集团部	JTB	0
8	东区万达	DQWD	2
9	中心一部	ZXYB	2

【例 5-8】

从部门信息表 departs 中查询出编号是 2 的下级部门信息。使用的语句及执行结果如下：

```
SQL> SELECT id " 编号 ", d_name " 部门名称 ", name_piny " 拼音简写 "
  2  FROM departs
  3  WHERE parent_id = 2;
```

编号	部门名称	拼音简写
-------- ---	---------------------------	---------------------
8	东区万达	DQWD
9	中心一部	ZXYB

5.4.2　范围条件

范围条件主要有两个，即 BETWEEN 与 NOT BETWEEN，具体的语法格式如下：

```
WHERE expression [NOT] BETWEEN value1 AND value2
```

参数说明如下。
- value1：表示范围的下限。
- value2：表示范围的上限。

注意，上述语法中 value2 的值必须大于 value1 的值；否则将无法返回要查询的信息。

【例 5-9】

从部门信息表 departs 中查询出编号在 3 ～ 7 之间的信息。使用的语句及执行结果如下：

```
SQL> SELECT id " 编号 ", d_name " 部门名称 ", name_piny " 拼音简写 ", parent_id " 上级部门编号 "
  2  FROM departs
  3  WHERE id BETWEEN 3 AND 7;
```

编号	部门名称	拼音简写	上级部门编号
-------- ---	---------------------------	---------------------	---------------------------
3	党群工作部	DQGZB	0
4	人力部	RLB	0
5	市场经营部	SCJYB	0
6	综合部	ZHB	0
7	集团部	JTB	0

【例 5-10】

从部门信息表 departs 中查询出编号不在 3 ~ 7 之间的信息。使用的语句及执行结果如下:

```
SQL> SELECT id " 编号 ", d_name " 部门名称 ", name_piny " 拼音简写 ", parent_id " 上级部门编号 "
  2   FROM departs
  3   WHERE id NOT BETWEEN 3 AND 7;
```

编号	部门名称	拼音简写	上级部门编号
1	财务部	CWB	0
2	城区部	CQB	0
8	东区万达	DQWD	2
9	中心一部	ZXYB	2

5.4.3 逻辑条件

逻辑运算符有 3 个,即 AND、OR 和 NOT,它们可以连接多个查询条件,当条件成立时返回结果集。这些逻辑运算符的含义如下。

- AND:用于合并简单条件和包括 NOT 的条件,并且只有当该运算符两边的所有条件都为 TRUE 时,才会返回该行数据的结果;否则返回 FALSE。
- OR:表示只要该运算符两边的条件中有一个条件为 TRUE 就返回 TRUE,即返回该行数据结果;否则就返回 FALSE。
- NOT:表示否认一个表达式,将一个表达式的结果取反。如果条件是 FALSE,则返回 TRUE;如果条件是 TRUE,则返回 FALSE。

逻辑条件的语法格式如下:

```
WHERE NOT expression|expression1 [AND|OR] expression2;
```

逻辑操作符 AND、OR、NOT 的优先级低于任何一种比较操作符。在这 3 个操作符中,NOT 优先级最高,AND 其次,OR 最低。如果要改变优先级,则需要使用括号。

【例 5-11】

从会员信息表 users 中查询出订阅状态(subscribe 列)是 1,并且角色(roles 列)是"普通会员"的数据。语句及显示结果如下:

```
SQL> SELECT id " 编号 ",account " 账号 ",subscribe " 订阅状态 ",name " 姓名 ", roles " 角色 "
  2   FROM users
  3   WHERE subscribe=1 AND roles=' 普通会员 ';
```

编号	账号	订阅状态	姓名	角色
2	1404855700	1	牛孟强	普通会员
3	1865314402	1	范春燕	普通会员

从上面的结果可以看出,查询出来的数据同时满足了 WHERE 语句中 AND 运算符设置的两个条件。

【例 5-12】

从会员信息表 users 中查询出订阅状态（subscribe 列）是 4，或者角色（roles 列）是"超级会员"的数据。使用的语句及执行结果如下：

```
SQL> SELECT id " 编号 ",account " 账号 ",subscribe " 订阅状态 ",name " 姓名 ", roles " 角色 "
  2   FROM users
  3   WHERE subscribe=4 OR roles=' 超级会员 ';
```

编号	账号	订阅状态	姓名	角色
4	4777623507	1	王瑜	超级会员
7	1147584707	4	庞梦梦	超级会员
8	1733176367	4	贺晓燕	VIP 会员

从输出结果中可以看出，编号为 4 的订阅状态为 1 也出现在结果中，因为该记录满足角色是"超级会员"的条件。

【例 5-13】

从会员信息表 users 中查询出订阅状态（subscribe 列）不是 1，但是角色（roles 列）是"VIP 会员"的数据。使用的语句及执行结果如下：

```
SQL> SELECT id " 编号 ",account " 账号 ",subscribe " 订阅状态 ",name " 姓名 ", roles " 角色 "
  2   FROM users
  3   WHERE NOT subscribe=1 AND roles='VIP 会员 ';
```

编号	账号	订阅状态	姓名	角色
5	9960757642	4	刘文娟	VIP 会员
8	1733176367	4	贺晓燕	VIP 会员
9	1826024019	2	王小珂	VIP 会员

从上面的例子可以看出，"NOT subscribe=1"返回的是 subscribe 列不等于 1 的情况。

5.4.4 模糊条件

在进行 SELECT 查询时，如果不能完全确定某些信息的查询条件，但这些信息又具有某些特征，Oracle 提供了模糊条件来解决这个问题。

在 WHERE 子句中使用字符匹配符 LIKE 或 NOT LIKE 可以把表达式与字符串进行比较，从而实现对字符串的模糊查询。字符匹配时的语法格式如下：

```
WHERE expression [NOT] LIKE 'string'
```

其中，string 表示进行比较的字符串。

WHERE 子句可以实现对字符串的模糊匹配。进行模糊匹配时，可以在 string 字符串中使用通配符。使用通配符时必须将字符串和通配符都用单引号括起来。

下面是两种常用的通配符。

- %（百分号）：用于表示 0 个或者多个字符。
- _（下划线）：用于表示单个字符。

> **提示**
>
> 在 Oracle 中，字符串是严格区分大小写的，如 '%a' 和 '%A' 表示不同的两个字符串，应该严格注意。

【例 5-14】

从会员信息表 users 中查询出姓王的数据。使用的语句及执行结果如下：

```
SQL> SELECT id " 编号 ",account " 账号 ",subscribe " 订阅状态 ",name " 姓名 ", name_piny " 拼音简写 "
  2    FROM users
  3    WHERE name LIKE  ' 王 %';
```

编号	账号	订阅状态	姓名	拼音简写
4	4777623507	1	王瑜	WY
9	1826024019	2	王小珂	WXK

【例 5-15】

从会员信息表 users 中查询出拼音简写中包含 'M' 字母的数据。使用的语句及执行结果如下：

```
SQL> SELECT id " 编号 ",account " 账号 ",subscribe " 订阅状态 ",name " 姓名 ", name_piny " 拼音简写 "
  2    FROM users
  3    WHERE name_piny LIKE '%M%' ;
```

编号	账号	订阅状态	姓名	拼音简写
2	1404855700	1	牛孟强	NMQ
6	1867464652	2	郭建明	GJM
7	1147584707	4	庞梦梦	PMM

从查询结果中可以看出不管 'M' 字母出现在哪个位置，都会满足条件并显示。

5.4.5　列表条件

列表条件包括关键字 IN 和 NOT IN，主要用于查询属性值是否属于指定集合的元素。当列或者表达式结果与列表中的任一值匹配时返回 TRUE。具体的语法格式如下：

```
WHERE expression [NOT] IN value_list
```

其中 value_list 表示值列表，列表可以有一个或多个数据值，放在小括号（）内并用半角逗号隔开。

> **注意**
>
> 在 IN 或者 NOT IN 之后的 value_list 不允许为空值，也就是 value_list 不为 NULL。

【例 5-16】

从会员信息表 users 中查询出编号为 1、3、4、8 的数据。使用的语句及执行结果如下：

```
SQL> SELECT id " 编号 ",account " 账号 ",subscribe " 订阅状态 ",name " 姓名 ", roles " 角色 "
  2    FROM users
  3    WHERE id IN(1,3,4,8);
```

编号	账号	订阅状态	姓名	角色
1	3430679769	1	胡莲柯	管理员
3	1865314402	1	范春燕	普通会员
4	4777623507	1	王瑜	超级会员
8	1733176367	4	贺晓燕	VIP 会员

【例 5-17】

从会员信息表 users 中查询出不是"管理员"和"普通会员"的数据。使用的语句及执行结果如下：

```
SQL> SELECT id " 编号 ",account " 账号 ",subscribe " 订阅状态 ",name " 姓名 ", roles " 角色 "
  2    FROM users
  3    WHERE roles NOT IN( '管理员 ',' 普通会员 ');
```

编号	账号	订阅状态	姓名	角色
4	4777623507	1	王瑜	超级会员
5	9960757642	4	刘文娟	VIP 会员
7	1147584707	4	庞梦梦	超级会员
8	1733176367	4	贺晓燕	VIP 会员
9	1826024019	2	王小珂	VIP 会员

5.4.6 实践案例：查询 NULL 值

在 WHERE 子句中运用 IS NULL 关键字可以查询到列为 NULL 的字段；反之，使用 IS NOT NULL 可以查询不为 NULL 的值。语法格式如下：

```
WHERE column IS NULL|IS NOT NULL
```

【例 5-18】

从会员信息表 users 中查询出手机号（mobile 列）为 NULL 的数据。使用的语句及执行结果如下：

```
SQL> SELECT id " 编号 ",account " 账号 ",mobile " 手机号 ",name " 姓名 ", roles " 角色 "
  2    FROM users
  3    WHERE mobile IS NULL;
```

编号	账号	手机号	姓名	角色
5	9960757642		刘文娟	VIP 会员
7	1147584707		庞梦梦	超级会员
8	1733176367		贺晓燕	VIP 会员
9	1826024019		王小珂	VIP 会员

Oracle 12c 数据库

119

从会员信息表 users 中查询出手机号（mobile 列）不为 NULL 的数据。语句如下：

```
SQL> SELECT id " 编号 ",account " 账号 ",mobile " 手机号 ",name " 姓名 ", roles " 角色 "
  2    FROM users
  3    WHERE mobile IS NOT NULL;
```

5.5 结果集的规范化

WHERE 子句只能对数据表进行筛选，以获得满足条件的数据。如果要对 SELECT 的查询结果进行规范就需要借助其他子语句，如 ORDER BY 子句进行排序、GROUP BY 子句进行分组和 HAVING 子句进行统计等。

5.5.1 排序

对结果集进行排序，使得返回的结果集按照需求升序或者降序排列，语法格式如下：

```
SELECT <column1,column2,column3···> FROM table_name
WHERE expression
ORDER BY column1[,column2,column3···][ASC|DESC]
```

其中各个参数含义如下。
- ORDER BY column：表示按列名 column 进行排序。
- ASC：指定升序排列，默认方式。
- DESC：指定降序排列。

【例 5-19】
对会员信息表 users 按照注册时间（create_at 列）进行升序排列显示。使用的语句及执行结果如下：

```
SQL> SELECT id " 编号 ",name " 姓名 ", create_at " 注册时间 "
  2    FROM users
  3    ORDER BY create_at;

    编号        姓名                          注册时间
------------  --------------------------  --------------------------
      3       范春燕                        06-3 月 -17
      8       贺晓燕                        12-12 月 -17
      7       庞梦梦                        06-1 月 -18
      9       王小珂                        08-1 月 -18
      6       郭建明                        10-1 月 -18
      4       王瑜                          12-1 月 -18
      2       牛孟强                        12-1 月 -18
      1       胡莲柯                        12-1 月 -18
      5       刘文娟                        12-1 月 -18
```

【例 5-20】

对会员信息表 users 先按订阅状态（subscribe 列）降序排列，再按注册时间（create_at 列）进行升序排列显示。使用的语句及执行结果如下：

```
SQL> SELECT id " 编号 ",name " 姓名 ", subscribe " 订阅状态 ",create_at " 注册时间 "
  2  FROM users
  3  ORDER BY subscribe DESC,create_at;
```

编号	姓名	订阅状态	注册时间
8	贺晓燕	4	12-12 月 -17
7	庞梦梦	4	06-1 月 -18
5	刘文娟	4	12-1 月 -18
9	王小珂	2	08-1 月 -18
6	郭建明	2	10-1 月 -18
3	范春燕	1	06-3 月 -17
4	王瑜	1	12-1 月 -18
2	牛孟强	1	12-1 月 -18
1	胡莲柯	1	12-1 月 -18

由上述结果可以看出，在使用多列进行排序时 Oracle 会先按第一列进行排序，然后使用第二列对前面的排序结果中相同的值再进行排序。

5.5.2 分组

如果要把一个表中的行分为多个组，然后获取每个行组的信息。Oracle 提供了 GROUP BY 关键字用于对查询结果进行分组统计。语法格式如下：

```
SELECT <column1,column2,column3,…> FROM table_name
GROUP BY column1[,column2,column3…]
```

GROUP BY 子句通常与统计函数一起使用，常见的统计函数如表 5-2 所示。

表 5-2 常用统计函数

函数名称	功能
COUNT()	求组中项目数，返回整数
SUM()	求和，返回表达式中所有值的和
AVG()	求平均值，返回表达式中所有值的平均值
MAX()	求最大值，返回表达式中所有值的最大值
MIN()	求最小值，返回表达式中所有值的最小值

使用 GROUP BY 有单列分组和多列分组的情况，具体说明如下。

121

- 单列分组：指在 GROUP BY 子句中使用单个列生成分组统计结果。当进行单列分组时，会基于列的每个不同值生成一个数据统计结果。
- 多列分组：指在 GROUP BY 子句中使用两个或两个以上的列生成分组统计结果。当进行多列分组时，会基于多个列的不同值生成数据统计结果。

【例 5-21】

从会员信息表 users 中按角色名称（roles 列）进行统计出总人数。使用的语句及执行结果如下：

```
SQL> SELECT roles " 角色名称 ",COUNT(id) " 总人数 "
  2   FROM    users
  3   GROUP BY roles;


角色名称                          总人数
-----------------------------    --------------

普通会员                            3
管理员                              1
VIP 会员                            3
超级会员                            2
```

【例 5-22】

从会员信息表 users 中根据角色名称（roles 列）统计出最早注册时间和最近注册时间。使用的语句及执行结果如下：

```
SQL> SELECT roles " 角色名称 ", min(create_at) " 最早注册时间 ",max(create_at) " 最近注册时间 "
  2   FROM    users
  3   GROUP BY roles;


角色名称                    最早注册时间                       最近注册时间
-------------------------   -----------------------------    -------------------------------

普通会员                     06-3 月 -17                      12-1 月 -18
管理员                       12-1 月 -18                      12-1 月 -18
VIP 会员                     12-12 月 -17                     12-1 月 -18
超级会员                     06-1 月 -18                      12-1 月 -18
```

5.5.3　筛选

使用 GROUP BY 语句和统计函数结合可以完成结果集的粗略统计。HAVING 语句和 WHERE 关键字类似，在关键字后面插入条件表达式来规范查询结果，两者的不同之处体现在以下几点。

① WHERE 关键字针对的是列的数据，HAVING 针对结果组。

② WHERE 关键字不能与统计函数一起使用，而 HAVING 语句可以，且一般都和统计函数结合使用。

③ WHERE 关键字在分组前对数据进行过滤，HAVING 语句只过滤分组后的数据。

【例 5-23】

在例 5-21 中按角色名称进行分组，并统计出了每组中的会员总数量。假设要在此基础上再筛选数量大于 2 的数据，就需要使用 HAVING 语句。使用的语句及执行结果如下：

```
SQL> SELECT roles " 角色名称 ",COUNT(id) " 总人数 "

  2    FROM    users

  3    GROUP BY roles;

  4    HAVING COUNT(id)>2;


角色名称                                    总人数
-----------------------------------    --------------
普通会员                                      3
VIP 会员                                      3
```

从结果中可以看出，HAVING 语句筛选的是 GROUP BY 分组后的数据。

 # 5.6　实践案例：分页查询会员信息

在查询数据量比较大的数据时需要进行分页显示，使查询出来的数据信息按每页多少条记录的规律显示，这就用到了分页查询。

分页查询的一般语法格式如下：

```
SELECT * FROM
    (    SELECT A.*, ROWNUM RN FROM
      ( SELECT * FROM table_name )    A
      WHERE ROWNUM<=number_hi
    )
WHERE RN >= number_lo
```

其中最内层的查询 "SELECT * FROM table_name" 表示不进行分页的原始查询语句，返回的结果是数据表中的所有数据。"ROWNUM<=number_hi" 和 "RN>=number_lo" 控制分页查询的范围（表示每页从 number_lo 开始到 number_hi 之间的数据）。

上面给出的这个分页查询语句，在大多数情况下拥有较高的效率。分页的目的就是控制输出结果集大小，将结果尽快返回。在上面的分页查询语句中，这种考虑主要体现在 "WHERE ROWNUM <=number_hi" 语句上。

要选择第 number_lo 条到第 number_hi 条的记录有两种方法。一种是上面例子中展示的在查询的第二层通过 "ROWNUM <= number_hi" 来控制最大值，在查询的最外层控制最小值。而另一种方式是去掉查询第二层的 "WHERE ROWNUM <= number_hi" 语句，在查询的最外层控制分页的最小值和最大值。

具体语法格式如下：

Oracle 12c 数据库

```
SELECT * FROM
    ( SELECT A.*, ROWNUM RN FROM
            (SELECT * FROM table_name) A
    )
WHERE RN BETWEEN number_lo AND number_hi
```

对比这两种写法，绝大多数情况下，第一个查询的效率比第二个高得多。这是由于 CBO 优化模式下，Oracle 可以将外层的查询条件推到内层查询中，以提高内层查询的执行效率。

对于第一个查询语句，第二层的查询条件 "WHERE ROWNUM <= number_hi" 就可以被 Oracle 推入到内层查询中，这样 Oracle 查询的结果一旦超过了 ROWNUM 限制条件，就终止查询将结果返回了。

而第二个查询语句，由于查询条件 "BETWEEN number_lo AND number_hi" 是存在于查询的第三层，而 Oracle 无法将第三层的查询条件推到最内层（即使推到最内层也没有意义，因为最内层查询不知道 RN 代表什么）。因此，对于第二个查询语句，Oracle 最内层返回给中间层的是所有满足条件的数据，而中间层返回给最外层的也是所有数据。数据的过滤在最外层完成，显然，这个效率要比第一个查询低得多。

假设在会员信息表 users 中的 id 列从 1 ～ 9 共有 9 行数据。下面使用分页查询出第 5 条到第 9 条数据，并筛选出 id 列、account 列、name 列、name_piny 列和 roles 列。

第一种实现语句及执行结果如下：

```
SQL> select id,account,name,name_piny,roles from (
  2      select A.*,rownum rn from (
  3          select * from users
  4      )A
  5      where rownum<=9
  6  )
  7  where rn>=5;
```

ID	ACCOUNT	NAME	NAME_PINY	ROLES
5	9960757642	刘文娟	LYJ	VIP 会员
6	1867464652	郭建明	GJM	普通会员
7	1147584707	庞梦梦	PMM	超级会员
8	1733176367	贺晓燕	HXY	VIP 会员
9	1826024019	王小珂	WXK	VIP 会员

另一种使用 BETWEEN AND 的语句如下：

```
select id,account,name,name_piny,roles    from (
    select A.*,rownum rn from(
        select * from users
    )A
) where rn between 5 and 9;
```

从执行结果中发现，两种查询语句的效果一样。

5.7　实践案例：员工信息查询

本节之前已经详细介绍了使用 SELECT 语句进行简单查询的各种语法。下面以表 5-3 所列的员工信息表 UserMessage 为例，综合查询出各种符合条件的信息。

表 5-3　UserMessage 表的字段及其说明

字 段 名	数据类型	是否必填	是否为空	备 注
userNo	字符串	是	否	用户编号，主键
userName	字符串	是	否	用户名称
userSex	字符串	是	否	用户性别，默认为"女"
userAge	数字	否	是	用户年龄，默认为 20
userCardNo	字符串	是	否	身份证号
userAddress	字符串	否	是	居住地址，默认为空
userWorkYear	数字	否	是	工作年限，默认为 0
userPhone	字符串	是	否	联系电话
userPositionId	数字	是	否	职位，对应 PositionMessage 表的主键
userWorkState	数字	否	是	工作状态，1（True）在职，0（False）离职
userAddDate	日期和时间	否	是	入职时间，默认为系统时间
userOffDate	日期和时间	否	是	离职时间，默认为"9999-12-31"

具体操作步骤如下。

01 查询 UserMessage 表中的所有数据。语句如下：

```
SELECT * FROM UserMessage;
```

02 仅查询出 userNo 字段、userName 字段、userSex 字段、userPhone 字段和 userAddDate 字段。语句如下：

```
SELECT userNo,userName,userSex,userPhone,userAddDate
FROM UserMessage;
```

03 同样是从 UserMessage 表中查询出 userNo 字段、userName 字段、userSex 字段、userPhone 字段和 userAddDate 字段。但是这里要求依次将字段列的值分别命名为"员工编号""员工名""性别""电话"和"入职日期"。语句如下：

```
SELECT userNo AS ' 员工编号 ',userName AS ' 员工姓名 ',userSex AS ' 性别 ',userPhone AS ' 电
话 ',userAddDate AS ' 入职日期 ' F
ROM UserMessage;
```

04 查询 userSex 字段所有数据，要求筛选重复的值，并使用"性别"作为别名。语句如下：

```
SELECT DISTINCT userSex ' 性别 ' FROM UserMessage;
```

05 查询工作年限在 5 年以上的员工编号、名字、年龄及电话。语句如下：

```
SELECT userNo ' 员工编号 ',userName ' 名字 ',userAge ' 年龄 ',userPhone ' 电话 '
FROM UserMessage;
WHERE userWorkYear>5;
```

06 查询年龄在 25 岁以下或者工作年限在 3 年以下的员工编号、名字、年龄、工作年限、居住地址。语句如下：

```
SELECT userNo ' 员工编号 ',userName ' 名字 ',userAge ' 年龄 ',userWorkYear ' 工作年限 ',userAddress ' 居住地址 '
FROM UserMessage
WHERE userAge<25 OR userWorkYear<3;
```

07 查询所有姓 "王" 员工的数据，包括员工编号、名字、年龄、工作年限、居住地址。语句如下：

```
SELECT userNo ' 员工编号 ',userName ' 名字 ',userAge ' 年龄 ',userWorkYear ' 工作年限 ',userAddress ' 居住地址 '
FROM UserMessage
WHERE userName LIKE ' 王 %';
```

08 查询出所有人的员工编号、名字、性别、年龄、电话，要求按年龄降序排序，按编号升序排序显示。语句如下：

```
SELECT userNo ' 员工编号 ',userName ' 名字 ',userSex ' 性别 ',userAge ' 年龄 ',userPhone ' 电话 '
FROM UserMessage
ORDER BY userAge DESC,userNo;
```

09 统计在职员工和离职员工的人数。语句如下：

```
SELECT userWorkState ' 员工状态 ',COUNT(*) ' 总人数 '
FROM UserMessage
GROUP BY userWorkState;
```

 ## 5.8 练习题

1. 填空题

（1）在 WHERE 子句中使用字符匹配查询时，通配符 _____ 可以表示任意多个字符。

（2）WHERE 子句中可以根据逻辑条件实现查询，常用的逻辑运算符有 AND、OR 和 _____。

（3）如果要查询数据中某列不为 NULL 的值，可以使用 _____ 关键字。

（4）使用 _____ 关键字指定一个包含具体数据值的集合，以列表形式展开，并查询数据值在这个列表内的行。

（5）使用 ORDER BY 进行排序时 _____ 关键字表示降序排列。

2. 选择题

（1）在 SELECT 查询语句中使用（　　）关键字可以消除重复行。
　　A．TOP
　　B．DISTINCT
　　C．PERCENT
　　D．以上都不是

（2）在为列名指定别名的时候，为了方便，有时候可以省略（　　）关键字。
　　A．AS
　　B．=
　　C．TOP
　　D．IN

（3）执行上述 SQL 命令语句，查询的结果不可能包含（　　）。

```
SELECT testName FROM TestMessage WHERE testName LIKE '% 刘 %';
```

　　A．张刘阳
　　B．刘洋洋
　　C．赵刘
　　D．张洋洋

（4）使用（　　）关键字可以将返回的结果集数据按照指定的条件进行分组。
　　A．GROUP BY
　　B．HAVING
　　C．ORDER BY
　　D．DISTINCT

（5）关于 HAVING 和 WHERE 的说明，下面说法不正确的是（　　）。
　　A．WHERE 关键字针对的是列的数据，HAVING 针对结果组
　　B．WHERE 关键子和 HAVING 语句都可以与统计函数一起结合使用
　　C．WHERE 关键字不能与统计函数一起使用，而 HAVING 语句可以，且一般都和统计函数结合使用
　　D．WHERE 关键字在分组前对数据进行过滤，HAVING 语句只过滤分组后的数据

上机练习：查询商品信息表的数据

假设在 ProductMessage 数据表中保存了商品信息，并且其中有若干条数据。本次上机练习要求读者根据以下要求查询数据。

（1）查询商品表的全部数据。
（2）查询商品表的全部数据，并分别为表的字段列设置别名。
（3）查询出每件商品的价格和上架时间。

（4）查询商品表中商品名称中包含"水"的数据，并显示商品编号、名称、实际价格和售卖价格。

（5）查询商品表中商品上架日期在 2018-01-01 到 2018-06-30 之间的数据，并显示商品编号、名称、售卖价格、上架日期。

（6）根据商品类型列进行分类，统计每种分类下的商品数量。

（7）查询商品的编号、名称、实际价格、售卖价格、上架时间字段列的值，并根据售卖价格降序排列、商品编号升序排列。

（8）删除商品信息表中已经下架的商品信息。

Oracle 12c 数据库

第6章
修改表数据

　　表数据的修改主要用到3种语句，即 INSERT、UPDATE 和 DELETE，这3种语句也称为 DML（Data Manipulation Language，数据操作语言）语句。其中 INSERT 语句可以给表增加数据；UPDATE 语句可以更新表的数据；DELETE 语句可以删除表的数据。在 Oracle 中，DML 还增加了 MERGE 语句，使用它可以对数据进行合并操作。

　　本章将会详细介绍这4个语句的语法，以及如何对表中的数据进行修改，如直接插入、根据条件更新和删除以及批量导入等。

 本章学习要点

◎　熟悉 INSERT 语句的语法
◎　掌握 INSERT 语句插入单行和多行数据的用法
◎　熟悉 UPDATE 语句的语法
◎　掌握 UPDATE 语句更新单行、多行和部分数据的用法
◎　熟悉 DELETE 语句的语法
◎　掌握 DELETE 语句删除数据的用法
◎　掌握 MERGE 语句进行数据更新和插入的方法

6.1 插入数据

插入数据指的是向已经创建成功的表中插入（添加）新数据（记录）。这些数据可以是从其他来源得来，需要被转存或引入表中；也可能是新数据要被添加到新创建的表中或已存在的表中。

DML 中的 INSERT 语句用于向数据表中插入数据，下面介绍该语句的语法及具体应用。

6.1.1　INSERT 语句的语法格式

INSERT 语句的最简单形式如下：

```
INSERT [INTO] table_or_view [(column_list)] data_values
```

作用是将 data_values 作为一行或多行插入到已命名的表或视图中。其中，column_list 是用逗号分隔的一些列名称，可用来指定为其提供数据的列。如果未指定 column_list，表或视图中的所有列都将接收到数据。

如果 column_list 未列出表或视图中所有列的名称，将在列表中未列出的所有列中插入默认值（如果为列定义了默认值）或 NULL 值。因此，列的列表中未指定的所有列必须允许插入空值或指定的默认值。

> ⚠️ **注意**
>
> 在使用 INSERT 语句时，无论是插入单条记录还是插入多条记录，都要注意提供插入的数据要与表中列的字段相对应。

6.1.2　插入单行数据

使用 INSERT 语句向数据表中插入数据最简单的方法是：一次插入一行数据，并且每次插入数据时都必须指定表名以及要插入数据的列名，这种情况适用于插入的列不多时。

【例 6-1】

假设要向部门信息表 departs 中插入一行数据。首先运行 DESC 命令查看该表的结构，语句及执行结果如下：

```
SQL> DESC departs;

名称              是否为空？              类型
-----------------  ----------------------------  -----------------------
ID                NOT NULL              NUMBER(4)
D_NAME                                  VARCHAR2(20)
NAME_PINY                               VARCHAR2(20)
PARENT_ID                               NUMBER(4)
```

从上述结果可以看到，departs 表中包括 4 列，分别是 id、d_name、name_piny 和 parent_id，其中 id 列允许为空。

使用 INSERT 语句向 departs 表插入数据的语句如下：

```
INSERT INTO departs(id,d_name,name_piny,parent_id)
VALUES(10,' 运维部 ','YWB',0);
```

在这里需要注意的是，VALUES 子句中所有字符串类型的数据都被放在单引号中，且按
INSERT INTO 子句指定列的次序为每个列提供值。这个 INSERT INTO 子句中列的次序允许
与表中列定义的次序不相同。也就是说，上述的语句可以写成：

```
INSERT INTO departs(name_piny,d_name,id,parent_id)
VALUES( 'YWB',' 运维部 ',10,0);
```

或

```
INSERT INTO departs(d_name,name_piny,parent_id,id)
VALUES( '运维部 ','YWB',0,10);
```

使用这种方式插入数据时可以指定哪些列接受新值，而不必为每个列都输入一个新值。
但是，如果在 INSERT 语句省略了一个 NOT NULL 列或没有用默认值定义的列，那么在执行
时则会发生错误。

【例 6-2】
从 INSERT 语句的语法结构中可看出，INSERT INTO 子句后可不带列名。如果在
INSERT INTO 子句中只包括表名，而没有指定任何一列，则默认为向该表中所有列赋值。这
种情况下，VALUES 子句中所提供的值的顺序、数据类型、数量必须与列在表中定义的顺序、
数据类型、数量相同。
因此，例 6-1 的 INSERT 语句也可以简化成以下形式：

```
INSERT INTO departs VALUES(10,' 运维部 ','YWB',0);
```

在 INSERT 语句 INTO 子句中，如果遗漏了列表和数值表中的一列，那么当该列有默认
值存在时，将使用默认值。如果默认值不存在，Oracle 会尝试使用 NULL 值。如果列声明了
NOT NULL，尝试的 NULL 值会导致错误。
而如果在 VALUES 子句的列表中明确指定了 NULL，那么即使默认值存在，列仍会设
置为 NULL（假设它允许为 NULL）。当在一个允许 NULL 且没有声明默认值的列中使用
DEFAULT 关键字时，NULL 会被插入到该列中。如果在一个声明 NOT NULL 且没有默认值
的列中指定 NULL 或 DEFAULT，或者完全省略了该值，都会导致错误。

【例 6-3】
不指定 parent_id 列向 departs 表中插入一行数据，语句如下：

```
INSERT INTO departs(id,d_name,name_piny)
VALUES(10,' 运维部 ','YWB');
```

由于除了 id 列外其他都允许为空，因此下面的 INSERT 语句全是正确的：

```
INSERT INTO departs(id) VALUES(11);
INSERT INTO departs VALUES(12,null,null,null);
INSERT INTO departs(id,name_piny) VALUES(13,null);
```

Oracle 12c 数据库

6.1.3　插入多行数据

使用 INSERT　SELECT 语句将一个数据表中的数据插入到另一个新数据表中的时候要注意以下几点。必须要保证插入新数据的表已经存在。

- 对于插入新数据的表，各个需要插入数据的列的类型必须和源数据表中各列数据类型保持一致。
- 必须明确是否存在默认值，是否允许为 NULL 值。如果不允许为空，则必须在插入的时候为这些列提供列值。

【例 6-4】

假设有一个 departs_bak 表，该表的结构与 departs 表相同。现在要将 departs 表中的所有数据批量插入到 departs_bak 表中，可用以下语句：

```
INSERT INTO DEPARTS_bak
SELECT * FROM departs;
```

上述 SELECT 语句会查询 departs 表中的所有数据，而 departs_bak 与 departs 表结构是一样的，所以会将查询出来的信息全部插入到 departs_bak 表中。执行成功后，departs 表与 departs_bak 表的记录完全相同。

👉 提示 — — — — — —

在把值从一列复制到另一列时，值所在列不必具有相同的数据类型，只要插入目标表的值符合该表的数据限制即可。

【例 6-5】

和其他 SELECT 语句一样，在 INSERT 语句中使用的 SELECT 语句也可以包含 WHERE 子句。

例如，要将 departs 表中编号为 1、3、6 的部门信息添加到 departs_bak 表中，语句如下：

```
INSERT INTO DEPARTS_bak
SELECT * FROM departs WHERE id IN(1,3,6);
```

上述语句会先执行 SELECT 查询，由于 SELECT 中添加了 WHERE 条件。因此，经过筛选后，只将符合查询条件的数据导入到 departs_bak 信息表中。

 ## 6.2　更新数据

最初在表中添加的数据并不总是正确、不需要修改的和不会变化的。当现实需求有改变时，必须在数据库中也有相应的响应，这样才能保证数据的及时性和准确性。

在 Oracle 的 DML 中提供了 UPDATE 语句对数据表中的记录进行更新。可以一次更新单行，也可以更新多行或者全部，甚至可以指定更新的条件。

6.2.1　UPDATE 语句的语法格式

UPDATE 语句的语法格式如下：

```
UPDATE table_name SET column1=value1[,column2=value2]···WHERE expression;
```

其中各项参数含义如下。
- table_name：指定要更新的表。
- SET：指定要更新的字段以及相应的值。
- expression：表示更新条件。
- WHERE：指定更新条件，如果没有指定更新条件则会对表中所有的记录进行更新。

⚠ 注意

使用 UPDATE 更新表数据的时候，WHERE 限定句要谨慎使用，如果不使用 WHERE 语句限定，则表示修改整个表中的数据。

当使用 UPDATE 语句更新 SQL 数据时，应该注意以下事项和规则。
- 用 WHERE 子句指定需要更新的行，用 SET 子句指定新值。
- UPDATE 无法更新标识列。
- 如果行的更新违反了约束或规则，比如违反了列 NULL 设置，或者新值是不兼容的数据类型，则将取消该语句，并返回错误提示，不会更新任何记录。
- 每次只能修改一个表中的数据。
- 可以同时把一列或多列、一个变量或多个变量放在一个表达式中。

6.2.2　更新单列

【例 6-6】
假设要在 departs_bak 表中更新 id 列为 5 的记录，更改该条记录的 parent_id 列为 3。
执行更新语句之前，首先通过 SELECT 查询来看一下 id 列为 5 的记录。使用的语句及执行结果如下：

```
SQL> SELECT * FROM departs_bak WHERE id=5;


ID    D_NAME                NAME_PINY         PARENT_ID
----------- -------------------------------- ------------------------------ ------------------------
5    市场经营部        SCJYB             0
```

下面通过 UPDATE 语句更改上述记录的 parent_id 列，UPDATE 语句如下：

```
UPDATE departs_bak
SET parent_id=3
WHERE id=5;
```

上述执行结果显示成功找到 1 条记录，并且对其进行了更改。更改完成后重新使用 SELECT 语句进行查询，执行结果如下：

Oracle 12c 数据库

ID	D_NAME	NAME_PINY	PARENT_ID
5	市场经营部	SCJYB	3

如果省略 WHERE 语句则会对表中所有的记录进行更新。以下语句将 departs_bak 表中 parent_id 列全部更新为 3：

```
UPDATE departs_bak SET parent_id=3;
```

6.2.3　更新多列

UPDATE 语句可以更新多个列的值，此时需要将多个列之间通过逗号进行分隔。通过指定 WHERE 条件，可以更新一条数据的单列或多列，也可以更新多条数据的单列或多列。

【例 6-7】

假设要在 departs_bak 表中更新 id 列为 5 的记录，更改该条记录的 d_name 列为 "精英部"、name_piny 列为 "JYB"、parent_id 列为 0。语句如下：

```
UPDATE departs_bak
SET d_name=' 精英部 ', name_piny='JYB', parent_id=0
WHERE id=5;
```

更改完成后重新使用 SELECT 语句进行查询，显示执行结果如下：

ID	D_NAME	NAME_PINY	PARENT_ID
5	精英部	JYB	0

上述 UPDATE 语句更新的是单行的多列，同样也可以更新多行的多列。例如，要对管理员表 admins 中编号（id 列）为 2、4、8 的数据进行修改，将密码（password 列）修改为 "0000"，状态（status 列）修改为 0。语句如下：

```
UPDATE admins
SET password='0000' , status=0
WHERE id IN(2,4,8);
```

6.2.4　基于他表更新列

前面介绍的 UPDATE 语句中更新条件和修改的数据都是针对一个表进行的操作。在 UPDATE 的 WHERE 子句使用 SELECT 语句可以根据其他表的结果来更新列信息。

【例 6-8】

假设要对会员表 users 中角色（roles 列）是 "VIP 会员" 的部门信息进行更新，要求将他们的上级部门（parent_id 列）修改为 2。使用的语句及执行结果如下：

```
SQL> SELECT id" 编号 ",name " 姓名 ",depart_id " 部门编号 ",roles " 角色 "
  2  FROM users
  3  WHERE roles='VIP 会员 ';
```

```
编号    姓名        部门编号   角色
----------  ----------------  ----------------  --------------------
   5   刘文娟       1       VIP 会员
   8   贺晓燕       6       VIP 会员
   9   王小珂       5       VIP 会员
```

如上述结果所示，需要从部门信息表 departs 更新编号（id 列）为 1、5、6 的数据，将上级部门（parent_id 列）修改为 2。在更新之前先来看看这些部门的数据，使用的语句及执行结果如下：

```
SQL> SELECT id" 编号 ",d_name " 名称 ",name_piny " 简写 ",parent_id " 上级编号 "
  2 FROM departs
  3 where id in(
  4 SELECT depart_id FROM users WHERE roles='VIP 会员 '
  5 );

编号    名称           简写           上级编号
----------  ----------------------------  --------------------  ------------------------------
  1   财务部         CWB      0
  5   市场经营部       SCJYB     0
  6   综合部         ZHB      0
```

最终 UPDATE 语句如下：

```
UPDATE departs
SET parent_id=2
where id in(
 SELECT depart_id FROM users WHERE roles='VIP 会员 '
);
```

 # 6.3 删除数据

使用 Oracle 中 DML 的 DELETE 语句可以对数据表中的数据执行删除操作。删除表数据时，如果该表中的某个字段有外键关系，需要先删除外键表的数据，然后再删除该表中的数据；否则将会出现删除异常。

6.3.1 DELETE 语句的语法格式

DELETE 语句的基本语法格式如下：

```
DELETE table_or_view FROM table_sources WHERE search_condition
```

下面具体说明语句中各参数的具体含义。

● table_or_view：是从中删除数据的表或者视图的名称。表或者视图中的所有满足 WHERE

子句的记录都将被删除。

- 通过使用 DELETE 语句中的 WHERE 子句，SQL 可以删除表或者视图中单行数据、多行数据以及所有行数据。如果 DELETE 语句中没有 WHERE 子句的限制，表或者视图中的所有记录都将被删除。
- FROM table_sources 子句为需要删除数据的表名称。它使 DELETE 可以先从其他表查询出一个结果集，然后删除 table_sources 中与该查询结果相关的数据。

DELETE 语句只能从表中删除数据，不能删除表本身，要删除表的定义可以使用 DROP TABLE 语句。

使用 DELETE 语句时应该注意以下几点。

- DELETE 语句不能删除单个列的值，只能删除整行数据。要删除单个列的值，可以采用上节介绍的使用 UPDATE 语句，将其更新为 NULL。
- 使用 DELETE 语句仅能删除记录即表中的数据，不能删除表本身。要删除表，需要使用前面介绍的 DROP TABLE 语句。
- 同 INSERT 和 UPDATE 语句一样，从一个表中删除记录将引起其他表的参照完整性问题。这是一个潜在的问题，需要时刻注意。

6.3.2 删除数据

DELETE 语句可以删除数据库表中的单行数据、多行数据以及所有行数据。同时在 WHERE 子句中也可以通过子查询删除数据。

【例 6-9】

假设要删除 departs_bak 表中 id 列为 10 的部门信息，语句如下：

```
DELETE FROM departs_bak WHERE id=10;
```

由于 id 列是 departs_bak 表的主键，因此上述语句仅会删除一行数据。

【例 6-10】

DELETE 语句不但可以删除单行数据，而且可以删除多行数据。假设要删除会员信息表 users 中部门编号（depart_id）列 id 为 10 的信息。语句如下：

```
DELETE FROM users WHERE depart_id =10;
```

执行上述语句将有多行受影响，可以使用"SELECT * FROM users WHERE depart_id =10"语句查看删除后的表结果。

【例 6-11】

如果 DELETE 语句中没有 WHERE 子句，则表中所有记录将全部被删除。删除 departs_bak 表里的所有信息，语句如下：

```
DELETE FROM departs_bak;
```

执行上述语句，然后再查看 departs_bak 表的数据，可见所有记录都已被删除。

6.3.3 清空表

除了使用 DELETE 语句删除数据外，还可以使用 TRUNCATE 语句进行删除。TRUNCATE 语句的语法格式如下：

```
TRUNCATE TABLE table_name;
```

使用 TRUNCATE 清空表中数据时，要注意以下几点。
- TRUNCATE 语句删除表中所有的数据。
- 释放表的存储空间。
- TRUNCATE 语句不能回滚。

【例 6-12】

使用 TRUNCATE 语句清空 departs_bak 表中的数据。语句如下：

```
TRUNCATE TABLE departs_bak;
```

此时使用 SELECT 查询 departs_bak 表的数据，会发现 TRUNCATE 语句清空了 departs_bak 表的所有数据，但保留了表的结构。

6.4　合并数据

在早期如果需要对两个表中的数据进行合并则十分麻烦，首先需要查询该表中数据是否在另一个表中存在，如果存在则执行 UPDATE，如果不存在则执行 INSERT，从而将该表中数据查询出来并插入到另一个表中。而现在则可以使用 DML 的 MERGE 语句对两个表进行合并操作，大大减少了代码量，而且也可以减轻服务器的压力。

6.4.1　MERGE 语句的语法格式

MERGE 语句的语法格式如下：

```
MERGE INTO table1
USING table2
ON expression
WHEN MATCHED THEN UPDATE…
WHEN NOT MATCHED THEN INSERT…;
```

使用 MERGE 语句时，在 UPDATE 子句和 INSERT 子句中都可以使用 WHERE 子句来指定操作条件。这时对于 MERGE 语句来说就有了两次条件过滤，第一次是 MERGE 语句中的 ON 子句指定，而第二次则是由 UPDATE 和 INSERT 子句中的 WHERE 指定。

其中需要注意以下几点。
- UPDATE 或 INSERT 子句是可选的。
- UPDATE 和 INSERT 子句可以加 WHERE 子句。
- 在 ON 条件中使用常量过 滤谓词来插入所有的行到目标表中，不需要连接源表和目标表。
- UPDATE 子句后面可以跟 DELETE 子句来删除一些不需要的行。

提示

在使用 MERGE 语句时，INSERT 可以将源表符合条件的数据合并到另一个表中，而如果使用 UPDATE 语句可以将源表不符合条件的数据合并到另一个表中。

Oracle 12c 数据库

Oracle 12c 数据库 入门与应用

6.4.2 执行更新操作

在使用 MERGE 语句之前首先要确保需要合并的表结构完全相同。假设 users_copy 表和 users 表具有相同的结构，图 6-1 所示为 users_copy 表数据，图 6-2 所示为 users 表数据。

图 6-1 users_copy 表数据

图 6-2 users 表数据

【例 6-13】

下面使用省略 INSERT 子句的 MERGE 语句实现以 users 为基准，对 users_copy 表以 id 列作为关联依据更新 depart_id 列和 mobile 列，即只更新匹配的数据而不添加新数据。语句如下：

```
MERGE INTO users_bak u1
USING users u2
ON (u1.id=u2.id)
WHEN MATCHED THEN
UPDATE SET u1.depart_id=u2.depart_id , u1.mobile=u2.mobile;
```

上述语句执行后 MERGE 语句会对 users_copy 表的数据进行更新，再次查看 users_copy 表的数据如图 6-3 所示。

图 6-3 更新后 users_copy 表数据

与图 6-1 进行对比可以发现，mobile 列和 depart_id 列都被更新，新值来自于 users 表中对应的 mobile 列和 depart_id 列。

6.4.3 执行插入操作

在 MERGE 语句中省略 UPDATE 子句，即 MERGE 语句中只有 NOT MATCHED 语句，表示只插入新数据而不更新旧数据。

138

【例 6-14】

以 6.4.2 小节的 users_copy 表和 users 表为例,实现将 users 表的数据添加到 users_copy 表中,添加条件是 id 列不相同。语句如下:

```
MERGE INTO users_bak u1
USING users u2
ON (u1.id=u2.id)
WHEN NOT MATCHED THEN
INSERT VALUES(u2.id,u2,openid,u2.account,u2.mobile,u2.subscribe,u2.name,u2.name_piny,u2.depart_id,u2.
roles,u2.create_at);
```

上述 MERGE 语句会对 users_bak 表执行插入数据操作。执行后 users_copy 表和 users 表的数据相同。

 提示

在 MERGE 语句中,当然也可以同时使用 INSERT 和 UPDATE 语句进行添加和更新操作。

6.4.4 限制条件的更新和插入

在 MERGE 语句的 INSERT 和 UPDATE 子句中添加 WHERE 语句可以对要更新和插入的条件进行限制,即筛选出满足 WHERE 条件的数据再执行 INSERT 或者 UPDATE 操作。

【例 6-15】

假设 users_copy 表和 users 表具有相同的结构。现在要对 users_copy 表执行以下操作。

● 将 users 表中所有管理员账号信息和部门信息更新到 users_copy 表。

● 将 users 表中角色是 "VIP 会员" 和 "超级会员" 的信息插入到 users_copy 表。

要实现上述要求,普通的 MERGE 语句将无法实现,这就需要添加 WHERE 语句限制条件。最终语句如下:

```
MERGE INTO users_bak u1
USING users u2
ON (u1.id=u2.id)
WHEN MATCHED THEN
    UPDATE SET u1.account=u2.account , u1.roles=u2.roles
    WHERE u2.roles=' 管理员 '
WHEN NOT MATCHED THEN
    INSERT VALUES(u2.id,u2,openid,u2.account,u2.mobile,u2.subscribe,u2.name,u2.name_piny,u2.depart_
id,u2.roles,u2.create_at)
    WHERE u2.roles in('VIP 会员 ',' 超级会员 ');
```

上述的 MERGE 语句同时指定了 UPDATE 子句和 INSERT 子句,它会对满足 WHERE 条件的数据执行更新或者插入操作。

 **注意**

在 INSERT 和 UPDATE 语句中添加了 WHERE 语句,所以并没有更新和插入所有满足 ON 条件的行到表中。

Oracle 12c 数据库

6.4.5 使用常量表达式

如果希望不设置关联条件，一次性将源表中的所有数据添加到目标表，可以在MERGE 语句的 ON 条件中使用常量表达式，如 ON(1=0)。

假设，users1 表和 users2 表具有相同的结构，其中 users1 表中的数据如下：

```
ID   NAME
----- ----------------
 2   somboy
 3   qqbay
 6   abcdate
 1   xiake
```

users2 表中的数据如下：

```
ID   NAME
----- ----------------
 2   zhht
 4   computer
```

【例 6-16】

现在要将 users1 表的数据添加到 users2

表中，而不检查数据是否已经存在。语句如下：

```
MERGE INTO users2 m1
 USING users1 m
ON(1=0)
 WHEN NOT MATCHED THEN
   INSERT VALUES(m.id,m.name);
```

上述语句会向 users2 表中插入 4 行数据。再次查看 users2 表数据如下：

```
ID   NAME
----- ----------------
 2   somboy
 3   qqbay
 6   abcdate
 1   xiake
 2   zhht
 4   computer
```

经过对比可以发现，执行了含有常量表达式的 MERGE 语句后，所有在 users1 表中的数据都插入到了 users2 中，尽管在 users2 中已经存在了 ID 为 2 的数据。

提示

ON(1=0) 返回 false，等同于 users2 与 users1 没有匹配的数据，就把 users1 的新信息插入到 users2。常量表达式可以是任何值，如 2=5、1=3 等。

6.4.6 执行删除操作

在 MERGE 的 WHEN MATCHED THEN 子句使用 DELETE 语句可以删除同时满足 ON 条件和 DELETE 语句的数据。

users1 表中的数据如下：

```
ID   NAME
----- ----------------
 2   somboy
 3   qqbay
 6   abcdate
 1   xiake
```

users2 表中的数据如下：

```
ID   NAME
----- ----------------
2    zhht
5    computer
6    higirl
```

【例6-17】

现在要使用 users1 表作为源表来更新 users2 表，同时删除 users2 表中 id ＞ 2 的数据。语句如下：

```
MERGE INTO users2 m1
USING users1 m
ON(m1.id=m.id)
WHEN MATCHED THEN
  UPDATE SET m1.name=m.name
  DELETE WHERE m1.id>2;
```

上述语句会向 users2 表更新两行数据，再次查看 users2 表数据如下：

```
ID   NAME
----- ----------------
2    somboy
5    computer
```

对比更新前后 users2 表中的数据，会发现 id 为 2 的 name 列由 zhht 被修改为 somboy，同时删除了 id 为 6 的数据。因为 id=6 既满足 ON 中条件，又满足 DELETE 中 WHERE 的限定条件（m1.id>2）。

⚠️ **注意**

DELETE 子句必须有一个 WHERE 条件来删除匹配 WHERE 条件的行，而且必须同时满足 ON 后的条件和 DELETE WHERE 后的条件才有效，匹配 DELETE WHERE 条件但不匹配 ON 条件的行不会被删除。

6.5　练习题

1. 填空题

（1）在 Oracle 中通过使用＿＿＿＿＿＿＿＿＿语句实现对数据的更新操作。
（2）假设要将 info 表中 name 为 ying 的 status 列修改为 1，应该使用＿＿＿＿＿＿＿＿＿语句。
（3）使用＿＿＿＿＿＿＿＿＿语句可以将某一个表中的数据插入到另一个新数据表中。
（4）使用 UPDATE 语句进行数据修改时，用＿＿＿＿＿＿＿＿＿子句指定新值。
（5）要快速删除表中的所有记录，最好使用＿＿＿＿＿＿＿＿＿语句。

2. 选择题

（1）下面（　　　）语句用于把数据从表中删除？

    A．SELECT

    B．INSERT

    C．UPDATE

    D．DELETE

（2）假设 type 表包含 T_ID 列和 T_Name 列，下面可以插入一行数据的是（　　　）。

    A．INSERT INTO type Values(100,'FRUIT')

    B．SELECT * FROM type WHERE T_ID=100 AND T_NAME='RUIT'

    C．UPDATE SET T_ID=100 FROM type WHERE T_Name='FRUIT'

    D．DELET * FROM type WHERE T_ID=100 AND T_Name='FRUIT'

（3）将订单号为 '0060' 的订单金额改为 169 元，正确的 SQL 语句是（　　　）。

    A．UPDATE 订单 SET 金额 =169 WHERE 订单号 ='0060'

    B．UPDATE 订单 SET 金额 WITH 169 WHERE 订单号 ='0060'

    C．UPDATE FROM 订单 SET 金额 =169 WHERE 订单号 ='0060'

    D．UPDATE FROM 订单 SET 金额 WITH 169 WHERE 订单号 ='0060'

（4）从订单表中删除客户号为 '1001' 的订单记录，正确的 SQL 语句是（　　　）。

    A．DROP FROM 订单 WHERE 客户号 ='1001'

    B．DROP FROM 订单 FOR 客户号 ='1001'

    C．DELETE FROM 订单 WHERE 客户号 ='1001'

    D．DELETE FROM 订单 FOR 客户号 ='1001'

（5）在 MERGE 语句中使用（　　　）语句指定匹配时的操作。

    A．MATCHED

    B．NOT MATCHED

    C．UPDATE

    D．WHERE

上机练习：维护会员表数据

假设有一个存储会员信息的 userinfo 表，包含有 id、username 和 userpass 这 3 列，其中 id 列不允许为空。本次练习要求完成以下操作。

（1）注册一个会员用户名是 admin，密码是 admin888。

（2）注册一个会员用户名是 oracle，密码是空。

（3）更新 oracle 会员的密码为 123456。

（4）更新编号为 3 的会员名为 guest，密码为 0000。

（5）删除密码为空以及编号为 2 和 5 的会员。

第7章

高级查询

一个项目通常需要创建多个表来存储不同的信息，而这些表并不是独立的，而是相互关联的。例如，商店通常用一个表来存储商品信息，而用另一个表来存储职员信息。由于职员分别管理着不同类型的商品信息（如一个职员负责食品类、另一个职员负责日用百货类），那么要查找某一个职员所管理的商品信息，则需要涉及至少两个表：从职工表中获取职工信息；从商品信息表中获取该职员对应的商品信息。

本章详细介绍 SELECT 语句在多表之间高级查询方法，包括子查询、多表基本连接、内连接、外连接和交叉连接等。

 本章学习要点

◎ 了解子查询的类型
◎ 熟练掌握单行、多行和嵌套子查询的使用
◎ 熟练掌握在 UPDATE 和 DELETE 语句中使用子查询
◎ 了解多表连接
◎ 熟练掌握内连接
◎ 熟练掌握左外连接和右外连接
◎ 熟悉交叉连接
◎ 掌握 UNION 操作的使用
◎ 熟悉差查询和交查询

7.1 子查询

在 SELECT、UPDATE 或 DELETE 语句内部使用 SELECT 语句，这个内部 SELECT 语句称为子查询（Subquery）。使用子查询主要是将结果作为外部主查询的查询条件来使用的查询。根据子查询返回的结果不同可以分为单行子查询、多行子查询和多列子查询。

 ### 7.1.1 子查询的使用规则

在一个顶级的查询中，Oracle 数据库对 FROM 子句的嵌套层数没有限制，但是在一个 WHERE 子句中可以嵌套 255 层子查询。

使用子查询时要注意以下问题。

- 要将子查询放入圆括号内。
- 子查询可出现在 WHERE 子句、FROM 子句、SELECT 列表（此处只能是一个单行子查询）和 HAVING 子句中。
- 子查询不能出现在主查询的 GROUP BY 语句中。
- 子查询和主查询可以使用不同的表，只要子查询返回的结果能够被主查询使用即可。
- 单行子查询只能使用单行操作符，多行子查询只能使用多行操作符。
- 在多行子查询中 ALL 和 ANY 操作符不能单独使用，而只能与单行比较符（=、<、>、<=、>=、<>）结合使用。
- 要注意子查询中的空值问题。如果子查询返回了一个空值，则主查询将不会查到任何结果。
- 在 WHERE 子句和 SET 子句中进行子查询的时候，不能带有 GROUP BY 子句。

 ### 7.1.2 单行子查询

单行子查询是指不向外部的 SQL 语句返回结果，或者只返回一行。单行子查询的一种特殊情况是精确包含一行，这种查询称为标量子查询。

1. WHERE 子句中的单行子查询

通常将子查询放入另一个查询的 WHERE 语句中，也就是将查询返回的结果作为外部 WHERE 查询的条件。语法格式如下：

```
SELECT select_list
FROM table_name
WHERE search_condition
(
    SELECT select_list FROM table_name
)
```

【例 7-1】

例如，从 C##MyCodes 模式中查询出课程名称为"历史"的考试成绩信息，包括编号、学号、课程编号和分类。实现语句及显示结果如下：

```
SQL>  SELECT sid 编号 ,stuid 学号 ,courseid 课程编号 ,score 分数
   2   FROM scores
```

```
3    WHERE courseid =(
4        SELECT cid FROM courses WHERE cname=' 历史 '
5    );
```

编号	学号	课程编号	分数
6	2	6	92
8	7	6	94

对上面的子查询进行分解，首先运行 WHERE 子句中的 SELECT 语句：

```
SQL> SELECT cid FROM courses WHERE cname=' 历史 '
        cid
---------------
        6
```

上述 WHERE 子句中括号里面的查询子句返回课程名称为"历史"的 cid 列（课程编号）值。该行的 cid 为 6，它又被传递给外部查询的 WHERE 子句。然后再执行外部 WHERE 子句。因此，外部查询就可以等价为查询 cid 为 6 行的 sid、stuid、courseid 和 score 列信息。等价的 SQL 语句如下：

```
SELECT sid 编号 ,stuid 学号 ,courseid 课程编号 ,score 分数
FROM scores
WHERE courseid=6;
```

在本示例中使用的是相等运算符（=），在单行子查询中也可以使用其他的比较运算符，如 >、<、>=、<=、<> 和 !=。

⚠ 注意

查询语句先执行 WHERE 子句中括号里面的查询子句，并且只执行一次。

【例 7-2】

从成绩表 scores 中查询出高于平均分的考试成绩信息，包括编号、学号、课程编号和分数。使用的语句及执行结果如下：

```
SQL>   SELECT sid 编号 ,stuid 学号 ,courseid 课程编号 ,score 分数
2     FROM scores
3     WHERE score>(
4        SELECT AVG(score) FROM scores
5     );
```

编号	学号	课程编号	分数
1	1	1	89

6	2	6	92
7	4	8	93
8	7	6	94
9	5	9	84
10	8	9	88
11	6	5	86
14	1	1	99
15	2	4	95
18	2	8	90
20	6	2	94

上述语句中首先执行 WHERE 的子查询，计算出所有成绩的平均值，然后将查询出的结果返回到外部查询中进行查询，最终查询出大于该平均值的成绩信息。

2. 在 HAVING 子句中的单行子查询

HAVING 子句的作用是对行组进行过滤，在外部查询的 HAVING 子句中也可以使用子查询，这样就可以基于子查询返回的结果对行组进行过滤。

【例 7-3】

从成绩表 scores 中查询出课程平均成绩低于课程最高平均值的课程编号和平均成绩。使用的语句及执行结果如下：

```
SQL>  SELECT courseid " 课程编号 ",AVG(score) " 平均成绩 " FROM scores
  2   GROUP BY courseid
  3   HAVING AVG(score)<
  4   (
  5     SELECT MAX(AVG(score))FROM scores
  6     GROUP BY courseid
  7   );


课程编号             平均成绩
------------------------------  ------------------
1                    89
3                    75.25
8                    88
5                    72.5
9                    78.666
2                    85
4                    75.66
```

分析上述例子，这个例子首先使用 AVG() 函数计算每个课程的平均成绩，AVG() 所返回的结果再传递给 MAX() 函数，由 MAX() 函数返回平均成绩中的最大值。

下面是子查询单独运行时的查询结果：

```
SQL>  SELECT MAX(AVG(score))FROM scores
  2   GROUP BY courseid;

MAX(AVG(SCORE))
---------------------------
            93
```

此查询返回的最大平均值为 93，因此外部的子查询等价于查询课程平均成绩低于 93 的信息。语句如下：

```
SQL>   SELECT courseid " 课程编号 ",AVG(score) " 平均成绩 " FROM scores
  2    GROUP BY courseid
  3    HAVING AVG(score)<93
```

7.1.3 实践案例：单行子查询常见错误解析

在使用单行子查询的时候，经常会由于子查询的限定条件不规范而引起错误，如单行子查询最多返回一行和子查询不包含 GROUP BY 子句等错误。

【例 7-4】

如果子查询中因为 WHERE 条件限定不规范而返回多行，就会出现单行子查询返回多行的错误。

例如，要从学生信息表 students 中查询出课程编号为 6 的学生学号和姓名。使用的语句及执行结果如下：

```
SELECT sid " 学号 ",sname " 学生姓名 "
FROM students
WHERE sid=(
        SELECT sid FROM scores WHERE
courseid='6'
)

错误报告：
SQL 错误：ORA-01427: 单行子查询返回多个行
01427. 00000 -    "single-row subquery returns
more than one row"
```

由于子查询从 scores 表中查询的结果有 5 条，再将这 5 条全部传递给外部查询与等号运算符进行比较。由于等于操作符只能处理一行数据，因此这个查询是无效的，就会出现 "ORA-01427: 单行子查询返回多个行" 错误。

【例 7-5】

子查询中不能包含 ORDER BY 子句；相反任何排序都必须在外部查询中完成。例如，要从 scores 表中查询出平均成绩，并按成绩排序。使用的语句及执行结果如下：

```
SQL> SELECT AVG(score) FROM scores ORDER BY
score;

AVG(SCORE)
-----------------------
     82.04
```

上述包含 ORDER BY 子句的查询结果为单值。接下来将该值作为条件，查询 scores 表中大于该值的成绩信息。最终语句如下：

```
SELECT sid 编 号 ,stuid 学号 ,courseid 课程编
号 ,score 分数
 FROM scores
 WHERE score>
(
     SELECT AVG(score) FROM scores ORDER BY
score
)
```

执行情况如下：

```
命令出错，行 : 37 列 : 44
错误报告：
SQL 错误：ORA-00907: 缺失右括号
00907. 00000 -    "missing right parenthesis"
```

上面的查询结果会因为子句中带有 ORDER BY 排序而出现错误。而将 ORDER BY 子句放到括号外面即可正确查询出结果。修改后的语句及显示结果如下：

Oracle 12c 数据库

```
SQL>   SELECT sid 编号 ,stuid 学号 ,courseid 课程编号 ,score 分数
  2    FROM scores
  3    WHERE score>
  4    (
  5      SELECT AVG(score) FROM scores
  6    )ORDER BY score;
```

编号	学号	课程编号	分数
9	5	9	84
11	6	5	86
24	8	2	91
6	2	6	92
22	7	3	93
7	4	8	93
20	6	2	94
8	7	6	94
15	2	4	95
14	1	1	99

7.1.4   使用 IN 操作符

多行子查询是指返回多行数据的子查询语句。当在 WHERE 子句中使用 IN 操作符时可以返回多行，此时会处理匹配子查询中任意一个值的行。

【例 7-6】

从考试成绩表 scores 中查询出课程编号为 6 的学生编号，使用的语句及执行结果如下：

```
SQL> SELECT stuid FROM scores WHERE courseid='6';

STUID
--------------------
2
7
```

再依据上述学生编号从 students 表中查询出学生信息。由于上述语句的查询结果为多列，因此需要在 WHERE 子句中使用 IN 关联子查询。最终语句如下：

```
SQL> SELECT sid AS " 学号 ",sname AS " 姓名 ",ssex AS " 性别 ",sage AS " 年龄 "
  2    FROM students
  3    WHERE sid IN
  4    (
  5      SELECT stuid FROM scores WHERE courseid='6'
  6    );
```

执行结果如下：

学号	姓名	性别	年龄
2	王春苏	男	13
7	王力平	男	14

【例7-7】

从考试成绩表scores中查询性别为"女"的学生成绩信息，并按成绩升序排列。语句如下：

```
SQL>  SELECT   sid 编号 ,stuid 学号 ,courseid 课程编号 ,score 分数
  2    FROM scores
  3    WHERE stuid IN
  4    (
  5    SELECT sid   FROM students WHERE ssex=' 女 '
  6    )
  7    ORDER BY score;
```

上述语句的子查询实现了查询性别为"女"的学生编号列表，外部查询依据该列表在scores表中查询成绩，最后进行排序。执行结果如下：

编号	学号	课程编号	分数
17	4	9	64
12	5	3	74
9	5	9	84
10	8	9	88
24	8	2	91
7	4	8	93

7.1.5 使用 ANY 操作符

当多行子查询中使用 ANY 操作符时，ANY 操作符必须与单行操作符结合使用，它会匹配只要符合子查询结果的任一个值的行。

【例7-8】

查询大于课程编号为1102中任意一个成绩的其他成绩信息。使用的语句及执行结果如下：

```
SQL> SELECT SNO " 学号 ",CNO " 课程编号 ",SSCORE " 分数 "
  2    FROM scores
  3    WHERE sscore> ANY(
  4    SELECT sscore FROM scores WHERE cno='1102'
  5    );
     学号     课程编号    分数
 ------------  -----------------  -----------
 20100094        1098     92
```

20100094	1094	90
20110012	1102	87
20110002	1102	86
20100099	1098	86
20100099	1102	83
20100092	1102	80
20110001	1104	79

上面的子查询查询出课程编号为 1102 的成绩。单独执行子查询的结果如下：

```
SQL> SELECT sscore FROM scores WHERE cno='1102';
SSCORE
-------------
      80
      83
      86
      77
      87
```

从上面子查询的结果中可以得知，最低成绩为 77，最高成绩为 87，ANY 操作符只要符合一个条件就可以，所以外部查询的 WHERE 条件其实就是成绩大于 77。

下面是简化后的查询语句：

```
SQL> SELECT SNO " 学号 ",CNO " 课程编号 ",SSCORE " 分数 "
  2    FROM scores
  3    WHERE sscore> 77
  4    ORDER BY sscore DESC;
```

7.1.6　使用 ALL 操作符

当多行子查询中使用 ALL 操作符时，必须与单行操作符结合使用，此时会处理匹配所有子查询结果的行。

【例 7-9】

查询大于课程编号为 6 的所有成绩的其他成绩信息。使用的语句及执行结果如下：

```
SQL> SELECT    sid 编号 ,stuid 学号 ,courseid 课程编号 ,score 分数
  2    FROM scores
  3    WHERE score> ALL(
  4       SELECT score FROM scores WHERE courseid='6'
  5    );
```

编号	学号	课程编号	分数
15	2	4	95
14	1	1	99

子查询的最低成绩为 82，最高成绩为 94。ALL 操作符要求符合全部条件才可以，所以外部查询的 WHERE 条件其实就是成绩大于 94。

下面是简化后的查询语句：

```
SQL> SELECT   sid 编号 ,stuid 学号 ,courseid 课程编号 ,score 分数
  2   FROM scores
  3   WHERE score> 94
  4   ORDER BY score DESC;
```

7.1.7 使用 EXISTS 操作符

EXISTS 操作符用于检查子查询返回行的存在性。如果子查询返回一行或者多行，EXSITS 返回 TRUE；如果子查询未返回行，则返回 FALSE。

虽然 EXISTS 也可以在非关联子查询中使用，但是 EXISTS 通常用于关联子查询。NOT EXISTS 执行操作在逻辑上刚好与 EXISTS 相反。

【例 7-10】

查询授课老师为"李晓桦"的所有课程信息。使用的语句及执行结果如下：

```
SQL> SELECT cid,cname,teacherid FROM courses
  2   WHERE EXISTS
  3   (
  4      SELECT tid FROM teachers
  5      WHERE courses.teacherid=teachers.tid
  6      AND teachers.tname=' 李晓桦 '
  7   );
```

CID	CNAME	TEACHERID
7	化学	2
3	英语	2
2	数学	2

由于 EXISTS 只是检查子查询返回行的存在性，因此子查询不必返回一列，可以只返回一个常量值，这样可以提高查询的性能。优化后的语句如下：

```
SELECT cid,cname,teacherid FROM courses
WHERE EXISTS
(
    SELECT tid FROM teachers
    WHERE courses.teacherid=teachers.tid
    AND teachers.tname=' 李晓桦 '
);
```

7.1.8　使用 UPDATE 语句

当在 UPDATE 语句中使用子查询时，既可以在 WHERE 子句中引用子查询（返回未知条件值），也可以在 SET 子句中使用子查询（修改列数据的值）。

【例 7-11】

将课程"数学"中的所有成绩上调 5 分。首先要查询出"数学"课程的编号，语句如下：

```
SELECT cid FROM courses WHERE cname=' 数学 ';
```

再使用查询出的编号作为条件，对成绩表 scores 的分数列 score 进行更新。语句如下：

```
UPDATE scores SET score=score+5
WHERE courseid=(
    SELECT cid FROM courses WHERE cname=' 数学 '
);
```

【例 7-12】

将所有女生的考试成绩下调 5 分。首先要查询出女生的学生编号，语句如下：

```
SELECT sid    FROM students WHERE ssex=' 女 '
```

由于上述查询返回的是多行结果，所以

在子查询中作为条件时必须使用 IN 操作符。下面依据返回的女生编号列表，对成绩表 scores 的分数列 score 进行批量更新。最终语句如下：

```
UPDATE scores SET score=score-5
WHERE stuid in(
    SELECT sid    FROM students WHERE ssex=' 女 '
);
```

【例 7-13】

假设要将姓名为"黄红杰"的学生年龄更新为与"牛艺菲"一致。语句如下：

```
UPDATE students
SET sage=(
    SELECT sage FROM students WHERE sname='牛艺菲 '
)
WHERE sname=' 黄红杰 ';
```

提示

在 SET 语句中需要更新多个列的数据时，可以在多个列名之间用逗号隔开，注意 SET 子句中的子查询返回的数据类型要与 SET 中的保持一致。

7.1.9　使用 DELETE 语句

在 DELETE 语句中使用子查询时，可以在 WHERE 子句中引用子查询返回的未知条件值，即用返回的结果集作为条件删除满足条件的数据。

【例 7-14】

删除成绩在 60 以下的学生信息。语句如下：

```
DELETE FROM students
WHERE sid IN
(
    SELECT stuid FROM scores WHERE score<60
);
```

7.1.10 实践案例：多层嵌套子查询

在子查询的内部还可以使用嵌套子查询，嵌套层数最多为255。但是，在实际应用中应该注意尽量不要使用过多的嵌套，因为嵌套层数过多会使结构不明显，可以使用表连接提高查询性能。

使用多层嵌套查询，查询指定条件的课程平均成绩和课程编号。使用的语句及查询结果如下：

```
SELECT courseid,AVG(score) FROM scores
GROUP BY courseid
HAVING AVG(score)>
(
    SELECT MAX(AVG(score)) FROM scores
    WHERE courseid IN
    (
        SELECT cid FROM courses WHERE cid>6
    )
    GROUP BY courseid
);
```

```
COURSEID              AVG(SCORE)
------------------    ------------------
1                     89
6                     93
2                     87
```

上述查询包括 3 个 SELECT 语句，共嵌套了两层，非常复杂。现在对查询进行分解，检查每一个 SELECT 语句的返回结果。最内层查询如下：

```
SQL> SELECT cid FROM courses WHERE cid>6 ;
CID
--------
7
8
9
```

这个查询返回了编号大于 6 的其他课程编号，上述结果返回了 3 行。

第二层的子查询根据前面查询所返回的 3 个课程编号，计算这些课程平均成绩的最大值并返回该值。使用的语句及执行结果如下：

```
SQL> SELECT MAX(AVG(score)) FROM scores
  2    WHERE courseid IN(7, 8, 9)
  3    GROUP BY courseid;

MAX(AVG(SCORE))
------------------
            88
```

再把上面查询的结果返回给最外层的 SELECT 查询，实现返回平均成绩大于 88 的课程编号和平均成绩。最终语句如下：

```
SQL>   SELECT courseid,AVG(score) FROM scores
  2    GROUP BY courseid
  3    HAVING AVG(score)>88;
```

7.2 多表查询的语法格式

在查询时需要涉及两个以上表的查询称为多表查询。多表查询在实际应用中应该注意，查询之前要先清晰地理解表之间的关联，这是多表查询的基础。

通过连接可以建立多表查询，多表查询的数据可以来自多个表，但是表之间必须有适当的连接条件。为了从多张表中查询，必须注意连接多张表的公共列。一般是在 WHERE 子句中用比较运算符指明连接的条件。

本节将讲解多表查询时的简单应用，像如何指定连接、在连接时定义别名以及连接多个表等。

 7.2.1 消除笛卡儿积

笛卡儿积就是把表中的所有记录做乘积运算而生成的冗余结果集，而通常的查询中返回的结果集数据有限。笛卡儿积出现的原因有很多，大多数情况下是因为连接条件缺失或者连接条件不足造成的。

【例 7-15】

查询出课程表 courses 的名称列 cname 和教师表 teachers 的名称列 tname。语句如下：

```
SELECT cname, tname FROM courses, teachers;
```

courses 表中返回 9 列，teachers 表中返回 5 列，由于没有指定连接条件，所以产生的笛卡儿积会有 45 行记录。也就是每一个 cname 列都与所有 tname 列进行匹配，显然这不符合查询要求。

为了避免上述情况，可以使用 WHERE 子句添加关联条件。修改后的语句及执行结果如下：

```
SELECT cname 课程名称 ,tname 教师名称
 FROM courses c,teachers t
 WHERE c.teacherid = t.tid;


课程名称              教师名称
------------------------    -----------------

手工                 闫云丽
语言                 闫云丽
化学                 李晓桦
英语                 李晓桦
数学                 李晓桦
体育                 王青松
物理                 王青松
几何                 刘秀敏
历史                 宋伏昌
```

查询结果返回 9 行数据，消除了笛卡儿积。

 提示

在进行多表连接时，一定要注意使用 WHERE 子句消除笛卡儿积。

7.2.2 基本连接

最简单的连接方式是通过在 SELECT 语句中的 FROM 子句用逗号将不同的基表隔开。如果仅仅通过 SELECT 子句和 FROM 子句建立连接，那么查询的结果将是一个通过笛卡儿积所生成的表。但是，这样的查询结果并没有多大的用处。

如果使用 WHERE 子句创建一个同等连接可以生成更多有意义的结果，同等连接是使第一个基表中一个或多个列中的值与第二个基表中相应的一个或多个列的值相等的连接。这样在查询结果中只显示两个基表中列的值相匹配的行。但是要注意的是，无论不同表中的列是

否有相同的列名，都应当通过增加表名来限定列名。

使用SELECT多表查询的语法格式如下：

```
SELECT 列名
FROM 表名
WHERE 同等连接表达式
```

在创建多表查询时应遵循下述基本原则。
- 在列名中多个列之间使用逗号分隔。
- 如果列名为多表共有时应该使用"表名.字段列"形式进行限制。
- FROM 子句应当包括所有的表名，多个表名之间同样使用逗号分隔。
- WHERE 子句应定义一个同等连接。如果需要对列值进行限定，也可以使用条件表达式，将条件表达式放在WHERE 后面，使用 AND 与同等连接表达式结合在一起。

只要遵循了上述原则，在表与表之间存在逻辑上的联系时，便可以自由创建任何形式的 SELECT 查询语句，从多个表中提取需要的信息。

【例 7-16】

创建一个查询连接 students 表和 scores 表，查询出学生的姓名及对应的成绩。使用的语句及执行结果如下：

```
SQL> SELECT s.sname " 姓名 ",sc.score " 成绩 "
  2    FROM students s,scores sc
  3    WHERE s.sid=sc.stuid;
```

姓名	成绩
崔启生	89
崔启生	54
王春苏	64
魏玉斌	78
牛艺菲	80
王林峰	94
侯明丽	89
王力平	93
王林峰	54
付凌霄	91
牛艺菲	87

上述查询连接 students 表和 scores 表，按 students 表的 sid 列和 scores 表的 stuid 列进行关联，如果能够匹配则返回；否则不显示。

在上面的查询结果集中，相同的姓名出现了多次，说明该学生参加多门课程的考试。下面统计出每个学生的总成绩，使用的语句及执行结果如下：

```
SQL> SELECT s.sname " 姓名 ",SUM(score) " 总成绩 "
  2    FROM students s,scores sc
  3    WHERE s.sid=sc.stuid
  4    GROUP BY s.sname;
```

姓名	总成绩
牛艺菲	324
侯明丽	247
王春苏	341
王林峰	234
崔启生	301
魏玉斌	159
王力平	266
付凌霄	179

提示

为了避免产生冲突，两个表中有相同的字段应采用"表名.列名"的形式来引用。

【例 7-17】

使用多表连接查询出学生考试的所有课程名称。语句及执行结果如下：

```
SQL> SELECT   DISTINCT s.sname " 姓   名 ",c.cname " 班级名称 "
  2    FROM students s,scores sc,courses c
  3    WHERE s.sid=sc.stuid AND sc.courseid=c.cid;
```

姓名	班级名称
王力平	语言
王力平	历史
牛艺菲	手工
侯明丽	体育

Oracle 12c 数据库

王春苏	数学
王力平	英语
王春苏	几何
魏玉斌	几何
王林峰	物理
牛艺菲	体育
付凌霄	体育

在这个查询中使用了 3 个表，其中 scores 表保存了学生学号和考试的课程编号，它作为纽带连接学生信息表 students 和课程信息表 course。在这里要注意，必须在 WHERE 子句中指定所有表之间的匹配规则；否则将产生笛卡儿积。

 ## 7.3　内连接

内连接是将两个表中满足连接条件的记录组合在一起。连接条件的一般语法格式如下：

ON 表名 1. 列名 比较运算符 表名 2. 列名

它所使用的比较运算符主要有 =、>、<、>=、<=、!=、<> 等。根据所使用的比较方式不同，内连接又可分为等值连接、不等值连接和自然连接 3 种。

内连接的完整语法格式有两种，第一种语法格式如下：

SELECT 列名列表 FROM 表名 l [INNER] JOIN 表名 2　ON 表名 1. 列名 = 表名 2. 列名

第二种语法格式如下：

SELECT 列名列表 FROM 表名 l, 表名 2　WHERE 表名 1. 列名 = 表名 2. 列名

第一种格式使用 JOIN 关键字与 ON 关键字结合将两个表的字段联系在一起，实现多表数据的连接查询；第二种格式之前曾经使用过，是基本的两个表的连接。

 ### 7.3.1　等值内连接

等值连接就是在连接条件下使用等于（=）运算符比较被连接列的列值，其查询结果中列出被连接表中的所有列，包括其中的重复列。换句话说，基表之间的连接是通过相等的列值连接起来的查询就是等值连接查询。

【例 7-18】

等值连接查询可以用两种表示方式来指定连接条件。例如，在学生信息表 students 和考试成绩表 scores 间创建一个查询。限定查询条件为两个表中的学生编号相等时返回，并要求返回学生信息表中的学生编号和姓名、成绩信息表中的分数。

使用等值连接的实现语句如下。

```
SQL> SELECT s.sid " 学号 ",s.sname " 姓名 ",sc.score " 分数 "
  2    FROM students s,scores sc
  3    WHERE s.sid=sc.stuid;
```

在上述语句的 WHERE 子句中用等号 "=" 指定查询为等值连接查询。将上述语句运行后，其查询结果如下：

学号	姓名	分数
1	崔启生	89
1	崔启生	54
2	王春苏	64
3	魏玉斌	78
4	牛艺菲	80
2	王春苏	92
4	牛艺菲	93
7	王力平	94
1	崔启生	99
2	王春苏	95
4	牛艺菲	87

还可以在查询语句的 FROM 子句中使用 INNER JOIN 关键字来指定查询是等值连接查询:

```
SELECT s.sid" 学号 ",s.sname " 姓名 ",sc.score " 分数 "
 FROM students s INNER JOIN scores sc
 ON s.sid=sc.stuid;
```

执行该语句后,其查询结果与上述查询结果完全相同。

还可以对连接查询所得的查询结果利用 ORDER BY 子句进行排序。例如,将上述的等值连接查询的查询按"分数"列的降序进行排序,语句如下:

```
SELECT s.sid" 学号 ",s.sname " 姓名 ",sc.score " 分数 "
FROM students s INNER JOIN scores sc
ON s.sid=sc.stuid
ORDER BY sc.score DESC ;
```

⚠ 注意

连接条件中各连接列的类型必须是可比较的,但没有必要是相同的。例如,可以都是字符型或都是日期型;也可以一个是整型,另一个是实型,整型和实型都是数值型,因此是可比较的。但若一个是字符型,另一个是整型就不允许了,因为它们是不可比较的类型。

◀)) 7.3.2 非等值内连接

非等值连接查询的是在连接条件中使用除了等于运算符以外的其他比较运算符比较被连接列的值。在非等值连接查询中,可以使用的比较运算符有 >、>=、<、<=、!=,还可以使用 BETWEEN AND 之类的关键字。

【例 7-19】

查询成绩大于 90 分的学生学号、姓名和分数。使用的语句及执行结果如下:

```
SQL> SELECT s.sid " 学号 ",s.sname " 姓名 ",sc.score " 分数 "
  2   FROM students s INNER JOIN scores sc
  3   ON s.sid=sc.stuid
  4   WHERE sc.score>90;
```

学号	姓名	分数
1	崔启生	99
2	王春苏	95
2	王春苏	92
4	牛艺菲	93
6	王林峰	94
7	王力平	93
7	王力平	94
8	付凌霄	91

【例 7-20】

查询成绩大于 90 分的学生学号和课程名称。使用的语句及执行结果如下：

```
SQL> SELECT sc.stuid " 学号 ",c.cname " 课程名称 "
  2   FROM scores sc INNER JOIN courses c
  3   ON sc.courseid=c.cid
  4   WHERE sc.score>90;
```

学号	课程名称
1	语言
8	数学
6	数学
7	英语
2	几何
7	历史
2	历史
4	手工

【例 7-21】

综合上面的两个查询，查询出成绩大于 90 分的学生学号、姓名、课程名称和分数。使用的语句及执行结果如下：

```
SQL> SELECT s.sid " 学号 ", s.sname " 姓名 ", c.cname " 课程名称 ", sc.score " 分数 "
  2   FROM students s
  3   INNER JOIN scores sc ON s.sid=sc.stuid
  4   INNER JOIN courses c ON sc.courseid=c.cid
```

```
5    WHERE sc.score>90;
```

学号	姓名	课程名称	分数
1	崔启生	语言	99
8	付凌霄	数学	91
6	王林峰	数学	94
7	王力平	英语	93
2	王春苏	几何	95
7	王力平	历史	94
2	王春苏	历史	92
4	牛艺菲	手工	93

 7.3.3 自然连接

自然连接是在连接条件下使用等于（＝）运算符比较被连接列的列值，但它使用选择列表指出查询结果集合中所包括的列，并删除连接表中的重复列。简单地说，在等值连接中去掉重复的属性列，即为自然连接。

自然连接为具有相同名称的列自动进行记录匹配。自然连接不必指定任何同等连接条件。SQL 实现方式判断出具有相同名称列，然后形成匹配。然而，自然连接虽然可以指定查询结果包括的列，但是不能指定被匹配的列。

【例 7-22】

查询出 teachers 表中的教师信息，并显示每位教师的授课名称。使用的语句及执行结果如下：

```
SQL> SELECT c.cname,t.*
  2    FROM teachers t
  3    INNER JOIN courses c
  4    ON t.tid = c.teacherid;
```

CNAME	TID	TNAME	TYEARS
语言	1	闫云丽	3
数学	2	李晓桦	2
英语	2	李晓桦	2
几何	4	刘秀敏	2
物理	3	王青松	5
历史	5	宋伏昌	1
化学	2	李晓桦	2
手工	1	闫云丽	3
体育	3	王青松	5

上述查询为 teachers 表和 courses 表建立内连接，使 teachers 表中的 tid 字段对应 courses 表中的 teacherid 字段，然后输出 courses 中的 cname 字段信息和 teachers 表中的全部信息。

7.4 外连接

在内连接查询时，返回查询结果集中的仅是符合查询条件（WHERE 搜索条件或 HAVING 条件）和连接条件的行。而采用外连接查询时，它返回到查询结果集中的不仅包含符合连接条件的行，而且还包括左表（左外连接时）、右表（右外连接时）或两个边接表（完全连接时）中的所有数据行。

在 Oracle 外连接查询中提供了一个，即特殊操作符"+"，在查询时可以使用该操作符进行外连接查询。SQL 支持 3 种类型的外连接，即左外连接（LEFT OUTER JOIN）、右外连接（RIGHT OUTER JOIN）和完全连接（FULL OUTER JOIN）。下面详细介绍每种外连接以及该操作符的使用方法。

7.4.1 左外连接

在左外连接查询中，左表是主表，右表是从表。左外连接返回关键字 JOIN 左边的表中的所有行，但是这些行必须符合查询条件。如果左表的某数据行没有在右表中找到相应的匹配数据行，则结果集中右表对应位置使用空值。语法格式如下：

```
SELECT table1.column,table2.column FROM table1
LEFT OUTER JOIN table2
ON table1.column1=table.column2;
```

其中，各个参数含义如下。
- OUTER JOIN：表示外连接。
- LEFT：表示左外连接。
- ON：表示查询条件。

【例 7-23】

使用学生信息表 students 作为主表，连接成绩表 scores 查询出学生学号、姓名和课程编号。使用的语句及执行结果如下：

```
SQL> SELECT s.sid " 学号 ",s.sname " 姓名 ",sc.courseid " 课程编号 "
  2    FROM students s
  3    LEFT OUTER JOIN scores sc
  4    ON s.sid=sc.stuid;
```

学号	姓名	课程编号
1	崔启生	1
1	崔启生	3
2	土春苏	2
3	魏玉斌	4
4	牛艺菲	3
2	王春苏	6
4	牛艺菲	8

 Oracle 12c 数据库

7	王力平	6
1	崔启生	1
2	王春苏	4
3	魏玉斌	8
4	牛艺菲	9
2	王春苏	
4	牛艺菲	
9	黄红杰	

上述查询中，students 表作为左外连接的主表，scores 作为左外连接的从表。students 表中有 3 条数据没有匹配的 stuid 列，因此结果集中右表对应的数据为空值。

也可以使用 Oracle 外连接查询中特有的操作符 "+" 进行外连接查询。上面的等价语句如下：

```
SELECT s.sid " 学号 ",s.sname " 姓名 ",sc.courseid " 课程编号 "
FROM students s ,scores sc
WHERE s.sid=sc.stuid(+);
```

🔊 7.4.2　右外连接

在右外连接查询中右表是主表，左表是从表。右外连接返回 JOIN 关键字右边表中的所有行，但是这些行必须符合查询条件。如果右表的某数据行没有在左表中找到相应匹配的数据行，则结果集中左表对应位置使用空值。语法格式如下：

```
SELECT table1.column,table2.column FROM table1
RIGHT OUTER JOIN table2
ON table1.column1=table.column2;
```

其中，各个参数含义如下。

- OUTER JOIN：表示外连接。
- RIGHT：表示右外连接。
- ON：表示查询条件。

【例 7-24】

使用右外连接查询成绩表 scores 和课程表 courses，查询出学生学号、分数和课程名称。使用的语句及执行结果如下：

```
SQL> SELECT SC.sid " 学号 ",SC.SCORE " 分数 ",C.
CNAME " 课程名称 "
  2  FROM SCORES SC
  3  RIGHT OUTER JOIN COURSES C
  4  ON sc.courseid=C.cid;
```

学号	分数	课程名称
1	89	语言
2	54	英语
3	64	数学
4	78	几何
5	80	英语
6	92	历史
12	74	英语
13	79	语言
22	93	英语
23	54	几何
		数学
		数学
		化学

从上述查询中可以看出，courses 表作为右外连接的主表，scores 作为右外连接的从表。结果将 courses 表中的所有内容和与之对应的 scores 表中的数据显示出来，如果没有匹配的数据则显示为空。

Oracle 12c 数据库

161

也可以使用 Oracle 外连接查询中特有的操作符 "+" 进行外连接查询。上面的等价语句如下：

```
SELECT SC.sid " 学号 ",SC.SCORE " 分数 ",C.CNAME " 课程名称 "
FROM SCORES SC    ,COURSES C
WHERE sc.courseid(+)=C.cid;
```

7.4.3 完全连接

全外连接的结果集中包括了左表和右表的所有记录。当某记录在另一个表中没有匹配记录时，则另一个表的相应列值为空。

全外连接的语法格式如下：

```
SELECT 列名列表
FROM 表名 I FULL [OUTER] JOIN 表名 2
ON 表名 1. 列名 = 表名 2. 列名
```

【例 7-25】

使用完全连接查询成绩表 scores 和课程表 courses 中的内容，查询学生的学号、分数和课程名称。使用的语句及执行结果如下：

```
SQL> SELECT SC.sid " 学号 ",SC.SCORE " 分数 ",C.CNAME " 课程名称 "
  2    FROM SCORES SC
  3    FULL OUTER JOIN COURSEs C
  4    ON sc.courseid=C.cid;
```

学号	分数	课程名称
1	89	语言
2	54	英语
3	64	数学
4	78	几何
5	80	英语
6	92	
7	93	
8	94	历史
10	88	体育
11	86	
12	74	英语
14	99	语言
15	95	
16	81	手工
17	64	体育
18	90	手工

19	59	物理
20	94	数学
21	89	数学
22	93	英语
23	54	几何
		数学
		数学
		化学

从上述查询中可以看出，使用完全连接查询这两个表，会将这两个表中任意一条记录与另外一个表中的记录进行匹配。如果匹配就在一行输出，不匹配则在另一个表的位置使用空值。

7.5 联合查询

联合查询有时被称为集合操作，它是将两个或多个 SQL 查询结果合并构成复合查询，以完成一些特殊的任务需求。联合查询由联合操作符实现，常用的操作符包括 UNION、UNION ALL、INTERSECT 和 MINUS。

7.5.1 UNION ALL 查询

UNION ALL 关键字可以获取两个结果的并集，包括重复的行。

【例 7-26】

从成绩表 scores 中查询出分数在 94 分以上的编号、学号、课程编号和分数。使用的语句及执行结果如下：

```
SQL> SELECT   sid 编号 ,stuid 学号 ,courseid 课程编号 ,score 分数
  2    FROM scores
  3    WHERE score> 94
```

编号	学号	课程编号	分数
14	1	1	99
15	2	4	95

上述查询返回了两条数据。再次查询成绩表 scores，查询出课程编号为 1 的考试信息。使用的语句及执行结果如下：

```
SQL> SELECT   sid 编号 ,stuid 学号 ,courseid 课程编号 ,score 分数
  2    FROM scores
  3    WHERE courseid=1;
```

编号	学号	课程编号	分数
1	1	1	89
13	7	1	79
14	1	1	99

Oracle 12c 数据库

上述查询返回了 3 条数据。

现在使用 UNION ALL 关键字从成绩表 scores 查询分数在 94 分以上和课程编号为 1 的编号、学号、课程编号和分数。语句如下：

```
SQL> SELECT    sid 编号 ,stuid 学号 ,courseid 课程编号 ,score 分数
  2  FROM scores
  3  WHERE score> 94
  4  UNION ALL
  5  SELECT    sid 编号 ,stuid 学号 ,courseid 课程编号 ,score 分数
  6  FROM scores
  7  WHERE courseid=1;
```

使用 UNION ALL 获取两个结果集的并集时，会将两个结果集中的结果都显示出来，包括重复行。所以，上面查询的结果集包含 5 条数据。

7.5.2 UNION 查询

UNION 可以将多个查询结果集相加，形成一个结果集，其结果等同于集合运算中的并运算。简单来说，UNION 可以将第一个查询中的所有行与第二个查询中的所有行相加，并消除其中重复的行形成一个合集。这是 UNION 运算和 UNION ALL 运算唯一不同的地方。

【例 7-27】

现在使用 UNION 关键字从成绩表 scores 查询分数在 94 分以上和课程编号为 1 的编号、学号、课程编号和分数。使用的语句及执行结果如下：

```
SQL> SELECT    sid 编号 ,stuid 学号 ,courseid 课程编号 ,score 分数
  2  FROM scores
  3  WHERE score> 94
  4  UNION
  5  SELECT    sid 编号 ,stuid 学号 ,courseid 课程编号 ,score 分数
  6  FROM scores
  7  WHERE courseid=1;
```

编号	学号	课程编号	分数
1	1	1	89
13	7	1	79
14	1	1	99
15	2	4	95

与 UNION ALL 查询出来的数据相比，少了一条重复记录。

7.5.3 MINUS 查询

MINUS 操作符用于获取两个结果集的差集。当使用该操作符时，只会显示在第一个结果集中存在而在第二个结果集中不存在的数据，并且会以第一列进行排序。

【例 7-28】

假设要从成绩表 scores 中查询成绩大于 90 分，并且课程编号不为 2 的成绩信息。使用单个 SELECT 语句的实现如下：

```
SQL> SELECT   sid 编号 ,stuid 学号 ,courseid 课程编号 ,score 分数
  2   FROM scores
  3   WHERE score> 90 AND courseid<>2;
```

编号	学号	课程编号	分数
6	2	6	92
7	4	8	93
8	7	6	94
14	1	1	99
15	2	4	95
22	7	3	93

下面首先获取成绩大于 90 分的所有成绩信息，再使用 MINUS 操作符减去课程编号为 2 的成绩信息，最终实现相同的功能。语句如下：

```
SELECT   sid 编号 ,stuid 学号 ,courseid 课程编号 ,score 分数 FROM scores WHERE score> 90
MINUS
SELECT   sid 编号 ,stuid 学号 ,courseid 课程编号 ,score 分数 FROM scores WHERE courseid<>2;
```

⚠️ 注意

使用差查询返回数据结果集，要注意两个查询语句所要查询的列相同。

7.5.4 INTERSECT 查询

INTERSECT 操作符用于获取两个结果集的交集。当使用该操作符时，只会显示同时存在于两个结果集中的数据，并且会以第一列进行排序。

【例 7-29】

使用 INTERSECT 操作符从成绩表 scores 查询成绩大于 90 分并且课程编号为 2 的成绩信息。使用的语句及执行结果如下：

```
SQL> SELECT   sid 编号 ,stuid 学号 ,courseid 课程编号 ,score 分数 FROM scores WHERE score> 90
  2   INTERSECT
  3   SELECT   sid 编号 ,stuid 学号 ,courseid 课程编号 ,score 分数 FROM scores WHERE courseid=2;
```

编号	学号	课程编号	分数
20	6	2	94
24	8	2	91

上面的查询也可以使用以下单个 SELECT 语句来实现：

```
SELECT   sid 编号 ,stuid 学号 ,courseid 课程编号 ,score 分数
FROM scores
WHERE score> 90 AND courseid=2;
```

 ## 7.6 交叉连接

交叉连接和普通的连接查询非常相似，唯一不同的是使用交叉连接需用 CROSS JOIN 关键字，语句中不需要使用 ON 关键字，使用 WHERE 子句即可。

如果交叉连接不带 WHERE 子句，它返回被连接的两个表所有数据行的笛卡儿积，返回到结果集合中的数据行数等于第一个表中符合查询条件的数据行数乘以第二个表中符合查询条件的数据行数。

【例 7-30】

要连接学生信息表 students 和成绩表 scores，并查询出学生的学号、姓名和分数。如果使用内连接来实现，语句如下：

```
SQL> SELECT s.sid " 学号 ", s.sname " 姓名 ", sc.score " 分数 "
  2    FROM students s INNER JOIN scores sc
  3    ON s.sid=sc.stuid;
```

现在要使用交叉连接来实现，首先需要将 INNER 关键字换成 CROSS 关键字，然后去掉 ON 关键字并使用 WHERE 连接匹配条件。最终语句如下：

```
SQL> SELECT s.sid " 学号 ", s.sname " 姓名 ", sc.score " 分数 "
  2    FROM students s CROSS JOIN scores sc
  3    WHERE s.sid=sc.stuid;
```

 ## 7.7   实践案例：查询超市商品信息

表与表之间的联系决定了一些数据的查询要涉及多个表。也就是说，需要的数据往往不是一个简单的 SELECT 语句就查询到的。在前面小节详细学习了 SELECT 查询多表和复杂数据查询的方法。

本次案例通过对超市管理系统数据库中的商品有关信息进行查询，演示多表查询的应用。实现查询功能时，涉及商品表（ProductMessage）、商品类型表（ProductType）、商品销售表（ProductSaleMessage）和会员表（Member）等。

具体查询内容如下。

01 查询商品表中哪些商品属于 "糖果" 分类，并显示商品编号、名称、实际价格、售价、单位、上架时间。语句如下：

```
SELECT proNo ' 商品编号 ',proName ' 名称 ',proRealPrice ' 实际价格 ',proSalePrice ' 售价 ',proMethod   ' 单
位 ',proOnDate ' 上架时间 '
  FROM ProductMessage WHERE proTypeId IN(
  SELECT typeId FROM ProductType WHERE typeName=' 糖果 '
);
```

02 查询商品销售表中的所有信息，同时要求列出每张销售单对应的会员信息。语句如下：

```
SELECT ps.*,m.* FROM ProductSaleMessage ps INNER JOIN Member m
  ON ps.saleMemberNo=m.memNo;
```

03 查询销售表中的所有信息，要求同时列出每一张销售单对应的会员名字。语句如下：

```
SELECT m.memName ' 会员名字 ',ps.* FROM ProductSaleMessage ps INNER JOIN Member m
  ON ps.saleMemberNo=m.memNo;
```

04 使用左外连接查询会员表和销售表中的内容，并将会员表作为左外连接的主表，销
售表作为左外连接的从表。语句如下：

```
SELECT m.*,ps.* FROM Member m
  LEFT OUTER JOIN ProductSaleMessage ps
  ON m.memNo=ps.saleMemberNo;
```

05 使用联合查询查询出用户信息表 UserInfo 中的所有男性用户和年龄大于 22 岁的用户
的集合。语句如下：

```
SELECT * FROM Member WHERE memSex = ' 男 '
UNION
SELECT * FROM Member WHERE memAge > 22;
```

06 使用子查询查询哪些销售单据没有对应的会员卡。语句如下：

```
SELECT * FROM ProductSaleMessage
  WHERE saleMemberNo NOT IN (
    SELECT memNo FROM Member
  )
```

07 查询每张销售单对应的商品信息，在返回的结果中显示销售单编号、销售日期、会员
号、商品编号、商品分类、商品名称、销售数量、售价、总价格以及商品类型名称。语句如下：

```
SELECT pm1.saleNo ' 销售单号 ',pm1.saleDate ' 销售日期 ',pm1.saleMemberNo ' 会员号 ',
  pm1.saleProductNo ' 商品编号 ',pt.typeName ' 商品分类 ',pm2.proName ' 商品名称 '
  ,pm1.saleNumber ' 销售数量 ',   pm2.proSalePrice ' 售价 ',(pm1.saleNumber*pm2.proSalePrice) ' 总价格 '
  FROM ProductSaleMessage pm1 INNER JOIN ProductMessage pm2
  ON pm1.saleProductNo=pm2.proNo
```

Oracle 12c 数据库

```
INNER JOIN ProductType pt
ON pm2.proTypeId=pt.typeId;
```

08 根据销售日期统计当天的销售商品总数，语句如下：

```
SELECT saleDate,COUNT(*) FROM ProductSaleMessage GROUP BY saleDate
```

09 根据销售日期和商品编号统计出当天商品的销售总数，语句如下：

```
SELECT saleDate,saleProductNo,SUM(saleNumber) ' 销售总数 ' FROM ProductSaleMessage
    GROUP BY saleDate,saleProductNo;
```

10 根据销售日期和商品编号统计出当天商品的销售总数，并且根据销售日期降序排序、
总销售量升序排序。语句如下：

```
SELECT saleDate,saleProductNo,SUM(saleNumber) ' 销售总数 ' FROM ProductSaleMessage
    GROUP BY saleDate,saleProductNo
    ORDER BY saleDate DESC,SUM(saleNumber);
```

11 筛选出当天商品销售总数小于 5 的销售结果，语句如下：

```
SELECT saleDate,saleProductNo,SUM(saleNumber) ' 销售总数 ' FROM ProductSaleMessage
    GROUP BY saleDate,saleProductNo
    HAVING SUM(saleNumber)<5;
```

7.8 练习题

1. 填空题

（1）外连接可以分为左外连接、右外连接和 _____。

（2）连接不仅可以在不同的表之间进行，也可以使一个表同其自身进行连接，这种连接
称为 _____。

（3）联合查询中的操作符包括 UNION、UNION ALL、_____ 和 MINUS。

（4）内连接一般使用 _____ 关键字来表示。

2. 选择题

（1）关于内连接和外连接，下面说法正确的是（　　）。

　　A．内连接只能连接两个表，而外连接可以连接两个或两个以上的表

　　B．内连接可以连接两个或两个以上的表，而外连接只能连接两个表

　　C．内连接消除了与另一个表中的任何行不匹配的行，而外连接对内连接的结果集进
行扩展，除返回所有匹配的行外，还会返回一部分或全部不匹配的行

　　D．外连接消除了与另一个表中的任何行不匹配的行，而内连接对外连接的结果集进
行扩展，除返回所有匹配的行外，还会返回一部分或全部不匹配的行

（2）下面语句（　　　）的查询结果可能与其他 3 项不一致。

A．SELECT emp.*,dept.dname FROM emp,dept WHERE emp.deptno=dept.deptno(+);

B．SELECT emp.*,dept.dname FROM emp,dept WHERE emp.deptno(+)=dept.deptno;

C．SELECt emp.*,dept.dname FROM emp LEFT JOIN dept ON emp.deptno=dept.deptno;

D．SELECT emp.*,dept.dname FROM dept RIGHT JOIN emp ON dept.deptno=emp.deptno;

（3）查询下面一段代码时，最终输出结果是（　　　）。

```
SELECT 1+1,2+1 FROM dual
UNION ALL
SELECT 1+1,2+2 FROM dual
MINUS
SELECT 4+2 FROM dual;
```

A.

```
1+1     2+1
------- ------
2       3
2       4
```

B.

```
1+1     2+14+2
------- ------  -----
2       3       6
2       4       0
```

C．正确编译，但是输出空白内容

D．出现错误，提示"查询块具有不正确的结果列数"

（4）在子查询中可以使用（　　　）关键字，该关键字只注重子查询是否返回行，如果返回一行或多行，那么它将返回 TRUE；否则返回 FALSE。

A．EXISTS

B．IN

C．AND

D．BETWEEN AND

（5）当利用 IN 关键字进行子查询时，能在 SELECT 子句中指定（　　　）列名。

A．1个

B．2个

C．3个

D．任意多个

（6）下面为表指定别名的语句中，（　　　）是正确的。

A．SELECT * FROM emp AS e,dept AS d WHERE e.deptno=d.deptno;

B．SELECT * FROM emp AS 'e',dept AS 'd' WHERE e.deptno=d.deptno;

C. SELECT * FROM empe,dept d WHERE e.deptno=d.deptno;

D. 以上三项

（7）联合查询提供的操作符中，（　　　）操作符表示执行交集运算。

A. MINUS

B. INTERSECT

C. MINUS 和 INTERSECT

D. UNION 和 UNION ALL

上机练习：查询图书借阅信息

假设有以下 3 个与图书借阅信息有关的数据表。

● BorrowerInfo 表：包含 CardNumber、BookNumber、BorrowerDate、ReturnDate、RenewDate 和 BorrowerState 列。

● CardInfo 表：包含 CardNumber、UserId、CreateTime、Scope 和 MaxNumber 列。

● UserInfo 表：包含 ID、UserName、Sex、Age、IdCard、Phone 和 Address 列。

现在要求使用 SELECT 语句查询各种所需的数据。

（1）使用子查询实现查询没有办理借书卡的用户信息。

（2）使用子查询实现查询已经办理过借书卡的用户信息。

（3）查询卡号为 B002 的借书卡对应的用户信息。

（4）使用左外连接查询 UserInfo 表和 CardInfo 表中的内容，并将表 UserInfo 作为左外连接的主表，CardInfo 作为左外连接的从表。

（5）使用 ANY 查询已经办理过借书卡的用户信息。

（6）使用 UNION 查询出用户信息表 UserInfo 中的所有男性用户和年龄大于 22 岁的用户的集合。

（7）查询借书卡表 CardInfo 中的所有信息，但要求同时列出每一张借书卡对应的用户信息。

第8章

Oracle 表空间的管理

Oracle 的体系结构分为逻辑结构和物理结构。在逻辑结构方面，Oracle 数据库被划分为多个表空间；在物理结构上，数据信息存储在数据文件中。一个数据库用户可以拥有多个表空间，一个表空间可以包含多个数据文件；相应地，一个表空间只能归属于一个用户，一个数据文件只能归属于一个表空间。

在 Oracle 中除了基本表空间以外，还有临时表空间及还原表空间等。本章将详细介绍 Oracle 中的各种表空间以及表空间的创建、修改、切换和管理等操作。

 本章学习要点

◎ 熟练掌握创建表空间
◎ 掌握如何设置表空间的状态
◎ 了解如何重命名表空间
◎ 掌握表空间中数据文件的管理
◎ 理解还原表空间的作用
◎ 掌握创建与管理还原表空间
◎ 了解临时表空间

8.1 Oracle 表空间简介

表空间是 Oracle 数据库中最主要的逻辑存储结构，与操作系统中的数据文件相对应，主要用于存储数据库中用户创建的所有内容。

8.1.1 了解表空间

表空间是 SQL Server 数据库与 Oracle 数据库之间最大的区别之一。Oracle 数据库独有的表空间设计为高性能做出了不可磨灭的贡献。可以这么说，Oracle 中很多优化都是基于表空间的设计理念实现的。

一个数据库在逻辑上由表空间组成，一个表空间包含一个或者多个操作系统文件，这些系统文件称为数据文件。

Oracle 数据文件的扩展名默认为 .dbf。数据文件的大小决定了表空间的大小，当表空间不足时就需要增加新的数据文件或者重新设置当前数据文件的大小，以满足表空间的增长需求。

表空间是 Oracle 数据库恢复的最小单位，容纳着许多数据库实体，如表、视图、索引、聚簇、回退段和临时段等。

每个 Oracle 数据库均有 SYSTEM 表空间，这是数据库创建时自动创建的。SYSTEM 表空间必须保持联机状态，因为其包含着数据库运行所要求的基本信息，即关于整个数据库的数据字典、联机求助机制、所有回退段、临时段和自举段、所有的用户数据库实体、其他 Oracle 软件产品要求的表。

一个小型应用的 Oracle 数据库通常仅包括 SYSTEM 表空间，然而一个稍大型应用的 Oracle 数据库采用多个表空间会对数据库的使用带来更大的方便。表空间能够帮助 DBA 用户完成以下工作。

① 决定数据库实体的空间分配。
② 设置数据库用户的空间份额。
③ 控制数据库部分数据的可用性。
④ 分布数据于不同的设备之间，以改善性能。
⑤ 备份和恢复数据。

用户创建数据库实体，不需要对给定的表空间拥有相应的权力。对一个用户来说，要操作一个 Oracle 数据库中的数据，需要拥有下列权限。

① 被授予关于一个或多个表空间中的 RESOURCE 特权。
② 被指定默认表空间。
③ 被分配指定表空间的存储空间使用份额。
④ 被指定默认临时段表空间，建立不同的表空间，设置最大的存储容量。

8.1.2 表空间的类型

在 Oracle 中对表空间的数量和大小没有严格限制。例如，一个大小为 20GB 的表空间和大小为 10MB 的表空间可以并存，只是用户根据业务需求赋予的表空间功能不同。在这些表空间中有些是所有 Oracle 数据库必备的表空间，像 SYSTEM 表空间、临时表空间、还原表空间和默认表空间。那些必备的表空间称为系统表空间，此外还有非系统表空间。

1. 系统表空间

系统表空间是 Oracle 数据库系统创建时需要的表空间，这些表空间在数据库创建时自动创建，是每个数据库必需的表空间，也是满足数据库系统运行的最低要求。例如，系统表空间 SYSTEM 中存储数据字典或者存储还原段。

⚠ 注意

在用户没有创建非系统表空间时，系统表空间可以存放用户数据或者索引，但是这样做会增加系统表空间的I/O，影响系统性能。

2. 非系统表空间

非系统表空间是指用户创建的表空间，它们可以按照数据多少、使用频率、需求数量等方面进行灵活设置。这样一个表空间的功能就相对独立，在特定的数据库应用环境下可以很好地提高系统的效率。

通过创建用户自定义的表空间，如还原空间、临时表空间、数据表空间或者索引表空间，使得数据库的管理更加灵活、方便。

8.1.3 表空间的状态

在 Oracle 中每个表空间都有一个状态属性，通过该状态属性可以对表空间的使用进行管理。表空间状态属性有 4 种，即在线（ONLINE）、离线（OFFLINE）、只读（READ ONLY）和读写（READ WRITE）。

1. 在线（ONLINE）

当表空间的状态为 ONLINE 时，才允许访问该表空间中的数据。

2. 离线（OFFLINE）

当表空间的状态为 OFFLINE 时，不允许访问该表空间中的数据，如向表空间中创建表或者读取表空间中表的数据等操作都将无法进行。这时可以对表空间进行脱机备份；也可以对应用程序进行升级和维护等。

3. 只读（READONLY）

当表空间的状态为 READONLY 时，虽然可以访问表空间中的数据，但访问仅仅限于阅读，而不能进行任何更新或删除操作，目的是为了保证表空间的数据安全。

4. 读写（READWRITE）

当表空间的状态为 READWRITE 时，可以对表空间进行正常访问，包括对表空间中的数据进行查询、更新和删除等操作。

8.2 实践案例：创建一个表空间

创建表空间需要使用 CREATE TABLESPACE 语句，其基本语法格式如下：

```
CREATE [ TEMPORARY | UNDO ] TABLESPACE tablespace_name
[
```

```
        DATAFILE | TEMPFILE 'file_name' SIZE size K | M [ REUSE ]
        [
                AUTOEXTEND OFF | ON
                [ NEXT number K | M MAXSIZE UNLIMITED | number K | M ]
        ]
        [ , ⋯]
]
[ MININUM EXTENT number K | M ]
[ BLOCKSIZE number K]
[ ONLINE | OFFLINE ]
[ LOGGING | NOLOGGING ]
[ FORCE LOGGING ]
[ DEFAULT STORAGE storage ]
[ COMPRESS | NOCOMPRESS ]
[ PERMANENT | TEMPORARY ]
[
    EXTENT MANAGEMENT DICTIONARY | LOCAL
        [ AUTOALLOCATE | UNIFORM SIZE number K | M ]
]
[ SEGMENT SPACE MANAGEMENT AUTO | MANUAL ];
```

语法中各参数的说明如下。

（1）TEMPORARY | UNDO：指定表空间的类型。TEMPORARY 表示创建临时表空间；UNDO 表示创建还原表空间；不指定类型，则表示创建的表空间为永久性表空间。

（2）tablespace_name：指定新表空间的名称。

（3）DATAFILE | TEMPFILE 'file_name'：指定与表空间相关联的数据文件。一般使用 DATAFILE，如果是创建临时表空间，则需要使用 TEMPFILE；file_name 指定文件名与路径。可以为一个表空间指定多个数据文件。

（4）SIZE size：指定数据文件的大小。

（5）REUSE：如果指定的数据文件已经存在，则使用 REUSE 关键字可以清除并重新创建该数据文件。如果文件已存在，但是又没有指定 REUSE 关键字，则创建表空间时会报错。

（6）AUTOEXTEND OFF | ON：指定数据文件是否自动扩展。OFF 表示不自动扩展；ON 表示自动扩展。默认情况下为 OFF。

（7）NEXT number：如果指定数据文件为自动扩展，则 NEXT 子句用于指定数据文件每次扩展的大小。

（8）MAXSIZE UNLIMITED | number：如果指定数据文件为自动扩展，则 MAXSIZE 子句用于指定数据文件的最大尺寸。如果指定 UNLIMITED，则表示大小无限制，默认为此选项。

（9）MININUM EXTENT number：指定表空间中的盘区可以分配到的最小容量。

（10）BLOCKSIZE number：如果创建的表空间需要另外设置其数据块大小，而不是采用初始化参数 db_block_size 指定的数据块大小，则可以使用此子句进行设置。此子句仅适用于永久性表空间。

（11）ONLINE | OFFLINE：指定表空间的状态为在线（ONLINE）或离线（OFFLINE）。如果为 ONLINE，则表空间可以使用；如果为 OFFLINE，则表空间不可使用。默认为 ONLINE。

（12）LOGGING | NOLOGGING：指定存储在表空间中的数据库对象的任何操作是否产生日志。LOGGING 表示产生；NOLOGGING 表示不产生。默认为 LOGGING。

（13）FORCE LOGGING：此选项用于强制表空间中的数据库对象的任何操作都产生日志，将忽略 LOGGING 或 NOLOGGING 子句。

（14）DEFAULT STORAGE storage：指定保存在表空间中的数据库对象的默认存储参数。当然，数据库对象也可以指定自己的存储参数。

> **提示**
>
> 此子句所设置的存储参数仅适用于数据字典管理的表空间。Oracle 的管理形式主要分为数据字典管理形式与本地化管理形式。不过，Oracle 11g 已经不再支持数据字典的管理形式。所以这里不展开介绍该子句。

（15）COMPRESS | NOCOMPRESS：指定是否压缩数据段中的数据。COMPRESS 表示压缩；NOCOMPRESS 表示不压缩。数据压缩发生在数据块层次中，以便压缩数据块内的行，消除列中的重复值。默认为 COMPRESS。

> **提示**
>
> 对数据段中的数据进行压缩后，在检索数据时 Oracle 会自动对数据进行解压缩。这个过程不会影响数据的检索，但是会影响数据的更新和删除。

（16）PERMANENT | TEMPORARY：指定表空间中数据对象的保存形式。PERMANENT 表示持久保存；TEMPORARY 表示临时保存。

（17）EXTENT MANAGEMENT DICTIONARY | LOCAL：指定表空间的管理方式。DICTIONARY 表示采用数据字典的形式管理；LOCAL 表示采用本地化管理形式管理。默认为 LOCAL。

（18）AUTOALLOCATE | UNIFORM SIZE number：指定表空间中的盘区大小。AUTOALLOCATE 表示盘区大小由 Oracle 自动分配，此时不能指定大小；UNIFORM SIZE number 表示表空间中的所有盘区大小相同，都为指定值。默认为 AUTOALLOCATE。

（19）SEGMENT SPACE MANAGEMENT AUTO | MANUAL：指定表空间中段的管理方式。AUTO 表示自动管理方式；MANUAL 表示手动管理方式。默认为 AUTO。

【例 8-1】

创建一个名称为 my_space 的表空间，并设置表空间使用数据文件的初始大小为 20MB，每次自动增长 5MB，最大容量为 100MB。语句如下：

```
CREATE TABLESPACE my_space
    DATAFILE 'E:\orcl_data\my_space.dbf'
```

Oracle 12c 数据库

```
SIZE 20M
AUTOEXTEND ON NEXT 5M
MAXSIZE 100M;
```

上述语句在创建 orclspace 表空间时忽略了许多属性的设置，也就是采用了许多默认设置。Oracle 在创建一个表空间时需要完成两个步骤：第一步是在数据字典和控制文件中记录新建的表空间信息；第二步是在操作系统中创建指定大小的操作系统文件，并作为与表空间对应的数据文件。

 提示

如果为数据文件设置了自动扩展属性，则最好同时为该文件设置最大大小限制；否则，数据文件的体积将会无限增大。

【例 8-2】

通过数据字典 dba_tablespaces 查看 my_space 表空间的属性，使用的语句及执行结果如下：

```
SQL> select tablespace_name,logging,allocation_type,extent_management,segment_space_management
  2    from dba_tablespaces
  3    where tablespace_name='MY_SPACE';


TABLESPACE_NAME                      LOGGING          ALLOCATIO            EXTENT_MAN          SEGMEN
-----------------------------------  ---------------  -------------------  ------------------  ----------------
MY_SPACE                             LOGGING          SYSTEM               LOCAL               AUTO
```

下面对 dba_tablespaces 数据字典的字段进行简单说明。

- logging 字段：表示是否为表空间创建日志记录。
- allocation_type 字段：表示表空间盘区大小的分配方式。字段值为 system，则表示由 Oracle 系统自动分配，即为 AUTOALLOCATE。
- extent_management 字段：表示表空间盘区的管理方式。
- segment_space_management 字段：表示表空间中段的管理方式。

8.3 实践案例：查询表空间的信息

通过系统数据字典可以查询表空间的信息，包括表空间的名称、大小、类型、状态表空间中包含的数据文件等。系统数据字典 DBA_TABLESPACES 中记录了关于表空间的详细信息，其常用字段及其说明如表 8-1 所示。

表 8-1 DBA_TABLESPACES 常用字段及其说明

字段名称	说　明
TABLESPACE_NAME	表空间名称
BLOCK_SIZE	表空间块大小
INITIAL_EXTENT	默认的初始值范围

续表

字段名称	说　明
NEXT_EXTENT	默认增量区段大小
MIN_EXTENTS	默认的最小数量的区段
MAX_EXTENTS	默认最大数量的区段
PCT_INCREASE	区段默认增加的百分比
MIN_EXTLEN	表空间的最小程度的增量
STATUS	表空间的状态（脱机、联机、只读、读写）
CONTENTS	表空间的类型（永久、临时、撤销）
LOGGING	是否为表空间创建日志记录
FORCE_LOGGING	表空间为日志记录模式
EXTENT_MANAGEMENT	表空间盘区的管理方式（词典、本地）
ALLOCATION_TYPE	表空间的盘区大小的分配方式
SEGMENT_SPACE_MANAGEMENT	段的管理方式（自动、手动）

【例 8-3】

查看当前用户的所有表空间的名称、空间块大小、状态、类型和管理方式等，语句如下：

```
SELECT TABLESPACE_NAME, BLOCK_SIZE, STATUS, CONTENTS, EXTENT_MANAGEMENT
FROM SYS.DBA_TABLESPACES;
```

上述语句的执行结果如下：

TABLESPACE_NAME	BLOCK_SIZE	STATUS	CONTENTS	EXTENT_MAN
SYSTEM	8192	ONLINE	PERMANENT	LOCAL
SYSAUX	8192	ONLINE	PERMANENT	LOCAL
UNDOTBS1	8192	ONLINE	UNDO	LOCAL
TEMP	8192	ONLINE	TEMPORARY	LOCAL
USERS	8192	ONLINE	PERMANENT	LOCAL
MY_SPACE	8192	ONLINE	PERMANENT	LOCAL

根据表空间对区段管理方式的不同，表空间有两种管理方式分别是：数据字典管理的表空间和本地化管理的表空间。本地化管理的表空间之所以能提高存储效率，其原因主要有以下几个方面。

① 采用位图的方式查询空闲的表空间、处理表空间中的数据块，从而避免使用 SQL 语句造成系统性能下降。

② 系统通过位图的方式，将相邻的空闲空间作为一个大的空间块，实现自动合并磁盘碎片。

③ 区的大小可以设置为相同，即使产生了磁盘碎片，由于碎片是均匀统一的，也可以被其他实体重新使用。

表 8-1 中的字段只能查询表空间的基本数据，无法查询表空间的剩余空间和数据文件等

Oracle 12c 数据库

Oracle 12c 数据库 入门与应用

信息。向表空间中添加数据文件时需要确定当前表空间的剩余空间大小，可使用系统数据字典 DBA_FREE_SPACE 查询，其字段及其说明如表 8-2 所示。

表 8-2　DBA_FREE_SPACE 字段及其说明

字段名称	说　明
TABLESPACE_NAME	表空间的名称
FILE_ID	数据文件标识 ID
BLOCK_ID	数据文件的块标识 ID
BYTES	数据文件的空间大小
BLOCKS	数据文件的块数，满足 BYTES=BLOCKS×8×1024
RELATIVE_FNO	相对文件标识

【例 8-4】

查询当前用户下所有表空间的数据文件信息，语句如下：

```
SELECT * FROM DBA_FREE_SPACE;
```

上述语句的执行结果如下：

```
TABLESPACE_NAME    FILE_ID   BLOCK_ID    BYTES         BLOCKSRELATIVE_FNO
------------------------ ------------- ----------------- ---------------- -----------------------------------
SYSTEM             1         99000      589824        72       1
SYSTEM             1         100608     4194304       512      1
SYSAUX             3         106464     262144        32       3
SYSAUX             3         107136     45088768      5504     3
UNDOTBS1           5         232        65536         8        5
UNDOTBS1           5         288        786432        96       5
-- 此处省略 UNDOTBS1 表空间的部分查询结果
USERS              6         176        3801088       464      6
MY_SPACE           11        128        19922944      2432     11
已选择 28 行。
```

上述查询结果包含 28 行记录。在创建新的表空间之前，上述查询语句查询出来 18 行记录，大多是 UNDOTBS1 表空间的记录，而添加了新的表空间之后，多出来 10 行记录，其中 9 行是 UNDOTBS1 表空间的记录。UNDOTBS1 表空间是还原表空间，存放 UNDO 数据。添加表空间的同时，产生大量的 UNDO 数据。

DBA_FREE_SPACE 记录了表空间所包含的所有数据文件及其所占用的空间。计算同一个表空间内所有数据文件的占用空间，结合 DBA_TABLESPACES 查询出来的表空间大小，即可得出该表空间的空间占用量和剩余空间。

 ## 8.4　修改表空间的属性

表空间创建之后是可以修改的，如修改表空间的名称、大小、状态和修改数据表所归属的表空间等。下面详细介绍具体的修改操作。

Oracle 12c 数据库

8.4.1 修改表空间的名称

在 Oracle 10g 以前的版本，更改表空间名字是几乎不可能的事情，需要删除再重新添加。Oracle 10g 之后的版本可直接使用下列语句修改表空间名称：

```
ALTER TABLESPACE 原名称 RENAME TO 新名称；
```

【例 8-5】

修改 MY_SPACE 表空间的名称为 MY_TABLESPACE。语句如下：

```
ALTER TABLESPACE MY_SPACE RENAME TO MY_TABLESPACE;
```

8.4.2 修改表空间的大小

表空间的大小是在创建时已经定义的，随着数据的增加，表空间可能无法承担更多的数据，此时需要对表空间的大小进行修改。修改表空间的大小语法格式如下：

```
ALTER DATABASE DATAFILE ' 表空间地址 ' RESIZE 空间大小；
```

由上述代码可以看出，修改表空间的大小并不需要指出表空间的名称，但是需要指出表空间所存放的地址。

【例 8-6】

在例 8-1 中创建 MY_SPACE 表空间时地址为 E:\orcl_data\my_space.dbf，那么修改该地址的文件大小，即可修改已经被重新命名的 MY_TABLESPACE 表空间。

假设要修改 MY_TABLESPACE 表空间的大小为 30M，语句如下：

```
ALTER DATABASE DATAFILE 'E:\orcl_data\my_space.dbf' RESIZE 30M;
```

查询 MY_TABLESPACE 表空间内数据文件的信息，语句如下：

```
SELECT * FROM dba_free_space
WHERE tablespace_name='MY_TABLESPACE';
```

上述语句的执行结果如下：

TABLESPACE_NAME	FILE_ID	BLOCK_ID	BYTES	BLOCKS	RELATIVE_FNO
MY_TABLESPACE	11	128	30408704	3712	11

上述执行效果与例 8-4 的效果相比，MY_TABLESPACE（原来的 MY_SPACE）表空间 BYTES 值和 BLOCKS 值都增加了，表空间的大小也被修改。

除了修改表空间本身的属性，也可以修改数据表所归属的表空间。移动数据表到新的表空间，语法格式如下：

```
ALTER TABLE 表的名称 MOVE TABLESPACE 表空间的名称；
```

8.4.3 切换只读和读写状态

要将表空间修改为只读状态，可以使用以下语法格式的 ALTER TABLESPACE 语句：

```
ALTER TABLESPACE 表空间的名称 READONLY;
```

将表空间的状态修改为只读之前，需要注意以下事项。

- 表空间必须处于 ONLINE 状态。
- 表空间不能包含任何事务的还原段。
- 表空间不能正处于在线数据库备份期间。

【例 8-7】

将 MY_TABLESPACE 表空间切换到只读状态，语句如下：

```
ALTER TABLESPACE MY_TABLESPACE READONLY;
```

要将表空间修改为读写状态，可以使用以下语法格式的 ALTER TABLESPACE 语句，此操作也需要保证表空间处于 ONLINE 状态。

```
ALTER TABLESPACE   表空间的名称 READWRITE;
```

【例 8-8】

将 MY_TABLESPACE 表空间切换到读写状态，语句如下：

```
ALTER TABLESPACE MY_TABLESPACE READWRITE;
```

⚠️ 注意

无法将 Oracle 系统的 system、temp 等表空间的状态设置为 OFFLINE 或 READONLY（除了 users 表空间以外）。

8.4.4 切换脱机和联机状态

表空间有着脱机状态和联机状态，各个状态之间是可以相互切换的。如果要将表空间修改为 ONLINE 状态，可以使用以下语法的 ALTER TABLESPACE 语句：

```
ALTER TABLESPACE 表空间的名称 ONLINE;
```

相应地，如果要将表空间修改为 OFFLINE 状态，可以使用以下语法格式的 ALTER TABLESPACE 语句：

```
ALTER TABLESPACE 表空间的名称 OFFLINE parameter;
```

上述代码中，parameter 表示将表空间切换为 OFFLINE 状态时可以使用的参数，参数有以下几个选项。

① NORMAL：指定表空间以正常方式切换到 OFFLINE 状态。如果以这种方式切换，Oracle 会执行一次检查点，将 SGA 区中与该表空间相关的脏缓存块全部写入数据文件中，最后关闭与该表空间相关联的所有数据文件。默认情况下使用此方式。

② TEMPORARY：指定表空间以临时方式切换到 OFFLINE 状态。如果以这种方式切换，Oracle 在执行检查点时不会检查数据文件是否可用，这会使得将该表空间的状态切换为 ONLINE 状态时，可能需要对数据库进行恢复。

③ IMMEDIATE：指定表空间以立即方式切换到 OFFLINE 状态。如果以这种方式切换，Oracle 不会执行检查点，而是直接将表空间设置为 OFFLINE 状态，这会使得将该表空间的状态切换为 ONLINE 状态时，必须对数据库进行恢复。

④ FORRECOVER：指定表空间以恢复方式切换到 OFFLINE 状态。如果以这种方式切换，数据库管理员可以使用备份的数据文件覆盖原有的数据文件，然后再根据归档重做日志将表空间恢复到某个时间点的状态。所以，此方式经常用于对表空间进行基于时间的恢复。

【例 8-9】

创建 ONLINE 状态的表空间名为 SPACE1，创建 OFFLINE 状态的表空间名为 SPACE2，查看这两个表空间的状态，修改 SPACE1 状态为 OFFLINE，修改 SPACE2 状态为 ONLINE，再次查看表空间状态，具体步骤如下。

01 首先创建 SPACE1 和 SPACE2 表空间，省略 SPACE1 的创建步骤，SPACE2 表空间的创建语句如下：

```
CREATE TABLESPACE SPACE2
DATAFILE 'D:\ORACLEdata\SPACE2.dbf'
SIZE 10M
AUTOEXTEND ON NEXT 5M
MAXSIZE 50M
OFFLINE;
```

02 查看这两个表空间的状态，语句如下：

```
SELECT TABLESPACE_NAME, BLOCK_SIZE, STATUS, CONTENTS, EXTENT_MANAGEMENT
FROM SYS.DBA_TABLESPACES
WHERE TABLESPACE_NAME='SPACE1' OR TABLESPACE_NAME='SPACE2';
```

其执行结果如下：

TABLESPACE_NAME	BLOCK_SIZE	STATUS	CONTENTS	EXTENT_MAN
SPACE1	8192	ONLINE	PERMANENT	LOCAL
SPACE2	8192	OFFLINE	PERMANENT	LOCAL

03 修改 SPACE1 状态为 OFFLINE，修改 SPACE2 状态为 ONLINE，语句如下：

```
ALTER TABLESPACE SPACE1 OFFLINE;
ALTER TABLESPACE SPACE2 ONLINE;
```

Oracle 12c 数据库

04 再次查看两个表空间的状态，结果如下：

TABLESPACE_NAME	BLOCK_SIZE	STATUS	CONTENTS	EXTENT_MAN
SPACE1	8192	OFFLINE	PERMANENT	LOCAL
SPACE2	8192	ONLINE	PERMANENT	LOCAL

8.5 操作表空间

当 Oracle 中存在大量表空间时，如何管理和维护这些表空间是数据库管理员的首要任务，如向表空间增加一个数据文件或者删除表空间等。

下面首先介绍 Oracle 提供的表空间本地化管理方式；然后介绍日常维护操作的实现方法。

8.5.1 本地化管理

根据表空间对区段管理方式的不同，表空间有两种管理方式，分别是数据字典管理的表空间和本地化管理的表空间。Oracle 12c 中默认表空间都采用本地化管理方式，下面也仅介绍本地化管理表空间的方式。

本地化管理的表空间之所以能提高存储效率，其原因主要有以下几个方面。

① 采用位图的方式查询空闲的表空间、处理表空间中的数据块，从而避免使用 SQL 语句造成系统性能下降。

② 系统通过位图的方式，将相邻的空闲空间作为一个大的空间块，实现自动合并磁盘碎片。

③ 区的大小可以设置为相同，即使产生了磁盘碎片，由于碎片是均匀统一的，也可以被其他实体重新使用。

👉 提示

数据字典管理表空间时会遇到存在存储效率低、存储参数难以管理以及磁盘碎片等问题，因此该方式已经被淘汰。

通过数据字典视图 DBA_TABLESPACES 中的 EXTENT_MANAGEMENT 字段可以查看表空间的管理方式，使用的语句及执行结果如下：

```
SQL> SELECT TABLESPACE_NAME,EXTENT_MANAGEMENT
  2    FROM DBA_TABLESPACES;

TABLESPACE_NAME                  EXTENT_MAN
-------------------------------- --------------------------
SYSTEM                           LOCAL
SYSAUX                           LOCAL
UNDOTBS1                         LOCAL
TEMP                             LOCAL
USERS                            LOCAL
```

8.5.2　增加数据文件

向表空间中增加数据文件需要使用 ALTER TABLESPACE 语句，并指定 ADD DATAFILE 子句。语法格式如下：

```
ALTER TABLESPACE tablespace_name
ADD DATAFILE
file_name SIZE number K | M
    [
            AUTOEXTEND OFF | ON
            [ NEXT number K | M MAXSIZE UNLIMITED | number K | M ]
    ]
[ , …];
```

【例 8-10】

对前面创建的 MY_TABLESPACE 表空间增加两个新的数据文件。语句如下：

```
ALTER TABLESPACE MY_TABLESPACE
  ADD DATAFILE
    'E:\orcl_data\space1.dbf'    SIZE 10M    AUTOEXTEND ON NEXT 5M MAXSIZE 40M ,
    'E:\orcl_data\space2.dbf'    SIZE 10M    AUTOEXTEND ON NEXT 5M MAXSIZE 40M ;
```

上述语句为 MY_TABLESPACE 表空间在 E:\orcl_data 目录下增加了名为 space1.dbf 和 space2.dbf 的两个数据文件。

8.5.3　移动数据文件

数据文件是存储于磁盘中的物理文件，它的大小受到磁盘大小的限制。如果数据文件所在的磁盘空间不够，则需要将该文件移动到新的磁盘中保存。

【例 8-11】

假设要移动 MY_TABLESPACE 表空间中数据文件 space1.dbf，具体步骤如下。

01 首先将 MY_TABLESPACE 表空间状态修改为 OFFLINE。

```
SQL> ALTER TABLESPACE MY_TABLESPACE OFFLINE;
```

02 在操作系统中将磁盘中的 space1.dbf 文件移动到新的目录中，如移动到 D:\oraclefile 目录中。文件的名称也可以修改，如修改为 myoraclespace.dbf。

03 使用 ALTER TABLESPACE 语句将 MY_TABLESPACE 表空间中 space1.dbf 文件的原名称与路径修改为新名称与路径。语句如下：

```
SQL> ALTER TABLESPACE my_tablespace
  2    RENAME DATAFILE 'E:\orcl_data\space1.dbf'
  3    TO
  4    'D:\oraclefile\myoraclespace.dbf';
```

Oracle 12c 数据库

04 将 MY_TABLESPACE 表空间状态恢复为 ONLINE，语句如下：

```
SQL> ALTER TABLESPACE MY_TABLESPACE ONLINE;
```

05 检查文件是否移动成功，也就是检查 MY_TABLESPACE 表空间的数据文件中是否包含了新的数据文件。使用数据字典 dba_data_files 查询 MY_TABLESPACE 表空间的数据文件信息，语句如下：

```
SQL> SELECT tablespace_name , file_name
  2    FROM dba_data_files
  3    WHERE tablespace_name = 'MY_TABLESPACE';
```

8.5.4　删除表空间

当不再需要某个表空间时可以删除该表空间，这要求用户具有 DROP TABLESPACE 系统权限。删除表空间需要使用 DROP TABLESPACE 语句，语法格式如下：

```
DROP TABLESPACE tablespace_name
[ INCLUDING CONTENTS [ AND DATAFILES ] ]
```

语法说明如下。
- INCLUDING CONTENTS：表示删除表空间的同时删除包含的所有数据库对象。如果表空间中有数据库对象，则必须使用此选项。
- AND DATAFILES：表示删除表空间的同时删除所对应的数据文件。如果不使用此选项，则删除表空间实际上仅是从数据字典和控制文件中将该表空间的有关信息删除，而不会删除操作系统中与该表空间对应的数据文件。

【例 8-12】
假设要删除 orclspace 表空间，并同时删除该表空间中的所有数据库对象，以及操作系统中与之相对应的数据文件。语句如下：

```
DROP TABLESPACE orclspace
INCLUDING CONTENTS AND DATAFILES;
```

8.6　实践案例：修改默认表空间

Oracle 系统表空间都有特殊作用。例如，users 表空间是新用户的默认永久性空间，temp 是新用户的临时表空间。如果所有用户都使用默认的表空间，无疑会增加 users 与 temp 表空间的负载压力和响应速度。这时就可以修改用户的默认永久表空间和临时表空间。具体步骤如下。

01 修改之前通过数据字典 database_properties 查看当前用户所使用的永久性表空间与临时表空间的名称。使用的语句及执行结果如下：

```
SQL> SELECT property_name , property_value , description
  2   FROM database_properties
  3   WHERE property_name
  4   IN ('DEFAULT_PERMANENT_TABLESPACE' , 'DEFAULT_TEMP_TABLESPACE');


PROPERTY_NAME                        PROPERTY_VALUE              DESCRIPTION
-------------------------------      ----------------------      ------------------------------------
DEFAULT_TEMP_TABLESPACE              TEMP                        Name of default temporary tablespace
DEFAULT_PERMANENT_TABLESPACE         USERS                       Name of default permanent tablespace
```

其中，default_permanent_tablespace 表示默认永久性表空间；default_temp_tablespace 表示默认临时表空间。它们的值即为对应的表空间名。

02 使用 ALTER DATABASE 语句的以下语法格式修改用户的默认永久性表空间和默认临时表空间：

```
ALTER DATABASE DEFAULT [ TEMPORARY ] TABLESPACE tablespace_name;
```

如果使用 TEMPORARY 关键字，则表示设置默认临时表空间；如果不使用该关键字，则表示设置默认永久性表空间。

假设要将 myspace 表空间设置为默认永久性表空间，将 mytemp 表空间设置为默认临时表空间。语句如下：

```
SQL> ALTER DATABASE DEFAULT TABLESPACE myspace;
数据库已更改。
SQL> ALTER DATABASE DEFAULT TEMPORARY TABLESPACE mytemp;
数据库已更改。
```

03 再次使用数据字典 database_properties 检查默认表空间是否设置成功。使用的语句及执行结果如下：

```
SQL> SELECT property_name , property_value , description
  2   FROM database_properties
  3   WHERE property_name
  4   IN ('DEFAULT_PERMANENT_TABLESPACE' , 'DEFAULT_TEMP_TABLESPACE');


PROPERTY_NAME                        PROPERTY_VALUE              DESCRIPTION
-------------------------------      ----------------------      ------------------------------------
DEFAULT_TEMP_TABLESPACE              MYTEMP                      Name of default temporary tablespace
DEFAULT_PERMANENT_TABLESPACE         MYSPACE                     Name of default permanent tablespace
```

04 使用类似的语法将数据库实例的临时表空间组设置为 group1，语句如下：

```
SQL>ALTER DATABASE DEFAULT TEMPORARY TABLESPACE group1;
```

Oracle 12c 数据库

8.7 还原表空间

还原表空间在 Oracle 中主要用于存放还原段。例如，如果一个用户要修改某个列的值，将值从"1"修改为"2"，在更改的过程中其他用户要查看该数据时，看到应该是"1"，因为数据还没有提交。所以，为了保证这种读取数据的一致性，Oracle 使用了还原段，在还原段中存放更改前的数据。

8.7.1 创建还原表空间

在 Oracle 中可以使用 CREATE UNDO TABLESPACE 语句创建还原表空间。创建之前首先了解 Oracle 对还原表空间的以下几点限制。

① 还原表空间只能使用本地化管理表空间类型，即 EXTENT MANAGEMENT 子句只能指定 LOCAL（默认值）。

② 还原表空间的盘区管理方式只能使用 AUTOALLOCATE（默认值），即由 Oracle 系统自动分配盘区大小。

③ 还原表空间段的管理方式只能为手动管理方式，即 SEGMENT SPACE MANAGEMENT 只能指定 MANUAL。如果是创建普通表空间，则此选项默认为 AUTO，而如果是创建还原表空间，则此选项默认为 MANUAL。

【例 8-13】

CREATE UNDO TABLESPACE 语句语法跟表空间的创建类似。例如，下面语句创建一个名为 undospace 的还原表空间：

```
CREATE UNDO TABLESPACE undospace
DATAFILE 'D:\oracle\files\undospace.dbf'
SIZE 10M;
```

8.7.2 管理还原表空间

还原表空间的管理与其他表空间的管理一样，都涉及修改其中数据文件、切换表空间以及删除表空间等操作。

1. 修改还原表空间的数据文件

由于还原表空间主要由 Oracle 系统自动管理，所以对还原表空间的数据文件的修改也主要限于以下几种形式。

① 为还原表空间添加新的数据文件。

② 移动还原表空间的数据文件。

③ 设置还原表空间的数据文件的状态为 ONINE 或 OFFLINE。

提示

以上几种修改同样通过 ALTER TABLESPACE 语句实现，与普通表空间的修改一样，这里不再重复介绍。

2. 切换还原表空间

一个数据库中可以有多个还原表空间，但数据库一次只能使用一个还原表空间。默认情况下，数据库使用的是系统自动创建的 undotbs1 还原表空间。如果要将数据库使用的还原表空间切换成其他表空间，需要使用 ALTER SYSTEM 语句修改参数 undo_tablespace 的值。切换还原表空间后，数据库中新事务的还原数据将保存在新的还原表空间中。

【例 8-14】

使用 ALTER SYSTEM 语句将数据库所使用的还原表空间切换为 undospace。语句如下：

```
SQL> ALTER SYSTEM SET undo_tablespace = 'UNDOSPACE';
```

接下来使用 SHOW PARAMETER 语句查看 undo_tablespace 参数的值，检查还原表空间是否切换成功。使用的语句及执行结果如下：

```
SQL> SHOW PARAMETER undo_tablespace;

NAME                          TYPE            VALUE
----------------------------- --------------- ----------------------
undo_tablespace               string          UNDOSPACE
```

⚠️ 注意

如果切换时指定的表空间不是一个还原表空间，或者该还原表空间正在被其他数据库实例使用，切换将失败。

3. 修改撤销记录的保留时间

在 Oracle 中还原表空间中还原记录的保留时间由 undo_retention 参数决定，默认为 900 秒。900 秒之后，还原记录将从还原表空间中清除，这样可以防止还原的表空间迅速膨胀。

【例 8-15】

使用 ALTER SYSTEM 语句修改 undo_retention 参数的值设置为 1200，即还原数据保留1200 秒。语句如下：

```
SQL> ALTER SYSTEM SET undo_retention = 1200;
系统已更改。
```

接下来使用 SHOW PARAMETER 语句查看修改后的 undo_retention 参数值，使用的语句及执行结果如下：

```
SQL> SHOW PARAMETER undo_retention;

NAME                                          TYPE            VALUE
--------------------------------------------- --------------- --------------------
undo_retention                                integer         1200
```

Oracle 12c 数据库

> **⚠ 注意**
>
> undo_retention 参数的设置不仅仅只对当前使用的还原表空间有效，而是应用于数据库中所有的还原表空间。

4. 删除还原表空间

删除还原表空间同样需要使用 DROP TABLESPACE 语句，但删除的前提是该还原表空间此时没有被数据库使用。如果需要删除正在被使用的还原表空间，则应该先进行还原表空间的切换操作。

【例 8-16】

将数据库所使用的还原表空间切换为 undotbs1，然后删除还原表空间 undospace。语句如下：

```
SQL> ALTER SYSTEM SET undo_tablespace = 'UNDOTBS1';
系统已更改。
SQL> DROP TABLESPACE undospace INCLUDING CONTENTS AND DATAFILES;
表空间已删除。
```

8.7.3 更改还原表空间的方式

Oracle 12c 支持两种管理还原表空间的方式，即还原段撤销管理（Rollback Segments Undo，RSU）和自动撤销管理（System Managed Undo，SMU）。其中，还原段撤销管理是 Oracle 的传统管理方式，要求数据库管理员通过创建还原段为撤销操作提供存储空间，这种管理方式不仅麻烦而且效率也低；自动撤销管理是 Oracle 在 Oracle 9i 之后引入的管理方式，使用这种方式将由 Oracle 系统自动管理还原表空间。

一个数据库实例只能采用一种撤销管理方式，该方式由 undo_management 参数决定，可以使用 SHPW PARAMETER 语句查看该参数的信息，使用的语句及执行结果如下：

```
SQL> SHOW PARAMETER undo_management;

NAME                                         TYPE               VALUE
-------------------------------------------  -----------------  ----------------
undo_management                              string             AUTO
```

如果参数 undo_management 的值为 AUTO，则表示还原表空间的管理方式为自动撤销管理；如果为 MANUAL，则表示为还原段撤销管理。

1. 自动撤销管理

如果选择使用自动撤销管理方式，则应将参数 undo_management 的值设置为 AUTO，并且需要在数据库中创建一个还原表空间。默认情况下，Oracle 系统在安装时会自动创建一个还原表空间 undotbs1。系统当前所使用的还原表空间由参数 undo_tablespace 决定。

此外，还可以设置还原表空间中撤销数据的保留时间，即用户事务结束后，在还原表空间中保留撤销记录的时间。保留时间由参数 undo_retention 决定，其参数值的单位为秒。

使用 SHOW PARAMETER undo 语句，可以查看当前数据库的还原表空间的设置，使用的语句及执行结果如下：

```
SQL> SHOW PARAMETER undo;

NAME                          TYPE                 VALUE
----------------------------  -------------------  ------------------
undo_management               string               AUTO
undo_retention                integer              900
undo_tablespace               string               UNDOTBS1
```

 提示

如果一个事务撤销数据所需的存储空间大于还原表空间中的空闲空间，则系统会使用未到期的撤销空间，这会导致部分撤销数据被提前从还原表空间中清除。

2. 还原段撤销管理

如果选择使用还原段撤销管理方式，则应将参数 undo_management 的值设置为 MANUAL，并且需要设置下列参数。

- rollback_segments：设置数据库所使用的还原段名称。
- transactions：设置系统中的事务总数。
- transactions_per_rollback_segment：指定还原段可以服务的事务个数。
- max_rollback_segments：设置还原段的最大个数。

8.8　临时表空间

临时表空间适用于特定会话活动，如用户会话中的排序操作。排序的中间结果需要存储在某个区域，这个区域就是临时表空间。临时表空间的排序段是在实例启动后第一个排序操作时创建的。

默认情况下，所有用户都使用 temp 作为临时表空间。但是也允许使用其他表空间作为临时表空间，这需要在创建用户时进行指定。

8.8.1　了解临时表空间

临时表空间是使用当前数据库的多个用户共享使用的，临时表空间中的区段会在需要时按照创建临时表空间时的参数或者管理方式进行扩展。

使用临时表空间需要注意以下事项。

① 临时表空间只能用于存储临时数据，不能存储永久性数据。如果在临时表空间中存储永久性数据，将会出现错误。

② 临时表空间中的文件为临时文件，所以数据字典 dba_data_files 不再记录有关临时文件的信息。可以通过 dba_temp_files 数据字典查看临时表空间的信息。

③ 临时表空间的管理方式都是 UNIFORM，所以在创建临时表空间时不能使用 AUTOALLOCATE 关键字指定管理方式。

④ 临时表空间中的临时数据文件也是 DBF 格式的数据文件，但是这个数据文件与普通表空间或者索引的数据文件有很大不同，主要体现在以下几个方面。

- 临时数据文件总是处于 NOLOGGING 模式，因为临时表空间中的数据都是中间数据，只是临时存放的。它们的变化不需要记录在日志文件中，因为这些变化本身也不需恢复。
- 临时数据文件不能设置为只读（READ ONLY）状态。
- 临时数据文件不能重命名。
- 临时数据文件不能通过 ALTER DATABASE 语句创建。
- 数据库恢复时不需要临时数据文件。
- 使用 BACKUP CONTROLFILE 语句时并不产生任何关于临时数据文件的信息。
- 使用 CREATE CONTROLFILE 语句不能设置临时数据文件的任何信息。
- 在初始化参数文件中，有一个名为 SORT_AREA_SIZE 的参数，这是排序区的容量大小。为了优化临时表空间中排序操作的性能，最好设置 UNIFORM SIZE 为该参数的整数倍。

 ## 8.8.2 创建临时表空间

创建临时表空间时需要使用 TEMPORARY 关键字，并且与临时表空间对应的是临时数据文件，由 TEMPFILE 关键字指定，也就是说，临时表空间中不再使用数据文件，而使用临时数据文件。

【例 8-17】

创建一个名为 tempspace 的临时表空间，并设置临时表空间使用临时数据文件的初始大小为 10MB，每次自动增长 2MB，最大大小为 20MB。语句如下：

```
SQL> CREATE TEMPORARY TABLESPACE tempspace
  2    TEMPFILE 'D:\oracle\files\tempspace.dbf'
  3    SIZE 10M
  4    AUTOEXTEND ON NEXT 2M MAXSIZE 20M;
```

【例 8-18】

通过数据字典 dba_temp_files 查看临时表空间 tempspace 的信息，使用的语句及执行结果如下：

```
SQL> SELECT TABLESPACE_NAME,FILE_NAME,BYTES
  2    FROM DBA_TEMP_FILES
  3    WHERE TABLESPACE_NAME='TEMPSPACE';

TABLESPACE_NAME              FILE_NAME                                          BYTES
---------------------------  -------------------------------------------------  ----------------
TEMPSPACE                    D:\ORACLE\FILES\TEMPSPACE.DBF                      10485760
```

 ## 8.8.3 修改临时表空间

创建临时表空间后便可以对它进行各种操作，下面介绍临时表空间日常管理的具体实现。

01 增加临时数据文件。

如果需要增加临时数据文件，可以使用 ADD TEMPFILE 子句。下面的示例为临时表空间 tempspace 增加一个临时数据文件：

```
SQL> alter tablespace tempspace
  2    add tempfile 'D:\oracle\files\tempfile01.dbf' size 10m;
表空间已更改。
```

02 修改临时数据文件的大小。

假设要修改临时表空间 tempspace 中 tempfile01.dbf 文件大小为 20M。语句如下：

```
SQL> alter database tempspace
  2    'D:\oracle\files\tempfile01.dbf' resize 20m;
数据库已更改。
```

⚷ 技巧

由于临时文件中只存储临时数据，并且在用户操作结束后系统将删除临时文件中存储的数据。所以一般情况下，不需要修改临时表空间的大小。

03 修改临时数据文件的状态。

假设要将临时表空间 tempspace 中 tempfile01.dbf 文件状态更改为 ONLINE。语句如下：

```
SQL> alter database tempspace
  2    'D:\oracle\files\tempfile01.dbf' online;
数据库已更改。
```

04 切换临时表空间。

将当前 Oracle 使用的默认临时表空间切换为 tempspace，语句如下：

```
SQL> alter database default temporary tablespace tempspace;
```

05 删除临时表空间。

假设要删除 tempspace 临时表空间，语句如下：

```
SQL> drop tablespace tempspace;
```

在删除前必须确保当前的临时表空间不在使用状态。因此，删除默认的临时表空间之前必须先创建一个临时表空间，并切换至新的临时表空间。

📢 8.8.4　临时表空间组

Oracle 11g 引入临时表空间组来管理临时表空间，一个临时表空间组中可以包含一个或者多个临时表空间。临时表空间组具有以下特点。

① 一个临时表空间组必须由至少一个临时表空间组成，并且无明确的最大数量限制。

② 如果删除一个临时表空间组的所有成员，该组也自动被删除。

③ 临时表空间的名字不能与临时表空间组的名字相同。

④ 在给用户分配一个临时表空间时，可以使用临时表空间组的名字代替实际的临时表空间名；在给数据库分配默认临时表空间时，也可以使用临时表空间组的名字。

使用临时表空间组有以下优点。

① 由于 SQL 查询可以并发使用几个临时表空间进行排序操作,因此 SQL 查询很少会出现排序空间超出,避免临时表空间不足所引起的磁盘排序问题。

② 可以在数据库级指定多个默认临时表空间。

③ 一个并行操作的并行服务器将有效地利用多个临时表空间。

④ 一个用户在不同会话中可以同时使用多个临时表空间。

【例 8-19】

创建临时表空间组需要使用 GROUP 关键字。例如,创建一个临时表空间组,语句如下:

```
SQL> create temporary tablespace tempgroup1
  2    tempfile 'D:\Oracle\files\tempgroup1.dbf' size 10m
  3    tablespace group testtempgroup;
表空间已创建。
```

创建临时表空间组后,可以进行以下几个步骤的操作。

01 使用 DBA_TABLESPACE_GROUPS 数据字典查询临时表空间组的信息,使用的语句及执行结果如下:

```
SQL> select * from dba_tablespace_groups;
GROUP_NAME                          TABLESPACE_NAME
----------------------------------  --------------------------------------------
TESTTEMPGROUP                       TEMPGROUP1
```

02 向临时表空间组 testtempgroup 中增加一个临时表空间 tempgroup2,语句如下:

```
SQL> create temporary tablespace tempgroup2
  2    tempfile 'D:\Oracle\files\tempgroup2.dbf' size 10m
  3    tablespace group testtempgroup;
表空间已创建。
```

03 将一个临时表空间组设置为默认的临时表空间,可以使用 DEFAULT 关键字,语句如下:

```
SQL> alter database default temporary tablespace testtempgroup;
数据库已更改。
```

04 将一个已经存在的临时表空间 ORCLSPACE 移动到一个临时表空间组 testtempgroup 中。语句如下:

```
SQL> alter tablespace orclspace
  2    tablespace group testtempgroup;
表空间已更改。
```

执行移动操作后,使用 DBA_TABLESPACE_GROUPS 数据字典查询移动结果。语句如下:

```
SQL> select * from dba_tablespace_groups;
GROUP_NAME                          TABLESPACE_NAME
----------------------------------  -----------------------------
```

TESTTEMPGROUP	TEMPGROUP1
TESTTEMPGROUP	TEMPGROUP 2
TESTTEMPGROUP	ORCLSPACE

05 删除临时表空间组，也就是删除组成临时表空间组的所有临时表空间。

例如，删除表空间组 TESTTEMPGROUP 中的表空间文件 ORCLSPACE，语句如下：

```
SQL> drop tablespace orclspace including contents and datafiles;
表空间已删除。
```

使用 DROP TABLESPACE 语句删除表空间组中的 TEMPGROUP1 和 TEMPGROUP2。然后查看数据字典 DBA_TABLESPACE_GROUPS，语句如下：

```
SQL> select * from dba_tablespace_groups;
未选定行。
```

由于表空间组不存在任何成员，表空间组也随之被 Oracle 系统清理。

8.9 实践案例：创建购物系统的表空间

在本节之前通过大量的示例讲解了基本表空间、还原表空间以及临时表空间的使用。本次案例将综合运用这些知识来为购物系统创建不同类型的表空间。具体要求如下。

① 创建名为 SHOPING 的脱机表空间，初始大小为 10MB，每次自动增长 5MB，最大大小为 30MB。

② 修改表空间为联机状态。

③ 修改表空间的名称为 MYSHOP。

④ 修改表空间为只读状态。

⑤ 修改表空间大小为 20M。

⑥ 创建名为 SHOPTEMP 的临时表空间和名为 SHOPTEMPS 的临时表空间组。

⑦ 创建名为 SHOPTEMPSPACE 的临时表空间。

⑧ 将 SHOPTEMPSPACE 表空间放在 SHOPTEMPS 临时表空间组中。

实现上述要求，具体步骤如下。

01 创建名为 SHOPING 的脱机表空间，初始大小为 10MB，每次自动增长 5MB，最大大小为 30MB，语句如下：

```
CREATE TABLESPACE SHOPING
DATAFILE 'D:\ORACLEdata\SHOPING.dbf'
SIZE 10M
AUTOEXTEND ON NEXT 5M
MAXSIZE 30M
OFFLINE;
```

Oracle 12c 数据库

02 修改表空间为联机状态，语句如下：

```
ALTER TABLESPACE SHOPING ONLINE;
```

03 修改表空间的名称为 MYSHOP，语句如下：

```
ALTER TABLESPACE SHOPING RENAME TO MYSHOP;
```

04 修改表空间为只读状态，语句如下：

```
ALTER TABLESPACE MYSHOP READ ONLY;
```

05 此时查询表空间的信息，语句如下：

```
SELECT TABLESPACE_NAME,BLOCK_SIZE,STATUS,CONTENTS,EXTENT_MANAGEMENT FROM SYS.DBA_TABLESPACES;
```

上述语句的执行效果如下：

TABLESPACE_NAME	BLOCK_SIZE S	TATUS	CONTENTS	EXTENT_MAN
SYSTEM	8192	ONLINE	PERMANENT	LOCAL
SYSAUX	8192	ONLINE	PERMANENT	LOCAL
UNDOTBS1	8192	ONLINE	UNDO	LOCAL
TEMP	8192	ONLINE	TEMPORARY	LOCAL
USERS	8192	ONLINE	PERMANENT	LOCAL
MYTABLESPACE	8192	ONLINE	PERMANENT	LOCAL
SPACE1	8192	OFFLINE	PERMANENT	LOCAL
SPACE2	8192	ONLINE	PERMANENT	LOCAL
TEMPSPACE	8192	ONLINE	TEMPORARY	LOCAL
MYTEMP2	8192	ONLINE	TEMPORARY	LOCAL
MYSHOP	8192	READ ONLY	PERMANENT	LOCAL

已选择 11 行。

06 修改表空间大小为 20M。由于当前表空间处于只读状态，因此需要先修改其状态为读写状态再修改大小，语句如下：

```
ALTER TABLESPACE MYSHOP READ WRITE;
ALTER DATABASE DATAFILE 'D:\ORACLEdata\SHOPING.dbf' RESIZE 20M;
```

07 创建名为 SHOPTEMP 的临时表空间和名为 SHOPTEMPS 的临时表空间组，语句如下：

```
CREATE TEMPORARY TABLESPACE SHOPTEMP
TEMPFILE 'D:\ORACLEdata\SHOPTEMP.dbf'
SIZE 10M
TABLESPACE GROUP SHOPTEMPS;
```

08 创建名为 SHOPTEMPSPACE 的临时表空间，语句如下：

```
CREATE TEMPORARY TABLESPACE SHOPTEMPSPACE
TEMPFILE 'D:\ORACLEdata\SHOPTEMPSPACE.dbf'
SIZE 10M;
```

09 将 SHOPTEMPSPACE 表空间放在 SHOPTEMPS 临时表空间组中，语句如下：

```
ALTER TABLESPACE SHOPTEMPSPACE TABLESPACE GROUP SHOPTEMPS;
```

 ## 8.10 练习题

1. 填空题

（1）Oracle 数据库必备的表空间有 SYSTEM 表空间、＿＿＿＿＿＿、还原表空间和默认表空间。

（2）表空间状态属性有 4 种，分别是在线、离线、＿＿＿＿＿＿ 和读写。

（3）创建表空间时使用 ＿＿＿＿＿＿ 关键字设置表空间的初始大小。

（4）默认情况下，所有用户都使用 ＿＿＿＿＿＿ 作为临时表空间。

2. 选择题

（1）将表空间修改为 OFFLINE 状态时可以使用参数来设置检查点，下列参数不正确的是（　　　）。

    A．NORMAL

    B．TEMPORARY

    C．IMMEDIATE

    D．RECOVER

（2）下列关于临时表空间的说法，错误的是（　　　）。

    A．可以在数据库级指定多个默认临时表空间。

    B．一个并行操作的并行服务器将有效地利用多个临时表空间。

    C．一个用户在不同会话中可以同时使用多个临时表空间。

    D．临时表空间组中的临时表空间全部删除之后，临时表空间将保留组名。

（3）假设要删除表空间 space，并同时删除其对应的数据文件，可以使用下列（　　　）语句。

    A．DROP TABLESPACE space;

    B．DROP TABLESPACE space AND DATAFILES;

    C．DROP TABLESPACE space INCLUDING DATAFILES;

    D．DROP TABLESPACE space INCLUDING CONTENTS AND DATAFILES;

（4）下列关于还原表空间的说法，错误的是（　　　）。

    A．还原表空间只能使用本地化管理表空间类型

    B．还原表空间的盘区管理方式只能使用 AUTOALLOCATE，即由 Oracle 系统自动分配盘区大小。

    C．还原表空间一直处于 ONLINE 状态。

D. 还原表空间的段的管理方式只能为手动管理方式。

（5）关于 Oracle 两种管理还原表空间的方式，错误的是（　　）。

A. 两种管理还原表空间的方式为 RIU 和 SMU。

B. 还原段撤销管理是 Oracle 的传统管理方式，要求数据库管理员通过创建还原段为撤销操作提供存储空间。

C. 还原段撤销管理方式不仅麻烦而且效率低。

D. 自动撤销管理是由 Oracle 系统自动管理还原表空间。

上机练习：操作 Oracle 表空间

本章介绍了 Oracle 中各种类型表空间的创建及管理操作。本次上机练习要求读者完成以下表空间的操作。

（1）查看当前 Oracle 数据库都使用了哪些表空间。

（2）创建一个名称为 schoolspace 的表空间，并设置表空间使用数据文件的初始大小为 10MB，每次自动增长 2MB，最大大小为 50MB。

（3）向 schoolspace 表空间中添加一个名为 schooldf2 的数据文件。

（4）设置第（2）步创建的数据文件为自动扩展。

（5）将 schoolspace 设置为默认表空间。

（6）创建一个名为 schooltempspace 的临时表空间。

（7）将 schooltempsapce 设置为默认临时表空间。

（8）创建一个名为 schoolundospace 的还原表空间。

第9章

PL/SQL 编程基础

SQL（Structured Query Language，结构化查询语言）是操作关系型数据库的一种通用语言，但是 SQL 本身是一种非过程化的语言。SQL 不用指明执行的具体方法和途径，而是简单地调用相应语句直接获取结果。因此，SQL 不适合在复杂的业务流程下使用，为了解决这个问题，Oracle 提供了 PL/SQL 编程语言，这是一种过程化编程语言，可以实现比较复杂的业务逻辑。

本章将详细介绍 PL/SQL 编程基础，包括 PL/SQL 语言特点和编写规则、编程结构、变量和常量的声明与使用、字符集、运算符以及流程结构和异常处理等。

本章学习要点

◎ 熟悉 PL/SQL 编程的优、缺点
◎ 掌握 PL/SQL 块的结构组成
◎ 掌握 PL/SQL 程序的两种注释
◎ 掌握标识符的命名规则
◎ 掌握变量的声明和赋值
◎ 熟悉 %TYPE 和 %ROWTYPE 的使用
◎ 熟悉常量的声明和赋值
◎ 了解字符集的概念和查看
◎ 掌握 PL/SQL 中的运算符
◎ 掌握条件语句和循环语句
◎ 掌握异常处理语句的使用

9.1 PL/SQL 概述

PL/SQL（Procedure Language/Structured Query Language），是 Oracle 对标准 SQL 规范的扩展，全面支持 SQL 的数据操作、事务控制等。PL/SQL 完全支持 SQL 数据类型，减少了在应用程序和数据库之间转换数据的操作。

9.1.1 PL/SQL 语言的特点

PL/SQL 是一种块结构语言，即构成一个 PL/SQL 的基本单位是程序块。程序块由过程、函数和匿名块组成。可以声明常量和变量，并且在 SQL 语句和程序语句表达式中使用，在运行 PL/SQL 程序时不是逐条执行，而是作为一组 SQL 语句整体发送到 Oracle 执行。

PL/SQL 能够在 Oracle 环境中运行。和其他语言不同的是，其不需要编译成可执行文件去执行。SQL Plus 是 PL/SQL 语言运行的基本工具，当程序以 DECLARE 或 BEGIN 开头时，系统会自动识别出是 PL/SQL 语句，而不是直接的 SQL 命令。PL/SQL 在 SQL Plus 中运行时，当遇到斜杠（/）时才会提交数据库执行，而不像 SQL 命令遇到分号（;）就执行。

9.1.2 PL/SQL 代码的编写规则

为了编写正确、高效的 PL/SQL 块，PL/SQL 应用开发人员必须遵循特定的 PL/SQL 代码规范；否则会导致编译错误或者运行错误。在编写 PL/SQL 代码时要注意标识符规范和大小写规则。

1. 标识符规范

标识符命名规则是指当在使用标识符定义变量和常量时，标积符名称必须以字符开始，并且长度不能超过 30 个字符。为了提高程序的可读性，建议用户按照以下规则定义各种标识符。

① 当定义变量时，建议使用 v_ 作为前缀，如 v_age 等。
② 当定义常量时，建议使用 c_ 作为前缀，如 c_rate。
③ 当定义游标时，建议使用 _cursor 作为后缀，如 emp_cursor。
④ 当定义异常时，建议使用 e_ 作为前缀，如 e_integrity_error。
⑤ 当定义 PL/SQL 表类型时，建议使用 _table_type 作为后缀，如 sales_table_type。
⑥ 当定义 PL/SQL 表变量时，建议使用 _table 作为后缀，如 sales_table。
⑦ 当定义 PL/SQL 记录类型时，建议使用 _record_type 作为后缀，如 emp_record_type。
⑧ 当定义 PL/SQL 记录变量时，建议使用 _record 作为后缀，如 emp_record。

2. 大小写规则

当在 PL/SQL 块中编写 SOL 语句和 PL/SQL 语句时，语句既可以使用大写也可以使用小写。但是，为了提高程序的可读性和性能，建议用户按照以下大小写规则编写代码。

① SQL 关键字采用大写格式，如 SELECT、UPDATE、SET、WHERE 等。
② PL/SQL 关键字采用大写格式，如 DECLARE、BEGIN、END 等。
③ 数据类型采用大写格式，如 INT、VARCHAR2、DATE 等。
④ 标识符和参数采用小写格式，如 v_sal、c_rate 等。
⑤ 数据库对象和列采用小写格式，如 emp、sal、ename 等。

 Oracle 12c 数据库

9.2 PL/SQL 的编程结构

编写 PL/SQL 程序，要先了解 PL/SQL 的基本程序块、常量和变量的使用以及 PL/SQL 中注释的用法等。下面详细介绍 PL/SQL 程序结构和基本的语句使用。

9.2.1 PL/SQL 程序块

块是 PL/SQL 的基本程序单元，那么编写 PL/SQL 语言也就相当于编写 PL/SQL 块。要完成相应简单的应用功能，可能只需要编写一个 PL/SQL 块；而如果要实现复杂的应用功能，可能就需要几个 PL/SQL 块的嵌套。PL/SQL 块又分为无名块和命名块两种。无名块是指未命名的程序块，命名块是指存储过程、函数、包和触发器等。

PL/SQL 程序由 3 个块组成，即定义部分（DECLARE）、执行部分（BEGIN END）、异常处理部分（EXCEPTION）。

其中，每个部分的作用如下。

- 定义部分用于声明常量、变量、游标、异常、复合数据类型等；一般在程序中使用到的变量都要在这里声明。
- 执行部分用于实现应用模块功能，包含了要执行的 PL/SQL 语句和 SQL 语句，并且还可以嵌套其他的 PL/SQL 块。
- 异常处理部分用于处理 PL/SQL 块执行过程中可能出现的运行错误。

PL/SQL 程序块语法格式如下：

```
[DECLARE
…   -- 定义部分 ]
BEGIN
…   -- 执行部分
[EXCEPTION
…   -- 异常处理部分 ]
END;
```

其中，定义部分以 DECLARE 开始，该部分是可选的；执行部分以 BEGIN 开始，该部分是必需的；异常处理部分以 EXCEPTION 开始，该部分是可选的；而 END 则是 PL/SQL 块的结束标记，该部分也是必需的。

> ⚠️ **注意**
>
> DECLARE、BEGIN、EXCEPTION 后边都没有分号（;），而 END 后边必须带上分号（;）。

在 PL/SQL 程序中，语句都是以分号（;）结束的，因此分号不会被 Oracle 解析器作为执行 PL/SQL 程序块的符号，那么就需要使用正斜杠（/）作为 PL/SQL 程序的结束。

【例9-1】

有以下一段 PL/SQL 语句块，下面对它的各个部分进行说明。

```
SQL> set serveroutput on
SQL> DECLARE
  2       v_num   NUMBER;      -- 定义变量
  3  BEGIN
  4       v_num:=1+2;           -- 为变量赋值
  5       DBMS_OUTPUT.PUT_LINE('1+2='||v_num);      -- 输出变量
  6  EXCEPTION                  -- 异常处理
  7       WHEN OTHERS THEN
```

```
  8        DBMS_OUTPUT.PUT_LINE(' 出现异常 ');
  9   END;
 10   /
1+2=3
PL/SQL procedure successfully completed
```

其中，DBMS_OUTPUT 是 Oracle 的系统包；PUT_LINE 是该包所包含的过程，用于输出字符串信息。当使用 DBMS_OUTPUT 包输出数据或者消息时，必须要将 SQL Plus 的环境变量 serveroutput 设置为 on。

9.2.2 数据类型

在 PL/SQL 程序块中常量和变量的数据类型除了可以使用与列相同的数据类型外，Oracle 还为它们扩展了一些常用的数据类型，如表 9-1 所示。

表 9-1　PL/SQL 程序块的数据类型

类　型	说　明
BOOLEAN	布尔类型，它的取值是 TRUE、FALSE 或 NULL
BINARY_NTEGER	带符号数字类型，取值范围是 -231~231
NATURAL	BINARY_INTEGER 的子类型，表示非负整数
NATURALN	BINARY_INTEGER 的子类型，表示不为 NULL 的非负整数
POSITIVE	BINARY_INTEGER 的子类型，表示正整数
POSITIVEN	BINARY_INTEGER 的子类型，表示不为 NULL 的正整数
SIGNTYPE	BINARY_INTEGER 的子类型，取值为 -1、0 或 1
SIMPLE_INTEGER	BINARY_INTEGER 的子类型，取值范围与 BINARY_INTEGER 相同，但是不可以为 NULL
PLS_INTEGER	带符号整数类型，取值范围为 -231~231
STRING	与 VARCHAR2 相同
RECORD	一组其他类型组合
REF CURSOR	指向一个行集的指针

9.2.3 PL/SQL 程序的注释

注释就是对代码的解释和说明，目的是为了让其他开发人员和自己很容易看懂。为了让其他人一看就知道这段代码是做什么用的，正确的程序注释一般包括序言性注释和功能性注释。序言性注释的主要内容包括模块的接口、数据的描述和模块的功能。模块的功能性注释的主要内容包括程序段的功能、语句的功能和数据的状态。

注释是一个良好程序的重要组成部分。在程序中最好养成添加注释的习惯，使用注释可以使程序更清晰，使开发者或者其他开发人员能够很快理解程序的含义和思路。PL/SQL 提供了两种风格的注释，即单行注释和多行注释。

1. 单行注释

单行注释使用两个连字符（--）开始，这两个字符间不能有空格或者其他字符。在这个物理行中，从这个连字符开始直到结束的所有文本都会被看作是注释，并被编译器忽略掉。如果这两个连字符出现在一行的开头，整个一行都是注释。语法格式如下：

```
-- 注释代码
```

【例 9-2】

执行 SELECT 语句查询 SYS.all_users 表中的全部数据。语句如下：

```
-- 查询 all_users 表中的全部数据
SELECT * FROM SYS.all_users;
```

2. 多行注释

尽管单行注释对于简短说明代码或者忽略一行不想执行的代码很有用，对于很长的注释块来说用多行注释的方式会更加方便。多行注释以"/*"开始，以"*/"结束。PL/SQL 会把这两组符号之间的全部字符都看作是注释，并且会被编译器忽略。语法格式如下：

```
/*
注释代码
*/
```

【例 9-3】

下面代码为多行注释的示例：

```
PROCEDURE calc_revenue (company_id IN NUMBER) IS
/*
 Program: calc_revenue
 Author: Steven Feuerstein
 Change history:
    10-JUN-2014 Incorporate new formulas
    23-SEP-2014 – Program created
*/
BEGIN
   ...
END;
```

9.3　变量

在 PL/SQL 程序中，所有变量和常量都必须在程序块的 DECLARE 部分声明。对于每一个变量，都必须指定其名称和数据类型，以便在可执行部分为其赋值。

本节简单了解变量的知识，包括变量的声明和赋值。在介绍变量之前，首先了解一下标识符。

9.3.1　标识符的定义规则

标识符就是一个 PL/SQL 对象的名称，变量、常量、异常、游标、程序的名称（如存储过程、函数、包、对象类型及触发器等）以及标签等都是标识符。PL/SQL 中的标识符需要遵循以下原则。

　　① 标识符的名称不能超过 30 个字符，最多只能为 30 个字符。

　　② 标识符的名称必须以字母开头。

　　③ 标识符可以由字母、数字、_、$ 和 # 等符号组成。

　　④ 标识符中不能包含减号（-）和空格。

　　⑤ 标识符的名称不能是 Oracle 中的关键字（保留字）。

☞ 提示

　　有开发经验的读者对 Oracle 关键字一定不会陌生，CREATE、LIKE、ALTER 和 WHERE 等都是关键字，它们无法作为标识符的名称使用。由于 Oracle 数据库中的关键字过多，因此这里不再一一列举。

🔊 9.3.2　声明变量

　　变量是存储值的命名内存区域，以使用程序存储和获取操作值。变量是程序的重要组成部分，所有的变量必须在它声明之后才可以使用。声明变量时，变量的名称规则需要遵循标识符的命名规则。另外，还需要注意以下两点。

　　① 不同块中的两个变量可以同名。

　　② 变量的名称不能与块中表的列同名。

　　在程序中定义变量、常量和参数时，必须为它们指定 PL/SQL 数据类型。在编写 PL/SQL 程序时，可以使用标量类型、复合类型、参数类型和 LOB 类型等 4 种类型。如果需要存储一个单独的值，则使用标量变量；如果需要存储多个值，则需要一个复合型的变量。

　　在 PL/SQL 中使用最多的就是标量变量，标量变量是包含一个单独的值的变量。标量变量所使用的一般数据类型包括字符、数字、日期和布尔型，每种类型又包含相应的子类，如 NUMBER 类型包含 INTEGER 和 POSITIVE 等子类型。变量声明的基本语法格式如下：

> 变量名称类型 [NOT NULL] [:=value];

　　其中 NOT NULL 表示变量不允许设置为 NULL；value 表示在声明变量时设置变量的初始值。需要注意的是，在 PL/SQL 中编写的变量是不区分大小写的，即 v_testname、v_TESTNAME 和 v_testName 都表示同一个变量。

【例 9-4】

　　在程序中分别声明 v_name 和 v_password 两个变量，其中 v_password 变量的默认值为 "123456"。其实现语句如下：

```
DECLARE
    v_username VARCHAR2(20);
    v_password VARCHAR2(20):='123456';
BEGIN
    NULL;
END;
```

☞ 提示

　　在声明变量时，变量可以随意进行命名，只要变量名符合命名规则即可，如 hello_world、msdn 及 x#$S 等都是合法的变量名。但是，为了方便读者阅读程序，在命名变量时可以为其添加 "v_" 前缀，如 "v_msdn" 和 "v_x#$" 等。

　　变量的作用域是能够引用变量名称这样的标识符的程序块。对一个单独的程序块，所定义变量的作用域就是其所在的程序块，而在嵌套程序中，父块中定义的变量的作用域就是父块本身，以及其中的嵌套子块。子块中定义的变量只有子块本身才属于它的作用域。

9.3.3　变量赋值

声明变量之后可以为其进行赋值。为变量赋值时最常用的方法是使用 PL/SQL 赋值操作符，即等号前加冒号（:=）。除了使用赋值操作符外，还可以在声明时使用 DEFAULT 关键字给变量赋初始值。

【例 9-5】

在 DECLARE 部分声明 v_outtext 和 v_outnum 两个变量，分别使用赋值操作符和 DEFAULT 对变量进行赋值，然后在执行部分重新指定 v_outtext 变量的值，最后输出两个变量的值。其实现代码如下：

```
DECLARE
    v_outtext VARCHAR2(50) := 'Unknown';
    v_outnum NUMBER DEFAULT 5;
BEGIN
    v_outtext := 'Lucy';
    DBMS_OUTPUT.put_line('v_outtext 变量的值：'||v_outtext);
    DBMS_OUTPUT.put_line('v_outnum 变量的值：'||v_outnum);
END;
```

执行上述代码，输出结果如下：

```
v_outtext 变量的值：Lucy
v_outnum 变量的值：5
```

除了赋值操作符和 DEFAULT 外，对变量赋值还可以使用 SELECT INTO 语句或 FETCH INTO 语句，它们从数据库中查询数据对变量进行赋值。以 SELECT INTO 语句为例，使用 SELECT INTO 赋值时，查询的结果只能是一行记录，不能是零行或者多行记录。

【例 9-6】

下面使用 SELECT INTO 语句从数据库中查询数据对变量进行赋值。其实现代码如下：

```
DECLARE
v_username VARCHAR2(20) DEFAULT 'jerry';
BEGIN
    SELECT username INTO v_username FROM SYS.all_users WHERE user_id=102;
    dbms_output.put_line(v_username);
END;
```

在上述代码中，为变量初始化时使用 DEFAULT 关键字，使用 SELECT INTO 语句对变量 v_username 赋值。

9.3.4　%TYPE 操作符

PL/SQL 变量可以用来存储在数据库表中的数据，在这种情况下，变量应该拥有与表列相同的类型。例如，student 表中的 name 列的类型为 VARCHAR2(20)，那么开发人员可以按照下述方式声明一个变量：

```
DECLARE
    v_name VARCHAR2(20);
```

但是如果 name 列的定义发生了改变，如将其类型变为 VARCHAR2(25)，将会导致所有这个列的 PL/SQL 代码都必须进行更改。如果 PL/SQL 代码过多，再使用上述方法进行处理非常消耗时间，而且容易出错。

如果希望某一个变量与指定数据表中某一列的类型一样，这时可以使用"%TYPE"操作符，这样指定的变量就具备了与指定的字段相同的类型。"%TYPE"的指定格式如下：

```
变量定义表名称.字段名称 %TYPE
```

【例 9-7】

通过使用"%TYPE"操作符，v_name 变量将同 student 表的 name 列的类型相同。代码如下：

```
DECLARE
    v_name student.name%TYPE;
```

使用"%TYPE"特性的优点在于以下几点。

① 开发人员不需要知道所引用的数据库列的数据类型。

② 所引用的数据库列的数据类型可以实时改变，容易保持一致，也不用修改 PL/SQL 程序。

【例 9-8】

在 DECLARE 声明部分用 %TYPE 类型定义与 SYS.all_users 表相匹配的字段，然后声明接收数据的变量。在 BEGIN END 部分查询结果并显示。其实现代码如下：

```
DECLARE
    -- 用 %TYPE 类型定义与表相配的字段
    TYPE T_Record IS RECORD(
        T_name SYS.all_users.username%TYPE,
        T_id SYS.all_users.user_id%TYPE,
        T_created SYS.all_users.created%TYPE );
 v_test T_Record;              -- 声明接收数据的变量
BEGIN
    SELECT username,user_id, created INTO v_test FROM SYS.all_users WHERE user_id=102;
    DBMS_OUTPUT.put_line(TO_CHAR(v_test.t_name)||''||v_test.t_id||'  ' || TO_CHAR(v_test.t_created));
END;
```

执行上述代码，输出结果如下：

```
C##SCOTT 102    05-8 月 -14
```

 ## 9.3.5 %ROWTYPE 操作符

除了可以使用"%TYPE"指定表中的列定义变量类型外，PL/SQL 还提供了一种"%ROWTYPE"操作符，返回一个记录类型，其数据类型和数据库表的数据结构相一致。

当用户使用 SELECT INTO 语句将表中的一行记录设置到了 ROWTYPE 类型的变量中时，

可以利用"%ROWTYPE"操作符获取表中每行的对应列的数据。使用语法格式如下：

```
%ROWTYPE 变量 . 表字段 ;
```

使用"%ROWTYPE"特性的优点在于以下几点。

① 开发人员不必知道所引用的数据库中列的个数和数据类型。

② 所引用的数据库中列的个数和数据类型可以实时改变，容易保持一致，也不用修改 PL/SQL 程序。

③ 在 SELECT 语句中使用"%ROWTYPE"可以有效地检索表中的行。

【例 9-9】

接收用户输入的用户 ID 编号，根据编号查询结果，并且将查询到的结果显示出来。在实现过程中使用"%ROWTYPE"操作符。其实现代码如下：

```
DECLARE
    v_userid SYS.all_users.user_id%TYPE :=&id;
    res SYS.all_users%ROWTYPE;
BEGIN
    SELECT * INTO res FROM SYS.all_users WHERE user_id=v_userid;
    DBMS_OUTPUT.put_line(' 用户名：'||res.username);
    DBMS_OUTPUT.put_line('ID：'||res.user_id);
    DBMS_OUTPUT.put_line(' 创建日期：'||res.created);
END;
```

 ## 9.4　常量

常量与变量相似，但是常量的值在程序内部不能改变。常量的值在定义时赋予，并且在运行时不允许重新赋值。声明方式与变量相似，但是必须包括 CONSTANT 关键字。常量和变量都可以被定义为 SQL 和用户定义的数据类型。

【例 9-10】

将圆周率的值定义为常量，然后分别定义表示圆的半径和面积的变量，在执行部分计算圆的面积，并将计算结果输出。其实现代码如下：

```
DECLARE
    c_pi CONSTANT NUMBER :=3.14;     -- 圆周率值
    v_radiu NUMBER DEFAULT 5;         -- 圆的半径默认值 5
    v_area NUMBER;     -- 面积
  BEGIN
    v_area:=c_pi*v_radiu*v_radiu;      -- 计算面积
    DBMS_OUTPUT.put_line(v_area);     -- 输出圆的面积
END;
```

提示

无论是变量还是常量，为它们进行赋值时变量可以在程序块的 DECLARE 部分和 BEGINEND 部分赋值，而常量只能在声明部分 DECLARE 处为其赋值。声明变量时可以为变量名添加前缀，一般以"c_"作为前缀，如 c_rate 等。

9.5 字符集

字符集实质是按照一定的字符编码方案，对一组特定的符号分别赋予不同数值编码的集合。Oracle 数据库最早支持的编码方案是 US7ASCII。

9.5.1 字符集的概念

Oracle 字符集是一个字节数据解释的符号集合，有大小之分，有相互的包容关系。Oracle 支持国家语言的体系结构，允许开发者使用本地化语言来存储、处理和检索数据。大体来分，可以将字符集的字符编码方案分为单字节编码、多字节编码和 Unicode 编码。

1. 单字节编码

单字节编码包括单字节 7 位字符集和单字节 8 位字符集。单字节 7 位字符集可以定义 128 个字符，最常用的字符集为 US7ASCII。单字节 8 位字符集可以定义 256 个字符，适合于欧洲大部分国家。

一段 PL/SQL 程序由一系列语句组成，而每条语句又是由一行或者多行文本组成。开发人员可以明确使用的字符取决于所使用的数据库字符集，表 9-2 所列为 US7ASCII 字符集中的可用字符。

表 9-2　US7ASCII 字符集中的可用字符

类　型	字　符
字母	A~Z、a~z
数字	0~9
符号	~、！、@、#、$、%、*、()、_、-、+、=、|、:、;、"、，、'、<>、,、.、?、/、^
空格	Tab、空格、换行、回车

2. 多字节编码

多字节编码包括变长多字节编码和定长多字节编码。某些字符用一个字节表示，其他字符用两个或多个字符表示，变长多字节编码常用于对亚洲语言的支持，如日语、汉语、印第安语等。目前 Oracle 唯一支持的定长多字节编码是 AF16UTF16，也是仅用于国家字符集。

3. Unicode 编码

Unicode 是一个涵盖了目前全世界使用的所有已知字符的单一编码方案，也就是说，Unicode 为每一个字符提供唯一的编码。UTF-16 是 Unicode 的 16 位编码方式，是一种定长多字节编码，用两个字节表示一个 Unicode 字符，AF16UTF16 是 UTF-16 编码字符集。UTF-8 是 Unicode 的 8 位编码方式，是一种变长多字节编码，这种编码可以用 1、2、3 个字节表示一个 Unicode 字符，AL32UTF8、UTF8、UTFE 是 UTF-8 编码字符集。

9.5.2　查看字符集

Oracle 数据库的字符集命名遵循以下命名规则：

<Language><bit size><encoding>

其中 Language 表示语言；bit size 表示比特位数；encoding 表示编码，如 ZHS16GBK 表示采用 GBK 编码格式、16 位（两个字节）简体中文字符集。

影响 Oracle 数据库字符集最重要的参数是 NLS_LANG 参数。该参数的格式如下：

NLS_LANG = language_territory.charset；

从上述语法可以看出，NLS_LANG 由 language、territory 和 charset 等 3 个部分组成，每部分都控制了 NLS 子集的特性。

- language（语言）：指定服务器消息的语言，影响提示信息是中文还是英文。
- territory（地域）：指定服务器的日期和数字格式。
- charset（字符集）：指定字符集。

👉 提示 —————————————————

实际上真正影响数据库字符集的就是 charset 部分。因此，两个数据库之间的字符集只要 charset 部分一样就可以相互导入导出数据，前面影响的只是提示信息是中文还是英文。

1.　查看数据库当前字符集参数设置

Oracle 数据库中通常使用以下 3 条语句查看数据库当前字符集参数设置：

SELECT * FROM v$nls_parameters;

或者：

SELECT * FROM nls_database_parameters;

或者：

SELECTUSERENV('language') FROM dual;

【例 9-11】

执行上述语句中的最后一条语句，输出结果如下：

USERENV ('language')
SIMPLIFIED CHINESE_C1HINA.ZHS16GBK

2.　查看数据库可用字符集参数设置

执行下面的 SELECT 语句可以查看数据库可用字符集参数列表：

SELECT * FROM v$nls_valid_values;

3.　客户端设置 NLS_LANG

在 Windows 操作系统下，可以设置 NLS_LANG 参数的值。设置常用的中文字符集时使用以下代码：

SET NLS_LANG=SIMPLIFIED CHINESE_CHINA.ZHS16GBK

设置常用的 Unicode 字符集时使用以下代码：

SET NLS_LANG=american_america.AL32UTF8

【例 9-12】

除了使用语句外，也可以通过修改注册表键值修改 NLS_LANG 参数的值。以 Windows 系统为例，在【开始】|【运行】输入框中输入 regedit 命令后按 Enter 键，打开【注册表编辑器】窗口，在窗口中选择 HKEY_LOCAL_MACHINE|SOFTWARE|ORACLE 选项，如图 9-1 所示。双击图中的 NLS_LANG 选项打开【编辑字符串】对话框，更改设置后单击【确定】按钮。

Oracle 12c 数据库

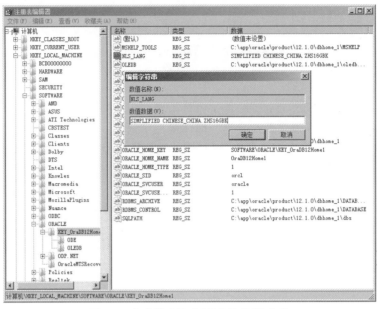

图 9-1 在注册表修改 NLS_LANG 参数

9.6 运算符

运算符也是程序的重要组成部分，在 PL/SQL 程序中可以将运算符分为多类，如赋值运算符、比较运算符和逻辑运算符等。赋值运算符的功能是将一个数值赋予指定数据类型的变量，在之前声明变量时已经使用过赋值运算符，因此本节不再进行介绍。

9.6.1 连接运算符

连接运算符用于将两个或多个字符串合并在一起，从而形成一个完整的结果。连接运算符的符号为"||"，细心的读者一定不会陌生，在之前的例子中已经使用过该符号。

【例 9-13】

在 DECLARE 部分声明 v_companyname 和 v_url 两个变量，并为这两个变量赋予初始值，在执行部分输出两个变量的值，并使用"||"将它们合并起来。其实现代码如下：

```
DECLARE
    v_companyname VARCHAR2(50) := ' 北京爱耳网络 ';
    v_url VARCHAR2(50) := 'http://www.bj-eary.com';
BEGIN
    DBMS_OUTPUT.put_line(' 公司名称：'||v_companyname||', 网址：'||v_url);
END;
```

执行上述代码，输出结果如下：

公司名称：北京爱耳网络，网址：http://www.bj-eary.com

9.6.2　算术运算符

算术运算符用于基本运算，在 PL/SQL 程序中只能使用加（+）、减（-）、乘（*）、除（/）4 个运算符，其中除号（/）的结果是浮点数。求余运算只能借助 MOD() 函数。

【例 9-14】

接收用户输入的两个数值，分别使用"+""-""*""/"进行运算，并输出结果。其实现代码如下：

```
DECLARE
    v_num1 NUMBER := &no1;
    v_num2 NUMBER := &no2;
BEGIN
    DBMS_OUTPUT.put_line(' 相加运算结果：'||(v_num1+v_num2));
    DBMS_OUTPUT.put_line(' 相减运算结果：'||(v_num1-v_num2));
    DBMS_OUTPUT.put_line(' 相乘运算结果：'||(v_num1*v_num2));
    DBMS_OUTPUT.put_line(' 相除运算结果：'||(v_num1/v_num2));
END;
```

9.6.3　比较运算符

比较运算符也称为关系运算符，用于将一个表达式与另一个表达式进行比较。在 Oracle 中可以使用简单的比较运算符（如大于或小于），也可以使用比较复杂的比较运算符，如表9-3所示。

表 9-3　比较运算符

运 算 符	符 号	说 明
基本关系运算	>、<、=、>=、<=、^=、!=、<>	进行大小或相等的比较。其中 != 和 <> 都表示不等于
判断 NULL	IS NULL 和 IS NOT ULL	判断某一列的内容是否为空
介于列表之中	IN 和 NOT IN	通过 IN 指定查询的范围。NOT IN 表示不在指定范围之内
指定范围	BETWEEN AND 和 NOT BETWEEN AND	BETWEEN AND 在指定的范围内进行查找。NOT BETWEEN AND 与 BETWEEN AND 相反
模糊匹配	LIKE 和 NOT LIKE	LIKE 对指定的字段进行模糊查询。NOT LIKE 与其相反

【例 9-15】

声明 v_num1 和 v_num2 变量，接收用户输入的两个数字作为变量的值。在执行部分使用 ">=" 运算符判断变量的关系，如果 v_num1 变量的值大于等于 v_num2 变量的值，则输出一行提示。其实现代码如下：

```
DECLARE
    v_num1 NUMBER := &no1;
    v_num2 NUMBER := &no2;
BEGIN
    IF v_num1>=v_num2 THEN
        DBMS_OUTPUT.put_line('v_num1 变量的值大于等于 v_num2 变量的值 ');
    END IF;
END;
```

Oracle 12c 数据库 入门与应用

【例 9-16】

使用 LIKE 匹配指定的内容，其实现代码如下：

```
DECLARE
    v_str VARCHAR(100) := ' 恭喜发财 万事如意 大吉大利 ';
BEGIN
    IF v_str LIKE '% 财 %' THEN
        DBMS_OUTPUT.put_line(' 在 v_str 变量中找到结果 ');
    END IF;
END;
```

【例 9-17】

可以在 SELECT 语句中使用关系运算符。例如，查询 SYS.all_users 表中 user_id 列的值在 20 ～ 35 之间的全部记录。代码如下：

```
SELECT * FROM SYS.all_users WHERE user_id BETWEEN 20 AND 35;
```

9.6.4 逻辑运算符

使用逻辑运算符可以连接多个表达式的结果，在 PL/SQL 中的逻辑运算符包括 AND、OR 和 NOT。

① AND 运算符连接多个条件，多个条件同时满足时才会返回 TRUE，如果有一个条件不满足，则结果返回 FALSE。

② OR 运算符连接多个条件，多个条件中只要有一个满足条件，则结果返回 TRUE；如果多个条件都返回 FALSE，则结果返回 FALSE。

③ NOT 运算符求反操作，可以将 TRUE 变为 FALSE，FALSE 变为 TRUE。

【例 9-18】

在 DECLARE 部分声明 v_num1、v_num2 和 v_num3 变量，并分别为这些变量赋值。在执行部分分别使用 AND、OR 和 NOT 运算符进行比较，如果满足条件则输出比较结果。其实现代码如下：

```
DECLARE
    v_num1 NUMBER := 100;
    v_num2 NUMBER := 50;
    v_num3 NUMBER := 50;
BEGIN
    IF (v_num1>v_num2 AND v_num2>v_num3) THEN
        DBMS_OUTPUT.put_line('v_num1 变量的值大于 v_num2 变量的值，且 v_num2 变量的值大于
v_num3 变量的值 ');
    END IF;
    IF (v_num1>v_num2 OR v_num2>v_num3) THEN
        DBMS_OUTPUT.put_line('v_num1 变量的值大于 v_num2 变量的值，或 v_num2 变量的值大于
v_num3 变量的值 ');
```

Oracle 12c 数据库

```
        END IF;
        IF (NOT v_num2>v_num3) THEN
            DBMS_OUTPUT.put_line('v_num2 变量的值小于等于 v_num3 变量的值 ');
        END IF;
    END;
```

执行上述代码，输出结果如下：

```
v_num1 变量的值大于 v_num2 变量的值，或 v_num2 变量的值大于 v_num3 变量的值
v_num2 变量的值小于等于 v_num3 变量的值
```

在上述执行部分的代码中，由于 v_num1 变量的值大于 v_num2 变量的值，而 v_num2 和 v_num3 变量的值相等，因此 (v_num1>v_num2 AND v_num2>v_num3) 判断的结果为 FALSE。将 AND 用 OR 替换时，只需要满足一个条件即可，因此判断结果为 TRUE。V_num2>v_num3 的结果为 FALSE，但是使用 NOT 之后将结果变为 TRUE。

在 3 种逻辑运算符中，NOT 运算符的优先级别最高，然后依次是 AND 和 OR。表 9-4 所列为逻辑运算符形成的真假值表。

表 9-4　逻辑运算符

条件 1	条件 2	条件 1 AND 条件 2	条件 1 OR 条件 2	NOT 条件 1
TRUE	TRUE	TRUE	TRUE	FALSE
TRUE	FALSE	FALSE	TRUE	FALSE
TRUE	NULL	NULL	TRUE	FALSE
NULL	TRUE	NULL	TRUE	NULL
NULL	NULL	NULL	NULL	NULL
NULL	FALSE	FALSE	NULL	NULL
FALSE	TRUE	FALSE	TRUE	TRUE
FALSE	FALSE	FALSE	FALSE	TRUE
FALSE	NULL	FALSE	NULL	TRUE

 # 9.7　流程控制语句

与其他编程语言一样，PL/SQL 程序也有流程控制语句（即程序结构）。最常见的语句是顺序结构，它是指自上而下执行代码。除了顺序结构外，还会用到分支语句和循环语句等，下面简单进行介绍。

9.7.1 分支语句

在 PL/SQL 中的分支语句有两种:一种是 IF 语句;另一种是 CASE 语句。这两种语句都需要进行条件的判断。

1. IF 语句

IF 条件判断逻辑结构有 3 种形式,分别是基本的 IF 语句、IF-ELSE 语句和 IF-ELSIF-ELSE 语句。

(1)基本的 IF 语句。

IF-THEN-END IF 是最基本的 IF 语句,语法格式如下:

```
IF condition THEN statement END IF;
```

如果 condition 条件表达式的值为真,执行 THEN 之后的 statement 语句块;否则直接跳出条件,执行 END IF 后的语句。

(2)IF-ELSE 语句。

IF-ELSE 语句是在基本的 IF 语句基础上进行更改。语法格式如下:

```
IF condition THEN statement1 ELSE statement2 END IF;
```

如果 condition 条件表达式的值为真,执行 THEN 之后的 statement1 语句块;否则执行 statement2 语句块。执行完成后,再执行 END IF 后的其他语句。

【例 9-19】

查询 SYS.all_users 表中的全部记录,使用 IF-ELSE 语句判断记录数是否大于 10 条。其实现代码如下:

```
DECLARE
    v_totalcount NUMBER;
BEGIN
    SELECT COUNT(*) INTO v_totalcount FROM SYS.all_users;
    IF v_totalcount>10 THEN
        DBMS_OUTPUT.put_line(' 查询结果大于 10 条记录 ');
    ELSE
        DBMS_OUTPUT.put_line(' 查询结果小于等于 10 条记录 ');
    END IF;
END;
```

(3)IF-ELSIF-ELSE 语句。

IF-ELSIF-ELSE 是在 IF-ELSE 语句的基础上进行更改。语法格式如下:

```
IF condition1 THEN statements1
ELSIF condition2 THEN statements2
ELSEIF condition3 THEN statements3
...
ELSEIF conditionn THEN statementsn
ELSE statementsn+1 END IF;
```

如果 IF 语句 condition1 条件表达式的值成立，执行 statements1 语句块；否则判断 ELSIF 后面的 condition2 条件表达式，如果条件成立则执行 statements2 语句块。如果前面的多个条件都不成立，则执行 statementsn+1 语句块。

【例 9-20】

在例 9-19 的基础上添加新的代码，使用 IF-ELSIF-ELSE 语句进行判断。其实现代码如下：

```
DECLARE
    v_totalcount NUMBER;
BEGIN
    SELECT COUNT(*) INTO v_totalcount FROM SYS.all_users;
    IF v_totalcount>10 THEN
        DBMS_OUTPUT.put_line(' 查询结果大于 10 条记录 ');
    ELSIF v_totalcount<10 THEN
        DBMS_OUTPUT.put_line(' 查询结果小于 10 条记录 ');
    ELSE
        DBMS_OUTPUT.put_line(' 查询结果等于 10 条记录 ');
    END IF;
END;
```

2. CASE 语句

CASE 语句是一种多条件的判断语句，其功能与 IF-ELSIF-ELSE 语句类似。语法格式如下：

```
CASE [ 变量 ]
WHEN [ 值 1 | 表达式 1] THEN statements1;
WHEN [ 值 2 | 表达式 2] THEN statements2;
WHEN [ 值 3 | 表达式 3] THEN statements3;
...
WHEN [ 值 n | 表达式 n] THEN statementsn;
ELSE
    statementsn+1;
END CASE;
```

从上述语法中可以看出，CASE 语句可以对数值或者表达式进行判断。每一个 CASE 语句都存在着多个 WHEN 语句，每一个 WHEN 语句用来判断数值或者条件，如果满足条件将执行指定 WHEN 语句中的语句块，当所有的 WHEN 语句都没有满足时，将执行 ELSE 语句块中的代码。

【例 9-21】

接收用户输入的数值，并保存到 v_num 变量中，在 CASE 语句中判断 v_num 变量的取值范围，并输出结果。其实现代码如下：

Oracle 12c 数据库

```
DECLARE
    v_num NUMBER := &number;
BEGIN
    CASE
        WHEN v_num<=10 THEN
            DBMS_OUTPUT.put_line(' 输入的数值小于等于 10');
        WHEN v_num>10 AND v_num<=20 THEN
            DBMS_OUTPUT.put_line(' 输入的数值在 11 和 20 中间 ');
        WHEN v_num>20 AND v_num<=50 THEN
            DBMS_OUTPUT.put_line(' 输入的数值在 21 和 50 中间 ');
        WHEN v_num>50 AND v_num<=100 THEN
            DBMS_OUTPUT.put_line(' 输入的数值在 51 和 100 中间 ');
        ELSE
            DBMS_OUTPUT.put_line(' 输入的数值大于 100');
    END CASE;
END;
```

9.7.2 循环语句

循环语句是将一段代码执行多次。循环语句主要由 3 部分组成，即循环的初始条件、每次循环的判断条件和循环条件的修改。

在 PL/SQL 程序中可以使用 3 种循环语句，即基本的 LOOP 循环、WHILE-LOOP 循环和 FOR-LOOP 循环。

1. 基本的 LOOP 循环

LOOP 循环语句是最基本的一种循环。使用 LOOP 循环是为了保证循环能在某种条件下退出，因此在循环体中加上 EXIT。EXIT 语句的功能是退出包含它的最内层循环体，因此 LOOP 语句通常与 EXIT 语句联合使用。语法格式如下：

```
LOOP
statements;
...
    EXIT [WHEN condition];
END LOOP;
```

其中 condition 是一个布尔值变量或者是一个表达式。

【例 9-22】

使用基本的 LOOP 循环语句计算 10 以内的所有正整数的和。在 DECLARE 部分声明两个变量，v_count 变量用于循环，v_sum 变量保存变量相加的总和。在执行部分添加 LOOP 循环语句，如果 v_count 变量的值大于 10，则退出循环。其实现代码如下：

```
DECLARE
    v_count NUMBER := 1;                          -- 定义一个变量，用于循环
    v_sum NUMBER DEFAULT 0;                       -- 保存变量相加的总和
BEGIN
    LOOP
```

```
            v_sum := v_sum + v_count;                              -- 计算相加
            v_count := v_count + 1;                                -- 变量值加 1
            EXIT WHEN v_count>10;
        END LOOP;
        DBMS_OUTPUT.put_line('10 以内的正整数相加的结果是：'||v_sum);
END;
```

执行上述代码，输出结果如下：

10 以内的正整数相加的结果是：55

2. WHILE-LOOP 循环

基本的 LOOP 循环是先执行后判断，即不管条件是否满足，都至少执行一次。而 WHILE-LOOP 循环与它不同，该语句在循环之前先进行判断，满足条件之后再进行循环。

在 WHILE-LOOP 循环中，有一个条件与循环相联系，如果条件为 TRUE，则执行循环体内的语句，如果结果为 FALSE，则结束循环。语法格式如下：

```
WHILE condition LOOP
        statements1;
        statements2;
...
END LOOP;
```

【例 9-23】

使用 WHILE-LOOP 循环计算 10 以内的所有正整数的和。其实现代码如下：

```
DECLARE
        v_count NUMBER := 1;
        v_sum NUMBER DEFAULT 0;
BEGIN
        WHILE(v_count<=10) LOOP
            v_sum := v_sum + v_count;
            v_count := v_count + 1;
        END LOOP;
        DBMS_OUTPUT.put_line('10 以内的正整数相加的结果是：'||v_sum);
END;
```

3. FOR-LOOP 循环

FOR-LOOP 循环最大的操作特点是可以输出指定范围的数据，所以在使用 FOR-LOOP 循环的过程中需要给出循环区域的上限（upper_bound）和下限（lower_bound），而循环的索引数值（counter）要满足指定范围才可以执行循环体的程序块。语法格式如下：

Oracle 12c 数据库

```
FOR counter    IN [REVERSE]
lower_bound..upper_bound LOOP
statements1;
    statements2;
...
END LOOP;
```

【例 9-24】

首先声明 v_num 变量，并且将其赋初始值 1，然后采用 FOR-LOOP 语句循环输出 v_num 变量的值，指定最大值为 5。代码如下：

```
DECLARE
    v_num NUMBER :=1;
BEGIN
    FOR v_num IN 1..5 LOOP
        DBMS_OUTPUT.put_line('v_num='||v_
num);
    END LOOP;
END;
```

执行上述代码，输出结果如下：

```
v_num=1
v_num=2
v_num=3
v_num=4
v_num=5
```

默认情况下，FOR-LOOP 循环是按照升序的方式进行增长的，如果用户有需要也可以利用 REVERSE 进行降序循环。降序排列很简单，在 IN 之后添加 REVERSE 关键字即可。重新更改例 9-24 的代码如下：

```
DECLARE
    v_num NUMBER :=1;
BEGIN
    FOR v_num IN REVERSE 1..5 LOOP
        DBMS_OUTPUT.put_line('v_num='||v_
num);
    END LOOP;
END;
```

9.7.3 跳转语句

在正常的循环操作中，如果需要结束循环或者退出当前循环，可以使用 EXIT 与 CONTINUE 语句来完成。在分支条件判断时，也可以使用 GOTO 语句完成跳转操作。

1. EXIT 语句

使用 EXIT 会强制性地结束循环操作，继续执行循环语句之后的操作。除了可以在基本的 LOOP 循环中使用 EXIT 外，在其他循环语句中也可以使用。

【例 9-25】

计算 10 以内的所有正整数的和，但是当正整数为 5 时结束循环。其实现代码如下：

```
DECLARE
    v_num NUMBER :=1;
    v_sum NUMBER DEFAULT 0;
BEGIN
    FOR v_num IN 1..10 LOOP
        IF v_num=5 THEN
            EXIT;
        END IF;
        v_sum := v_sum + v_num;
        DBMS_OUTPUT.put_line('10 以内的所有正整数是：'||v_num);
```

```
        END LOOP;
        DBMS_OUTPUT.put_line('==================================');
        DBMS_OUTPUT.put_line('10 以内的所有正整数的和（除 5 以外）：'||v_sum);
END;
```

执行上述代码，输出结果如下：

```
10 以内的所有正整数是：1
10 以内的所有正整数是：2
10 以内的所有正整数是：3
10 以内的所有正整数是：4
==================================
10 以内的所有正整数的和（除 5 以外）：10
```

在例 9-25 中的执行部分判断 v_num 变量的值，当该变量的值等于 5 时，使用 EXIT 语句，因此不再执行 IF 之后的其他语句，而是结束循环去执行循环后的语句。最终输出的结果为 10，实际上是 1+2+3+4 的结果。

2. CONTINUE 语句

CONTINUE 语句与 EXIT 语句不同，EXIT 直接结束循环，而 CONTINUE 不会退出整个循环，只是跳出当前循环，即结束循环体代码的一次执行。

【例 9-26】

计算 10 以内的所有正整数的和，但是当正整数为 5 时跳出当前循环。更改例 9-25 中的代码，使用 CONTINUE 来代替 EXIT。其实现代码如下：

```
DECLARE
        v_num NUMBER :=1;
        v_sum NUMBER DEFAULT 0;
BEGIN
        FOR v_num IN 1..10 LOOP
            IF v_num=5 THEN
                CONTINUE;
            END IF;
            v_sum := v_sum + v_num;
            DBMS_OUTPUT.put_line('10 以内的所有正整数是：'||v_num);
        END LOOP;
        DBMS_OUTPUT.put_line('==================================');
        DBMS_OUTPUT.put_line('10 以内的所有正整数的和（除 5 以外）：'||v_sum);
END;
```

执行上述代码，输出结果如下：

```
10 以内的所有正整数是：1
10 以内的所有正整数是：2
```

Oracle 12c 数据库

```
10 以内的所有正整数是：3
10 以内的所有正整数是：4
10 以内的所有正整数是：6
10 以内的所有正整数是：7
10 以内的所有正整数是：8
10 以内的所有正整数是：9
10 以内的所有正整数是：10
===================================
10 以内的所有正整数的和（除 5 以外）：50
```

3. GOTO 语句

GOTO 语句是无条件转移语句，直接转移到指定标号处。和一般的高级语言一样，GOTO 语句不能转入 IF 语句、循环体和子块，但是可以从 IF 语句、循环体和子块中转出。使用 GOTO 语句可以控制执行顺序，语法格式如下：

```
GOTO label;
```

其中 label 是指向语句标记，标记必须符合标识符的规则。标记的定义形式如下：

```
<<label>>
语句块；
```

【例 9-27】

更改例 9-26 中的代码，将 CONTINUE 使用 GOTO 语句来代替，当满足 v_num 变量的值为 5 时直接跳转到 endTest 指定的标记处，同时结束循环。其实现代码如下：

```
DECLARE
    v_num NUMBER :=1;
    v_sum NUMBER DEFAULT 0;
BEGIN
    FOR v_num IN 1..10 LOOP
        IF v_num=5 THEN
            GOTO endTest;
        END IF;
        v_sum := v_sum + v_num;
        DBMS_OUTPUT.put_line('10 以内的所有正整数是：'||v_num);
    END LOOP;
    DBMS_OUTPUT.put_line('===================================');
    DBMS_OUTPUT.put_line('10 以内的所有正整数的和（除 5 以外）：'||v_sum);

    <<endTest>>
    DBMS_OUTPUT.put_line(' 使用 GOTO 语句进行跳转 ');
END;
```

执行上述代码，输出结果如下：

10 以内的所有正整数是：1

10 以内的所有正整数是：2

10 以内的所有正整数是：3

10 以内的所有正整数是：4

使用 GOTO 语句进行跳转

提示

使用 GOTO 语句虽然可以实现程序的执行操作跳转，但是这种方式编写的程序可读性较差，所以在开发中不建议读者使用 GOTO 语句。

9.7.4 语句嵌套

程序块的内部可以有另一个程序块，这种情况称为嵌套。嵌套要注意的是变量，定义在最外部程序块中的变量可以在所有子块中使用，如果在子块中定义了与外部程序块变量相同的变量名，在执行子块时将使用子块中定义的变量。子块中定义的变量不能被父块引用。同样，GOTO 语句不能由父块跳转到子块中；反之则是合法的。

IF 可以嵌套，可以在基本的 IF 语句或 IF-ELSE 等语句中使用 IF 或 IF-ELSE 语句，例 9-28 演示了如何嵌套条件语句。

【例 9-28】

从 SYS.all_users 表中查询出 username 列的值为 SYSTEM 时 user_id 列的值，并将该值赋予 v_id 变量。在执行部分判断 v_id 变量的值，在 IF 语句中嵌套 IF-ELSE 语句。其实现代码如下：

```
DECLARE
    v_id NUMBER DEFAULT 0;
BEGIN
    SELECT user_id INTO v_id FROM SYS.all_users WHERE username='SYSTEM';
    IF v_id!=0 THEN
        IF v_id BETWEEN 1 AND 50 THEN
            DBMS_OUTPUT.put_line('SYSTEM 用户的 ID 值是：'||v_id);
        ELSE
            DBMS_OUTPUT.put_line(' 查询到的 ID 值大于 50，具体值为：'||v_id);
        END IF;
    ELSE
        DBMS_OUTPUT.put_line(' 很抱歉，v_id 变量的值为 0');
    END IF;
END;
```

9.8 实践案例：输出九九乘法表

在 PL/SQL 中不仅分支语句可以嵌套，循环语句也可以嵌套，而且分支语句中可以嵌套循环语句，循环语句中也可以使用条件语句。本次实践案例将通过两个 FOR 循环输出九九乘法表，外层 FOR 循环控制行数，内层 FOR 循环输出内容。其实现代码如下：

```
DECLARE
BEGIN
DBMS_OUTPUT.put_line(' 打印九九乘法表：');
FOR i IN 1..9 LOOP
    FOR j in 1..i LOOP
        DBMS_OUTPUT.put(i||'*'||j||'='||i*j);
        DBMS_OUTPUT.put(' ');
    END LOOP;
    DBMS_OUTPUT.new_line;    -- 开始新的一行，即换行
END LOOP;
END;
```

执行上述代码，输出结果如下：

```
打印九九乘法表：
1*1=1
2*1=2 2*2=4
3*1=3 3*2=6 3*3=9
4*1=4 4*2=8 4*3=12 4*4=16
5*1=5 5*2=10 5*3=15 5*4=20 5*5=25
6*1=6 6*2=12 6*3=18 6*4=24 6*5=30 6*6=36
7*1=7 7*2=14 7*3=21 7*4=28 7*5=35 7*6=42 7*7=49
8*1=8 8*2=16 8*3=24 8*4=32 8*5=40 8*6=48 8*7=56 8*8=64
9*1=9 9*2=18 9*3=27 9*4=36 9*5=45 9*6=54 9*7=63 9*8=72 9*9=81
```

 9.9 异常处理

PL/SQL 程序代码写得再好，也会遇到错误或未预料到的事件。一个优秀的开发人员应该能够正确地处理各种出错情况，并尽可能从错误中恢复。任何 Oracle 错误（报告为 ORA-xxxxx 形式的 Oracle 错误号）、PL/SQL 运行错误或用户定义条件都可以进行处理。由于编译错误发生在 PL/SQL 程序执行之前，因此它不能通过 PL/SQL 异常处理程序进行处理。

Oracle 提供异常情况（EXCEPTION）和异常处理（EXCEPTION HANDLER）来实现错误处理，当然，开发人员也可以自定义异常。

9.9.1 异常的语法结构

异常情况处理是用来处理正常执行过程中未预料到的事件，程序块的异常处理预定义错

误和自定义错误，当 PL/SQL 程序块一旦产生异常而没有指出如何处理时，程序就会自动终止整个程序运行。Oracle 中有 3 种类型的异常错误：预定义异常、非预定义异常和用户自定义异常。

① 预定义异常。Oracle 预定义的异常情况大约有 24 个。对这种异常情况的处理，无须在程序中定义，由 Oracle 自动将其引发即可。

② 非预定义异常。即其他标准的 Oracle 错误。对这种异常情况的处理，需要用户在程序中定义，然后由 Oracle 自动将其引发。

③ 用户自定义异常。程序执行过程中，出现编程人员认为的非正常情况。对这种异常情况的处理，需要用户在程序中定义，然后显式地在程序中将其引发。

异常处理部分一般放在 PL/SQL 程序体的后半部分。基本语法格式如下：

```
BEGIN
EXCEPTION
    WHEN first_exception THEN    <code to handle first exception >
    WHEN second_exception THEN    <code to handle second exception >
    WHEN OTHERS THEN    <code to handle others exception >
END;
```

异常处理部分从 EXCEPTION 关键字开始，异常语句块中可以编写多个 WHEN，可以按任意次序排列，但是 WHENOTHERS 必须放在最后。其中，first_exception 和 second_exception 既可以是预定义异常，也可以是用户自定义异常或异常代码。

9.9.2 预定义异常

当开发人员不知道要处理的异常是何种类型时，可以直接使用 OTHERS 来捕获任意异常。如果知道处理的异常类型，那么直接引用相应的异常类型名称，并对其完成相应的异常错误处理即可。表 9-5 中列出了常用的预定义异常。

表 9-5 常用的预定义异常

异常代码	异常名称	说　明
ORA-00001	DUP_VAL_ON_INDEX	在数据库中增加重复数据（主键重复）时触发
ORA-00051	TIMEOUT_ON_RESOURCE	当访问锁定资源时间过长时触发
ORA-01001	INVALID_CURSOR	在游标操作中指针出现异常（未打开或关闭）时触发
ORA-01722	INVALID-NUMBER	试图将非数字赋值给数字变量时触发
ORA-01017	LOGIN_DENIED	输入了错误的用户名或密码时触发
ORA-01403	NO_DATA_FOUNT	当在 SELECT 子句中使用 INTO 命令中返回结果为 null 时触发
ORA-01012	NOT_LOGGED_ON	程序发送数据库命令，但未与 Oracle 连接时触发
ORA-01410	SYS_INVALID_ROWID	当字符串转换为无效的 ROWID 时触发
ORA-01422	TOO_MANY_ROWS	当在 SELECT 子句使用 INTO 命令中返回结果为多行数据时触发
ORA-01476	ZERO_DIVIDE	当使用除法计算被除数为 0 时触发
ORA-06500	STORAGE_ERROR	当 SGA 消耗完内存或被破坏时触发
ORA-06501	PROGRAM_ERROR	当 Oracle 未正常捕获异常时由数据库触发

Oracle 12c 数据库

续表

异常代码	异常名称	说　明
ORA-06502	VALUE_ERROR	试图将一个变量的内容赋值给另一种不能容纳该变量内容时触发
ORA-06504	ROWTYPE_MISMATCH	当游标结构不适合于 PL/SQL 游标变量时触发
ORA-06511	CURSOR-ALREADY-OPEN	试图打开一个已处于打开状态的游标时触发
ORA-06530	ACCESS_INTO_NULL	试图访问为初始化的对象属性时触发
ORA-06531	COLLECTION_IS_NULL	试图操作未初始化的嵌套表或可变数据时触发
ORA-06532	SUBSCRIPT_OUTSIDE_LIMIT	当访问嵌套表或可变数组时使用非法索引值时触发
ORA-06533	SUBSCRIPT_BEYOND_COUNT	当程序引用一个嵌套表或可变数组元素，但使用的下标索引超过嵌套表或变长数组元素总个数时触发
ORA-06592	CASE_NOT_FOUND	case 语句格式有误，没有分支语句时触发
ORA-30625	SELF_IS_NULL	当程序调用一个未实例化对象方法时触发

【例 9-29】

编写代码计算 10/0 的结果，当出现异常时进行处理，并输出错误代码和消息提示。其实现代码如下：

```
DECLARE
    v_result NUMBER;
BEGIN
    v_result := 10/0;
    DBMS_OUTPUT.put_line(' 结果是：'+v_result);
EXCEPTION
    WHEN ZERO_DIVIDE THEN
        DBMS_OUTPUT.put_line(' 错误代码：'||SQLCODE||'。错误提示：被除数不能为 0');
END;
```

执行上述代码，输出结果如下：

```
错误代码：-1476。错误提示：被除数不能为 0
```

如果某一行代码出现异常，那么异常之后的代码将不再执行。因此，在上述结果中看不到计算结果，只有代码正确时才会输出结果。

【例 9-30】

用户在 SYS.all_users 表中查询 username 列的值为 SYSTEM 的数据时，不小心将 SYSTEM 写成了 SYSTEMS，因此查询时会出现 NO_DATA_FOUND 异常。直接进行异常处理，输出异常错误消息。其实现代码如下：

```
DECLARE
    v_id NUMBER DEFAULT 0;
BEGIN
    SELECT user_id INTO v_id FROM SYS.all_users WHERE username='SYSTEMS';
EXCEPTION
    WHEN NO_DATA_FOUND THEN
        DBMS_OUTPUT.put_line(' 没有查询到数据 ');
END;
```

Oracle 12c 数据库

9.9.3　非预定义异常

对于这类异常情况的处理，首先必须对非定义的 Oracle 异常进行处理。具体步骤如下。

01 在 PL/SQL 程序块的声明部分定义异常情况。代码如下：

```
< 异常情况 > EXCEPTION;
```

02 使用 EXCEPTION_INIT 语句将已经定义好的异常情况与标准的 Oracle 异常联系起来。代码如下：

```
PRAGMA EXCEPTION_INIT(< 异常情况 >,< 错误代码 >);
```

03 在 PL/SQL 块的异常情况处理部分对异常情况做出处理。

【例 9-31】

向 student 表中添加一条数据记录，该记录的主键是由用户输入的值来决定的，如果输入的编号已经存在，则输出相应的异常错误。其实现代码如下：

```
DECLARE
 v_stuno student.stuno%TYPE := &stuno;
 stuno_remaining EXCEPTION;
 PRAGMA EXCEPTION_INIT(stuno_remaining, -00001);
BEGIN
 INSERT INTO student values(v_stuno,'Lucy');
EXCEPTION
 WHEN stuno_remaining THEN
   DBMS_OUTPUT.put_line(' 主键是唯一的，不能重复 !');
 WHEN OTHERS THEN
   DBMS_OUTPUT.put_line (SQLCODE||'---'||SQLERRM);
END;
```

9.9.4　自定义异常

与一个异常错误相关的错误出现时，就会隐含触发该异常错误。用户定义的异常错误通过显式使用 RAISE 语句来触发。当引发一个异常错误时，控制就转向 EXCEPTION 块异常错误部分，执行错误处理代码。对于这类异常情况的处理，具体步骤如下。

01 在 PL/SQL 程序块的声明部分定义异常情况，代码如下：

```
< 异常情况 > EXCEPTION;
```

02 在 PL/SQL 程序块的执行部分执行以下语法代码：

```
RAISE< 异常情况 >
```

03 在 PL/SQL 程序块的异常情况处理部分对异常情况做出相应的处理。

【例 9-32】

通过声明异常对象的方法定义一个异常，然后由用户输入一个数据，当判断条件满足后，使用 RAISE 手动抛出用户异常。代码如下：

```
DECLARE
    v_result NUMBER;
    v_exp EXCEPTION;
BEGIN
    v_result := &number;
    IF v_result BETWEEN 0 AND 100 THEN
        RAISE v_exp;
    END IF;
EXCEPTION
    WHEN OTHERS THEN
        DBMS_OUTPUT.put_line(' 您输入的数字有点小，请输入大一点的数字吧 ');
        DBMS_OUTPUT.put_line('SQLCODE='||SQLCODE);
        DBMS_OUTPUT.put_line('SQLERRM='||SQLERRM);
END;
```

由于上面代码采用声明异常对象的方式抛出用户定义的异常，因此直接使用 OTHERS 就可以判断接收。在默认情况下，所有用户定义的异常都只有一个 SQLCODE，其值为 1。

在 PL/SQL 程序中，可以将用户定义的异常添加到异常列表（错误堆栈）中，这时需要使用 RAISE_APPLICATION_ERROR 异常。语法格式如下：

```
RAISE_APPLICATION_ERROR(error_number,error_message,[keep_errors] );
```

其中 error_number 表示错误号，只接收 -20000~-29999 范围的错误号，和声明的错误号一致。error_message 用于定义在使用 SQLERRM 输出时的错误提示信息。keep_errors 表示是否添加到异常列表中，取值为 FALSE（默认值）或 TRUE。

【例 9-33】

下面代码演示 RAISE_APPLICATION_ERROR 异常的使用：

```
DECLARE
    v_result NUMBER;
    v_exp EXCEPTION;
    PRAGMA EXCEPTION_INIT(v_exp, -20789);
BEGIN
    v_result := &number;
    IF v_result BETWEEN 0 AND 100 THEN
        RAISE_APPLICATION_ERROR(-20789,' 输入的数字不能小于 100');
    END IF;
EXCEPTION
    WHEN v_exp THEN
        DBMS_OUTPUT.put_line(' 您输入的数字有点小，请输入大一点的数字吧 ');
        DBMS_OUTPUT.put_line('SQLCODE='||SQLCODE);
        DBMS_OUTPUT.put_line('SQLERRM='||SQLERRM);
END;
```

【例 9-34】

例 9-33 声明了异常变量，在异常处理时捕获异常变量。如果不使用异常变量，而是使用 OTHERS 操作，那么即使不编写 PRAGMA EXCEPTION_INIT 代码，语句也不会出现问题。其实现代码如下：

```
DECLARE
    v_result NUMBER;
BEGIN
    v_result := &number;
    IF v_result BETWEEN 0 AND 100 THEN
        RAISE_APPLICATION_ERROR(-20789,' 输入的数字不能小于 100');
    END IF;
EXCEPTION
    WHEN OTHERS THEN
        DBMS_OUTPUT.put_line(' 您输入的数字有点小，请输入大一点的数字吧 ');
        DBMS_OUTPUT.put_line('SQLCODE='||SQLCODE);
        DBMS_OUTPUT.put_line('SQLERRM='||SQLERRM);
END;
```

⚠️ **注意**

在使用 RAISE_APPLICATION_ERROR 异常时，该异常中的错误号要与 PRAGMA EXCEPTION_INIT 中指定的错误号一致；否则将出现错误。

 # 9.10　练习题

1. 填空题

（1）PL/SQL 程序的声明部分使用 _____ 关键字定义。

（2）声明常量时需要使用 _____ 关键字。

（3）在声明变量时使用 _____ 操作符，开发人员可以不需要知道所引用的数据库列的数据类型。

（4）任何大于 1 的自然数 n 阶乘表示方法是 "$n!=1\times2\times3\times\cdots\times n$"。下面代码利用 FOR-LOOP 循环求 5 的阶乘，最终输出值为 _____。

```
DECLARE
    n number :=1;
    count1 number;
BEGIN
    FOR count1 IN 2..5 LOOP
        n := n*count1;
```

```
    END LOOP;
    DBMS_OUTPUT.put_line(to_char(n));
END;
```

（5）PL/SQL 程序中只能使用的算术运算符包括 +、-、* 以及 _____。

（6）下面代码的横线处应该填写 _____。

```
DECLARE
 v_number NUMBER DEFAULT 9;
BEGIN
    IF v_number<10 THEN
_____ label_test;
    ELSE
        DBMS_OUTPUT.put_line('v_number 变量的值大于 10');
    END IF;
<<label_test>>
        DBMS_OUTPUT.put_line(' 进入 GOTO 语句，变量的值小于 10。');
END;
```

（7）事务的 ACID 特性分别是指原子性、一致性、_____ 和持久性。

2. 选择题

（1）在 Oracle 数据库中，PL/SQL 程序块必须包括（　　）。

    A．声明部分

    B．执行部分

    C．异常部分

    D．以上都是

（2）（　　）表示 PL/SQL 程序的单行注释。

    A．-- 查询全部数据

    B．// 查询全部数据

    C．/* 查询全部数据 */

    D．# 查询全部数据 #

（3）下面选项（　　）是合法的变量名。

    A．user name

    B．_test

    C．abc#name

    D．v_#%S

（4）执行下面一段代码，v_sum 变量的最终结果是（　　）。

```
DECLARE
    v_count NUMBER := 1;
    v_sum NUMBER DEFAULT 0;
BEGIN
```

Oracle 12c 数据库

```
        FOR v_count IN 1..10 LOOP
            IF v_count >= 5 THEN
                CONTINUE;
            END IF;
            v_sum := v_sum + v_count;
        END LOOP;
        DBMS_OUTPUT.put_line(v_sum);
    END;
```

  A．10
  B．15
  C．50
  D．55

（5）异常代码 ORA-01403 对应的异常名称是（　　），当在 SELECT 子句中使用 INTO 命令的返回结果为 null 时触发。

  A．DUP_VAL_ON_INDEX
  B．LOGIN_DENIED
  C．INVALID-NUMBER
  D．NO_DATA_FOUNT

上机练习：输出各种图形

  PL/SQL 中的条件语句与循环语句都可以多层嵌套，根据本章所学内容编写程序实现输出以下图形效果。

```
*               *********      *********            *********
***             *******        *********            *********
*****           *****          *********            *********
*******         ***            *********            *********
*********       *              *********            *********
```

第 10 章

PL/SQL 应用编程

上一章详细介绍了使用 PL/SQL 时所需掌握的编程基础，这些语句通常都比较短，不需要存储。因此，系统每次运行时都需要编译后再执行。为了提高系统的应用性能，Oracle 为 PL/SQL 语言增加了很多高级特性，如创建一个自定义函数、使用 PL/SQL 集合以及使用游标遍历结果集等。

本章将从 6 个方面介绍 PL/SQL 编程的高级应用，分别是系统函数、自定义函数、PL/SQL 集合、游标、数据库事务和锁。

 本章学习要点

◎ 熟悉常用的函数
◎ 掌握自定义函数的创建和调用
◎ 掌握集合的用法
◎ 掌握游标的使用方法
◎ 了解游标的几种常见属性
◎ 掌握控制事务的语句
◎ 理解并发事务和锁

10.1 系统函数

Oracle 数据库提供了很多种类的系统函数,方便用户调用,使用这些函数可以有效地增强 SQL 语句操作数据库的功能。

本节从常用的 5 个方面介绍 Oracle 系统函数,即字符函数、数学函数、聚合函数、日期函数和转换函数。

10.1.1 字符函数

字符函数是比较常用的函数之一。字符函数的输入参数为字符类型,它的返回值是字符或者数字类型。该函数既可以直接在 SQL 语句中引用,也可以在 PL/SQL 语句块中使用。Oracle 中常用的字符函数如表 10-1 所示。

表 10-1 常用字符函数

字符函数	说　明
ASCII(string)	用于返回 string 字符的 ASCII 码值
CHR(integer)	用于返回 integer 字符的 ASCII 码值
CONCAT(string1,string2)	用于拼接 string1 和 string2 字符串
INITCAP(string)	将 string 字符串中每个单词的首字母都转换成大写,并且返回得到的字符串
INSTR(string1,string2[,start][,occurrence])	该函数在 string1 中查找字符串 string2,然后返回 string2 所在的位置,可以提供一个可选的 start 位置来指定该函数从这个位置开始查找。同样,也可以指定一个可选的 occurrence 参数,来说明应该返回 find_string 第几次出现的位置
NVL(string,value)	如果 string 为空,就返回 value;否则就返回 string
NVL2(string,value1,value2)	如果 string 为空,就返回 value1;否则就返回 value2
LOWER(string)	将 string 的全部字母转化为小写
UPPER(string)	将 string 的全部字母转化为大写
RPAD(string,width[,pad_string])	使用指定的字符串在字符串 string 的右边填充
PEPLACE(string,char1[,char2])	用于替换字符串,string 表示被操作的字符串,char1 表示要查找的字母,char2 表示要替换的字符串。如果没有设置 char2,那么默认则是替换为空
LENGTH(string)	返回字符串 string 的长度

【例 10-1】

使用 ASCII() 函数和 CHR() 函数分别查询字母 "a" 与 "A" 的 ASCII 码值、数值 100 和 69 的 ASCII 码值,并且使用 LENGTH() 函数查询出字符串 "NIHAO" 中含有的字符个数,使用的语句及执行结果如下:

```
SQL> select ascii('a')"a",ascii('A')"A",chr(100)"100",chr(69)"69",length('NIHAO') from dual;
a           A           100         69    LENGTH('NIHAO')
----------  ----------  ----------  ----- -----------------------
97          65          d           E     5
```

【例 10-2】

使用 CONCAT() 函数把 "world" 字符串追加到 "hello" 后边，实现字符串的拼接；使用 INITCAP() 函数将"hello world"中每个单词的首字母转换为大写。使用的语句及执行结果如下：

```
SQL>   select concat ('hello','world'),initcap('hello world') from dual;
CONCAT('HELLO','WORLD')          INITCAP('HELLOWORLD')
-------------------------------  ------------- --------------------
helloworld                       Hello World
```

【例 10-3】

使用 INSTR() 函数在字符串 "hello world" 中查找字符 "o" 出现的位置和从第二个字符开始第二次出现的位置。使用的语句及执行结果如下：

```
SQL> select instr('hello world','o'),instr('hello world','o',2,2) from dual;
INSTR('HELLOWORLD','O')          INSTR('HELLOWORLD','O',2,2)
-------------------------------  -----------------------------------
5                                8
```

⚠️ **注意**

在 Oracle 中空格也是一个字符串。

【例 10-4】

对部门信息表 departs 中进行查询，使用 lower() 函数将 name_piny 转换为小写，使用 rpad() 函数将 d_name 列设置为 10 个字符，并且在右边的空位上补齐 "*"，使用的语句及执行结果如下：

```
SQL> SELECT id " 编号 ", rpad(d_name,10,'*') " 名称 ", lower(name_piny) " 拼音 "
  2   FROM departs;

编号        名称                拼音
----------  ------------------  ------------------
1           财务部 ****          cwb
2           城区部 ****          cqb
3           党群工作部           dqgzb
4           人力部 ****          rlb
5           市场经营部           scjyb
6           综合部 ****          zhb
7           集团部 ****          jtb
8           东区万达 **          dqwd
9           中心一部 **          zxyb
10          运维部 ****          ywb
```

🖱️ **试一试**

UPPER() 函数的使用方法与 LOWER() 函数相同，作用与 LOWER() 函数相反，UPPER() 函数可以将字符串转换为大写形式，读者可以试试。

【例 10-5】

使用 PEPLACE() 函数将"ABCDEFGFEDCBA"中的"CD"替换为"34"，如果没有指定要替换的参数，就替换为默认空值。使用的语句及执行结果如下：

```
SQL> select replace('ABCDEFGFEDCBA','CD','34') FROM DUAL;
REPLACE('ABCDEFGFEDCBA','CD','
----------------------------------------------
AB34EFGFEDCBA
SQL> select replace('ABCDEFGFEDCBA','CD') FROM DUAL;
REPLACE('ABCDEFGFEDCBA','CD')
----------------------------------------------
ABEFGFEDCBA
```

从上述结果中可以看出，在没有为 replace() 函数指定第 3 个参数的时候，系统会默认将要替换的字符串替换为空值。

10.1.2　数学函数

使用 SQL 语句查询的返回值是数字型或者是整数型时，可以使用数学函数。数学函数不仅可以在 SQL 语句中使用，也可以在 PL/SQL 程序块中使用。常用数学函数如表 10-2 所示。

表 10-2　常用数学函数

数学函数	说　明
ABS(value)	获取 value 数值的绝对值
CEIL(value)	返回大于或者等于 value 的最大整数值
FLOOR(value)	返回小于或者等于 value 的最小整数值
SIN(value)	获取 value 的正弦值
COS(value)	获取 value 的余弦值
ASIN(value)	获取 value 的反正弦值
ACOS(value)	获取 value 的反余弦值
SINH(value)	获取 value 的双曲正弦值
COSH(value)	获取 value 的双曲余弦值
LN(value)	返回 value 的自然对数
LOG(value)	返回 value 以 10 为底的对数
POWER(value1,value2)	返回 value1 的 value2 次幂
ROUND(value)	返回 value 的 precision 精度，结果四舍五入
MOD(value1,value2)	取余
SORT(value)	返回 value 的平方根，如果 value 为负数，那么该函数就没有意义
SIGN(value)	用于判断数值的正负，负值返回 −1，正值返回 1
SQRT(value)	用于返回 value 的平方根，其中 value 必须大于 0

Oracle 12c 数据库

⚠️ 注意

在 SIN()、COS()、ASIN()、ACOS()、SINH() 和 COSH() 几个关于三角函数的数值函数中，value 表示的是数值（以弧度表示的角度值），而不是直接的角度值。

【例 10-6】

使用 ABS() 函数计算 −25 的绝对值，并且分别使用 CEIL() 函数和 FLOOR() 函数返回 25.1 的相对应结果。使用的语句及执行结果如下：

```
SQL> select abs(-25),ceil(25.1),floor(25.1) from dual;
ABS(-25)            CEIL(25.1)           FLOOR(25.1)
--------------     -------------------   ------------------------
25                 26                   25
```

【例 10-7】

分别使用 CEIL() 函数和 FLOOR() 函数进行对比，查看两个函数的不同用法。执行结果如下：

```
SQL> select ceil(25.1),floor(25.7) from dual;
CEIL(25.1)       FLOOR(25.7)
---------------  --------------------------
26               25
```

【例 10-8】

使用 SIN()、COS()、ASIN()、ACOS()、SINH() 和 COSH() 函数分别求出 0.5 的各个三角函数值。使用的语句及执行结果如下：

```
SQL> select sin(0.5),cos(0.5),asin(0.5),acos(0.5),sinh(0.5),cosh(0.5) from dual;
SIN(0.5)        COS(0.5)        ASIN(0.5)        ACOS(0.5)        SINH(0.5)        COSH(0.5)
------------   ------------   ---------------   ---------------   ------------------   ------------------------
0.47942553     0.87758256     0.52359877       1.04719755        0.52109530          1.12762596
```

【例 10-9】

分别使用 MOD()、POWER()、SQRT() 和 ROUND() 函数返回相应的结果集。使用的语句及执行结果如下：

```
SQL> select mod(10,2),power(2,3),sqrt(4),round(12.345,2)from dual;
MOD(10,2)         POWER(2,3)        SQRT(4)        ROUND(12.345,2)
---------------   -------------     ----------     ----------------------------
0                 8                 2              12.35
```

🔊 10.1.3 聚合函数

在查询数据的时候不仅仅是从表中简单地提取数据，还有可能需要对数据进行各种计算，这时可以使用 Oracle 的聚合函数。聚合函数可以进行统计计算，包括求平均值、求和、求最大值以及获取总数量等。常用的聚合函数如表 10-3 所示。

表 10-3　常用聚合函数

聚合函数	说　　明
AVG(value)	返回平均值
COUNT(value)	返回统计条数
MAX(value)	返回记录中的最大值
MIN(value)	返回记录中的最小值
SUM(value)	返回 value 中所有值的和
VARIANCE(value)	返回 value 的方差
STDDEV(value)	返回 value 的标准差

【例 10-10】

使用 AVG() 与 COUNT() 函数，分别查询出表 student 中的成绩列（score）信息的平均值以及表中的所有数据总条数，使用的语句及执行结果如下：

```
SQL> select avg(score),count(*),count(claid) from student;
AVG(SCORE)        COUNT(*)        COUNT(CLAID)
----------------  ----------------  ------------------------
72.6666666        15              12
```

⚠️ **注意**

如果表中存在空值的列，那么使用 COUNT() 函数时可能会造成数据的不一致性，因此要根据需要选择使用 COUNT(*) 还是 COUNT(column)。

【例 10-11】

分别使用 MAX()、MIN() 和 SUM() 函数查询学生表 student 中的最高成绩、最低成绩以及成绩的总和，使用的语句及执行结果如下：

```
SQL> select max(score),min(score),sum(score) from student;
MAX(SCORE)          MIN(SCORE)          SUM(SCORE)
--------------------  --------------------  --------------------------------
97                  52                  1090
```

【例 10-12】

使用 VARIANCE() 和 STDDEV() 函数分别计算出学生表 student 中的 score 列的方差和标准差，使用的语句及执行结果如下：

```
SQL> select variance(score),stddev(score)from student;
VARIANCE(SCORE)              STDDEV(SCORE)
-----------------------------  -----------------------------
170.80952380952              13.0694117621
```

🔊 ## 10.1.4　日期函数

时间和日期函数主要是用于处理数据库中的时间类型数据，Oracle 默认是 7 位数字格式来存放日期数据的，包括世纪、年、月、日、小时、分钟、秒，默认日期显示格式为"DD-MON-YY"。常用的日期函数如表 10-4 所示。

表 10-4　常用日期函数

日期函数	说　明
SYSDATE()	返回当前的系统时间
MONTHS_BETWEEN(date1,date2)	返回 date1 与 date2 之间的月份数量
ADD_MONTHS(date,count)	用于计算在 date 上加 count 月之后的结果
NEXT_DAY(date,day)	返回第二个参数 day 指出的星期几第一次出现的日期
LAST_DAY(date)	返回日期 date 所在月份的最后一天
ROUND(date,[unit])	返回距 date 最近的日、月或者年的时间，unit 是用来指明要获取的单元
TRUNC(date,[unit])	返回截止时间，date 用于指定要截止处理的日期值，unit 用于指明要截断的单元
TO_DATE(date,[format])	用于将字符串 value 转换为 format 参数

【例 10-13】

使用 SYSDATE() 函数查询系统当前的时间，使用的语句及执行结果如下：

```
SQL> select sysdate from dual;

SYSDATE

------------------------

20-5 月 -18
```

【例 10-14】

使用 MONTHS_BETWEEN() 计算出 1999 年 1 月 31 日和 1998 年 12 月 31 日之间的月份数量差，同时使用 TO_DATE() 函数将结果格式化，使用的语句及执行结果如下：

```
SQL> select months_between(to_date('01-31-1999','MM-DD-YYYY'),
  2    to_date('12-31-1998','MM-DD-YYYY')) " 时间差 ",
  3    to_date('2018-05-07 13:23:44','yyyy-mm-dd hh24:mi:ss') " 格式化时间 "
  4    from dual;
时间差      格式化时间

--------------    ----------------------------------------------------

1             2018-5-7 13:23:44
```

⚠️ **注意**

如果 date1 早于 date2，则返回值是负数。

【例 10-15】

使用 TRUNC() 函数将时间进行截取处理，使用的语句及执行结果如下：

```
SQL> select Days, A,
  2    TRUNC(A*24) Hours,
  3    TRUNC(A*24*60 - 60*TRUNC(A*24)) Minutes,
  4    TRUNC(A*24*60*60 - 60*TRUNC(A*24*60)) Seconds,
  5    TRUNC(A*24*60*60*100 - 100*TRUNC(A*24*60*60)) mSeconds
  6    from
  7    (select trunc(sysdate) Days,sysdate - trunc(sysdate) A from dual);
DAYS          A                HOURS      MINUTES      SECONDS        MSECONDS
------------- ---------------- ---------- ------------ -------------- -----------------
2018-5-20     0.62179398       14         55           23             0
```

10.1.5 转换函数

在编写应用程序的时候，为了防止出现编译错误，在数据类型不同时就要使用转换函数进行类型转换。常用的转换函数如表 10-5 所示。

表 10-5 常用转换函数

转换函数	说明
TO_CHAR(value[,format])	将 value 转换为字符串
TO_NUMBER(value[,format])	将 value 转换为数字
CAST(value AS type)	将 value 转换为 type 指定的兼容数据类型
ASCIISTR(string)	将 string 类型转换为数据库字符集的 ASCII 字符串
BIN_TO_NUM(value)	将二进制数字 value 转换为 number 类型

【例 10-16】

分别使用 TO_CHAR() 和 TO_NUMBER) 函数进行数据类型的转换，使用的语句及执行结果如下：

```
SQL>  select '12.5'+11，to_char(123456789.58,'99,999.99'),to_number('25')*2 from dual;
'12.5'+11        TO_CHAR(123456789.58,'99,999.9      TO_NUMBER('25')*2
---------------- -------------------------------      ------------------
23.5             ##########                           50
```

⚠️ **注意**

在 Oracle 中是可以自动转换字符型数据到数值型的，并且当要处理的数值中包含的数字格式多于格式中指定的数字个数时，格式转换就会返回由"#"号组成的字符串。

【例 10-17】

使用 CAST() 函数将数字转换到其他类型，使用的语句及执行结果如下：

```
SQL> select
  2    cast(123 as varchar2(10))||'abc' as" 转化为字符 ",
  3    cast('123' as number(10))+123as" 转化为数字 "
  4    from dual;
转化为字符              转化为数字
------------------------   -------------------
123abc                 246
```

10.2 自定义函数

虽然使用 Oracle 系统函数可以方便地实现各种调用，但是对于系统没有提供的功能就需要开发人员手动创建函数再调用。本节简单介绍自定义函数的知识，包括函数的定义、调用和删除等内容。

10.2.1 创建函数语法

函数与过程在创建的形式上有些相似，它也是编译后放在内存中供用户使用，只不过调用时函数要用表达式，而不像过程只需调用过程名。另外，函数必须拥有一个返回值，而过程则没有。

Oracle 数据库中自定义函数的语法格式如下：

```
CREATE OR REPLACE FUNCTION function_name              /* 函数名称 */
(
    Parameter_name1,mode1 datatype1,                 /* 参数定义部分 */
    Parameter_name2,mode2 datatype2,
    Parameter_name3,mode3 datatype3
...
)
RETURN return_datatype                                /* 定义返回值类型 */
IS/AS
BEGIN
Function_body                                        /* 函数体部分 */
    RETURN scalar_expression                         /* 返回语句 */
END function_name;
```

上述语法的参数说明如下。

- function_name：用户定义的函数名，函数名必须符合标识符的定义规则，对其所有者来说，函数名在数据库中是唯一的。
- parameter：函数定义的参数，开发人员可以定义一个或多个参数。
- mode：参数类型。其中 IN 表示输入给函数的参数；OUT 表示参数在函数中被赋值，可以传给函数调用程序；IN OUT 表示参数既可以传值也可以被赋值。
- datatype：开发人员定义参数的数据类型。
- return_datatype：开发人员返回值的数据类型。
- function_body：函数主体部分，由 PL/SQL 语句组成。

⚠️ **注意** ━ ━ ━ ━ ━ ━ ━

自定义函数时需要注意两点：如果函数没有任何参数，那么函数名后不需要括号；创建函数时 END 后面一定要写函数名。

【例 10-18】

创建不需要传入任何参数的 get_total 函数，该函数用于获取 departs 数据表中的全部记录数。其实现代码如下：

```
CREATE OR REPLACE FUNCTION get_total
RETURN NUMBER
IS
v_total NUMBER;
BEGIN
    SELECT COUNT(*) INTO v_total FROM departs;
    return v_total;
END get_total;
```

【例 10-19】

自定义 get_departname 函数，在该函数有一个表示部门编号的参数，可实现根据部门编号获取对应的部门名称。其实现代码如下：

```
CREATE OR REPLACE FUNCTION get_departname (d_no in number)
RETURN VARCHAR2
AS
d_name VARCHAR(50);
BEGIN
    SELECT d_name INTO d_name FROM departs WHERE id=d_no;
    RETURN d_name;
EXCEPTION
    WHEN no_data_found THEN
    raise_application_error(-20001,' 输入的部门编号无效！ ');
END get_departname;
```

【例 10-20】

创建 get_info 函数，该函数包含一个输入参数和一个输出参数。其实现代码如下：

```
CREATE OR REPLACE FUNCTION get_info(no NUMBER,name OUT VARCHAR2)
RETURN VARCHAR2
IS
v_result varchar2(50);
BEGIN
    SELECT id,d_name INTO v_result,name FROM departs WHERE id=no;
    return(v_result);
END get_info;
```

10.2.2 调用函数

创建函数就是为了调用。调用函数时需要使用以下语法格式语句：

Oracle 12c 数据库

```
VAR [ 变量名 ][ 数据类型 ]
EXEC:[ 变量名 ]:=[ 自定义函数名 ];
```

在 SQL Plus 工具中执行完上述语句后会提示：PL/SQL 过程已成功完成。这时还需要完成最后一句代码，就可以看到开发人员想要看到的结果。语法格式如下：

```
PRINT [ 变量名 ];
```

【例 10-21】

当函数中没有传入任何参数时，可以使用 SELECT 语句直接查询结果。例如，调用 get_total 函数的语句及输出结果如下：

```
SELECT get_total FROM dual;
GET_TOTAL
------------------
10
```

为了确保 SELECT 语句执行的结果与 EXEC 调用时的结果一致，可以在声明变量后进行调用，如图 10-1 所示。

图 10-1　调用 get_total 函数

【例 10-22】

当函数中包含参数时通常需要先声明变量，然后再使用 EXEC 语句调用。调用时需要添加括号，该括号中的内容表示传入的参数值。例如，要调用 get_departname 函数查询编号 1 的部门名称，如图 10-2 所示。

图 10-2　调用 get_departname 函数

【例 10-23】

当函数既包含输入参数又包含输出参数时，不仅输入参数需要声明，输出参数也需要声明；然后在调用函数时传入声明的输出参数变量。例如，调用 get_info() 函数并传入输入参数和输出参数，如图 10-3 所示。

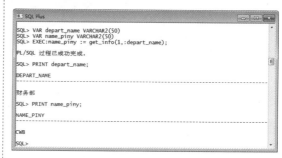

图 10-3　调用 get_info 函数

10.2.3　查看函数源代码

创建函数完成后，就可以在 user_source 系统表中查看源代码了。在查询时需要指定 WHERE 子句，在 WHERE 子句中指定 name 列的值。语法格式如下：

```
SELECT * FROM user_source WHERE name=' 函数名称 ';
```

上述语法中的 "*" 表示所有字段，如果不想查看所有字段的值，可以指定具体的字段，如 name、type、line、test 和 origin_con_id。

【例 10-24】

查询名称为 GET_INFO 的函数源代码，使用的语句和执行结果如下：

```
SQL> SELECT text FROM user_source WHERE name='GET_INFO';

TEXT
--------------------------------------------------------------------------------

FUNCTION get_info(no NUMBER,name OUT VARCHAR2)
RETURN VARCHAR2
IS
v_result varchar2(50);
BEGIN
    SELECT d_name,name_piny INTO name,v_result FROM departs WHERE id=no;
    return(v_result);
END get_info;
```

10.2.4 删除函数

当一个函数不再使用时，可以使用 DROP FUNCTION 语句执行删除操作。语法格式如下：

```
DROP FUNCTION name;
```

【例 10-25】

假设要删除名称为 get_info 的函数，语句如下：

```
DROP FUNCTION get_info;
```

提示

当某个函数已经过时想要重新定义时，不需要执行删除操作，只需要在 CREATE 语句后加上 OR REPLACE 关键字即可。通常情况下，在使用 CREATE 语句创建函数时就可以加上 OR REPLACE 关键字。

10.2.5 实践案例：使用 SQL Developer 工具操作函数

前面小节介绍的函数创建、调用、查看源代码以及删除等操作都是通过 SQL 语句来实现的。除了 SQL 语句外，开发人员还可以通过 SQL Developer 工具进行操作。

打开 SQL Developer 工具，然后使用该工具创建函数。具体步骤如下。

01 在 SQL Developer 工具的左侧打开任何一个连接（以 basetest 为例），从左侧展开 basetest 连接下的【函数】节点。

02 选中【函数】节点后右击，在弹出的快捷菜单中选择【新建函数】命令，打开【创建 PL/SQL 函数】对话框，如图 10-4 所示。

图 10-4　在 SQL Developer 工具中创建函数

Oracle 12c 数据库

239

03 在图 10-4 所示的对话框中可以添加函数，添加完成后单击【确定】按钮，这时会自动生成有关的 SQL 语句。例如，将图 10-4 中的名称设置为 mytest，然后直接单击【确定】按钮，此时效果如图 10-5 所示。

图 10-5　创建名称为 mytest 的函数

04 可以根据需要在图中生成的窗口中修改代码，修改完成后保存即可。

试一试

如果要在 SQL Developer 工具中修改函数，选择【函数】节点下要修改的函数并右击，在弹出的快捷菜单中选择【编辑】命令，打开编辑窗口，在编辑窗口中直接修改代码即可。

10.3　实践案例：实现 MD5 加密

在前面学习了 Oracle 的系统函数和自定义函数，本次实践案例通过自定义函数实现 MD5 加密字符串，并将加密后的内容返回。具体步骤如下。

01 创建名称为 get_md5string 的函数，在该函数中采用 MD5 的方式加密字符串。其实现代码如下：

```
CREATE OR REPLACE FUNCTION get_md5string(input_string VARCHAR2)
RETURN VARCHAR2
IS
    raw_input       RAW(128) := UTL_RAW.CAST_TO_RAW(input_string);
    decrypted_raw RAW(2048);
    error_in_input_buffer_length EXCEPTION;
BEGIN
    SYS.DBMS_OBFUSCATION_TOOLKIT.MD5( input       => raw_input ,
                                      checksum => decrypted_raw
    );
    RETURN lower(rawtohex(decrypted_raw));
END;
```

在上述创建函数的代码中，DBMS_OBFUSCATION_TOOLKIT.MD5() 函数是 MD5 编码的数据包函数，该函数返回的字符串是 RAW 类型，如果要正确显示加密后的字符串，需要使用 Utl_Raw.Cast_To_Raw 进行转换。

02 执行上述代码完成创建过程，创建后调用 COMMIT 语句进行提交。

03 调用 get_md5string() 函数进行测试，代码如下：

```
VAR str VARCHAR2(100)
EXEC:str := get_md5string('admin');
```

04 当执行上个步骤中的代码完成并提示"PL/SQL 过程已成功完成。"时，使用 PRINT 输出变量结果。使用的语句和执行结果如下：

```
PRINT str;
STR
----------------------------------------------------------------
21232f297a57a5a743894a0e4a801fc3
```

10.4 使用集合

在 PL/SQL 中使用变量可以保存单行单列的数据；使用 PL/SQL 记录可以保存单行多列的数据；而如果要处理单列多行的数据，就需要使用 PL/SQL 集合。例如，使用变量表示单个商品的名称；而要存放多个商品的名称，应该使用 PL/SQL 集合。

PL/SQL 集合类型是类似于高级语言数组的一种复合数据类型，集合类型包括索引表（PL/SQL 表）、嵌套表（Nested Table）和可变数组（VARRAY）等 3 种类型。当使用这些集合类型时，必须要了解三者之间的区别，以便选择最合适的数据类型。

10.4.1 嵌套表

嵌套表是一种用于处理 PL/SQL 数组的数据类型。嵌套表和高级语言的数组主要区别如下。

① 高级语言数组的元素下标从 0 或 1 开始，并且元素个数是有限制的；而嵌套表的元素下标从 1 开始，并且元素个数没有限制。

② 高级语言的数组元素值是有顺序的，而嵌套表元素的数组元素值可以是无序的。

③ 索引表类型不能作为表列的数据类型使用，但嵌套表类型可以作为表列的数据类型使用。定义嵌套表的语法格式如下：

```
TYPE type_name IS TABLE OF element_type;
identifer type_name;
```

其中各个参数的说明如下。

- type_name：用于指定嵌套表的类型名。
- element_type：用于指定嵌套表元素的数据类型。
- identifer：用于定义嵌套表变量。

1. 在 PL/SQL 块中使用嵌套表

当在 PL/SQL 块中使用嵌套表变量时，必须首先使用构造方法初始化嵌套表变量，然后才能在 PL/SQL 块内引用嵌套表元素。

【例 10-26】

使用部门信息表 departs 的 d_name 创建一个嵌套表类型，然后声明一个该类型的变量。再从 departs 表中查询出编号为 3 的部门名称，将结果放到嵌套表的第 2 个元素中。其实现代码及执行结果如下：

```
DECLARE
    TYPE dname_table_type IS VARRAY(20) OF departs.d_name%TYPE;
    dname_table dname_table_type;                    -- 定义 VARRAY 类型的变量 dname_table
BEGIN
    dname_table:=dname_table_type
        (' 财务部 ',' 人力部 ',' 集团部 ');              -- 使用其构造方法来初始化 VARRAY 变量
    SELECT d_name INTO dname_table(2) FROM departs
        WHERE id=3;                                   -- 查询结果赋值给 dname_table(2)
    DBMS_OUTPUT.PUT_LINE(' 编号为 3 的部门名称：'||dname_table(2));
END;

编号为 3 的部门名称：党群工作部
```

如上述代码所示，嵌套表类型为 dname_table_type，对应的变量是 dname_table。在该类型的 dname_table_type() 构造方法中初始化了 3 个元素，其中第 2 个是"人力部"。接下来的查询会将编号为 3 的部门名称覆盖第 2 个元素。因此，dname_table(2) 从"人力部"被修改为"党群工作部"。

2. 在表列中使用嵌套表

嵌套表类型不仅可以在 PL/SQL 块中直接引用，也可以作为表列的数据类型使用。但如果在表列中使用嵌套表类型，必须首先使用 CREATE TYPE 命令建立嵌套表类型。另外，当使用嵌套表类型作为表列的数据类型时，必须要为嵌套表列指定专门的存储表。

【例 10-27】

创建一个嵌套表类型用来存放部门的联系电话，并将该类型应用在部门表 depart_table 的 mobile 列中。语句如下：

```
CREATE TYPE mobiles_type IS TABLE OF VARCHAR2(20);

CREATE TABLE departs_table(
    d_id NUMBER(4),
    d_name VARCHAR2(10),
    mobile mobiles_type
)
NESTED TABLE mobile STORE AS mobiles_type_table;
```

如上述语句所示，在使用 CREATE TYPE 命令建立了嵌套表类型 mobiles_type 之后，就可在建立部门表 departs_table 时使用该嵌套表类型了。

3. 在 PL/SQL 块中为嵌套表列插入数据

当定义嵌套表类型时，Oracle 自动为该类型生成相应的构造方法。当为嵌套表列插入数据时，需要使用嵌套表的构造方法。

【例 10-28】

向 departs_table 表添加一行数据。这就需要使用嵌套表的构造方法，语句如下：

```
INSERT INTO departs_table VALUES
    (1, ' 测试部 ', mobiles_type('123456','456789') );
```

上述语句在 mobiles_type 的构造方法中初始化两个元素。

4.　在 PL/SQL 块中检索嵌套表列的数据

当在 PL/SQL 块中检索嵌套表列的数据时，需要定义嵌套表类型的变量接收其数据。

【例 10-29】

查询 departs_table 表中的数据，并输出嵌套表中的内容。其实现代码及执行结果如下：

```
DECLARE
      m_table mobiles_type;                          -- 定义 VARRAY 类型的变量 m_table
BEGIN
      SELECT mobile INTO m_table
          FROM departs_table WHERE d_id=1;           -- 查询结果赋值给 m_table
      FOR i IN 1..m_table.COUNT LOOP                 -- 循环取 m_table 的值
          DBMS_OUTPUT.PUT_LINE(' 联系电话：'||m_table(i));
      END LOOP;
END;

联系电话：123456
联系电话：456789
```

5.　在 PL/SQL 块中更新嵌套表列的数据

当在 PL/SQL 块中更新嵌套表列的数据时，首先需要定义嵌套表变量，并使用构造方法初始化该变量，然后才可在执行部分使用 UPDATE 语句更新其数据。

【例 10-30】

修改 departs_table 表中的 d_id 为 1 的数据，需要先定义嵌套表变量。其实现代码如下：

```
DECLARE
      mobiles_table mobiles_type := student_type
                      ( '11223344', '11@qq.com', 'www.baidu.com');-- 使用构造方法初始化变量
BEGIN
      UPDATE departs_table SET mobile=mobiles_table
      WHERE d_id=1;
END;
```

10.4.2　可变数组

可变数组（VARRAY）是一种用于处理 PL/SQL 数组的数据类型，它可以作为表列的数

据类型使用。该数据类型与高级语言数组非常相似，其元素下标从 1 开始，并且对元素的最大个数是有限制的。定义 VARRAY 的语法格式如下：

```
TYPE type_name IS VARRAY(size_limit) OF element_type [NOT NULL];
identifier type_name;
```

其中各参数的含义如下。

- type_name：用于指定 VARRAY 类型名。
- size_limit：用于指定 VARRAY 元素的最大个数。
- element_type：用于指定元素的数据类型。
- identifier：用于定义 VARRAY 变量。

⚠ 注意

当使用 VARRAY 元素时，必须要使用其构造方法初始化 VARRAY 元素。

1. 在 PL/SQL 块中使用 VARRAY

当在 PL/SQL 块中使用 VARRAY 变量时，必须首先使用其构造方法来初始化 VARRAY 变量，然后才能在 PL/SQL 块内引用 VARRAY 元素。

【例 10-31】

假设要使用 VARRAY 变量查询部门表 departs 中的部门名称数据。其实现代码如下：

```
DECLARE
        TYPE dname_table_type IS VARRAY(20) OF departs.d_name%TYPE;
        dname_table dname_table_type;              -- 定义 VARRAY 类型的变量 dname_table
BEGIN
        dname_table := dname_table_type
          (' 财务部 ',' 人力部 ',' 集团部 ');         -- 使用其构造方法来初始化 VARRAY 变量
        DBMS_OUTPUT.PUT_LINE(' 执行前部门名称：'||dname_table(1));
        SELECT d_name INTO dname_table(1) FROM departs
        WHERE id=2;                                -- 查询结果赋值给 dname_table(1)
        DBMS_OUTPUT.PUT_LINE(' 执行后部门名称：'||dname_table(1));
END;
```

如上述代码所示，VARRAY 变量类型 dname_table 在声明后初始化了 3 个部门数据，其中第一个是"财务部"。当执行完查询后会将返回结果赋值给 dname_table 变量的第一个元素，即修改 dname_table(1) 中的值。执行结果如下：

```
执行前部门名称：财务部
执行后部门名称：城区部
```

2. 在表列中使用 VARRAY

VARRAY 类型不仅可以在 PL/SQL 块中直接引用，也可以作为表列的数据类型使用。但如果在表列中使用该数据类型，必须首先使用 CREATE TYPE 命令建立 VARRAY 类型。另外，

当使用 VARRAY 类型作为表列的数据类型时，必须要为 VARRAY 列指定专门的存储表。

【例 10-32】

创建一个 depart_type_table 表，并在表的列中使用 VARRAY 类型。其实现代码如下：

```
CREATE TYPE depart_type IS VARRAY(20) OF VARCHAR2(20);

CREATE TABLE depart_type_table(
    d_id NUMBER(4),
    d_name VARCHAR2(10),
    depart depart_type
);
```

如上所示，在使用 CREATE TYPE 命令建立嵌套表类型 depart_type 之后，就可在建立表 depart_type_table 时使用该 VARRAY 类型。

3. 在 PL/SQL 块中为 VARRAY 列插入数据

当定义 VARRAY 类型时，Oracle 自动为该类型生成相应的构造方法。当为 VARRAY 列插入数据时，需要使用 VARRAY 的构造方法。

【例 10-33】

向 depart_type_table 表中添加一行数据。语句如下：

```
INSERT INTO depart_type_table VALUES
    (1, ' 测试 ', depart_type(' 部门 1',' 部门 2') );
```

4. 在 PL/SQL 块中检索 VARRAY 列的数据

当在 PL/SQL 块中检索 VARRAY 列的数据时，需要定义 VARRAY 类型的变量接收其数据。其实现代码及输出结果如下：

```
DECLARE
    depart_table depart_type;                -- 定义 VARRAY 类型的变量 depart_table
BEGIN
    SELECT depart INTO depart_table
        FROM depart_type_table WHERE d_id=1;  -- 查询结果赋值给 depart_table
    FOR i IN 1..depart_table.COUNT LOOP        -- 循环取 student_table 的值
        DBMS_OUTPUT.PUT_LINE(' 子部门：'||depart_table(i));
    END LOOP;
END;

子部门：部门 1
子部门：部门 2
```

从上面的例子可以看出，在 PL/SQL 块中操纵 VARRAY 列的方法与操纵嵌套表列的方法完全相同。但要注意，嵌套表列的元素个数没有限制，而 VARRAY 列的元素个数是有限制的。

10.4.3 索引表

索引表也称为 PL/SQL 表，是用于处理 PL/SQL 数组的数据类型。但是索引表与高级语言的数组是有区别的：高级语言数组的元素个数是有限制的，并且下标不能为负值；而索引表的元素个数没有限制，并且下标可以为负值。

定义索引表的语法格式如下：

```
TYPE type_name IS TABLE OF element_type
[NOT NULL]INDEX BY key_type;
identifier type_name;
```

其中各个参数的说明如下。

- type_name：用于指定用户自定义数据类型的名称（IS TABLE..INDEX 表示索引表）。
- element_type：用于指定索引表元素的数据类型。
- NOT NULL：表示不允许引用 NULL 元素。
- key_type：用于指定索引表元素下标的数据类型（BINARY_INTEGER、PLS_INTEGER 或 VARCHAR2）。
- identifier　用于定义索引表变量。

⚠️ **注意**

索引表只能作为 PL/SQL 复合数据类型使用，而不能作为表列的数据类型使用。

【例 10-34】

通过对索引表元素下标的定义，访问不同的数据，其实现代码及执行结果如下：

```
DECLARE
    TYPE student_table_type IS TABLE OF NUMBER
    INDEX BY VARCHAR2(10);              -- 指定索引表元素下标的数据类型为 VARCHAR2
    student_table student_table_type;
BEGIN
    student_table(' 李明 ') :=1;
    student_table(' 郑兴 ') :=2;
    student_table(' 魏斌 ') :=3;
    student_table(' 张鹏 ') :=4;
    DBMS_OUTPUT.PUT_LINE(' 第一个元素：'||student_table.first);
    DBMS_OUTPUT.PUT_LINE(' 最后一个元素：'||student_table.last);
    DBMS_OUTPUT.PUT_LINE(' 李明下一个元素：'||student_table.next(' 李明 '));
END;

第一个元素：李明
最后一个元素：郑兴
李明下一个元素：魏斌
```

如上所示，在执行以上 PL/SQL 块后，会返回第一个元素的下标和最后一个元素的下标以及指定下标的下一个元素的下标。因为元素下标的数据类型为字符串（数值为汉字），所以确定元素以汉语拼音格式进行排序。

【例 10-35】

定义一个索引表类型，其中指定索引表元素下标的数据类型为 BINARY_INTEGER，然后定义一个索引表类型的变量用于存储部门信息 departs 表中编号为 2 和 3 的 d_name 列值。其实现代码及执行结果如下：

```
DECLARE
        TYPE dname_table_type IS TABLE OF departs.d_name%TYPE
          INDEX BY BINARY_INTEGER;          -- 指定索引表元素下标的数据类型为 BINARY_INTEGER
        dname_table dname_table_type;
BEGIN
        SELECT d_name INTO dname_table(1) FROM departs
          WHERE id=1;
        DBMS_OUTPUT.PUT_LINE(' 编号 1 的部门名称：'||dname_table(1));
        SELECT d_name INTO dname_table(2) FROM departs
          WHERE id=2;
        DBMS_OUTPUT.PUT_LINE(' 编号 2 的部门名称：'||dname_table(2));
END;

编号 1 的部门名称：财务部
编号 2 的部门名称：城区部
```

当定义索引表时，不仅允许使用 BINARY_INTEGER 和 PLS_INTEGER 作为元素下标的数据类型，而且也允许使用 VARCHAR2 作为元素的数据类型。通过使用 VARCHAR2 下标，可以在元素下标和元素值之间建立关联。

🔊 10.4.4 集合方法

集合方法是 Oracle 所提供的用于操作集合变量的内置函数或过程，其中 EXISTS()、COUNT()、LIMIT()、FIRST()、NEXT()、PRIOR() 和 LAST() 是函数，而 EXTEND()、TRIM() 和 DELETE() 则是过程。集合方法的调用语法格式如下：

```
collection_name.method_name{(parameters)}
```

⚠️**注意**

集合方法只能在 PL/SQL 语句中使用，而不能在 SQL 语句中调用。另外，集合方法 EXTEND 和 TRIM 只适用于嵌套表和 VARRAY，而不适用于索引表。

【例 10-36】

创建一个索引表类型的变量，然后初始化 3 个成员并调用上述的常用集合方法。其实现代码如下：

```
DECLARE
    TYPE dname_table_type IS TABLE OF departs.d_name%TYPE
        INDEX BY BINARY_INTEGER;   -- 指定索引表元素下标的数据类型为 BINARY_INTEGER
    dname_table dname_table_type;   -- 定义 TABLE 类型的变量 dname_table
BEGIN
    dname_table(1):=' 财务部 ';
    dname_table(2):=' 人力部 ';
    dname_table(3):=' 集团部 ';
    DBMS_OUTPUT.PUT_LINE(' 总数量: '||dname_table.COUNT);
    DBMS_OUTPUT.PUT_LINE(' 第一个元素: '||dname_table.first);
    DBMS_OUTPUT.PUT_LINE(' 最后一个元素: '||dname_table.last);
    DBMS_OUTPUT.PUT_LINE(' 集团部下一个元素: '||dname_table.next(3));
END;
```

在上述代码中,由于"集团部"是最后一个元素,所以调用 next 时会返回空。输出结果如下:

```
总数量: 3
第一个元素: 1
最后一个元素: 3
集团部下一个元素:
```

10.4.5 实践案例:使用 PL/SQL 记录表

PL/SQL 变量用于处理单行单列数据,PL/SQL 记录用于处理单行多列数据,PL/SQL 集合用于处理多行单列数据。为了在 PL/SQL 块中处理多行多列数据,开发人员可以使用 PL/SQL 记录表。PL/SQL 记录表结合了 PL/SQL 记录和 PL/SQL 集合的优点,从而可以有效地处理多行多列数据。

使用 PL/SQL 记录表处理多行多列数据的示例,其实现代码及输出结果如下:

```
DECLARE
    TYPE depart_table_type IS TABLE OF departs%ROWTYPE
    INDEX BY BINARY_INTEGER;                    -- 定义索引表类型
    depart_table depart_table_type;             -- 定义索引表类型变量
BEGIN
    SELECT *   INTO depart_table(1) FROM departs
    WHERE id=1;                                  -- 查询编号为 1 的列存储在索引表变量中
    -- 取变量中的 d_name 列值
    DBMS_OUTPUT.PUT_LINE(' 编号为 1 的部门名称: '||depart_table(1).d_name);
    -- 取变量中的 name_piny 列值
    DBMS_OUTPUT.PUT_LINE(' 编号为 1 的部门拼音: '||depart_table(1).name_piny);
END;

编号为 1 的部门名称: 财务部
编号为 1 的部门拼音: CWB
```

执行上述代码后,会将编号为 1 所对应的部门数据检索到 PL/SQL 记录表元素 depart_table(1) 中,再通过 depart_table(1).d_name 和 depart_table(1).name_piny 获取部门名称和部门拼音信息。

10.5 使用游标

游标是由系统或用户以变量形式定义的一个 PL/SQL 内存工作区。它提供了一种从集合性质的结果中提取单条记录的手段。下面详细介绍游标从声明到打开和检索，再到最后关闭的使用过程。

10.5.1 游标简介

游标（Cursor）实际上是一个指针，它存放在数据查询结果集或者操作结果集中，这些指针可以指向结果集中任何一条记录。这样就可以得到它所指向的数据，在初始化时默认指向首记录。

利用游标可以返回它当前指向的一行记录。如果要返回多行，那么需要不断地滚动游标（移动指针位置）把结果集查询一遍。

在 Oracle 中可将游标分为静态游标和动态游标。其中，静态游标就像一个数据快照，打开游标后的结果集是对数据表数据的一个备份，数据不随对表执行 DML 操作而改变。从这个特性来说，结果集是静态的。动态游标会实时读取数据表中的数据，将表中数据修改后，动态游标读取的数据也会随之变化。

本小节以静态游标为例展开介绍。静态游标又可以分为显式游标和隐式游标两种类型。

01 显式游标。

显式游标是指在使用之前必须先对游标进行声明和定义。这样的游标定义会关联数据查询语句，通常会返回一行或者多行。打开游标后，用户可以利用游标的位置对结果集进行检索，使之返回单行记录，再操作此记录。关闭游标后，就不能再对游标进行任何操作了。

显式游标需要用户自己编写代码，一切都由用户进行控制。因此下面以显式游标为例讲解具体的应用。

02 隐式游标。

与显式游标不同，隐式游标由 PL/SQL 自动管理，也被称为 SQL 游标。对于隐式游标用户无法控制，只能获取其属性信息。

10.5.2 声明游标

声明游标主要是指定义一个游标名称来对应一条查询语句，从而可以利用该游标对此查询语句返回的结果集进行操作。

声明游标的语法格式如下：

```
CURSOR cursor_name
    [(
            parameter_name [IN] data_type [{:= | DEFAULT} value]
            [ , ...]
    )]
IS select_statement
[FOR UPDATE [OF column [ , ...]] [NOWAIT]];
```

语法说明如下。

● CURSOR：游标关键字。

- cursor_name: 表示要定义的游标的名称。
- parameter_name [IN]: 为游标定义输入参数, IN 关键字可以省略。使用输入参数可以使游标的应用变得更灵活。用户需要在打开游标时为输入参数赋值, 也可使用参数的默认值。输入参数可以有多个, 多个参数的设置之间使用逗号隔开。
- data_type: 为输入参数指定数据类型, 但不能指定精度或长度。例如, 字符串类型可以使用 VARCHAR2, 而不能使用 VARCHAR2(10) 之类的精确类型。
- select_statement: 查询语句。
- FOR UPDATE: 用于在使用游标中的数据时, 锁定游标结束集与表中对应数据行的所有或部分列。
- OF: 如果不使用 OF 子句, 则表示锁定游标结果集与表中对应数据行的所有列。如果指定了 OF 子句, 则只锁定指定的列。
- NOWAIT: 如果表中的数据行被某用户锁定, 那么其他用户的 FOR UPDATE 操作将会一直等到该用户释放这些数据行的锁定后才会执行。而如果使用了 NOWAIT 关键字, 则其他用户在使用 OPEN 命令打开游标时会立即返回错误信息。

【例 10-37】

在 departs 表中存储部门信息, 可以声明一个游标将表中所有记录封装到该游标中。SQL 语句如下:

```
DECLARE
    CURSOR cursor_depart
IS
    SELECT * FROM departs;
BEGIN
    -- 这里是游标的其他操作语句
END;
```

同时, 也可以声明带有参数的游标封装 SELECT 查询。例如, 下面的游标可以根据上级部门编号查询所有子部门信息, 语句如下:

```
DECLARE
    CURSOR cursor_get_sub_depart(parent_id
number)
IS
    SELECT * FROM departs
    WHERE parent_id=parent_id;
BEGIN
    -- 这里是游标的其他操作语句
END;
```

> ⚠ **注意**
>
> 游标的声明与使用等都需要在 PL/SQL 块中进行, 其中声明游标需要在 DECLARE 子句中进行。

10.5.3 打开游标

在声明游标时为游标指定了查询语句, 但此时该查询语句并不会被 Oracle 执行。只有打开游标后, Oracle 才会执行查询语句。在打开游标时, 如果游标有输入参数, 用户还需要为这些参数赋值; 否则将会报错 (除非参数设置了默认值)。

打开游标需要使用 OPEN 语句, 其语法格式如下:

```
OPEN cursor_name [(value [ , ...])];
```

> ⚠ **注意**
>
> 应该按定义游标时的参数顺序为参数赋值。

【例 10-38】

要打开上节声明的 cursor_depart 游标，语句如下：

```
OPEN cursor_depart;
```

打开 cursor_get_sub_depart 游标查询编号 2 的子部门信息，语句如下：

```
OPEN cursor_get_sub_depart(2);
```

由于 cursor_get_sub_depart 游标在声明时要求指定一个参数来定义要查询的部门编号，所以在打开时必须指定一个参数。

10.5.4 检索游标

打开游标后，游标所对应的 SELECT 语句也就被执行了。为了处理结果集中的数据，需要检索游标。检索游标实际上就是从结果集中获取单行数据并保存到定义的变量中，这需要使用 FETCH 语句，其语法格式如下：

```
FETCH cursor_name INTO variable1 [ , variable2 [, ...]];
```

其中，variable1 和 variable2 是用来存储结果集中单行数据的充数量，要注意变量的个数、顺序及类型要与游标中相应字段保持一致。

【例 10-39】

使用 FETCH 语句检索 cursor_depart 游标中的数据。首先定义一个 %ROWTYPE 类型的变量 row_depart，再通过 FETCH 把检索的数据存放到 row_depart 中。其实现代码如下：

```
DECLARE
    CURSOR cursor_depart
IS
    SELECT * FROM departs;                    -- 声明游标
    row_depart departs %ROWTYPE;
BEGIN
  OPEN cursor_depart;                         -- 打开游标
  FETCH cursor_depart INTO row_depart;        -- 检索游标
END;
```

10.5.5 关闭游标

关闭游标需要使用 CLOSE 语句。游标被关闭后，Oracle 将释放游标中 SELECT 语句的查询结果所占用的系统资源。其语法格式如下：

```
CLOSE cursor_name;
```

【例 10-40】

关闭 cursor_depart 游标的语句如下：

```
CLOSE cursor_depart;
```

10.5.6 实践案例：LOOP 循环游标

当游标中的查询语句返回的是一个结果集时，则需要循环读取游标中的数据记录，每循环一次就读取一行记录。

【例 10-41】

为了了解游标的完整使用步骤，以及如何从游标中循环读取记录，下面使用 LOOP 循环实现将 cursor_depart 游标的结果集遍历输出。具体代码如下：

```
DECLARE
    CURSOR cursor_depart
IS
    SELECT * FROM departs;                          -- 声明游标
    row_depart departs %ROWTYPE;
BEGIN
  OPEN cursor_depart;                               -- 打开游标
  LOOP                                              --LOOP 循环
     FETCH cursor_depart INTO row_depart;           -- 检索游标
     EXIT WHEN cursor_depart%NOTFOUND;              -- 当游标无返回记录时退出循环
     DBMS_OUTPUT.PUT_LINE('[ 第 '||cursor_depart%ROWCOUNT||' 行 ] 编号：'
        ||row_depart.id||', 名称：'||row_depart.d_name||', 上级编号：'||row_depart.parent_id);
  END LOOP;
  CLOSE    cursor_depart;                           -- 关闭游标
END;
```

在使用 OPEN 打开 cursor_depart 游标之后，为了获取结果集中的所有行使用 LOOP 循环遍历结果集。每遍历一次就检索一次输出结果，直到无记录时返回。

最后输出结果如下：

```
[ 第 1 行 ] 编号：1，名称：财务部，上级编号：0
[ 第 2 行 ] 编号：2，名称：城区部，上级编号：0
[ 第 3 行 ] 编号：3，名称：党群工作部，上级编号：0
[ 第 4 行 ] 编号：4，名称：人力部，上级编号：0
[ 第 5 行 ] 编号：5，名称：市场经营部，上级编号：0
[ 第 6 行 ] 编号：6，名称：综合部，上级编号：0
[ 第 7 行 ] 编号：7，名称：集团部，上级编号：0
【第 8 行】编号：8，名称：东区万达，上级编号：2
[ 第 9 行 ] 编号：9，名称：中心一部，上级编号：2
[ 第 10 行 ] 编号：10，名称：运维部，上级编号：0
```

10.5.7 实践案例：FOR 循环游标

使用 FOR 语句也可以循环游标，而且在这种情况下不需要手动打开和关闭游标，也不需要手动判断游标是否还有返回记录，而且在 FOR 语句中设置的循环变量本身就存储了当前检索记录的所有列值，因此也不再需要定义变量存储记录值。其语法格式如下：

```
FOR record_name IN cursor_name LOOP
    statement1;
    statement2;
END LOOP;
```

语法说明如下。
- cursor_name：表示已经定义的游标名。
- record_name：表示 Oracle 隐式定义的记录变量名。

当使用游标 FOR 循环时，在执行循环体内容之前，Oracle 会隐式地打开游标，并且每循环一次检索一次数据，在检索所有数据之后，会自动退出循环并隐式地关闭游标。

⚠️ **注意**

使用 FOR 循环时，不能对游标进行 OPEN、FETCH 和 CLOSE 操作。如果游标包含输入参数，则只能使用该参数的默认值。

【例 10-42】

下面以显示 departs 表中编号 2 下所有子部门信息为例，说明如何使用 FOR 循环遍历游标。具体代码如下：

```
DECLARE
    CURSOR cursor_depart
IS
    SELECT * FROM departs WHERE parent_id=2;              -- 声明游标
BEGIN
    FOR row_depart IN cursor_depart LOOP
      EXIT WHEN cursor_depart%NOTFOUND;
      DBMS_OUTPUT.PUT_LINE('[ 第 '||cursor_depart%ROWCOUNT||' 行 ] 编号：'
          ||row_depart.id|| '，名称：'||row_depart.d_name||'，上级编号：'||row_depart.parent_id);
    END LOOP;
END;
```

由于使用的是 FOR 循环遍历游标，所以打开游标、检索游标和关闭游标都会由 FOR 循环自动完成。最后输出结果如下：

```
[ 第 1 行 ] 编号：8，名称：东区万达，上级编号：2
[ 第 2 行 ] 编号：9，名称：中心一部，上级编号：2
```

🔊 10.5.8 游标属性

游标属性反映了当前游标的状态。游标属性对于 PL/SQL 编程有着极为重要的作用，如逻辑判断等都可以使用游标属性。游标的常用属性有 4 个，即 %ISOPEN 属性、%FOUND 属性、%NOTFOUND 属性和 %ROWCOUNT 属性。

1. %ISOPEN 属性

%ISOPEN 属性主要用于判断游标是否打开，在使用游标时如果不能确定游标是否已经打开，可以使用该属性。使用 %ISOPEN 属性的示例代码如下：

```
DECLARE
    CURSOR cursor_emp IS SELECT * FROM employees;
BEGIN
  /* 对游标 cursor_emp 的操作 */
  IF cursor_emp%ISOPEN THEN                -- 如果游标已经打开，即关闭游标
    CLOSE cursor_emp;
  END IF;
END;
```

2. %FOUND 属性

%FOUND 属性主要用于判断游标是否找到记录，如果找到记录用 FETCH 语句提取游标数据；否则关闭游标。使用 %FOUND 属性的示例代码如下：

```
DECLARE
   CURSOR cursor_emp IS SELECT * FROM employees;
   row_emp employees%ROWTYPE;
BEGIN
   OPEN cursor_emp;                        -- 打开游标
   WHILE cursor_emp%FOUND LOOP             -- 如果找到记录，开始循环检索数据
     FETCH cursor_emp INTO row_emp;
     /* 对游标 cursor_emp 的操作 */
   END LOOP;
   CLOSE cursor_emp;                       -- 关闭游标
END;
```

3. %NOTFOUND 属性

%NOTFOUND 与 %FOUND 属性恰好相反，如果检索到数据，则返回值为 FALSE；如果没有检索到数据，则返回值为 TRUE。使用 %NOTFOUND 属性的示例代码如下：

```
DECLARE
   CURSOR cursor_emp IS SELECT * FROM employees;
   row_emp employees%ROWTYPE;
BEGIN
   OPEN cursor_emp;                        -- 打开游标
   LOOP
     FETCH cursor_emp INTO row_emp;
     /* 对游标 cursor_emp 的操作 */
     EXIT WHEN cursor_emp%NOTFOUND;        -- 如果没有找到下一条记录，退出 LOOP
   END LOOP;
   CLOSE cursor_emp;                       -- 关闭游标
END;
```

4. %ROWCOUNT 属性

%ROWCOUNT 属性用于返回到当前为止已经检索到的实际行数。使用 %ROWCOUNT
属性的示例代码如下：

```
DECLARE
    CURSOR cursor_emp IS SELECT * FROM employees;
    row_emp employees%ROWTYPE;
BEGIN
    OPEN cursor_emp;                              -- 打开游标
    LOOP
        FETCH cursor_emp INTO row_emp;            -- 检索数据
        EXIT WHEN cursor_emp%NOTFOUND;
    END LOOP;
    DBMS_OUTPUT.PUT_LINE(' 检索到的行数：'||cursor_emp%ROWCOUNT);
    CLOSE cursor_emp;                             -- 关闭游标
END;
```

10.5.9　游标变量

游标变量指向多行查询结果集的当前行。游标与游标变量是不同的，就像常量和变量的
关系一样，游标是由用户定义的显式游标和隐式游标，都与固定的查询语句相关联，所有游
标都是静态的，而游标变量是动态的，因为它不与特定的查询绑定在一起。游标变量有点像
指向记录集的一个指针，游标变量也可以使用游标的属性。

1. 声明游标变量

在使用游标变量之前，需要先声明游标变量。定义游标变量类型的语法格式如下：

```
TYPE cursor_variable_type IS REF CURSOR[RETURN return_type];
```

其中，return_type 是一个用来记录返回内容的变量。如果该变量有返回值，那么就为强
类型；否则就为弱类型。

游标的变量声明首先需要声明一个 REF CURSOR（游标变量）类型，用来存储查询结果
集。当 REF CURSOR（游标变量）类型定义好之后就可以声明游标变量了。

⚠️ 注意

> 当声明的游标变量是弱类型时，系统不会对返回的记录集合进行类型检查，一旦类型不匹配
> 就会产生异常。建议定义强类型的游标变量。

【例 10-43】

声明一个游标变量类型 depart_type，用来表示从 departs 表中查询的记录集，
语句如下：

Oracle 12c 数据库

```
DECLARE
    TYPE depart_type
IS
    REF CURSOR RETURN departs%ROWTYPE;
    temp_depart_type departs%ROWTYPE;
BEGIN
    NULL;
END;
```

2. 操作游标变量

游标变量的操作也需要打开、操作和关闭等步骤。使用 OPEN...FOR 语句与一个查询语句相关联，并打开游标变量，但是不能使用 OPEN...FOR 语句打开已经打开的游标变量。操作游标变量则使用 FETCH 语句从记录集合中提取数据，当所有的操作完成后，使用 CLOSE关闭游标变量。其中，OPEN 语句的格式如下：

```
OPEN cursor_variable FOR SELECT;
```

⚠️ **注意**

如果使用 OPEN...FOR 语句打开不同的查询语句，当前的游标变量所包含的查询语句将会丢失。

【例 10-44】

假设要从 departs 表中获取编号 2 下所有子部门信息，使用游标变量的实现代码如下：

```
DECLARE
    TYPE depart_type                                          -- 声明游标类型
IS
    REF CURSOR RETURN departs%ROWTYPE;
    temp_depart_type departs%ROWTYPE;
    cur_depart depart_type;                                   -- 定义游标变量
BEGIN
    IF NOT cur_depart%ISOPEN THEN                             -- 判断游标是否打开
        OPEN cur_depart FOR SELECT * FROM departs WHERE parent_id=2;  -- 打开游标
    END IF;
    LOOP
        FETCH cur_depart INTO temp_depart_type;               -- 提取数据
        EXIT WHEN cur_depart%NOTFOUND;
        DBMS_OUTPUT.PUT_LINE('[ 第 '||cur_depart%ROWCOUNT||' 行 ] 编号：'||temp_depart_type.id
            ||'，名称：'||temp_depart_type.d_name||'，上级编号：'||temp_depart_type.parent_id);
        END LOOP;
    CLOSE cur_depart;                                         -- 关闭游标变量
END;
```

上面的语句定义了一个游标变量类型 depart_type，返回类型与 departs 表结构相同；然后定义了一个 depart_type 类型的游标变量 cur_depart。使用 OPEN...FOR 语句从 departs 表中执行查询；然后使用 LOOP 语句循环遍历，最后关闭游标变量。

 ## 10.6 实践案例：使用游标更新和删除数据

使用游标不仅可以逐行地遍历 SELECT 的结果集，而且还可以更新或删除当前游标行的数据。注意，如果要通过游标更新或删除数据，在定义游标时必须要带有 FOR UPDATE 子句，语法格式如下：

```
CURSOR   cursor_name   IS   SELECT … FOR UPDATE;
```

在检索游标数据之后，为了更新或删除当前游标行数据，必须在 UPDATE 或 DELETE 语句中引用 WHERE CURRENT OF 子句。语法格式如下：

```
UPDATE table_name SET column=… WHERE CURRENT OF cursor_name;
DELETE table_name WHERE CURRENT OF cursor_name;
```

假设要实现从部门信息表 departs 查询出编号大于 5 的部门信息，并且要求如果上级部门编号为 0 则修改为 1。

如果不使用游标，查询可用以下的语句：

```
SELECT id,d_name,parent_id FROM departs WHERE id>5;
```

更新顾客的余额可用以下语句：

```
UPDATE departs SET parent_id=1 WHERE id>5 AND parent_id=0;
```

现在使用游标完成遍历和更新操作，具体实现代码如下：

```
DECLARE
    CURSOR cursor_depart
IS
    SELECT * FROM departs WHERE id>5
    FOR UPDATE;                              -- 声明游标，注意这里的 FOR UPDATE 是必需的
    temp_depart departs%ROWTYPE;             -- 定义变量
BEGIN
    OPEN cursor_depart;                      -- 打开游标
    LOOP
      FETCH cursor_depart INTO temp_depart;            -- 检索游标
      EXIT WHEN cursor_depart%NOTFOUND;
        DBMS_OUTPUT.PUT_LINE(' 编号：'||temp_depart.id||', 名称：'||temp_depart.d_name
                    ||', 上级部门编号：'||temp_depart.parent_id);
        IF temp_depart.parent_id=0 THEN               -- 判断当前的记录是否满足更新条件
      -- 如果满足就对 parent_id 列执行增加更新操作，注意 WHERE 条件
```

```
              UPDATE departs SET parent_id=1 WHERE CURRENT OF cursor_depart;
        END IF;
    END LOOP;
    CLOSE cursor_depart;                                    -- 关闭游标
END;
```

上述可更新游标与普通游标的使用过程相同。但是要注意两点：首先是可更新游标声明时必须添加 FOR UPDATE 关键字；另一点是在 UPDATE 语句中必须使用 WHERE CURRENT OF 子句。

执行后的输出结果如下：

```
编号：6，名称：综合部，上级部门编号：0
编号：7，名称：集团部，上级部门编号：0
编号：8，名称：东区万达，上级部门编号：2
编号：9，名称：中心一部，上级部门编号：2
编号：10，名称：运维部，上级部门编号：0
```

再次从 departs 查询出编号大于 5 的部门信息，使用的语句及执行结果如下：

```
SQL> SELECT id,d_name,parent_id FROM departs WHERE id>5;
```

ID	D_NAME	PARENT_ID
6	综合部	1
7	集团部	1
8	东区万达	2
9	中心一部	2
10	运维部	1

将上述输出结果与游标输出结果进行对比，会发现编号为 6、7 和 10 的 parent_id 列发生了变化，这也说明游标执行成功。

假设希望在使用游标遍历 departs 表所有信息的同时删除 parent_id 列为 0 的信息。可使用以下语句：

```
DECLARE
    CURSOR cursor_depart
IS
    SELECT * FROM departs
    FOR UPDATE;
    temp_depart departs%ROWTYPE;
BEGIN
    OPEN cursor_depart;
    LOOP
      FETCH cursor_depart INTO temp_depart;
```

```
        EXIT WHEN temp_depart%NOTFOUND;
            DBMS_OUTPUT.PUT_LINE(' 编号：'||temp_depart.id|| '，名称：'||temp_depart.d_name||',
上级部门编号：'||temp_depart.parent_id);
            IF temp_depart.parent_id=0 THEN
                DELETE FROM departs    WHERE CURRENT OF cursor_depart;
            END IF;
        END LOOP;
        CLOSE cursor_depart;
END;
```

 ## 10.7　使用事务

事务用于保证数据的一致性，它由一组相关的数据操作语句组成，该组操作语句要么全部成功，要么全部失败。例如，网上转账就是典型的使用事务进行处理的示例，用以保证数据的一致性。

10.7.1　事务概述

对一组 SQL 语句操作构成事务，数据库操作系统必须确保这些操作的 ACID 特性，即原子性、一致性、隔离性和持久性。

1. 原子性（Atomicity）

事务的原子性是指事务中包含的所有操作要么全做，要么不做，也就是说，所有的活动在数据库中要么全部反映，要么全部不反映，以保证数据库的一致性。例如，一个用户在 ATM 机前取款，其操作流程如下。

01 登录 ATM 机平台，验证密码。

02 从远程银行的数据库中取得账户的信息。

03 用户在 ATM 机上输入想要提取的金额。

04 从远程银行的数据库中更新账户信息。

05 ATM 机出款。

06 用户取钱。

整个取款的操作过程应该视为原子操作，要么都做，要么都不做。不能出现用户钱未从 ATM 机上取得而银行卡上的钱已经被扣除的情况。通过事务模型，可以保证该操作的原子性。

2. 一致性（Consistency）

事务的一致性是指数据库在事务操作前和事务处理后，其中数据必须满足业务的规则约束。例如，A 账户和 B 账户的总金额在转账前和转账后必须一致，其中的不一致必须是短暂的，在事务提交前才会出现。

3. 隔离性（Isolation）

隔离性是指数据库允许多个并发的事务同时对其中的数据进行读写或修改的能力，隔离性可以防止多个事务并发执行时，由于它们的操作命令交叉执行而导致数据的不一致性。例如，在 A 账户和 B 账户转账时，C 同时向 A 转账，如果同时进行，则 A 和 B 之间的一致性不能得到满足。因此，在 A 和 B 事务执行过程中，其他事务不能访问或修改当前相关的数值。

4. 持久性（Durability）

事务的持久性是指在事务处理结束后，它对数据的修改应该是永久的。即使是系统在遇到故障的情况下也不会丢失，这是数据的重要性所决定的。

10.7.2 事务控制

Oracle 中的一个重要概念就是没有 "开始事务处理" 的语句。用户不能显式开始一个事务处理。事务处理会隐式地开始于第一条修改数据的语句，或者一些要求事务处理的场合。使用 COMMIT 或者 ROLL BACK 语句将会显式终止事务处理。

1. 设置事务属性

虽然事务的开始是隐式声明的，但是可以设置事务属性（如事务的隔离），设置事务属性可以用来完成以下工作。

① 指定事务的隔离。

② 指定回滚事务时所使用的存储空间。

③ 命名事务。

设置事务属性时，SET TRANSACTION 语句必须是事务处理中使用的第一个语句。也就是说，必须在任何 INSERT、UPDATE 或 DELETE 语句，以及任何其他可以开始事务处理的语句之前使用它。SET TRANSACTION 的作用域只是当前的事务处理，并在事务终止后自动失效。

以下代码使用 SET TRANSACTION 设置事务的隔离级别：

```
SET TRANSACTION ISOLACTION LEVEL SERIALIZABLE
```

2. 设置约束延期性

Oracle 中的约束可以在语句执行后立即生效，也可以延迟到事务处理提交时才生效。SET CONSTRAINT 语句可以让开发人员在事务处理中设置延迟约束的强制模式。语法格式如下：

```
SET CONSTRAINT ALL | <constraint_name> DEFERRED | IMMEDIATE
```

上述语法可以选择要延迟的约束名，也可以使用 ALL 关键字延期所有的约束。DEFERRED 表示延期，IMMEDIATE 表示应用。

如果要使用延期的约束，那么必须在创建时进行说明：

```
ALTER TABLE t1 ADD CONSTRAINT <constraint_name> DEFERRABLE INITIALLY IMMEDIATE
```

3. 存储点

由于事务太大，一次回滚会对系统造成很大的压力。而且有时在某一段特定的代码附近会很容易发生错误而回滚，这时开发人员可以在需要的地方设置一个存储点。设置存储点后，可以在操作数据发生错误时回滚到指定的存储点，而节省不必要的开销。

存储点的创建语法格式如下：

```
SAVEPOINT <savepoint_name>;
```

存储点的使用语法格式如下：

```
ROLLBACK TO [SAVEPOINT] <savepoint_name>
```

4. 结束事务

执行以下几种操作可以将事务结束。

① 使用 COMMIT 提交事务，数据被永久保存。使用 COMMIT 提交事务时会生成一个唯一的系统变化号（SCN）保存到事务表。

② 使用 ROLLBACK 回滚事务（不包括回滚到存储点）。

③ 执行数据定义语句时，结束默认 COMMIT。

④ 用户断开连接，此时事务自动 COMMIT。

⑤ 进程意外中止，此时事务自动 ROLLBACK。

10.7.3 使用事务

在前面两小节简单地了解了事务的特性以及与事务相关的语句，本小节通过一个简单的范例进一步了解和使用事务。

【例 10-45】

对 student 表进行操作，在 student 表中插入数据，然后分别执行提交和回滚操作。实现步骤如下。

01 使用 INSERT 语句向 student 表中插入两条数据，插入数据后使用 COMMIT 进行提交。在执行 INSERT 操作之前，首先使用 SELECT 语句查看 student 表中的全部数据，在 SQL Plus 中的执行过程如图 10-6 所示。可以看出，student 表中只存在 1 条数据。如果插入数据并提交成功，那么将存在 3 条数据。

02 继续使用 INSERT 语句向 student 表中插入单条数据，执行 SELECT 语句后回滚数据，如图 10-7 所示。从图 10-7 中可以看出，在回滚数据之前查询出来的数据结果有 4 条。

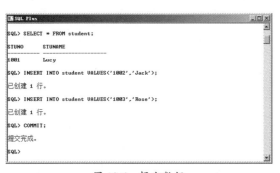

图 10-6 提交数据

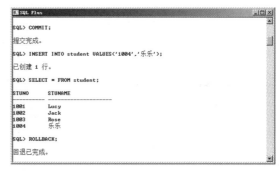

图 10-7 回滚数据

03 使用 ROLLBACK 回滚操作之后再次执行 SELECT 语句，如图 10-8 所示。从图 10-8 中可以看出，最终的查询结果只有 3 条，这是因为上个步骤插入的数据被回滚。

图 10-8 student 表中的数据

10.7.4 实践案例：更新账户余额

在事务中使用 ROLLBACK 可以取消整个事务，但是也可以在事务中使用语句进行部分确认。Oracle 允许开发人员在当前事务中设置保存点，从设置的保存点开始，如果使用 ROLLBACK 命令，那么系统将会回到保存点时的状态，而在保存点之前将会得到确认。

本次实践案例将事务中的常用语句结合起来更新账户余额信息。步骤如下：

01 查询 account 表中 accno 列的值为"No1000003"的记录。使用的语句和查询结果如下：

```
SELECT * FROM account WHERE accno='No1000003';
ACCNO                    ACCNAME                      BANLANCE
-------------------------------------------------------- ----------------------------
No1000003                Jack                         3000
```

02 使用 UPDATE 语句更新上述记录，将 banlance 列的值更改为 33000。语句如下：

```
UPDATE account SET banlance=33000 WHERE accno='No1000003';
```

03 设置保存点，语句如下：

```
SAVEPOINT save_it;
```

04 使用 DELETE 语句删除 accno 列的值为"No1000003"的记录。语句如下：

```
DELETE FROM account WHERE accno='No1000003';
```

05 使用 ROLLBACK 回滚到保存点，语句如下：

```
ROLLBACK TO SAVEPOINT save_it;
```

06 使用 COMMIT 提交事务，语句如下：

```
COMMIT;
```

07 重新执行 SELECT 语句查询 accno 列的值为"No1000003"的记录。使用的语句及查询结果如下：

```
SELECT * FROM account WHERE accno='No1000003';
ACCNO                    ACCNAME                      BANLANCE
-------------------------------------------------------- ----------------------------
No1000003                Jack                         33000
```

从上述执行结果可以看出，已经成功地将"No1000003"账号的卡上余额从 3000 更改为 33000。虽然第（4）步通过 DELETE 语句删除"No1000003"账号，但是第（5）步又使用 ROLLBACK 回滚到保存点，因此只是执行 UPDATE 操作，而不执行 DELETE 操作。

试一试

由于第（6）步执行 COMMIT 操作，因此在保存点 save_it 之前的更改会全部更新。如果将第（6）步的 COMMIT 更改为 ROLLBACK，那么所有的更改都不会被接受，保存点 save_it 前的更改也撤销。感兴趣的读者可以亲自动手进行更改并进行查看，这里不再显示效果图。

10.8 使用锁

Oracle 数据库是一个多用户使用的共享资源。当多个用户并发地存取数据时，在数据库中就会产生多个事务同时存取同一数据的情况。如果对并发操作不加控制就可能会读取和存储不正确的数据，破坏数据库的一致性。

锁是防止在两个或多个事务操作同一个数据源（表或行）时交互破坏数据的一种机制。Oracle 采用封锁技术保证并发操作的可串行性，下面简单了解 Oracle 的数据锁。

10.8.1 锁的分类

Oracle 提供多粒度封锁机制，根据保护对象的不同，Oracle 数据库锁可以分为以下几类。
① 数据锁也称 DML 锁，用于保护数据的完整性。
② 字典锁也称 DDL 锁，用于保护数据库对象的结构（如视图、表和索引的结构定义等）。
③ 内部锁与闩保护内部数据库结构。
④ 分布式锁用于 OPS（并行服务器）中。
⑤ 并行高速缓存管理锁用于 OPS（并行服务器）中。

Oracle 中最主要的锁是数据锁。数据锁的目的在于保证并发情况下的数据完整性。Oracle 数据库主要提供 5 种数据锁，即共享锁、排它锁、行级锁、行级排它锁和共享行级排它锁。

1. 共享锁（Share Table Lock，简称 S 锁）

共享锁的加锁语法格式如下：

```
LOCK TABLE Tablename IN SHARE MODE;
```

一个共享锁由一个事务控制，仅允许其他事务查询被锁定的表。一个有效的共享锁明确地用 SELECT... FOR UPDATE 形式锁定行，或执行上述语法代码锁定整个表，不允许被其他事务更新。允许多个事务在同一个表上加共享锁，这种情况下不允许在该表上加锁的事务更新表。

一个共享锁由一个事务来控制，防止其他事务更新该表或执行下面的语句：

```
LOCK TABLE TableName IN SHARE ROW EXCLUSIVE MODE;
LOCK TABLE TableName IN ROW EXCLUSIVE MODE;
```

2. 排它锁（Exclusive Table Lock，简称 X 锁）

排它锁是在锁机制中限制最多的一种锁类型，允许加排它锁的事务独自控制对表的写权限。在一个表中只能有一个事务对该表实行排它锁，排它锁仅允许其他的事务查询该表。定义排它锁的语法格式如下：

```
LOCK TABLE TableName IN EXCLUSIVE MODE;
```

拥有排它锁的事务禁止其他事务执行其他任何 DML 类型的语句或在该表上加任何其他类型的锁。

3. 行级锁（Row Share Table Lock，简称 RS 锁）

行级锁在锁类型中是限制最少的，也是在表的并发程序中使用程度最高的。一个行级锁

Oracle 12c 数据库

需要该事务在被锁定行的表上用 UPDATE 的形式加锁。当有下面语句被执行的时候行级锁自动加在操作的表上：

```
SELECT ... FROM TableName...FOR UPDATE OF ...;
LOCK TABLE TableName IN ROW SHARE MODE;
```

行级共享锁由一个事务控制，允许其他事务查询、插入、更新、删除或同时在同一张表上锁定行。因此，其他事务可以同时在同一张表上得到行级锁、共享行级排它锁、行级排它锁、排它锁。但是需要注意的是，拥有行级锁的事务不允许其他事务执行排它锁。

4. 行级排它锁（Row Exclusive Table Lock，简称 RX 锁）

行级排它锁比行级锁稍微多一些限制，它通常需要事务拥有的锁在表上被更新一行或多行。当有下面语句被执行的时候行级排它锁被加在操作的表上：

```
INSERT INTO TableName... ;
UPDATE TableName. ...;
DELETE FROM TableName... ;
LOCK TABLE TableName IN ROW EXCLUSIVE MODE;
```

5. 共享行级排它锁（Share Row Exclusive Table Lock，简称 SRX 锁）

共享行级排它锁比共享锁有更多限制。它仅允许一个事务在某一时刻得到行级排它锁。拥有行级排它锁事务允许其他事务在被锁定的表上执行查询或使用 SELECT ...FROM TableName FOR UPDATE 来准确地锁定行而不能更新行。定义共享行级排它锁的语法格式如下：

```
LOCK TABLE TableName IN SHAREROW EXCLUSIVE MODE;
```

禁止的操作：拥有行级排它锁的事务不允许其他事务有除共享锁外的其他形式的锁加在同一张表上或更新该表，即下面的语句是不被允许的：

```
LOCK TABLE TableName IN SHARE MODE;
LOCK TABLE TableName IN SHARE ROW EXCLUSIVE MODE;
LOCK TABLE TableName IN ROW EXCLUSIVE MODE;
LOCK TABLE TableName IN EXCLUSIVE MODE;
```

提示

当两个用户希望持有对方的资源时会发生死锁现象。但是 Oracle 中的死锁问题很少见，如果发生，基本上都是不正确的程序设计造成的，经过调整后基本上都会避免死锁的发生，因此这里不再详细介绍死锁。

10.8.2 锁的查询语句

开发人员可以执行 SELECT 语句查询数据库中锁，查询被锁的对象和查询数据库正在等待锁的进程等，本节简单介绍几种语句。

1. 查询数据库中的锁

查询数据库中的锁时需要利用 v$lock 视图，该视图列出系统中的所有锁。代码如下：

```
SELECT * FROM v$lock;
```

可以在 SELECT 语句之后跟 WHERE 子句，根据指定的条件进行查询。以下代码查询 block 列的值为 1 时的全部记录：

```
SELECT * FROM v$lock WHERE block=1;
```

block 表示是否阻塞其他会话锁申请。取值为 1 时表示阻塞，取值为 0 时表示不阻塞。

2. 查询被锁的对象

查询被锁的对象时需要利用 v$locked_object 视图，该视图只包含 DML 的锁信息，包括回滚段和会话信息。代码如下：

```
SELECT * FROM v$locked_object;
```

3. 查询阻塞

查询阻塞包括查询被阻塞的会话和查询阻塞级别的会话锁。使用以下代码查询被阻塞的会话：

```
SELECT * FROM v$lock WHERElmode=0 and type in ('TM','TX');
```

使用以下代码查询阻塞级别的会话锁：

```
SELECT * FROM v$lock WHERE lmode>0 and type in ('TM','TX');
```

4. 查询数据库正在等待锁的线程

v$session 用于查询会话的信息和锁的信息。可以使用该视图查询数据库正在等待锁的线程：

```
SELECT * FROM v$session WHERE lockwait IS NOT NULL;
```

5. 查询会话之间锁等待的关系

使用以下代码查询会话之间锁等待的关系：

```
SELECT a.sid holdsid,b.sid waitsid,a.type,a.id1,a.id2,a.ctime FROM v$lock a,v$lock bWHERE a.id1=b.id1 AND
 a.id2=b.id2 AND a.block=1 AND b.block=0;
```

6. 查询锁等待事件

v$session_wait 视图查询等待的会话信息。可以使用以下代码查询锁等待事件：

```
SELECT * FROM v$session_wait WHERE event='enqueue';
```

10.9 练习题

1. 填空题

（1）Oracle 数据库提供 _____ 函数连接两个字符串。
（2）集合类型包括索引表、嵌套表和 _____ 3 种类型。
（3）对于游标的操作，主要有声明游标、打开游标、_____ 和关闭游标。
（4）数据库事务的回滚使用 _____ 语句。
（5）使用 _____ 语句可以删除开发人员自定义的函数。

2. 选择题

（1）以下（ ）函数是表示求平均值。

A．AVG()

B．COUNT()

C．SUM()

D．STDDEV()

（2）下面不属于 PL/SQL 集合类型的是（　　　）。

A．关联数组

B．嵌套表

C．变长数组

D．哈希表

（3）元素个数没有限制，并且下标可以为负值，这属于 Oracle 中的（　　　）类型。

A．索引表

B．嵌套表

C．可变数组

D．集合

（4）使用游标变量时，（　　　）属性可以判断游标是否打开。

A．%ISOPEN

B．%FOUND

C．%NOTFOUND

D．%ROWCOUNT

（5）（　　　）需要该事务在被锁定行的表上用 UPDATE 的形式加锁。

A．行级排它锁

B．行级锁

C．排它锁

D．共享锁

3. 上机练习

作业：查询手机相关信息

假设存在电器商城管理系统数据库中有一个手机信息表，包含的列有编号 Pno、名称 Pname、分类性质 Ptype、价格 Pprice、进货日期 Ptime 和过期时间 Pdate。对该表完成以下查询操作。

①查询出表中的最大价格。

②查询同一种分类的平均价格。

③使用聚合函数查询表中共有几条数据。

④将表中的大写数据转换为小写。

⑤使用游标实现价格大于 100 的上涨 1%。

⑥对表进行插入和事务提交，查看结果。

⑦删除表中的一行数据，回滚事务，使用查询语句查看结果。

第11章
管理数据库对象

表是最基本的 Oracle 数据库对象。此外，在 Oracle 数据库中还有包、序列、同义词、索引和视图等对象。因此，对数据库的操作可以基本归结为对数据对象的操作，在实际开发项目的过程中，使用这些数据库对象非常重要，理解和掌握 Oracle 数据库对象是学习 Oracle 的捷径。

本章将详细介绍 Oracle 数据库中常用的对象，即包、序列、同义词、索引和视图以及伪列。

本章学习要点

◎ 熟悉常用的系统包
◎ 掌握包声明和主体的定义
◎ 熟悉包的使用
◎ 掌握序列的使用
◎ 理解不同类型索引的作用
◎ 掌握索引的创建、合并和删除
◎ 了解视图的概念
◎ 掌握视图的创建和使用
◎ 掌握伪列的使用
◎ 了解 FETCH 子句的使用

11.1   包

在 Oracle 中包作为一个完整的单元存储在数据库中，用名称来标识包。在包中可以包含变量、常量、存储过程、函数和游标等元素。使用包可以按功能进行模块化，从而简化程序的开发和维护，提高系统执行性能。

11.1.1   包简介

包类似于 C# 和 Java 语言中的类，其中变量相当于类中的成员变量，存储过程和函数相当于类的方法。一个包由以下两个分开的部分组成。

● 包声明。包声明部分定义包内的数据类型、变量、常量、函数、游标、存储过程和异常错误处理等元素，这些元素为包的公有元素。
● 包主体。包主体则是包声明部分的具体实现，包括游标、函数和存储过程，在包主体中还可以声明包的私有元素。

包的这两部分在 Oracle 中是分开编译，并作为两个对象分别存放在数据库字典中。可通过数据字典 user_source、all_source 和 dba_source 分别了解包声明与包主体的详细信息。

1. 简化应用程序设计

包的声明部分和包主体部分可以分别创建和编译。主要体现在以下 3 个方面。

（1）可以在设计一个应用程序时只创建和编译程序包的声明部分，然后再编写引用该程序包的 PL/SQL 块。

（2）当完成整个应用程序的整体框架后，再回来定义包主体部分。只要不改变包的声明部分，就可以单独调试、增加或替换包主体的内容，这不会影响其他的应用程序。

（3）更新包的说明后必须重新编译引用包的应用程序，但更新包主体则不需要重新编译引用包的应用程序，以快速进行应用程序的原型开发。

2. 模块化

可将逻辑相关的 PL/SQL 块或元素等组织在一起，用名称来唯一标识包。通常将一个大的功能模块划分为若干个功能模块，分别完成各自的功能。这样组织的包都易于编写，易于理解，更易于管理。

3. 信息隐藏

包中的程序元素分为公有元素和私有元素两种，这两种元素的区别是它们允许访问的程序范围不同，即它们的作用域不同。公有元素不仅可以被包中的函数、存储过程所调用，也可以被包外的 PL/SQL 程序访问，而私有元素只能被包内的函数和存储过程所访问。对于用户，只需知道包的说明，不用了解包主体的具体细节。

4. 效率高

在应用程序第一次调用包中的某个元素时，Oracle 将把整个包加载到内存中，当第二次访问程序包中的元素时，Oracle 将直接从内存中读取，而不需要进行磁盘 I/O 操作而影响速度。同时位于内存中的包可被同一会话期间的其他应用程序共享。因此，包增加了重用性并改善了多用户、多应用程序环境的效率。

11.1.2   系统预定义包

系统预定义包是指 Oracle 系统事先创建好的包，它扩展了 PL/SQL 功能。所有的系统预定义包都以 DBMS 或 UTL 开头，可以在 PL/SQL、Java 或其他程序设计环境中调用。表 11-1 列举了一些常见的 Oracle 系统预定义包。

表 11-1　常见的 Oracle 系统预定义包

包 名 称	说　明
DBMS_ALERT	用于当数据改变时，使用触发器向应用发出警告
DBMS_DDL	用于访问 PL/SQL 中不允许直接访问的 DDL 语句
DBMS_Describe	用于描述存储过程与函数 API
DBMS_Job	用于作业管理
DBMS_Lob	用于管理 BLOB、CLOB、NCLOB 与 BFILE 对象
DBMS_OUTPUT	用于 PL/SQL 程序终端输出
DBMS_PIPE	用于数据库会话使用管道通信
DBMS_SQL	用于在 PL/SQL 程序内部执行动态 SQL
UTL_FILE	用于 PL/SQL 程序处理服务器上的文本文件
UTL_HTTP	用于在 PL/SQL 程序中检索 HTML 页
UTL_SMTP	用于支持电子邮件特性
UTL_TCP	用于支持 TCP/IP 通信特性

　　DBMS_OUTPUT 包是在 Oracle 开发过程中最常用的一个包，因此这里重点介绍 DBMS_OUTPUT 包的使用。使用 DBMS_OUTPUT 包可以从存储过程、包或触发器发送信息。Oracle 推荐在调试 PL/SQL 程序时使用该程序包，不推荐使用该包来做报表输出或其他格式化输出之用。

　　在 DBMS_OUTPUT 包中最常用的有以下元素。

- disable 存储过程，禁用消息输出。
- enable 存储过程，启用消息输出。
- get_line 存储过程，从 buffer（缓冲区）中获取单行信息。
- get_lines 存储过程，从 buffer 中获取信息数组。
- new_line 存储过程，结束现有 PUT 过程所创建的一行。
- put 存储过程，将一行信息放到 buffer 中。
- put_line 存储过程，将部分行信息放到 buffer 中。

【例 11-1】

消息输出的禁用与启用，代码如下：

```
BEGIN
    DBMS_OUTPUT.enable;
    DBMS_OUTPUT.put_line(' 此行信息可以正常输出 ');
    DBMS_OUTPUT.disable;
    DBMS_OUTPUT.put_line(' 此行信息无法正常输出 ');
END;
```

　　当使用 DBMS_OUTPUT.enable 时将会开启缓冲区，所以之后的 DBMS_OUTPUT.put_line 会将数据输出到缓冲区显示。而调用 DBMS_OUTPUT.disable 时将会禁用缓冲区，此时所有输出内容都不会显示，一直持续到下次打开缓冲区。

【例 11-2】

使用 put 向缓冲区中输出内容，代码如下：

```
BEGIN
    DBMS_OUTPUT.enable;                          -- 启用缓冲区
    DBMS_OUTPUT.put(' 我正在学习 ');    -- 输出内容，不会显示
    DBMS_OUTPUT.put('Oracle');                   -- 输出内容，不会显示
    DBMS_OUTPUT.put(' 数据库 ');                 -- 输出内容，不会显示
    DBMS_OUTPUT.new_line;                        -- 显示缓冲区的内容，输出 " 我在学习 Oracle 数据库 "
    DBMS_OUTPUT.put(' 这本书真的不错 ');
    DBMS_OUTPUT.new_line;                        -- 显示缓冲区的内容，输出 " 这本书真的不错 "
    DBMS_OUTPUT.put('Hello Oracle');    -- 此行不会输出
END;
```

上述语句中共调用了 5 次 put 向缓冲区中输出内容，前 3 个 put 保存在缓冲区中的数据直到 new_line 被调用后才会输出到控制台，而最后一个 put 由于没有执行 new_line，所以不会显示到控制台。

【例 11-3】

假设 get_line 存储过程用于从缓冲区中获取单行数据。该存储过程需要两个参数，第一个是保存数据的变量，通常为 varchar2 数据类型；第二个是调用后的返回值，如果成功则返回 0，否则返回 1。

下面的示例向缓冲区保存了 3 行数据，之后分别调用 get_line 获取这些数据并输出：

```
DECLARE
    str1 varchar2(100);
    str2 varchar2(100);
    str3 varchar2(100);
    status varchar2(100);
BEGIN
    DBMS_OUTPUT.put('Hello Oracle');
    DBMS_OUTPUT.new_line;
    DBMS_OUTPUT.enable;
    DBMS_OUTPUT.put(' 我正在学习 Oracle 数据库 ');
    DBMS_OUTPUT.new_line;
    DBMS_OUTPUT.put(' 这本书真的不错 ');
    DBMS_OUTPUT.new_line;
    DBMS_OUTPUT.get_line(str1,status);
    DBMS_OUTPUT.get_line(str2,status);
    DBMS_OUTPUT.get_line(str3,status);
    DBMS_OUTPUT.put_line(' 第一行数据：'||str1);
    DBMS_OUTPUT.put_line(' 第二行数据：'||str2);
    DBMS_OUTPUT.put_line(' 第三行数据：'||str3);
END;
```

执行结果如下：

```
第一行数据：Hello Oracle
第二行数据：我正在学习 Oracle 数据库
第三行数据：这本书真的不错
```

【例 11-4】

假设 get_lines 存储过程用于获取缓冲区中全部内容，该存储过程的两个参数与 get_line
相同。下面的示例向缓冲区保存了 4 行数据，之后 get_lines 获取这些数据并输出。

```
DECLARE
    strs DBMS_OUTPUT.CHARARR;
    numlines number:=4;
BEGIN
    DBMS_OUTPUT.put('Hello Oracle');
    DBMS_OUTPUT.new_line;
    DBMS_OUTPUT.enable;
    DBMS_OUTPUT.put(' 我正在学习 Oracle 数据库 ');
    DBMS_OUTPUT.new_line;
    DBMS_OUTPUT.put(' 这本书真的不错 ');
    DBMS_OUTPUT.new_line;
    DBMS_OUTPUT.put(' 推荐给初学者使用 ');
    DBMS_OUTPUT.new_line;
    DBMS_OUTPUT.get_lines(strs,numlines);
    FOR i N    1..numlines LOOP
       DBMS_OUTPUT.put_line(' 第 '||i||' 行数据：'||strs(i));
    END LOOP;
END;
```

执行结果如下：

```
第 1 行数据：Hello Oracle
第 2 行数据：我正在学习 Oracle 数据库
第 3 行数据：这本书真的不错
第 4 行数据：推荐给初学者使用
```

11.1.3　创建包声明

包的声明部分用于定义包的公有元素，这些元素的具体实现在包主体部分。包声明可以
使用 CREATE PACKAGE 语句来定义，语法格式如下：

```
CREATE [OR REPLACE] PACKAGE package_name
{ IS | AS}
package_specification
END package_name;
```

其中，各参数的含义说明如下。

● package_name：指定包名。
● package_specification：列出了包可以使用的所有存储过程、函数、类型和游标等元素。

【例 11-5】

下面的语句定义了一个名为 pkg_tools 包的声明部分：

```
CREATE PACKAGE pkg_tools
AS
    FUNCTION compare(x number,y number) RETURN number;
    PROCEDURE proc_nowtime;
END pkg_tools;
```

在 pkg_tools 包中共有两个元素：compare() 函数用于比较两个参数的大小关系，并返回一个比较结果；proc_nowtime() 存储过程用于获取系统时间并显示。

【例 11-6】

从 user_objects 数据字典中查询 pkg_tools 包声明部分的类型和当前状态。使用的语句及执行结果如下：

```
SELECT object_name,object_type,status
FROM user_objects
WHERE object_name='PKG_TOOLS';

OBJECT_NAME                                              OBJECT_TYPE                      STATUS
----------------------------------------------------    -------------------------------  -------------------
PKG_TOOLS                                               PACKAGE                          VALID
```

从返回结果中可以看到，OBJECT_TYPE 列为 PACKAGE，表示这是一个包；STATUS 列的 VALID 表示当前包声明有效且可用。

【例 11-7】

通过数据字典 user_source 查询 pkg_tools 包声明的定义信息，语句如下：

```
SELECT * FROM user_source
WHERE name='PKG_TOOLS';
```

执行结果如图 11-1 所示。

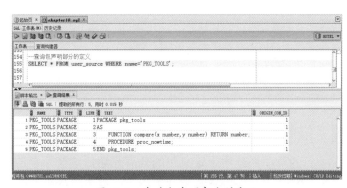

图 11-1　查看包声明部分的定义

11.1.4　创建包主体

包主体是真正实现程序功能的地方。包主体必须遵循包的声明，实现包声明中定义的所有函数、存储过程和游标等元素；否则将出现编译错误。这类似于面向对象编程中的类必须实现接口中的所有方法一样。

定义包主体需要使用 CREATE PACKAGE BODY 语句，其语法说明如下：

```
CREATE [OR REPLACE] PACKAGE BODY package_name
{ IS | AS}
    package_definition
END package_name;
```

其中，package_definition 表示包声明中所列出的公有存储过程、函数、游标等的定义。

【例 11-8】

这里以上节定义的 pkg_tools 包声明为例，包主体的具体实现步骤如下。

01 首先创建一个空的包主体结构，然后再编写元素的具体实现。创建包主体的语句比创建包声明多了一个 BODY 关键字，语句如下：

```
CREATE PACKAGE BODY pkg_tools
AS
BEGIN
-- 这里是包主体的内容
END pkg_tools;
```

此时如果编译包主体，将会出现错误信息，这是因为包声明部分定义的元素并没有实现。

02 在包主体的 BEGIN...END 块中创建 compare() 函数，并编写代码实现 x>y 时返回 1，x<y 时返回 −1，其他情况下返回 0。具体实现代码如下：

```
FUNCTION compare(x number,y number) RETURN number
AS
BEGIN
  IF x>y THEN
    RETURN 1;
  ELSIF x<y THEN
    RETURN -1;
  ELSE
    RETURN 0;
  END IF;
END compare;
```

03 再编写一个不带参数 proc_nowtime() 存储过程，该存储过程输出当前系统时间。具体实现代码如下：

```
PROCEDURE proc_nowtime
AS
BEGIN
  DBMS_OUTPUT.put_line(' 当前系统时间为 :'||systimestamp);
END;
```

04 此时再通过 user_object 数据字典查询 pkg_tools 包的信息，会看到该包包含的声明和主体部分。使用的语句及查询结果如下：

```
SELECT object_name,object_type,status
FROM user_objects
WHERE object_name='PKG_TOOLS';
```

OBJECT_NAME	OBJECT_TYPE	STATUS
PKG_TOOLS	PACKAGE	VALID
PKG_TOOLS	PACKAGE BODY	VALID

05 再次通过数据字典 user_source 查询 pkg_tools 包的信息，此时会看到包的声明和主体信息，如图 11-2 所示。

图 11-2　查看包的定义信息

11.1.5　使用包

使用包就是指调用包中的各个元素。具体方法是，对于公有元素可以在包名后添加点（.）来调用。其语法格式如下：

```
package_name.[ element_name ] ;
```

其中，element_name 表示元素名称，可以是存储过程名、函数名、变量名和常量名等。

【例 11-9】

调用 pkg_tools 包中的 compare() 函数比较 number2 和 number1 的大小，并输出比较结果。具体代码如下：

```
DECLARE
    number1 number:=2;
    number2 number:=1;
    temp number;
BEGIN
    temp:=pkg_tools.compare(number1,number2);              -- 调用 pkg_tools 包中的 compare() 函数
    IF temp=1 THEN
        DBMS_OUTPUT.put_line('number1 大于 number2 ！ ');
    ELSIF temp=-1 THEN
        DBMS_OUTPUT.put_line('number1 小于 number2 ！ ');
    ELSE
        DBMS_OUTPUT.put_line('number1 等于 number2 ！ ');
    END IF;
END;
```

上述代码的重点是"pkg_tools.compare(number1,number2)"，这里的 pkg_tools 是包名，之后是一个点表示要调用包中的元素，compare() 是该包中的一个函数，根据该包的声明为其传递了两个参数。最终将 compare() 函数的返回值保存到 temp 变量，再判断和输出。

执行后的输出结果如下：

```
number1 小于 number2 ！
```

【例 11-10】
调用 pkg_tools 包中的 nowtime() 存储过程输出当前时间。语句如下：

```
EXEC pkg_tools.proc_nowtime();
```

与调用普通存储过程一样，可以使用 EXEC 或者 CALL 命令，然后指定完整的存储过程名称，即"表名 . 存储过程名称 ()"。由于这里的 nowtime() 存储过程没有参数，所以小括号也可以省略。

执行后的输出结果如下（此处的输出结果将随执行时间的变化而变化）：

```
当前系统时间为 :17-8 月 -18 10.00.18.436000000 下午 +08:00
```

11.1.6 修改和删除包

在 CREATE PACKAGE 语句中添加 OR REPLACE 选项可以修改包的声明和主体。
默认删除包会将包的声明和主体一起删除，其语法格式如下：

```
DROP PACKAGE package_name;
```

【例 11-11】
删除上面创建的 pkg_tools 包，可以使用下面的语句：

```
DROP PACKAGE pkg_tools;
```

如果只希望删除包的主体，可以在上述语句中添加 BODY 关键字。下面的语句删除了 pkg_tools 包主体：

```
DROP PACKGE BODY    pkg_tools;
```

11.2 序列

序列通常用于生成唯一的整数。一般将序列应用到列的主键，一个序列的值是由特殊的 Oracle 程序自动生成，因此序列避免了在应用层实现序列而引起的性能瓶颈。

11.2.1 创建序列

在 Oracle 中一个序列允许同时生成多个序列号，并且每一个序列号都是唯一的。当一个序列号生成时，序列是递增的且独立于事务的提交或回滚。用户可以设计默认序列，即不需指定任何子句，该序列为上升序列，由 1 开始，增量为 1，没有上限。

创建序列需要使用 CREATE SEQUENCE 语句，基本语法格式如下：

```
CREATE SEQUENCE sequence   // 创建序列名称
    [INCREMENT BY n]   // 递增的序列值是 n，如果 n 是正数就递增，如果 n 是负数就递减，默认是 1
    [START WITH n]       // 开始的值，递增默认是 minvalue，递减是 maxvalue
    [{MAXVALUE n | NOMAXVALUE}] // 最大值
    [{MINVALUE n | NOMINVALUE}] // 最小值
    [{CYCLE | NOCYCLE}] // 循环 | 不循环
    [{CACHE n | NOCACHE}];// 分配并存入到内存中
```

从上述语法中可以发现，对于一个序列的创建，可以根据要求定义不同的属性。但是本节主要利用下面的语法创建序列：

```
CREATE SEQUENCE sequence;
```

【例 11-12】

下面代码创建名称为 seq_id 的序列：

```
CREATE SEQUENCE seq_id;
```

创建序列完成后，可以通过 user_sequences 数据字典查看序列的基本信息。如果在创建时不指定序列的属性，那么将在创建时使用默认值。

【例 11-13】

查询 user_sequences 数据字典中 MIN_VALUE、MAX_VALUE、INCREMENT_BY 和 CACHE_SIZE 属性的值。使用的语句和执行结果如下：

```
SELECT MIN_VALUE,MAX_VALUE,INCREMENT_BY,CACHE_SIZE FROM user_sequences;
MIN_VALUE          MAX_VALUE              INCREMENT_BY               CACHE_SIZE
-----------------  ---------------------  -------------------------  ----------------------------------
1                  1.0000E+28             1                          20
```

注意

由于序列的真正数值为缓存中所保存的内容，因此当数据库实例重新启动时，缓存中所保存的数据就会消失，这样在进行序列操作时就有可能出现跳号的问题，造成序列值的不连贯。如果要避免这个问题，可以使用 NOCACHE 声明为不缓存。

11.2.2 使用序列

如果开发人员要使用一个已经创建完成的序列，则可以使用序列中提供的两个伪列进行操作。

① CURRVAL 伪列。CURRVAL 伪列表示当前序列已增长的结果，重复调用多次后序列内容不会有任何变化，同时当前序列的大小（LAST_NUMBER）不会改变。使用方法如下：

```
序列名称 .CURRVAL;
```

② NEXTVAL 伪列。NEXTVAL 伪列表示取得一个序列的下一次增长值，每调用一次序列都会自动增长。使用方法如下：

```
序列名称 .NEXTVAL;
```

⚠️ **注意**

在序列的操作中，只有当用户每一次使用序列（调用 NEXTVAL 属性之后）才真正创建了这个序列，而此后用户才可以调用 CURRVAL 属性取得当前的序列内容。

【例 11-14】
调用 NEXTVAL 属性操作上面创建的 seq_id 序列。使用的语句和执行结果如下：

```
SELECT seq_id.NEXTVAL FROM dual;
NEXTVAL
--------------
1
```

再次调用 NEXTVAL 属性时，其值将自动加 1（INCREMENT_BY 的设置）变成 2。第三次调用 NEXTVAL 属性时，值将变成 3。调用 CURRVAL 属性获取当前序列的结果。使用的语句和执行结果如下：

```
SELECT seq_id.CURRVALFROM dual;
CURRVAL
--------------
3
```

【例 11-15】
序列可以作为自动增长数据列来使用。实现步骤如下。

01 使用 CREATE 语句创建 seq_test 数据表，该表包含 id 和 name 两个列，其中 id 为主键，name 列不能为空，实现代码不再显示。

02 使用 INSERT INTO 在 seq_test 表中插入数据，代码如下：

```
INSERT INTO seq_test VALUES(seq_id.NEXTVAL,' 测试序列 ');
```

03 将上述代码重复执行两次，然后使用 SELECT 语句查询 seq_test 表中的数据。使用的语句和执行结果如下：

```
SELECT * FROM seq_test;
ID        NAME
------    --- ---------------
4         测试序列
5         测试序列
```

Oracle 12c 数据库

从上述输出结果可以发现，seq_test 表中的 id 列由于使用序列控制，因此按照指定的步长自动地增长。

11.2.3 修改序列

序列本身是一个数据库对象，只要是数据库对象，在创建之后都可以对其进行修改。修改时需要使用 ALTER SEQUENCE 语句，语法格式如下：

```
ALTER SEQUENCE sequence
    [INCREMENT BY n]
    [START WITH n]
    [{MAXVALUE n | NOMAXVALUE}]
    [{MINVALUE n | NOMINVALUE}]
    [{CYCLE | NOCYCLE}]
    [{CACHE n | NOCACHE}];
```

修改序列时需要注意以下 3 点。
① 必须是序列的拥有者或对序列有 ALTER 权限。
② 只有将来的序列值会被改变。
③ 改变序列的初始值只能通过删除序列之后重建序列的方法实现。

【例 11-16】

修改 seq_id 序列，通过 INCREMENT BY 指定递增的序列值为 1000。语句如下：

```
ALTER SEQUENCE seq_id INCREMENT BY 1000;
```

修改完成后使用 INSERT INTO 在 seq_test 表中插入数据。语句如下：

```
INSERT INTO seq_test VALUES(seq_id.NEXTVAL,' 测试 seq_id 序列 ');
```

由于将序列的步长指定为 1000，因此插入数据时的主键将会从 1005 开始添加。重新查询 seq_test 表中的数据。使用的语句和执行结果如下：

```
SELECT * FROM seq_test;
ID        NAME
------    --- -------------------------------
4         测试序列
5         测试序列
1005      测试 seq_id 序列
```

11.2.4 删除序列

删除序列需要通过 DROP SEQUENCE 语句实现，然后在该语句之后跟序列名。

【例 11-17】

删除名称为 seq_id 的序列，语句如下：

```
DROP SEQUENCE seq_id;
```

删除之后，序列不能再被引用。语句代码如下：

```
SELECT seq_id.NEXTVAL FROM dual;
```

当执行上述语句时，将出现以下提示：

```
ORA-02289: 序列不存在
```

11.2.5 自动序列

为了方便用户生成的数据表的流水编号，Oracle 数据库从 12c 版本开始提供类似于 MySQL 和 SQL Server 数据库那样的自动增长列，这种增长列实际上也是一个序列，只是这个序列对象的定义由数据库自己控制。

1. 创建自动序列

开发人员可以在创建表时创建自动序列，它通过 GENERATED BY DEFAULT AS IDENTITY 语句实现，该语句使用的参数就是创建序列时需要使用的参数。语法格式如下：

```
CREATE TABLE table_name(
column_name, column_type GENERATED BY DEFAULT AS IDENTITY([INCREMENT BY n] [START WITH n] [{MAX
VALUE n | NOMAXVALUE}] [{MINVALUE n | NOMINVALUE}] [{CYCLE | NOCYCLE}] [{CACHE n | NOCACHE}]),
column_name, column_type
);
```

【例 11-18】

下面创建一个 id 列在未提供时由 Oracle 填充的表，指定初始值为 100，自动递增序列为 10。其实现代码如下：

```
CREATE TABLE t1(
    id NUMBER GENERATED BY DEFAULT AS IDENTITY(START WITH 100 INCREMENT BY 10),
    first_namevarchar2(30)
);
```

创建完成后在 t1 表中插入两条数据，其实现代码如下：

```
INSERT INTO t1(first_name) VALUES('lily');
INSERT INTO t1(first_name) VALUES('lucy');
```

插入完成后查询 t1 表中的数据，使用的语句和执行结果如下：

```
SELECT * FROM t1;
ID       FIRST_NAME
------   --------------------------------
100      lily
110      lucy
```

【例 11-19】

除了使用 GENERATED BY DEFAULT AS IDENTITY 语句外，还可以直接使用 GENER-ATED AS IDENTITY 生成自动增长序列。其实现代码如下：

```
CREATE TABLE t2
(
    id NUMBER GENERATED AS IDENTITY,
    first_namevarchar2(30)
);
```

 2. 删除自动序列

自动序列依赖于数据表的存在而存在，如果在执行数据表的删除操作时没有设置 PURGE 参数，那么表删除后序列依然会被保留，这时不能利用 DROP SEQUENCE 语句删除序列，而是使用清空回收站的方式才可以删除。

清空回收站，则自动序列将删除。语句如下：

```
PURGE recyclebin;
```

提示

在删除表时建议增加 PURGE 参数避免清空回收站的操作，如 DROP TABLE mytest PURGE。

11.3 同义词

在 Oracle 数据库中同义词是数据库方案对象的一个别名，经常用于简化对象访问和提高对象访问的安全性。在使用同义词时，Oracle 数据库将它翻译成对应方案对象的名字。与视图类似，同义词并不占用实际存储空间，但是在数据字典中保存了同义词的定义。

11.3.1 同义词简介

在一些商业数据库中，有时信息系统的设计或开发者为了增加易读性，故意定义一些很长的表名（也可能是其他的对象）。这样虽然增加了易读性，但在引用这些表或对象时就不那么方便，也容易产生输入错误。另外在实际的商业公司里，一些用户觉得某一个对象名有意义也很好记，但另一些用户可能觉得另一个名字更有意义。

Oracle 数据库系统提供的同义词（Synonym）就是用来解决以上难题的。同义词是数据库方案对象的一个别名，经常用于简化对象访问和提高对象访问的安全性。在使用同义词时，Oracle 数据库将它翻译成对应方案对象的名字。与视图类似，同义词并不占用实际存储空间，只有在数据字典中保存了同义词的定义。在 Oracle 数据库中的大部分数据库对象（如表、视图、同义词、序列、存储过程和包等），数据库管理员都可以根据实际情况为它们定义同义词。

1. 同义词的分类

Oracle 同义词有两种类型，即公用 Oracle 同义词和私有 Oracle 同义词。

（1）公有 Oracle 同义词。它由一个特殊的用户组 Public 所拥有。顾名思义，数据库中所有的用户都可以使用公用同义词。公用同义词往往用来标识一些比较普通的数据库对象，这些对象往往被大量引用。

（2）私有 Oracle 同义词。它是跟公用同义词所对应，由创建它的用户所有。当然，这个同义词的创建者，可以通过授权控制其他用户是否有权使用属于自己的私有同义词。

2. 同义词的作用

Oracle 数据库的同义词有以下 3 个作用。

（1）多用户协同开发中，可以屏蔽对象的名字及其持有者。如果没有同义词，当操作其他用户的表时，必须通过 "user 名 .object 名" 的形式，采用了 Oracle 同义词之后就可以隐蔽掉 user 名。需要注意的是，public 同义词只是为数据库对象定义一个公共的别名，其他用户能否通过这个别名访问这个数据库对象，还要看是否已经为这个用户授权。

（2）为用户简化 SQL 语句。上面的一条作用其实就是一种简化 SQL 的体现，同时如果自己建的表的名字很长，可以为这个表创建一个 Oracle 同义词来简化 SQL 开发。

（3）为分布式数据库的远程对象提供位置透明性。

11.3.2 创建同义词

开发人员可以自己动手创建同义词，创建时需要使用 CREATE 语句。语法格式如下：

```
CREATE [PUBLIC] SYNONYM name FOR object;
```

其中 name 表示同义词名称；object 表示数据库对象。

【例 11-20】

以下语句为 departs 表创建名称为 my_depart 的同义词：

```
CREATE SYNONYM my_depart FOR C##mycodes.departs;
```

注意

开发人员如果要创建同义词，那么他必须使用管理员身份登录，或者是具备创建同义词的相关权限，如执行 CONN sys/change_on_install AS SYSDBA 语句。

同义词与视图、索引一样，它们都属于数据库对象，因此可以直接通过 user_synonyms 这个数据字典表查询所创建的同义词。

【例 11-21】

从 user_synonyms 数据字典表中查询 my_depart 同义词是否已经创建。使用的语句和执行结果如下：

```
SELECT * FROM user_synonyms WHERE synonym_name='MY_DEPART';
```

SYNONYM_NAME	TABLE_OWNER	TABLE_NAME	DB_LINK	ORIGIN_CON_ID
MY_DEPART	C##MYCODES	DEPARTS		1

Oracle 12c 数据库

【例 11-22】

同义词创建完成后，可以像查询表中的数据那样使用同义词。语句如下：

```sql
SELECT * FROM my_depart;
```

执行上述语句，如图 11-3 所示。

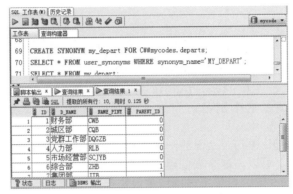

图 11-3　使用 my_depart 同义词

11.3.3　删除同义词

删除同义词需要使用 DROP 语句，语法格式如下：

```sql
DROP [PUBLIC] SYNONYM 同义词;
```

【例 11-23】

下面使用 DROP 语句删除前面创建的 my_depart 同义词：

```sql
DROP SYNONYM my_depart;
```

11.4　索引

索引是建立在表的一列或多个列上的可选对象，目的是提高表中数据的访问速度。但同时索引也会增加系统的负担，从而影响系统的性能。为表创建索引后，DML 操作就能快速找到表中的数据，而不需要全表扫描。因此，对于包含大量数据的表来说，设计索引可以大大提高操作效率。

11.4.1　索引简介

Oracle 支持多种类型的索引，可以按列的多少、索引值是否唯一和索引数据的组织形式对索引进行分类，以满足各种表和查询条件的要求。Oracle 中常用的索引类型有 B 树索引、位图索引和基于函数的索引等。本节将主要介绍这 3 种类型的索引。

 1.　B 树索引

B 树索引是 Oracle 数据库中最常用的一种索引。当使用 CREATE INDEX 语句创建索引时，默认创建的索引就是 B 树索引。

B 树索引是按 B 树结构或使用 B 树算法组织并存储索引数据的。B 树索引就是一棵二叉树，它由根、分支节点和叶子节点三部分构成。其中，根包含指向分支节点的信息，分支节点包含指向下级分支节点和指向叶子节点的信息，叶子节点包含索引列和指向表中每个匹配行的 ROWID 值。叶子节点是一个双向链表，因此可以对其进行任何方面的范围扫描。其逻辑结构如图 11-4 所示。

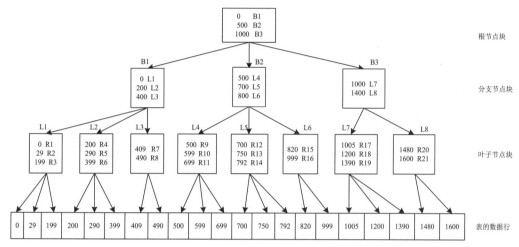

图 11-4　B 树索引的逻辑结构

B 树索引是一个典型的树结构，其包含的组件主要有以下三部分。

● 叶子节点（Leaf Node）：包含条目直接指向表里的数据块。
● 分支节点（Branch Node）：包含的条目指向索引里其他的分支节点或者是叶子节点。
● 根节点（Root Node）：一个 B 树索引只有一个根节点，它实际就是位于树的最顶端的分支节点。

提示

从 B 树索引的逻辑结构图可以看出，B 树索引的组织结构类似于一棵树，其中主要数据都集中在叶子节点上。每个叶子节点中包括索引列的值和记录行对应的物理地址 ROWID。

对于分支节点块（包括根节点块）来说，其所包含的索引条目都是按照顺序排列的（默认为升序排列，也可以在创建索引时指定为降序排列）。每个索引条目（也可以叫作每条记录）都具有两个字段。第一个字段表示当前该分支节点块下面所链接的索引块中所包含的最小键值；第二个字段为 4 个字节，表示所链接的索引块的地址，该地址指向下面一个索引块。在一个分支节点块中所能容纳的记录行数由数据块大小以及索引键值的长度决定。比如，从图 11-4 中可以看到，对于根节点块来说，包含 3 条记录，分别为（0 B1）、（500 B2）、（1000 B3），它们指向 3 个分支节点块。其中的 0、500 和 1000 分别表示这 3 个分支节点块所链接的键值的最小值。而 B1、B2 和 B3 则表示所指向的 3 个分支节点块的地址。

对于叶子节点块来说，其所包含的索引条目与分支节点一样，都是按照顺序排列的（默认为升序排列，也可以在创建索引时指定为降序排列）。每个索引条目（也叫每条记录）也具有两个字段。第一个字段表示索引的键值，对于单列索引来说是一个值；而对于多列索引来说则是多个值组合在一起的。第二个字段表示键值所对应的记录行的 ROWID，该 ROWID

是记录行在表里的物理地址。如果索引是创建在非分区表上或者索引是分区表上的本地索引，则该 ROWID 占用 6 个字节；如果索引是创建在分区表上的全局索引，则该 ROWID 占用 10 个字节。

2. 位图索引

在 B 树索引中，保存的是经排序后的索引列及其对应的 ROWID 值。但是对于一些基数很小的列来说，这样做并不能显著提高查询的速度。基数是指某个列可能拥有的不重复值的个数。比如性别列的基数为 2（只有男和女）。

因此，对于像性别、婚姻状况、政治面貌等只具有几个固定值的字段而言，如果要建立索引，应该建立位图索引，而不是默认的 B 树索引。

⚠️ **注意**

在 B 树索引中，通过在索引中保存排过序的索引列的值，以及数据行的 ROWID 来实现快速查找。这种查找方式，对于有些表来说，效率会很低。最典型的例子就是在表的性别列上创建 B 树索引。

例如，有一个 EMPLOYEE 员工表，在该表中有一列是员工性别，该列的取值只有两种，即男或女。如果在该列上使用 B 树索引，可以发现创建的 B 树将只有两个分支，即男分支和女分支，如图 11-5 所示。

男	ROWID		女	ROWID
男	ROWID		女	ROWID
男	ROWID		女	ROWID
男	ROWID		女	ROWID
...			...	

图 11-5　在性别列上使用 B 树索引

由于每个分支都无法再细分，这就使得每个分支都相当庞大，在这种情况下进行数据搜索，很明显是不可取的。当列的基数很小时，就不适合在该列上创建 B 树索引。这时可以选取在该列上创建位图索引。位图索引以及对应的表行概念示意图如图 11-6 所示。

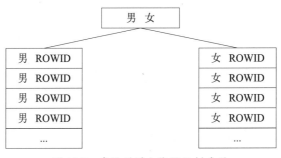

图 11-6　位图索引示意图

在创建位图索引时，Oracle 会扫描整张表，并为索引列的每个取值建立一个位图。在这个位图中，对表中每一行使用一位（bit，取值为 0 或 1）来表示该行是否包含该位图的索引列的取值，如果为 1，则表示该值对应的 ROWID 所在的记录包含该位图索引列值。最后通过位图索引中的映射函数完成值到行的 ROWID 转换。

👉 **提示** — — — — — — — — — — — — — — — — — — —

在位图索引的图表中，1 表示"是，该值存在于这一行中"，0 表示"否，该值不存在于这一行中"。虽然 1 和 0 不能作为指向行的指针，但是，由于图表中 1 和 0 的位置与表行的位置是相对应的，如果给定表的起始和终止 ROWID，则可以计算出表中行的物理位置。

3. 基于函数的索引

B 树索引和位图索引都是直接对表中的列创建索引，此外，Oracle 还可以对包含有列的函数或表达式创建索引，这就是函数索引。

当需要经常访问一些函数或表达式时，可以将其存储在索引中，当下次访问时，由于该值已经计算出来了，因此，可以大大提高那些在 WHERE 子句中包含该函数或表达式的查询操作的速度。

👉 **提示** — — — — — — — — — — — — — — — — — — —

在 Oracle 中，经常遇到字符大小写或数据类型转换等问题。这时，就可以引用函数对这些数据进行转换。

函数索引既可以使用 B 树索引，也可以使用位图索引，可以根据函数或表达式结果的基数大小来进行选择，当函数或表达式的结果不确定时采用 B 树索引，当函数或表达式的结果是固定的几个值时采用位图索引。

例如，在表 EMPLOYEE 中含有 EMPNAME 列值为 fanqiang 的一条记录行。如果使用大写的字符串 FANQIANG 查找该员工记录，则无法找到。查询语句及执行结果如下：

```
SQL> SELECT * FROM employee
  2  WHERE empname='FANQIANG';
未选定行
```

这时，可以引用函数来解决这个问题。例如，引用 UPPER() 函数，将查询时遇到的每个值都转换成大写。使用的语句和执行结果如下：

```
SQL> SELECT * FROM employee
  2  WHERE UPPER(empname)=UPPER('fanqiang');
EMPNO                 EMPNAME               EMPSEX
---------- ---------------- --- ---------------- ----------------
100                   fanqiang              男
```

⚠️ **注意** — — — — — — — — — — — — — — — — — — —

在使用这种查询方式时，用户不是基于表中存储的记录进行搜索的。虽然只在某一列上建立了索引，但 Oracle 会被迫执行全表搜索，为每一行都计算 UPPER() 函数。

在函数索引中可以使用各种算术运算符、PL/SQL 函数和内置 SQL 函数，如 TRIM()、LEN() 和 SUBSTR() 等。这些函数的共同特点是为每行返回独立的结果。因此，集函数（如 SUM()、MAX()、MIN()、AVG() 等）不可使用。

11.4.2 创建索引

创建索引需要使用 CREATE INDEX 语句，语法格式如下：

```
CREATE [UNIQUE | BTIMAP] INDEX <schema>.<index_name>
ON <schema>.<table_name>
(<column_name> | <expression> ASC | DESC,
<column_name> | <expression> ASC | DESC,···)
TABLESPACE<tablespace_name>
STORAGE<storage_settings>
LOGGING | NOLOGGING
COMPUTE STATISTICS
NOCOMPRESS | COMPRESS<nn>
NOSORT | REVERSE
PARTITION | NOPARTITION<partition_setting>;
```

在自己的模式中创建索引，需要具有 CREATE INDEX 系统权限；在其他用户模式中创建索引则需要具有 CREATE ANY INDEX 系统权限。另外，索引需要存储空间，因此，还必须在保存索引的表空间中有配额，或者具有 UNLIMITED TABLESPACE 的系统权限。

语法中各关键字或子句的含义如下。

（1）UNIQUE：表示唯一索引，默认情况下不使用该选项。

（2）BITMAP：表示创建位图索引，默认情况下不使用该选项。

（3）ASC：表示该列为升序排列。ASC 为默认排列顺序。

（4）DESC：表示该列为降序排列。

（5）TABLESPACE：用来在创建索引时为索引指定存储空间。

（6）STORAGE：用户可以使用该子句来进一步设置存储索引的表空间存储参数，以取代表空间的默认存储参数。

（7）LOGGING | NOLOGGING：LOGGING 用来指定在创建索引时创建相应的日志记录；NOLOGGING 则用来指定不创建相应的日志记录。默认使用 LOGGING。

提示

如果使用 NOLOGGING，则可以更快地完成索引的创建操作，因为在创建索引的过程中不会产生重做日志信息。

（8）COMPUTE STATISTICS：用来指定在创建索引的过程中直接生成关于索引的统计信息。这样可以避免以后再对索引进行分析操作。

（9）NOCOMPRESS | COMPRESS<nn>：COMPRESS 用来指定在创建索引时对重复的索引值进行压缩，以节省索引的存储空间；NOCOMPRESS 则用来指定不进行任何压缩。默认使用 NOCOMPRESS。

（10）NOSORT | REVERSE：NOSORT 用来指定在创建索引时，Oracle 将使用与表中相

同的顺序来创建索引，省略再次对索引进行排序的操作；REVERSE 则指定以相反的顺序存储索引值。

> ⚠️ **注意**
>
> 如果表中行的顺序与索引期望的顺序不一致，则使用 NOSORT 子句将会导致索引创建失败。

（11）PARTITION | NOPARTITION：使用该子句，可以在分区表和未分区表上对创建的索引进行分区。

可以在一个表上创建多个索引，但这些索引的列组合必须不同，例如下列的索引：

```
CREATE INDEX index1 ON employees(employee_id,department_id)
CREATE INDEX index2 ON employees(department_id,employee_id)
```

其中，index1 和 index2 索引都使用了 employee_id 和 department_id 列，但由于顺序不同，因此也是合法的。

🔊 11.4.3 创建 B 树索引

B 树索引是 Oracle 默认的索引类型，当在 WHERE 子句中经常要引用某些列时，应该在这些列上创建索引。B 树索引主要有 3 种形式，即普通 B 树索引、唯一索引和复合索引，创建这 3 种形式的索引均需要使用 CREATE INDEX 语句。

1. 创建普通索引

创建普通索引的语法格式如下：

```
CREATE INDEX index_name ON table_name(column_name)
```

其中，CREATE INDEX 表示创建索引；index_name 表示索引名称；table_name 表示索引所在的表名称；column_name 表示创建索引的列名。

例如，为 EMPLOYEE 表的 EMPNAME 列创建一个名称为 EMPNAME_INDEX 的索引。语句如下：

```
CREATE INDEX empname_index ON employee(empname)
TABLESPACE tablespace1;
```

如上述语句，在创建普通的 B 树索引时，需要在 ON 关键字之后指定基于索引的表名和列名，并使用 TABLESPACE 指定存储索引的表空间。

2. 创建唯一索引

唯一的 B 树索引可以保证索引列上不会有重复的值。创建唯一索引需要使用 CREATE UNIQUE INDEX，语句如下：

```
CREATE UNIQUE INDEX index_name ON table_name(column_name)
```

例如，为 EMPLOYEE 表的 EMPNO 列创建了唯一索引，名称为 EMPNO_INDEX。具体的创建语句如下：

Oracle 12c 数据库

Oracle 12c 数据库 入门与应用

```
CREATE UNIQUE INDEX empno_index ON employee(empno)
TABLESPACE tablespace1;
```

⚠️ **注意**

通常情况下，用户不需要为表中不具有重复列值的列创建唯一索引，因为当一个列被定义了 UNIQUE 约束时，Oracle 会自动为该列创建唯一索引。

3. 创建复合索引

复合索引是指基于表中多个字段的索引，其语法格式如下：

```
CREATE INDEX index_name ON table_name(column_name1 , column_name2 [ , column_name3 [ , …]])
```

其中，column_name1 , column_name2 [, column_name3 [, …]] 表示要添加复合索引的字段列表。

例如，为 EMPLOYEE 表的 EMPNO 列与 EMPNAME 列创建复合索引，语句如下：

```
CREATE INDEX no_name_index ON employee(empno,empname)
TABLESPACE tablespace1;
```

👉 **提示**

在创建复合索引时，多个列的顺序可以是任意的。虽然多个列的顺序不受限制，但是索引的使用效率会受到列顺序的影响。通常，将在查询语句的 WHERE 子句中经常使用的列放在前面。

复合索引还有一个特点就是键压缩。在创建索引时，如果使用键压缩，则可以节省存储索引的空间。索引越小，执行查询时服务器就越有可能使用它们。并且读取索引所需的磁盘 I/O 也会减少，从而使得索引读取的性能得到提高。

创建索引时，启用键压缩需要使用 COMPRESS 子句，语句如下：

```
CREATE INDEX no_name_comindex ON employee(empno,empname)
COMPRESS 2;
```

压缩并不是只能用于复合索引，只要是非唯一索引的列具有较多的重复值，即使单独的列也可以考虑使用压缩。

⚠️ **注意**

对单独列上的唯一索引进行压缩是没有意义的，因为所有的列值都是不重复的。只有当唯一索引是复合索引，其他列的基数较小时对其进行压缩才有意义。

11.4.4 创建位图索引

位图索引适合于那些基数较少且经常对该列进行查询、统计的列。创建位图索引需要使用 CREATE BITMAP INDEX 语句，其语法格式如下：

```
CREATE BITMAP INDEX bitmap_index_name ON table_name(column_name)
```

其中，bitmap_index_name 表示创建位图索引的名称。

位图索引的作用来源于与其他位图索引的结合。当在多个列上进行查询时，Oracle 对这些列上的位图进行布尔 AND 和 OR 运算，最终找到所需要的结果。另外，具有位图索引的列不能具有唯一索引，也不能对其进行键压缩。

【例 11-24】

为员工表 EMPLOYEE 中的 EMPSEX 列创建位图索引，语句如下：

```
CREATE BITMAP INDEX empsex_bitmap_index ON employee(empsex)
TABLESPACE tablespace1;
```

提示

为表创建单独的位图索引是没有意义的。只有对表中的多个列建立对应的位图索引，系统才可以有效地利用它们提高查询速度。

11.4.5　创建函数索引

使用函数索引可以提高在查询条件中使用函数和表达式时查询的执行速度。Oracle 在创建函数索引时，首先对包含索引类的函数值或表达式进行求值，然后将排序后的结果存储到索引中。函数索引可以根据基数的大小，选择使用 B 树索引或位图索引。其语法格式如下：

```
CREATE INDEX index_name
ON table_name(function_name(column_name))
```

上述语句中的各个参数说明如下。

- index_name：索引名称。
- table_name：索引所在的表名称。
- function_name：函数名称。
- column_name：索引所在列的列名称。

注意

如果用户要在自己的模式中创建基于函数的索引，则必须具有 QUERY REWRITE 系统权限；在其他模式下创建基于函数的索引，则必须具有 CREATE ANY INDEX 和 GLOBAL QUERY REWRITE 权限。

【例 11-25】

为 EMPLOYEE 表中的 EMPNAME 列创建一个基于函数 SUBSTR() 的函数索引，语句如下：

```
CREATE INDEX emp_substr_index ON employee(SUBSTR(empname,1,5))
TABLESPACE tablespace1;
```

在上述代码中，为 EMPLOYEE 表中的 EMPNAME 列创建了一个名称为 EMP_SUBSTR_INDEX 的函数索引。在创建索引后，如果在查询条件中包含有相同的函数，则可以提高查询的执行速度。下面的查询将会使用 EMP_SUBSTR_INDEX 索引，使用的语句及执行结果如下：

```
SQL> SELECT * FROM employee
  2   WHERE SUBSTR(empname,1,5)='fanqi';

EMPNO              EMPNAME                     EMSEX
---------- ----------------   ---- -------------------------  --------------------
100                fanqi                       男
```

11.4.6 重命名索引

在 Oracle 中可以对已经创建的索引进行重命名操作，其语法格式如下：

```
ALTER INDEX index_name RENAME TO new_index_name
```

其中，index_name 表示已创建的索引名称；RENAME TO 用于指定新的索引名称；new_index_name 表示新的索引名称。

例如，将 EMPLOYEE 表中的 EMPSEX 列上的位图索引 EMPSEX_BITMAP_INDEX 重命名为 SEX_INDEX_NAME，语句如下：

```
ALTER INDEX empsex_bitmap_index RENAME TO sex_index_name;
```

11.4.7 合并索引

随着对表的不断更新，在表的索引中将会产生越来越多的存储碎片，这些碎片会影响索引的使用效率，从而会降低数据访问效率。为解决这一问题，Oracle 提供了合并索引的操作，该操作可以清除索引中的存储碎片，提高数据查询的执行效率。其语法格式如下：

```
ALTER INDEX index_name COALESCE [ DEALLOCATE UNUSED]
```

上述语法中的各个参数说明如下。
- index_name：表示要合并的索引名称。
- COALESCE：表示要执行合并索引的操作。
- DEALLOCATE UNUSED：表示合并索引的同时释放合并后多余的空间。

合并索引是指将 B 树中叶子节点的存储碎片合并在一起，这种合并不会改变索引的物理组织结构。例如，假设前面创建的普通 B 树索引 EMPNAME_INDEX 的 B 树如图 11-7 所示。

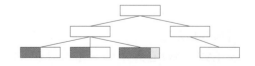

图 11-7　合并索引前的 B 树索引结构

从图 11-7 中可以看出，合并前的 B 树中，有两个叶子节点的数据块使用的存储空间为 50%。如果对索引 EMPNAME_INDEX 进行合并，合并后的 B 树如图 11-8 所示。

图 11-8　合并索引后的 B 树

从图 11-8 中可以看出，合并索引后，第一个叶子节点的数据块使用的存储空间变成了 100%，而第二个叶子节点的数据块则被释放掉。

【例 11-26】

以下实例演示了基于函数索引 EMP_SUBSTR_INDEX 的合并，合并语句如下：

```
ALTER INDEX emp_substr_index COALESCE
DEALLOCATE UNUSED;
```

11.4.8　重建索引

除了合并索引可以清除索引中的存储碎片外，还可以采用重建索引的方式来实现同样的清除碎片功能。重建索引在清除存储碎片的同时，还可以改变索引的全部存储参数设置，以及改变索引的存储表空间，其语法格式如下：

```
ALTER [UNIQUE] INDEX index_name REBUILD
```

例如，对普通 B 树索引 EMPNAME_INDEX 进行重建，语句如下：

```
ALTER INDEX empname_index REBUILD
    TABLESPACE tablespace2;
```

上面在对索引 EMPNAME_INDEX 进行重建的同时，修改了该索引存储的表空间，即表空间由 tablespace1 修改为 tablespace2。

👉 **提示**

重建索引实际上是在指定的表空间中重新建立一个新的索引，然后再删除原来的索引。

11.4.9　监视索引

索引在创建之后并不一定就会被使用，监视索引的目的是为了确保索引得到有效的利用。Oracle 会在自动搜集了表和索引的统计信息之后，决定是否要使用索引。打开索引的监视状态需要使用 ALTER INDEX ... MONITORING USAGE 语句。例如，打开 EMPNAME_INDEX 索引的监视状态的格式如下：

```
ALTER INDEX empname_index MONITORING USAGE;
```

当打开索引的监视状态后，就可以通过 V$OBJECT_USAGE 动态性能视图查看其索引的使用情况，语句及执行结果如下：

```
SELECT index_name,table_name,monitoring,used,start_monitoring FROM v$object_usage;
INDEX_NAME          TABLE_NAME          MON       USE       START_MONITORING
------------------- ------------------- --------- --------- -------------------------
EMPNAME_INDEX       EMPLOYEE            YES       NO        07/04/2018 15:52:57
```

Oracle 12c 数据库

V$OBJECT_USAGE 视图的字段说明如下。

- INDEX_NAME：该字段表示可监视的索引名称。
- TABLE_NAME：该字段表示可监视索引所在的表名称。
- MONITORING：该字段标识是否激活了使用的监视。
- USE：该字段描述在监视过程中索引的使用情况。
- START_MONITORING：该字段描述监视的开始时间。另外，还有一个名称为 END_ MONITORING 的字段，该字段描述监视的结束时间。

关闭索引的监视状态，需要使用 ALTER INDEX ... NOMONITORING USAGE 语句。例如，关闭索引 EMPNAME_INDEX 的监视状态，语句如下：

```
ALTER INDEX empname_index NOMONITORING USAGE;
```

 提示

每次使用 MONITORING USAGE 打开索引监视，V$OBJECT_USAGE 视图都将针对指定的索引进行重新设置（清除或重新设置以前的使用信息，并记录新的开始时间）；当使用 NOMONITORING USAGE 关闭监视时，则不再执行下一步监视，该监视阶段的结束时间被记录下来。

11.4.10　删除索引

用户可以删除自己模式中的索引。如果要删除其他模式中的索引，则必须具有 DROP ANY INDEX 系统权限。

删除索引主要分为以下两种情况。

① 删除基于约束条件的索引。如果索引是在定义约束条件时由 Oracle 自动建立的，则必须禁用或删除该约束本身。

② 删除使用 CREATE INDEX 语句创建的索引。如果索引是使用 CREATE INDEX 语句显示创建的，则可以使用 DROP INDEX 语句删除该索引。例如，删除索引 EMPNAME_INDEX 的语句如下：

```
DROP INDEX empname_index;
```

注意

在删除一个表时，Oracle 会删除所有与该表相关的索引。移动表数据之后，索引会失效，需重新创建索引。

一个索引被删除后，它所占用的盘区会全部返回给它所在的表空间，并且可以被表空间中的其他对象使用。通常在以下情况下需要删除某个索引。

①该索引不需要再使用。
②该索引很少被使用。索引的使用情况可以通过监视来查看。
③该索引中包含较多的存储碎片，需要重建该索引。

11.5　视图

视图是从一个或几个实体表（或视图）导出的表。视图与实体表不同，视图本身是一个

不包含任何真实数据的虚拟表。下面详细介绍视图的创建、查询、操作及删除等内容。

11.5.1 视图简介

通俗地说，视图其实就是一条查询 SQL 语句，用于显示一个或多个表或其他视图中的相关数据。视图将一个查询的结果作为一个表来使用，因此视图可以被看作存储的查询或一个虚拟表。

数据库只存放视图的定义，而不存放视图对应的数据，这些数据仍存放在原来的实体表中。所以说，当实体表中的数据发生变化时，从视图中查询出的数据也会随着变化。视图最终是定义在实体表上的，对视图的一切操作最终也要转换为对实体表的操作，而且对于非行列子集视图进行查询或更新时有可能出现问题。但是视图有很多优势，主要体现在以下几点。

① 视图能够简化用户的操作。视图机制使用户可以将注意力集中在所关心的数据上。如果这些数据不是直接来自实体表，那么可以通过定义视图使数据库看起来结构简单、清晰，并且可以简化用户的数据查询操作。

② 视图使用户能以多角度看待同一个问题。视图机制能使不同的用户以不同的方式看待同一数据，许多不同种类的用户共享同一数据库时，这种灵活性是非常重要的。

③ 视图对重构数据库提供了一定程度的逻辑独立性。在关系型数据库中，数据库的重构往往是不可避免的。重构数据库最常见的是将一张实体表"垂直"拆分为多个实体表，用户只是通过视图访问这些表中的数据，所以只要视图的名称不改变，即使视图所封装的语句改变了，用户依然可以通过旧的视图名称查找到数据。

④ 视图能够对机密数据提供安全保护。视图机制可以在设计数据库应用系统时，对不同的用户定义不同的视图，使机密数据不出现在不应看到这些数据的用户视图上。这样视图机制就自动提供了对机密数据的安全保护功能。

⑤ 适当地利用视图可以更清晰地表达查询。在编写查询语句时，经常要用到一些统计查询，用户可以将这些统计查询封装为一个视图，这样方便操作。

11.5.2 创建视图

创建视图需要使用 CREATE VIEW 语句，基本语法格式如下：

```
CREATE [FORCE|NOFORCE] [OR REPLACE] VIEW 视图名称 [( 别名 1, 别名 2,..., 别名 n)]
AS
子查询 ;
```

上述语法中 FORCE、NOFORCE 和 OR REPLACE 的说明如下。
- FORCE：表示要创建视图的表不存在也可以创建视图。
- NOFORCE：表示要创建视图的表必须存在；否则无法创建。这是默认的创建参数。
- OR REPLACE：表示视图的替换。如果创建的视图不存在，则创建新视图，如果视图已经存在，则将其替换。

【例 11-27】

使用 CREATE OR REPLACE VIEW 创建名称为 v_salmore 的视图，该视图查询 emp 表中工资在 2000 ～ 5000 之间的员工信息。其实现代码如下：

```
CREATE OR REPLACE VIEW v_salmore
```

```
AS
SELECT empno,ename,job,sal,deptno
FROM emp
WHERE sal BETWEEN 2000 AND 5000;
```

【例 11-28】

创建名称为 v_emp_dept 的视图，该视图从 emp 和 dept 表中查询员工编号、员工姓名、职位、工资以及部门编号和部门名称。其实现代码如下：

```
CREATE OR REPLACE VIEW v_emp_dept
AS
SELECT e.empno, e.ename, e.job, e.sal, d.deptno, d.dname
FROM empe, dept d
WHERE e.deptno=d.deptno;
```

【例 11-29】

创建视图时可以为查询的列指定别名，如为例 11-28 中查询的列分别指定别名。其实现代码如下：

```
CREATE OR REPLACE VIEW v_emp_dept
( 员工编号 , 员工姓名 , 职位 , 工资 , 部门编号 , 部门名称 )
AS
SELECT e.empno,e.ename,e.job,e.sal,d.deptno,d.dname
FROM empe,dept d
WHERE e.deptno=d.deptno;
```

上述语句中的别名是根据语法指定的，实际上，也能在视图的查询语句中指定别名。下面语句等价于例 11-29 中的代码：

```
CREATE OR REPLACE VIEW v_emp_dept
AS
SELECT e.empno 员工编号 ,e.ename 员工姓名 ,e.job 职位 ,e.sal 工资 ,d.deptno 部门编号 ,d.dname 部门名称
FROM empe,dept d
WHERE e.deptno=d.deptno;
```

【例 11-30】

在创建视图时如果出现"权限不足"的提示，这时需要使用超级管理员登录后为用户授权。要为 scott 用户授权，可执行以下两个步骤。

01 在命令行中输入以下代码：

```
sqlplus sys/change_on_install AS sysdba;
```

02 执行以下代码为 scott 用户授权：

```
GRANT CREATE VIEW TO c##scott;
```

执行上述两个步骤的操作结果如图 11-9 所示,当出现该图所示的效果时,表示授权成功。

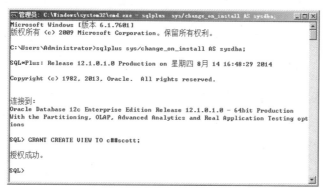

图 11-9 为 c##scott 用户授权

11.5.3 查询视图

创建视图就是为了使用,开发人员可以执行相关的语句查询视图的具体内容。当然,也可以通过执行语句查看视图是否创建和创建视图的语法等内容。

1. 查询视图内容

查询视图内容时需要使用 SELECT 语句,查询视图内容的方法与查询表中数据的方法一致。

【例 11-31】

执行 SELECT 语句查询 v_salmore 视图的内容,语句和执行结果如下:

```
SELECT * FROM v_salmore;

EMPNO        ENAME           JOB                SAL                   DEPTNO
------------  --------------  -----------------  -------------------  --------------------
7566         JONES           MANAGER            297520
7698         BLAKE           MANAGER            285030
7782         CLARK           MANAGER            245010
7839         KING            PRESIDENT          5000                  10
7902         FORD            ANALYST            300020
```

2. 通过 tab 查询视图是否存在

Oracle 数据库中包含 tab 数据字典,通过 tab 可以查看视图是否已经创建,只需要将 tabtype 列的值设置为 VIEW 即可查询全部的视图信息。

【例 11-32】

通过 tab 查看视图是否已经创建。使用的语句和执行结果如下:

```
SELECT * FROM tab WHERE tabtype='VIEW';
TNAMETABTYPE                  CLUSTERID
```

```
-------------------- -------------    ------------------
V_SALMORE              VIEW
V_EMP_DEPT             VIEW
```

通过上述查询可以发现已经成功创建 v_salmore 视图和 v_emp_dept 视图。

3. 通过 user_views 查询视图的内容

开发人员可以使用 user_views 数据字典直接查询视图的具体信息。具体语句如下：

```
SELECT * FROM user_views [WHERE view_name=' 视图名称 '];
```

如果省略上述语句的 WHERE 条件，那么将查询出所有视图的具体信息。

【例 11-33】

查询 v_salmore 视图的具体信息，包括 view_name（视图名称）、text_length（SQL 语句的长度）和 text（封装的 SQL 语句）列的值。使用的语句和执行结果如下：

```
SELECT view_name,text_length,text FROM user_views WHERE view_name='V_SALMORE';
VIEW_NAMETEXT_LENGTHTEXT

------------------------------------------------------------------------------------------------

V_SALMORE108
SELECT "EMPNO","ENAME","JOB","SAL","DEPTNO" FROM emp WHERE sal BETWEEN 2000 AND 5000
```

由于 text 列的内容过长，示例在输出该列的值时将内容换行显示。

11.5.4 操作视图

视图本身就属于一个 Oracle 对象，因此视图一旦定义，就可以像实体表那样被查询和删除，也可以在一个视图上定义新的视图，但是由于视图中的数据是虚拟的，因此对数据的更新操作也会存在限制。

在本节介绍视图的基本操作时将分两部分进行介绍，即操作简单视图和操作复杂视图。

1. 操作简单视图

这里的简单视图是指单表映射的数据，即只针对一个表进行操作。操作单表中数据的添加、修改和删除。

（1）在视图中添加数据。

在前面创建了 v_salmore 视图，并且也查询该视图中的数据。下面通过示例演示在视图中添加数据，并验证数据是否添加成功。

【例 11-34】

首先使用 INSERT INTO 语句在 v_salemore 视图中添加数据。其实现代码如下：

```
INSERT INTO v_salmore(empno,ename,job,sal,deptno) VALUES(7903,'Dream','MANAGER',2199,30);
```

然后分别使用 SELECT 语句查询 v_salmore 视图和 emp 表中的数据，如图 11-10 和图 11-11 所示。

从图 11-10 和图 11-11 中可以看出，当使用 INSERT INTO 语句在单表视图中添加数据时，不仅在视图中添加成功，而且成功地在表中添加数据。如果没有为列添加值，那么该列将使用默认值。

（2）修改视图中的数据。

不仅可以在视图中添加数据，同样也可以修改视图中的数据。对单表视图中的数据进行修改时，实际上也修改了表中的数据。

【例 11-35】

执行 UPDATE 语句修改 v_salmore 视图中 empno 列值为 7903 的数据，将 ename 的值 Dream 修改为 Dreams。具体语句如下：

```
UPDATE v_salmore SET ename='Dreams'
WHERE empno='7903';
```

使用 SELECT 语句重新查询 v_salmore 和 v_emp 表中的数据，如图 11-12

图 11-10　v_salmore 表中的数据

图 11-11　emp 表中的数据

所示。从图 11-12 中可以看出，更改单表视图中的数据时，实际上 emp 表中的数据也会被更改。

图 11-12　更改数据操作

（3）删除视图中的数据。

删除单表视图中的数据时，实际上也将单表中的数据进行了删除。

【例 11-36】

删除 v_salmore 视图中 empno 列的值为 7903 的值。使用的语句如下：

```
DELETE FROM v_salmore WHERE empno='7903';
```

执行上述语句完成后重新查看 v_salmore 和 emp 表中的数据，具体效果不再显示。

2. 操作复杂视图

复杂视图是指多个表映射的数据，即针对两个或两个以上的表进行操作。操作复杂视图也包括数据的添加、修改和删除。实际上，当在复杂视图中添加或修改数据时，并不能执行操作成功。

【例 11-37】

使用 INSERT INTO 语句在 v_emp_dept 视图中添加一条数据。其实现代码如下：

```
INSERT INTO v_emp_dept  VALUES(7904,'DreamLove','SALESMAN',1999,30,'SALES');
```

执行上述代码，输出结果如下：

```
ORA-01776: 无法通过联接视图修改多个基表
```

从上述输出结果中可以看出，当在复杂视图中添加时，提示开发人员"无法通过联接视图修改多个基表"。在复杂视图中修改数据时，也会出现上述的提示效果。

试一试

通过 DELETE 语句删除复杂视图中的数据时，操作可以正常执行。与简单视图的操作一样，虽然只针对视图，但是也会影响到原始数据表中的数据。针对 v_emp_dep 表来说，实际上只删除 emp 表中的对应记录，而 dept 表中是没有对应记录的。感兴趣的读者可以执行 DELETE 语句试一试，并查看删除效果。

11.5.5 删除视图

如果一个视图现在不再使用，可以直接通过 DROP VIEW 语句删除视图。语法格式如下：

```
DROP VIEW v_name;
```

【例 11-38】

要删除名称为 v_salmore 的视图。语句如下：

```
DROP VIEW v_salmore;
```

删除视图成功后，可以通过 user_views 数据字典查询 v_salmore 视图是否已经删除。语句如下：

```
SELECT view_name,text_length,read_only,text FROM user_views;
```

执行结果如下：

```
VIEW_NAMETEXT_LENGTH    READ_ONLYTEXT
----------------------------------------------------------------------------------------------
V_EMP_DEPT143 N
SELECT e.empno 员工编号 1,e.ename 员工姓名 1,e.job 职位 1,e.sal 工资 1,d.deptno 部门编号 ,d.dname
部门名称 FROM empe,dept d WHERE e.deptno=d.deptno
```

由于 text 列的内容过长，因此，这里将输出的结果换行显示。从上述输出结果中可以发现，在上述结果中已找不到 v_salmore 视图的信息，这意味着已经成功将 v_salmore 删除。

11.5.6 实践案例：使用 SQL Developer 操作视图

在 11.5.5 小节介绍的视图操作中，主要是通过 SQL 语句来实现。实际上，可以使用 SQL Developer 工具操作视图来完成同样的功能。主要步骤如下。

01 打开 SQL Developer 工具并使用 scott 用户进行连接，右击【视图】节点，在弹出的快捷菜单中选择【新建视图】命令，弹出【创建视图】对话框，如图 11-13 所示。

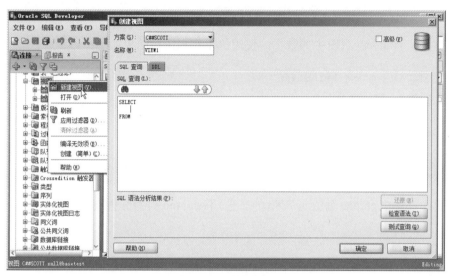

图 11-13　创建视图

02 在图 11-13 所示对话框的【SQL 查询】选项卡中输入查询语句，输入完成后可以单击 DDL 选项卡进行查看，也可以单击【检查语法】和【测试查询】按钮进行查询，创建完成后单击【确定】按钮。这里从 emp 表中读取 ename 列的值以 K 开头的员工编号、姓名和工资。

03 创建视图完成后会自动将其添加到【视图】节点下，如果用户需要对该视图进行操作，可以选中该视图并右击，然后在弹出的快捷菜单中对视图进行其他操作，如重命名视图、删除视图以及编译视图等。

11.5.7 视图的 WITH 子句

在创建视图时需要查询出指定列的值或全部列的值，而且许多时候还需要指定 WHERE 查询条件。但是，有时需要保证视图的查询条件不被修改或指定列的值不能被修改，这时需要使用 WITH 子句。

1. WITH CHECK OPTION 子句

WITH CHECK OPTION 子句保证视图的创建条件不被更新，它主要针对 WHERE 的条件进行操作。使用 WITH CHECK OPTION 子句很简单，直接在视图的子查询语句之后进行添加。其语法格式如下：

```
CREATE [FORCE|NOFORCE] [OR REPLACE] VIEW 视图名称 [( 别名 1, 别名 2,..., 别名 n)]
AS
子查询 [WITH CHECK OPTION [CONSTRAINT 约束名称 ]];
```

【例 11-39】

通过以下步骤演示 WITH CHECK OPTION 子句的使用。

01 创建查询部门编号为 10 的员工信息的 v_empdept 视图。其实现代码如下：

```
CREATE OR REPLACE VIEW v_empdept
AS
SELECT empno,ename,deptno FROM emp WHERE deptno=10;
```

02 查询 v_empdept 视图中的数据，使用的语句和执行结果如下：

```
SELECT * FROM v_empdept WHERE deptno=10;
EMPNO ENAME    DEPTNO
---------- ---------- ----------
7782 CLARK       10
7839 KING        10
7934 MILLER      10
```

03 更改视图中 empno 列值为 7782 的员工，将 deptno 列的值更改为 20。其实现代码如下：

```
UPDATE v_empdept SET deptno=20 WHERE empno=7782;
```

04 重新执行 SELECT 语句查询 v_empdept 视图中的数据。输出结果如下：

```
EMPNO         ENAME        DEPTNO
------------- ------- ---------- ----------
7839          KING          10
7934          MILLER        10
```

虽然在视图中更改了员工 deptno 列的值，但是视图本身的功能只是封装一条 SQL 查询语句，而现在的更新操作已经属于更新视图的创建条件，这样的做法并不合理。因此，为了避免出现这类情况，需要在创建视图时添加 WITH CHECK OPTION 子句。其实现代码如下：

```
CREATE OR REPLACE VIEW v_empdept
AS
SELECT empno,ename,deptno FROM emp WHERE deptno=10
WITH CHECK OPTION CONSTRAINT v_test1_ck;
```

在视图中添加 WITH CHECK OPTION 子句后重新操作数据，更新的语句和执行结果如下：

```
UPDATE v_empdept SET deptno=20 WHERE empno=7934;
ORA-01402: 视图 WITH CHECK OPTION where 子句违规
```

当执行视图的创建条件 deptno=20 时，由于已经设置了限制，因此更改后会输出以上的提示。

2. WITH READ ONLY 子句

WITH CHECK OPTION 子句的功能是用于保证视图的创建条件不被更改。如果现在不是更改创建条件，而是视图中列的值呢？虽然可以将数据更新成功，但是由于视图并不属于任何具体表，因此这种更改并不合理。开发人员可以使用 WITH READ ONLY 子句进行控制，它表示视图中的所有列不可更新。WITH READ ONLY 子句可以和 WITH CHECK OPTION 子句同时存在。

【例 11-40】

重新创建 v_salmore 视图，并为该视图中的查询语句添加 WITH READ ONLY 子句。其实现代码如下：

```
CREATE OR REPLACE VIEW v_salmore
AS
SELECT empno,ename,job,sal,deptno FROM emp WHERE sal BETWEEN 2000 AND 5000
WITH READ ONLY;
```

11.6 Oracle 伪列

在 Oracle 数据库中为了实现完整的关系数据库的性能，专门为用户提供了许多伪列，像本章使用的 CURRVAL 和 NEXTVAL 就是两个伪列。此外，SYSDATE 和 SYSTIMESTAMP 也属于伪列。这些伪列并不是用户在建立数据库对象时由用户完成的，而是 Oracle 自动帮助用户建立的，用户只需要按照要求使用即可。

本节主要介绍 Oracle 中提供的 ROWNUM 伪列和 ROWID 伪列。

11.6.1 ROWNUM 伪列

ROWNUM 伪列通常用于以下 3 个操作。

① 取出一个查询的第一条记录。

② 取出一个查询的前 N 条记录。

③ 动态地为查询分配一个数字行号。

【例 11-41】

这里演示 ROWNUM 如何动态地为查询分配一个数字行号。假设查询 emp 表中的前 3 条记录，并且为这些记录自动分配行号。使用的语句和执行结果如下：

```
SELECT ROWNUM,empno,ename,sal FROM emp WHERE ROWNUM<=3;

ROWNUM      EMPNO      ENAME       SAL
---------------  ------- -------  ---------------  ---- ------
1           7369       SMITH       800
2           7499       ALLEN       1600
3           7521       WARD        1250
```

11.6.2 ROWID 伪列

在数据表中每一行所保存的记录，实际上 Oracle 都会默认为每行记录分配一个唯一的地址编号，而这个编号就是通过 ROWID 表示的，所有的数据都利用 ROWID 进行数据定位。

【例 11-42】

查询 emp 表中前 3 条数据的信息，包括 ROWID 列、EMPNO 列、ENAME 列和 SAL 列。使用的语句和执行结果如下：

```
SELECT ROWID,empno,ename,sal FROM emp WHERE ROWNUM<=3;

ROWID                    EMPNO      ENAME            SAL
--------------------     -----      ---------------  -----------
AAAWdoAAGAAAADGAAA       7369       SMITH            800
AAAWdoAAGAAAADGAAB       7499       ALLEN            1600
AAAWdoAAGAAAADGAAC       7521       WARD             1250
```

从上述输出结果可以发现，每一行的 ROWID 是不一样的，都表示唯一的一条记录。下面以上述第一条数据的 ROWID 列的值为例介绍它的组成，包括数据对象号（使用 AAAWdo 表示）、相对文件号（AAG）、数据块号（AAAADG）和数据行号（AAA）。

DBMS_ROWID 包中定义了多个函数，使用该包中的函数可以从某个 ROWID 中获取数据对象号、相对文件号、数据块号和数据行号。

【例 11-43】

分别利用 DBMS_ROWID 包中的函数获取指定 ROWID 组成部分的信息。使用的语句和执行结果如下：

```
SELECT ROWID,
DBMS_ROWID.rowid_object(ROWID) 数据库对象,
DBMS_ROWID.rowid_relative_fno(ROWID) 相对文件号,
DBMS_ROWID.rowid_block_number(ROWID) 数据块号,
DBMS_ROWID.rowid_row_number(ROWID) 数据行号
FROM dept;

ROWID                    数据对象号        相对文件号        数据块号        数据行号
--------------------     ------------     -------------    -----------     -------------
AAAWdoAAGAAAADGAAA       92008            6                198             0
AAAWdoAAGAAAADGAAB       92008            6                198             1
AAAWdoAAGAAAADGAAC       92008            6                198             2
AAAWdoAAGAAAADGAAD       92008            6                198             3
```

使用 ROWID 可以定位一个数据库中的任何数据行。因为一个段只能存放在一个表空间内，所以通过使用数据对象号，Oracle 服务器可以找到包含数据行的表空间。之后使用表空间中的相对文件号就可以确定文件，再利用数据块号就可以确定包含所需数据行的数据块，最后使用行号就可以定位数据行的行目录项。

11.6.3　实践案例：删除重复数据

由于开发人员的操作失误，可能导致某个数据表中存在多个重复的数据，如果要删除这些数据可以有多种方法，本次案例介绍如何利用 ROWID 删除重复数据。实现步骤如下：

01 从 emp 表中读取前 4 行数据并插入到新创建的 myemp 表中，如果该表已存在，需要将其删除。其实现代码如下：

```
DROP TABLE myemp PURGE;
CREATE TABLE myemp AS SELECT empno,ename,job,sal FROM emp WHERE ROWNUM<=4;
```

02 读取 myemp 表中的数据，使用的语句和执行结果如下：

```
SELECT ROWID,empno,ename,job,sal FROM myemp;
```

ROWID	EMPNO	ENAME	JOB	SAL
AAAWgzAAGAAAAF7AAA	7369	SMITH	CLERK	800
AAAWgzAAGAAAAF7AAB	7499	ALLEN	SALESMAN	1600
AAAWgzAAGAAAAF7AAC	7521	WARD	SALESMAN	1250
AAAWgzAAGAAAAF7AAD	7566	JONES	MANAGER	2975

03 在 myemp 表中插入 3 条数据，其实现代码如下：

```
INSERT INTO myemp VALUES(7369, 'SMITH', 'CLERK', 800);
INSERT INTO myemp VALUES(7369, 'SMITH', 'CLERK', 800);
INSERT INTO myemp VALUES(7499, 'ALLEN', 'SALESMAN', 1600);
```

04 提交插入的数据并重新查询表中的记录，此时的执行结果所下：

ROWID	EMPNO	ENAME	JOB	SAL
AAAWgzAAGAAAAF7AAA	7369	SMITH	CLERK	800
AAAWgzAAGAAAAF7AAB	7499	ALLEN	SALESMAN	1600
AAAWgzAAGAAAAF7AAC	7521	WARD	SALESMAN	1250
AAAWgzAAGAAAAF7AAD	7566	JONES	MANAGER	2975
AAAWgzAAGAAAAF/AAA	7369	SMITH	CLERK	800
AAAWgzAAGAAAAF/AAB	7369	SMITH	CLERK	800
AAAWgzAAGAAAAF/AAC	7499	ALLEN	SALESMAN	1600

比较上述执行结果与第（2）步的执行结果，可以发现，最后添加的 3 条记录已经在 myemp 表中存在过，因此这些数据是重复的，需要将它们删除。

05 统计出哪些员工是最早保留的信息。需要对 myemp 表中的数据进行分组，然后使用 MIN() 函数查询最小的 ROWID。使用的语句和执行结果如下：

303

```
SELECT MIN(ROWID),empno,ename,sal FROM myemp GROUP BY empno,ename,sal;

MIN(ROWID)                      EMPNO            ENAME           SAL
-----------------------------   --------------   -------------   -----------------

AAAWgyAAGAAAAF7AAB               7499             ALLEN           1600
AAAWgyAAGAAAAF7AAC               7521             WARD            1250
AAAWgyAAGAAAAF7AAD               7566             JONES           2975
AAAWgyAAGAAAAF7AAA               7369             SMITH           800
```

06 从上述输出结果可以发现，查询结果的数据正是最后删除重复数据之后该有的内容，而此时也可以确定删除的条件，即 ROWID 不是以上查询结果返回的 ROWID。使用的语句如下：

```
DELETE FROM myemp
WHERE ROWID NOT IN (
    SELECT MIN(ROWID) FROM myemp GROUP BY empno
);
```

执行上述语句时，输出以下结果：

```
3 行已删除
```

07 从上个步骤的输出结果中可以看出，已经成功地将重复数据删除。重新执行 SELECT 语句查询 myemp 表中的数据，语句和输出结果不再显示。

11.7 实践案例：获取分页数据

FETCH 子句是 Oracle 12c 版本中专门提供的用于执行分页显示操作的语句。在 SELECT 语句中，FETCH 放在整体查询语句的最后位置，使用 FETCH 可以完成以下 3 种操作。

1. 获取前 N 条记录

使用 FETCH 子句获取前 N 条记录时的语法如下：

```
FETCH FIRST 行数 ROW ONLY;
```

【例 11-44】

下面语句获取 emp 表中的前两条记录：

```
SELECT * FROM emp FETCH FIRST 2 ROW ONLY;
```

下面语句的效果等价于上述语句：

```
SELECT * FROM emp WHERE ROWNUM<=2;
```

2. 获取指定范围的记录

使用 FETCH 子句获取指定范围内的记录时需要使用以下语句：

```
OFFSET 开始位置 ROWS FETCH NEXT 个数 ROWS ONLY;
```

获取指定范围的记录时，开始位置（指定开始的行）从 0 开始，即开始位置为 0 时，表示从第 1 条记录开始，然后取出指定个数的记录。如果要从第 3 条记录开始获取，那么需要将开始位置指定为 2。

【例 11-45】

下面语句获取 emp 表中的第 6 条和第 7 条记录：

```
SELECT * FROM emp OFFSET 5 ROWS FETCH NEXT 2 ROW ONLY;
```

使用指定范围的语句也可以获取前 N 条记录，这时将开始位置指定为 0 即可。下面语句的效果等价于例 11-45 中的语句：

```
SELECT * FROM emp OFFSET 0 ROWS FETCH NEXT 2 ROW ONLY;
```

3. 按照百分比获取记录

按照百分比获取记录需要使用以下语句：

```
FETCH NEXT 百分比 PERCENT ROWS ONLY;
```

将上述语句中的百分比设置为 20 时，表示获取 20% 的记录。假设数据库中存在 200 条记录，20% 的记录即表示获取 40 条记录。

【例 11-46】

获取 emp 表中 15% 的记录，使用的语句和执行结果如下：

```
SELECT empno,ename,sal FROM emp FETCH NEXT 15 PERCENT ROWS ONLY;

EMPNO          ENAME           SAL
-------------- --------------- --------------
7369           SMITH           800
7499           ALLEN           1600
```

emp 表共有 13 行记录，15% 为 1.95，所以获取两条记录。

11.8　练习题

1. 填空题

（1）假设要删除 pkg_getAllBySno 程序包，可以使用语句_____。

（2）在 Oracle 数据库中创建序列时，使用_____指定递增的序列值。

（3）同义词包括公有 Oracle 同义词和_____两类。

（4）在 Oracle 中常用的索引类型有 _____、位图索引和函数索引。

（5）使用 _____ 子句保证视图的创建条件不能被更改。

（6）ROWID 伪列的值组成包括数据对象号、_____、数据块号和数据行号 4 部分。

2. 选择题

（1）创建包体需要使用（   ）语句。

    A．CREATE PACKAGE

    B．CREATE PACKAGE BODY

    C．DROP PACKAGE

    D．DROP PACKAGE BODY

（2）建立序列后，首次调用序列时应该使用的伪列是（   ）。

    A．ROWID

    B．ROWNUM

    C．NEXTVAL

    D．CURRVAL

（3）现需要创建一个从 8 开始，每次递增 2 的序列，并且没有最大值，同时也不可复位。下列选项中，（   ）选项是正确的。

    A．

```
CREATE SEQUENCE seq_student
START WITH 8
INCREMENT BY 2
NOMAXVALUE
NOCYCLE;
```

    B．

```
CREATE SEQUENCE seq_student
INCREMENT BY 8
START WITH 2
NOMAXVALUE
NOCYCLE;
```

    C．

```
CREATE SEQUENCE seq_student
START WITH 8
INCREMENT BY 2
MAXVALUE 0
NOCYCLE;
```

    D．

```
CREATE SEQUENCE seq_student
START WITH 8
```

```
INCREMENT BY 2
MAXVALUE
CYCLE FALSE;
```

（4）执行（　　）语句表示创建位图索引。

    A．CREATE UNIUQE INDEX

    B．CREATE BITMAP INDEX

    C．CREATE BTREE INDEX

    D．CREATE INDEX

（5）要创建公有的同义词时需要使用（　　）关键字。

    A．PUBLIC

    B．PRIVATE

    C．FINAL

    D．FETCH

上机练习：使用视图

    假设有一张商品信息表 PRODUCT，在该表中包含的字段有 ID、NAME、PRICE 等，假设为了庆祝国庆黄金周的到来，该营销商预计将所有的商品打八折进行促销。要求：创建一个视图，在该视图中应包含商品编号、商品名称和打折后的商品价格，并使用 SELECT 语句查询该视图，以便实现用户浏览功能。

Oracle 12c 数据库

第 12 章

存储过程和触发器

存储过程是一组为了完成特定功能的 PL/SQL 语句块。它经编译后存储在数据库中，通过指定名字来执行，特点是执行速度快和可重复使用。而触发器也是一组 PL/SQL 语句块，虽然它也有名字，但是不能通过名称调用，而是通过系统事件自动执行。触发器与表紧密相联，为数据库提供了有效的监控和处理机制，确保了数据和业务的完整性。

本章将详细介绍 Oracle 中存储过程和触发的创建、调用和修改操作。

本章学习要点

◎ 掌握存储过程的创建和执行
◎ 掌握存储过程参数的使用
◎ 掌握查看、修改和删除存储过程的方法
◎ 了解 Oracle 中触发器的类型
◎ 掌握各种 DML 触发器的创建方法
◎ 掌握 DDL 触发器的创建
◎ 掌握查看、禁用、启用和删除触发器的方法

12.1　创建存储过程

存储过程（Store Procedure）是一组 PL/SQL 程序块的名称，主要用于封装一些经常需要执行的操作。存储过程可以在 PL/SQL 中多次重复使用，从而简化应用程序的开发和维护，提高应用程序性能。

使用存储过程的优势主要有以下几点。

（1）提高数据库执行效率。

在编程语言中使用 SQL 接口更新数据库，如果更新复杂且频繁，那么可能会频繁连接数据库。众所周知，连接数据库是非常耗时和消耗资源的。如果将所有工作都交由一个存储过程来完成，那么将大大减少数据库的连接频率，从而提高数据库执行效率。

（2）提高安全性。

存储过程是作为对象存储在数据库中的。因此，可以通过对存储过程分配权限来控制整个操作的安全性。同时，使用存储过程实际上实现了数据库操作从编程语言中转换到了数据库中。只要数据库不遭到破坏，这些操作将一直保留。

（3）可重复使用。

通过将常用功能进行封装，并为其定义一个存储过程名称。在以后需要相同功能时可使用存储过程名称直接进行调用，避免重复编码，从而简化代码维护工作。

在 Oracle 中创建存储过程需要使用 CREATE PROCEDURE 语句，具体语法格式如下：

```
CREATE [OR REPLACE] PROCEDURE procedure_name
[(parameter_name [IN | OUT | IN OUT] datatype [,…])]
{IS | AS}
BEGIN
procedure_body
END procedure_name;
```

其中各个参数含义如下。

● OR REPLACE：表示如果过程已经存在，则替换已有的过程。
● IN | OUT | IN OUT：定义了参数的模式，如果忽略参数模式，则默认为 IN。
● IS | AS：这两个关键字等价，其作用类似于匿名块中的声明关键字 DECLARE。
● datatype：指定参数的类型。
● procedure_body：包含过程的实际代码。

 # 12.2　实践案例：创建一个更新密码的存储过程

在了解创建存储过程的语法之后，本次案例将创建一个可以根据管理员的邮箱（email 列）来更新密码（password 列）的存储过程。具体实现语句如下：

```
CREATE PROCEDURE proc_update_password (
    p_email admins.email%type,
    p_password varchar2
)IS
```

Oracle 12c 数据库

```
        r_count integer;
BEGIN
        SELECT COUNT(*) INTO r_count FROM admins
        WHERE email=p_email;
        IF r_count=1 THEN
             UPDATE admins SET password=p_password WHERE email=p_email;
             COMMIT;
        END IF;
        EXCEPTION
             WHEN OTHERS THEN
        ROLLBACK;
END proc_update_password;
```

上述语句创建的存储过程名称为proc_update_password，在小括号内为其指定了两个参数，参数类型默认为 IN，即输入参数。其中，p_email 参数用于指定要更新的邮箱，p_password用于指定更新后的密码。

IS 关键字后的一行语句为存储过程添加了一个变量 r_count。在 BEGIN END 块中使用SELECT INTO 语句从 admins 表中将 email 等于 p_email 的记录数量赋值给 r_count 变量。

如果 r_count 变量的值等于 1，则表示管理员信息存在，此时使用 UPDATE 语句对管理员的 password 列使用 p_password 参数值进行替换，并进行提交。

最后使用 EXCEPTION 关键字执行过程中的异常处理，如果有异常则回滚操作。END proc_update_password 表示存储过程的定义结束。

12.3　管理存储过程

存储过程与表、视图以及索引这些数据库对象一样，在创建之后可以根据需求对它进行查看、修改和删除操作。

12.3.1　查看存储过程信息

对于创建好的存储过程，如果需要了解其定义信息，可以查询 user_objects 和 user_source数据字典。

【例 12-1】

从 user_object 数据字典中查询 proc_update_password 存储过程的类型和当前状态。使用的语句及执行结果如下：

```
SELECT object_name,object_type,status
FROM user_objects
WHERE object_name='PROC_UPDATE_PASSWORD';


OBJECT_NAME                                        OBJECT_TYPE                     STATUS
-------------------------------------------------  ------------------------------  -------------------
PROC_UPDATE_PASSWORD                               PROCEDURE                       VALID
```

从返回结果中可以看到，OJECT_TYPE 列为 PROCEDURE 表示这是一个存储过程，STATUS 列的 VALID 表示当前存储过程有效且可用。

【例12-2】

通过数据字典 user_source 查询 proc_update_password 存储过程的定义信息，语句如下：

```
SELECT * FROM user_source
WHERE name='PROC_UPDATE_PASSWORD';
```

执行结果如图 12-1 所示。其中，name 表示对象名称；type 表示对象类型，PROCEDURE 表示存储过程；line 表示定义信息中文本所在的行数；text 表示对应行的文本信息。

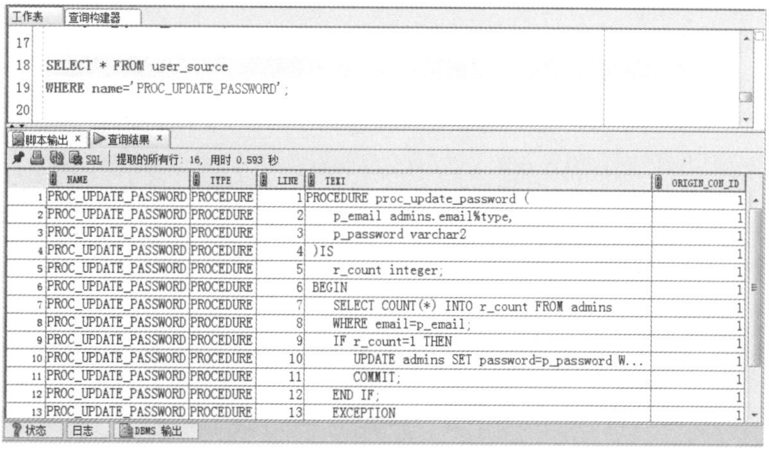

图 12-1　查看存储过程的定义

12.3.2　实践案例：调用存储过程

存储过程创建之后必须通过执行才有意义，就像函数必须调用一样。Oracle 系统中提供了两种执行存储过程的方式，分别是使用 EXECUTE（简写为 EXEC）命令和使用 CALL 命令。

【例12-3】

假设要将邮箱为 admin@qq.com 的管理员密码更新为 888888。使用 CALL 调用 proc_update_password 存储过程的语句如下：

```
CALL proc_update_password('admin@qq.com', '888888');
```

下面为使用 EXEC 调用的语句：

```
EXEC proc_update_password ('admin@qq.com', '888888');
```

12.3.3　修改存储过程

在创建存储过程时使用 OR REPLACE 关键字可以修改存储过程。

【例12-4】

要对上面创建的 proc_update_password 存储过程进行修改，在存储过程内输出两个参数的值，并在更新成功时输出提示。修改语句如下：

```
CREATE OR REPLACE PROCEDURE proc_update_password (
    p_email admins.email%type,
    p_password varchar2
)IS
    r_count integer;
BEGIN
    DBMS_OUTPUT.PUT_LINE(' 要更新的管理员邮箱： '||p_email);
    DBMS_OUTPUT.PUT_LINE(' 要更新的管理员密码： '||p_password);

    SELECT COUNT(*) INTO r_count FROM admins
    WHERE email=p_email;
    IF r_count=1 THEN
        UPDATE admins SET password=p_password WHERE email=p_email;
        COMMIT;
        DBMS_OUTPUT.PUT_LINE(' 更新成功，请牢记新密码！ ');
    END IF;
    EXCEPTION
        WHEN OTHERS THEN
    ROLLBACK;
END proc_update_password;
```

调用修改后的存储过程 proc_update_password，语句如下：

```
EXEC proc_update_password ('admin@qq.com', '888888');
```

此时将看到图 12-2 所示输出结果。

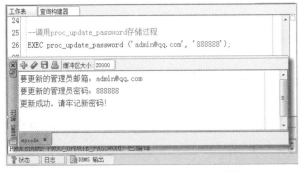

图 12-2   调用 proc_update_password 存储过程

📢 12.3.4   删除存储过程

当存储过程不再需要时，用户可以使用 DROP PROCEDURE 命令来删除该过程。
【例 12-5】
假设要删除 proc_update_password 存储过程，可用以下语句：

```
DROP PROCEDURE proc_update_password;
```

12.4　使用参数

存储过程与函数的一个最大区别就是，存储过程没有返回值，但是可以有参数。存储过程的参数为 3 种，即 IN（输入）参数、OUT（输出）参数和 IN OUT（输入/输出）参数。另外，函数适用于复杂的统计和计算，并将最终结果返回，而存储过程则更适合执行对数据库的更新，尤其是大量数据的更新。

本节将详细介绍如何为存储过程添加参数，包括输入参数、输出参数以及参数默认值等。

12.4.1　输入参数

IN 参数是指输入参数，由存储过程的调用者为其赋值（也可以使用默认值）。如果不为参数指定模式，则其模式默认为 IN。

【例 12-6】

创建一个存储过程，实现从用户信息表 users 中查询出指定关注状态或者部门编号的结果。语句如下：

```
CREATE OR REPLACE PROCEDURE proc_search_users(
    p_subscribe users.subscribe%type,          -- 关注状态
    p_departid users.depart_id%type            -- 部门编号
)IS
BEGIN
    DECLARE CURSOR cur_users IS
        SELECT * FROM users WHERE subscribe=p_subscribe OR depart_id=p_departid;
    myuser cur_users%rowtype;
    BEGIN
        FOR myuser IN cur_users LOOP
            DBMS_OUTPUT.put_line(' 编号：'||myuser.id||'，姓名：'||myuser.name||'，关注状态：'
                ||myuser.subscribe||'，部门编号：'||myuser.depart_id||'，角色：'||myuser.roles);
        END LOOP;
    END;
END proc_search_users;
```

在上述语句中定义存储过程名称 proc_search_users。然后定义了两个参数：p_subscribe 表示要查找的关注状态值；p_departid 表示要查找的部门编号值。在 SELECT 语句中使用 OR 关键字返回满足任意一个条件的数据。由于 Oracle 的存储过程中不能直接输出 SELECT 的查询结果集，所以这里定义了一个游标 myuser，然后遍历该游标输出每一行数据。

当调用带有参数的子程序时，需要将数值或变量传递给参数。参数传递有 3 种方式，即按位置传递、按名称传递和混合方式传递。下面以调用上面的 proc_search_users 存储过程为例讲解这 3 种调用方式。

1. 按位置传递

按位置传递是指调用过程时只提供参数值，而不指定该值赋予哪个参数。Oracle 会自动按存储过程中参数的先后顺序为参数赋值，如果值的个数（或数据类型）与参数的个数（或数据类型）不匹配，则会返回错误。

【例 12-7】

使用按位置传递方式调用 proc_search_users 存储过程，查询状态为 4 或者部门编号为 3 的用户信息。使用的语句及查询结果如下：

```
CALL proc_search_users(4,3);

编号：2，姓名：牛孟强，关注状态：1，部门编号：3，角色：普通会员
编号：5，姓名：刘文娟，关注状态：4，部门编号：1，角色：VIP 会员
编号：7，姓名：庞梦梦，关注状态：4，部门编号：8，角色：超级会员
编号：8，姓名：贺晓燕，关注状态：4，部门编号：6，角色：VIP 会员
```

 提示 ─ ─ ─

使用这种参数传递形式要求用户了解过程的参数顺序。

2. 按名称传递

按名称传递是指在调用过程时不仅提供参数值，还指定该值所赋予的参数。在这种情况下，可以不按参数顺序赋值。指定参数名的赋值形式为"参数名称 => 参数值"。

【例 12-8】

使用按名称传递方式调用 proc_search_users 存储过程，查询状态为 2 或者部门编号为 3 的用户信息。使用的语句及查询结果如下：

```
CALL proc_search_users(p_departid=>3, p_subscribe=>2);

编号：2，姓名：牛孟强，关注状态：1，部门编号：3，角色：普通会员
编号：6，姓名：郭建明，关注状态：2，部门编号：7，角色：普通会员
编号：9，姓名：王小珂，关注状态：2，部门编号：5，角色：VIP 会员
```

提示 ─ ─ ─

使用这种赋值形式，要求用户了解过程的参数名称，相对按位置传递形式而言，指定参数名使得程序更具有可读性，不过同时也增加了赋值语句的内容长度。

3. 混合方式传递

混合方式传递即指开头的参数使用按位置传递参数，其余参数使用按名称传递参数。这种传递方式适合于过程具有可选参数的情况。

【例 12-9】

使用混合方式传递调用 proc_search_users 存储过程，查询状态为 1 或者部门编号为 6 的用户信息。语句如下：

```
CALL proc_search_users(1, p_departid=>6);
```

12.4.2 输出参数

OUT 关键字表示输出参数，它可以由存储过程中的语句为其赋值并返回给用户。使用这种模式的参数必须在参数后面添加 OUT 关键字。

【例 12-10】

创建一个储存过程实现统计指定部门编号下员工数据并返回。具体代码如下：

```
CREATE OR REPLACE PROCEDURE proc_count_
depart(
    p_departid users.depart_id%type,
    p_count OUT INTEGER
)IS
BEGIN
    SELECT COUNT(*) INTO p_count
    FROM users WHERE depart_id=p_departid;
END proc_count_depart;
```

上述代码创建的存储过程名称为 proc_count_depart，它包含两个参数：p_departid 表示要查询的部门编号参数；p_count 表示统计的数量。是输出（返回）参数。

调用带 OUT 参数存储过程时，还需要先使用 VARIABLE 语句声明对应的变量接收返回值，并在调用过程时绑定该变量，形式如下：

```
VARIABLE variable_name data_type;
[, ...]
EXEC[UTE] procedure_name(:variable_name[, ...])
```

【例 12-11】

调用 proc_count_depart 存储过程统计部门编号 1 的用户数量，语句如下：

```
VARIABLE counts number;
EXEC proc_count_depart(1, :counts);
PRINT counts;
```

上述语句将输出结果保存到名为 counts 的变量中，之后使用 PRINT 命令查看 counts 变量中的值。结果如下：

```
COUNTS
----------------
3
```

另一种使用存储过程输出参数的方法是使用 DECLARE 声明一个变量，然后将它传递给存储过程的输出参数。例如，要实现上面相同的功能，使用 DECLARE 实现方式的代码如下：

```
DECLARE
    counts NUMBER;
BEGIN
    proc_count_depart(
        p_departid => 1,
        P_COUNT => counts
    );
        DBMS_OUTPUT.put_line(' 部门编号 1 下的
用户数量：'||counts);
END;
```

执行结果如下：

```
部门编号 1 下的用户数量：3
```

12.4.3 同时包含输入和输出参数

如果存储过程的一个参数同时使用了 IN 和 OUT 关键字，那么该参数既可以接收用户传递的值，又可以将值返回。但要注意，INT 和 OUT 不接收常量值，只能使用变量为其传值。

【例 12-12】

创建一个同时带有输入和输出参数的存储过程，实现交换两个参数的值。具体代码如下：

```
CREATE OR REPLACE PROCEDURE swap(
    param1 IN OUT varchar2,
    param2 IN OUT varchar2
)IS
    temp varchar2(10);
BEGIN
    temp:=param1;
    param1:=param2;
    param2:=temp;
END swap;
```

上述代码创建了名为 swap 的存储过程，包括 param1 和 param2 两个参数，这两个参数都同时使用了 IN 和 OUT 关键字。在 BEGIN END 块中利用中间变量 temp 交换了两个参数的值。

下面调用 swap 存储过程，并输出交换之前和交换之后两个参数的值。其实现代码如下：

```
DECLARE
    str1 varchar2(10):='hello';
    str2 varchar2(10):='oracle';
BEGIN
    DBMS_OUTPUT.put_line(' 交换前：str1='||str1||',  str2='||str2);
    swap(
        param1=>str1,
        param2=>str2
    );
    DBMS_OUTPUT.put_line(' 交换后：str1='||str1||',  str2='||str2);
END;
```

输出结果如下：

```
交换前：str1=hello, str2=oracle
交换后：str1=oracle, str2=hello
```

⚠ 注意

IN OUT 参数既可以输入也可以输出，给程序编写带来了很大的便利性，但是其弊端也很明显。例如，存储过程可能为多个用户调用，那么针对输出参数变量，将会被频繁且无规则地更新，此时控制该变量将变得非常困难，而且还容易出现编译错误。因此，除非必要，应该首先选择单向功能(IN 或者 OUT) 的参数。

🔊 12.4.4 参数默认值

在创建存储过程的参数时可以为其指定一个默认值，那么执行该存储过程时如果未指定其他值，则使用默认值。但是要注意，Oracle 中只有 IN 参数才具有默认值，OUT 和 IN OUT 参数都不具有默认值。

定义参数默认值的语法格式如下:

```
parameter_name parameter_type {[DEFAULT | :=]}value
```

【例 12-13】

创建一个存储过程实现从用户信息表 users 中查询出指定关注状态或者角色的结果。要求:默认关注状态为 1,默认角色为"普通会员"。其实现代码如下:

```
CREATE OR REPLACE PROCEDURE proc_search_user_info(
    p_subscribe users.subscribe%type DEFAULT 1,
    p_role users.roles%type DEFAULT ' 普通会员 '
)IS
BEGIN
    DECLARE CURSOR cur_users IS
        SELECT * FROM users WHERE subscribe=p_subscribe OR roles=p_role;
    myuser cur_users%rowtype;
    BEGIN
        FOR myuser IN cur_users LOOP
            DBMS_OUTPUT.put_line(' 编号: '||myuser.id||', 姓名: '||myuser.name||', 关注状态: '
                ||myuser.subscribe||', 部门编号: '||myuser.depart_id||', 角色: '||myuser.roles);
        END LOOP;
    END;
END proc_search_user_info;
```

上述语句指定存储过程名称为 proc_search_user_info,然后定义两个输入参数 p_subscribe 和 p_role,并在这里使用 DEFAULT 关键字指定初始值分别是 1 和"普通会员"。之后使用 SELECT 语句查询 users 表并遍历结果。

创建完成后,假设要调用 proc_search_user_info 存储过程查询关注状态为 1 或者是"普通会员"的结果。可以使用以下几种语句:

```
-- 调用时全部使用默认值
EXEC proc_search_user_info();
-- 调用时直接为第一个参数传值,第二个参数使用默认值
EXEC proc_search_user_info(1);
-- 调用时使用参数名为第一个参数传值,第二个参数使用默认值
EXEC proc_search_user_info(p_subscribe=>1);
-- 调用时使用参数名为第二个参数传值,第一个参数使用默认值
EXEC proc_search_user_info(p_role=>' 普通会员 ');
-- 调用时使用参数名为两个参数传值
EXEC proc_search_user_info(p_role=>' 普通会员 ', p_subscribe=>1);
```

上述 5 行语句的效果相同,执行结果如下:

```
编号: 1,姓名:胡莲柯,关注状态: 1,部门编号: 1,角色:管理员
编号: 2,姓名:牛孟强,关注状态: 1,部门编号: 3,角色:普通会员
编号: 3,姓名:范春燕,关注状态: 1,部门编号: 1,角色:普通会员
编号: 4,姓名:王瑜,关注状态: 1,部门编号: 4,角色:超级会员
编号: 6,姓名:郭建明,关注状态: 2,部门编号: 7,角色:普通会员
```

注意

存储过程 3 种参数的使用顺序是：具有默认值的参数应该放在参数列表的最后，因为有时用户需要省略该参数；没有默认值的参数可以遵循“IN 参数 ->OUT 参数 ->IN OUT 参数”的顺序。

12.5 触发器

触发器（Trigger）是一种特殊类型的 PL/SQL 程序块。触发器类似于函数和存储过程，也具有声明部分、执行部分和异常处理部分。但是触发器不能被显式调用，只能在事件发生时被隐式触发，而且触发器不能接收参数。

12.5.1 触发器简介

触发器的主要作用是实现由主键和外键所不能保证的、复杂的参照完整性和数据一致性。触发器能够对数据库中的相关表进行级联修改，还可以自定义错误消息、维护非规范化数据以及比较数据修改前后的状态。

触发器具有以下优点。

① 触发器自动执行。当表中的数据作了任何修改时，触发器将立即激活。

② 触发器可以通过数据库中的相关表进行层叠更改。这比直接将代码写在前台的做法更安全合理。

③ 触发器可以强制用户实现业务规则，这些限制比用 CHECK 约束所定义的更复杂。

在下列情况下，使用触发器将强制实现复杂的引用完整性。

① 强制数据库间的引用完整性。

② 创建多行触发器。当插入、更新或者删除多行数据时，必须编写一个处理多行数据的触发器。

③ 执行级联更新或者级联删除这样的操作。

④ 级联修改数据库中所有相关表。

⑤ 撤销或者回滚违反引用完整性的操作，防止非法修改数据。

使用触发器时要注意以下事项。

① 使用触发器可以保证当特定的操作完成时，相关动作也要自动完成。

② 当完整性约束条件已经定义后，就不要再定义相同功能的触发器。

③ 触发器大小不能超过 32KB，如果要实现触发器功能需要超过这个限制，可以考虑用存储过程来代替触发器或在触发器中调用存储过程。

④ 触发器仅在全局性的操作语句上被触发，而不考虑哪一个用户或者哪一个数据库应用程序执行这个语句。

⑤ 不能创建递归触发器。

⑥ 触发器不能使用事务控制命令 COMMIT、ROLLBACK 或 SAVEPOINT。

⑦ 触发器主体不能声明任何 LONG 或 LONG RAW 变量。

12.5.2 触发器类型

在 Oracle 中按照触发事件的不同，可以把触发器分成 DML 触发器、INSTEAD OF 触发器、系统事件触发器和 DDL 触发器。

1. DML 触发器

DML 触发器由 DML 语句触发，如 INSERT、UPDATE 和 DELETE 语句。针对所有的 DML 事件，按触发的时间可以将 DML 触发器分为 BEFORE 触发器与 AFTER 触发器，分别表示在 DML 事件发生之前与之后执行。

另外，DML 触发器也可以分为语句级触发器与行级触发器，其中，语句级触发器针对某一条语句触发一次，而行级触发器则针对语句所影响的每一行都触发一次。例如，某条 UPDATE 语句修改了表中的 100 行数据，那么针对该 UPDATE 事件的语句级触发器将被触发一次，而行级触发器将被触发 100 次。

2. INSTEAD OF 触发器

INSTEAD OF 触发器又称为替代触发器，用于执行一个替代操作来代替触发事件的操作。例如，针对 INSERT 事件的 INSTEAD OF 触发器，它由 INSERT 语句触发，当出现 INSERT 语句时，该语句不会被执行，而是执行 INSTEAD OF 触发器中定义的语句。

3. 系统事件触发器

系统事件触发器在发生如数据库启动或关闭等系统事件时触发。

4. DDL 触发器

DDL 触发器由 DDL 语句触发，如 CREATE、ALTER 和 DROP 语句。DDL 触发器同样可以分为 BEFORE 触发器与 AFTER 触发器。

12.6　创建触发器

要使用触发器，首先要创建触发器，对于创建好的触发器还可以进行查看、修改和删除。本节详细讲解创建触发器的语法以及各类触发器的创建方法。

12.6.1　创建触发器语法

创建触发器需要使用 CREATE TRIGGER 语句，其语法格式如下：

```
CREATE [OR REPLACE] TRIGGER trigger_name
[BEFORE | AFTER | INSTEAD OF] trigger_event
{ON table_name | view_name | DATABASE}
[FOR EACH ROW]
[ENABLE | DISABLE]
[WHEN trigger_condition]
[DECLARE declaration_statements]
BEGIN
    trigger_body;
END trigger_name ;
```

语法说明如下。

- TRIGGER：表示创建触发器对象。
- trigger_name：创建的触发器名称。
- BEFORE | AFTER | INSTEAD OF：BEFORE 表示触发器在触发事件执行之前被激活；AFTER 表示触发器在触发事件执行之后被激活；INSTEAD OF 表示用触发器中的事件代替触发事件执行。
- trigger_event：表示激活触发器的事件，如 INSERT、UPDATE 和 DELETE 事件等。
- ON table_name | view_name | DATABASE：table_name 指定 DML 触发器所针对的表。如果是 INSTEAD OF 触发器，则需要指定视图名（view_name）；如果是 DDL 触发器或系统事件触发器，则使用 ON DATABASE。
- FOR EACH ROW：表示触发器是行级触发器。如果不指定此子句，则默认为语句级触发器。用于 DML 触发器与 INSTEAD OF 触发器。
- ENABLE | DISABLE：此选项是 Oracle 11g 新增加的特性，用于指定触发器被创建之后的初始状态为启动状态（ENABLE）还是禁用状态（DISABLE），默认为 ENABLE。
- WHEN trigger_condition：为触发器的运行指定限制条件。例如，针对 UPDATE 事件的触发器，可以定义只有当修改后的数据符合某种条件时才执行触发器中的内容。
- trigger_body：触发器的主体，即触发器包含的实现语句。

12.6.2　DML 触发器

如果在表上针对某种 DML 操作建立了 DML 触发器，则当执行 DML 操作时会自动执行触发器的相应代码。其对应的 trigger_event 具体格式如下：

```
{INSERT | UPDATE | DELETE [OF column[, ...]]}
```

关于 DML 触发器的说明如下。
- DML 操作主要包括 INSERT、UPDATE 和 DELETE 操作，通常根据触发器所针对的具体事件将 DML 触发器分为 INSERT 触发器、UPDATE 触发器和 DELETE 触发器。
- 可以将 DML 操作细化到列，即针对某列进行 DML 操作时激活触发器。
- 任何 DML 触发器都可以按触发时间分为 BEFORE 触发器与 AFTER 触发器。
- 在行级触发器中，为了获取某列在 DML 操作前后的数据，Oracle 提供了两种特殊的标识符——:OLD 和 :NEW，通过 :OLD.column_name 的形式可以获取该列的旧数据，而通过 :NEW.column_name 则可以获取该列的新数据。INSERT 触发器只能使用 :NEW，DELETE 触发器只能使用 :OLD，而 UPDATE 触发器则两种都可以使用。

1. 创建 BEFORE 触发器

为了确保 DML 操作在正常情况下进行，可以基于 DML 操作建立 BEFORE 语句触发器。

【例 12-14】

系统规定所有管理员的密码长度不能小于 6 位。所以，当在 admins 表中添加新数据时必须对密码进行验证，如果长度小于 6 则阻止添加。

这里使用 BEFORE 触发器来实现，具体语句如下：

```
01   CREATE TRIGGER trig_check_password
02   BEFORE
03      INSERT ON admins
04      FOR EACH ROW
```

```
05   BEGIN
06     IF length(:NEW.password)<6 THEN
07       RAISE_APPLICATION_ERROR(-20001,' 超出系统设置的密码最小长度 6！ ');
08     END IF;
09   END trig_check_password;
```

为了方便说明，上面为语句添加了行号。其中 01 行使用 CREATE TRIGGER 指定要创建一个触发器，触发器的名称为 trig_check_password；02 行使用 BEFORE 关键字表示这是一个执行前的触发器；03 行使用 INSERT ON admins 关键字指定该执行前触发器针对的是 admins 表上的 INSERT 操作；04 行的 FOR EACH ROW 关键字指定这是一个行级触发器，即可能会影响多行。05 ～ 09 行为触发器的语句块。06 行使用 :NEW.password 引用了 INSERT 语句中要插入的密码，然后对它进行判断，如果小于 6 则使用 RAISE_APPLICATION_ERROR() 函数显示一行错误信息。

trig_check_password 触发器创建之后，接下来向 admins 表中插入一行数据测试该触发器是否运行。语句如下：

```
INSERT INTO admins(name,email,password) VALUES('manage','mgr@qq.com','1234');
```

执行后将看到以下提示，说明 trig_check_password 触发器工作正常。

```
INSERT INTO admins(name,email,password) VALUES( 'manage','mgr@qq.com','1234')
错误报告：
SQL 错误：ORA-20001: 超出系统设置的密码最小长度 6！
ORA-06512: 在 "C##MYCODES.TRIG_CHECK_PASSWORD", line 3
ORA-04088: 触发器 'C##MYCODES.TRIG_CHECK_PASSWORD' 执行过程中出错
```

【例 12-15】

创建一个 BEFORE 触发器，在更新管理员表 admins 中姓名信息时触发，显示更新前后的变化。其实现代码如下：

```
CREATE TRIGGER trig_check_name
BEFORE UPDATE ON admins
    FOR EACH ROW
DECLARE
    oldvalue varchar2(50);
    newvalue varchar2(50);
BEGIN
    oldvalue := :OLD.name;   -- 数据操作之前的旧值赋值给变量 oldvalue
    newvalue := :NEW.name;   -- 数据操作之后的新值赋值给变量 newvalue
    DBMS_OUTPUT.PUT_LINE(' 原来姓名 ='||oldvalue||'，现在姓名 ='||newvalue);
END trig_check_name;
```

上面例子中，第二行中 BEFORE 关键字说明该触发器在更新表 admins 之前触发，第 3 行 FOR EACH ROW 说明为行触发器，每更新一行就会触发一次，第 5 行和第 6 行定义两个变量 oldvalue 和 newvalue，BEGIN 块中用 OLD 关键字把数据更新之前的旧值赋值给变量

oldvalue，把数据更新之后的新值赋值给变量 newvalue。

测试上述 BEFORE 触发器，将邮箱 admin@qq.com 对应的管理员姓名修改为 system。语句如下：

```
SQL> SET SERVEROUTPUT ON;
SQL> UPDATE admins SET name='system' WHERE email='admin@qq.com';
原来姓名 =admin，现在姓名 =system
```

2. 创建 AFTER 触发器

在对数据表执行 DML 操作之后，同样可以执行其他的操作。

【例 12-16】

在 admins 表的某行数据被修改后，将修改之前的 name 列、email 列和 mobile 列的值保存到 admins_log 表进行记录。

创建触发器的具体语句如下：

```
CREATE TRIGGER trig_backup_admins
AFTER UPDATE
ON admins
FOR EACH ROW
BEGIN
    INSERT INTO admins_logs VALUES
    ('UPDATE 操作前：name='||:OLD.name||', email='||:OLD.email||', mobile='||:OLD.mobile, SYSDATE);
END trig_backup_admins;
```

如上述代码所示，AFTER UPDATE 关键字指定这是一个更新后执行的触发器。FOR EACH ROW 子句表明该触发器为行级触发器。行级触发器针对语句所影响的每一行都将触发一次该触发器，也就是说，每修改 admins 表中的一条数据，都将激活该触发器向 admins_logs 表插入一条数据。

admins_logs 表的创建语句如下：

```
CREATE TABLE admins_logs
(
    content varchar2(500) NOT NULL,
    ctime date NOT NULL
);
```

使用 UPDATE 语句更新原来姓名为"system"的管理员信息。语句如下：

```
UPDATE admins SET name='new_name',email='new@qq.com',mobile='111' WHERE name='system'
```

在 UPDATE 语句后，现在通过查询 admins_logs 表查看触发器插入的数据，使用的语句及执行结果如下：

```
SQL> SELECT * FROM admins_logs;

CONTENT                                                                    CTIME
---------------------------------------------------------------------      --------------------
UPDATE 操作前：name=system，email=admin@qq.com，mobile=13812345678          23-1 月 -18
```

3. 使用条件操作符

当在触发器中同时包含多个触发事件（INSERT、UPDATE 和 DELETE）时，为了在触发器代码中区分具体的触发事件，可以使用以下 3 个条件操作符。

① INSERTING。当触发事件是 INSERT 操作时，该条件操作符返回 TRUE；否则返回 FALSE。

② UPDATING。当触发事件是 UPDATE 操作时，该条件操作符返回 TRUE；否则返回 FALSE。

③ DELETING。当触发事件是 DELETE 操作时，该条件操作符返回 TRUE；否则返回 FALSE。

提示 — — — — — — — — — — — — — — — — —

操作符实际是一个布尔值，在触发器内部根据激活动作，3 个操作符都会重新赋值。

【例 12-17】

需要将用户对 admins 表的每次修改动作都记录到 admins_logs 表中，那么可以使用条件操作符来判断用户的实际操作。

针对 admins 表 INSERT、UPDATE 和 DELETE 操作都起作用的触发器创建语句如下：

```
CREATE TRIGGER trig_admins_logs
AFTER INSERT OR UPDATE OR DELETE
ON admins
BEGIN
    IF INSERTING THEN
            INSERT INTO admins_logs VALUES(' 用户 '||user||' 执行了 INSERT 操作 ',SYSDATE);
    END IF;
    IF UPDATING THEN
            INSERT INTO admins_logs VALUES(' 用户 '||user||' 执行了 UPDATE 操作 ',SYSDATE);
    END IF;
    IF DELETING THEN
            INSERT INTO admins_logs VALUES(' 用户 '||user||' 执行了 DELETE 操作 ',SYSDATE);
    END IF;
END trig_admins_logs;
```

上述语句使用 IF 语句和条件操作符判断触发器的执行动作是否为 INSERT、UPDATE 和 DELETE，并向 admins_logs 表中插入相应的记录。

向 admins 表依次执行更新、插入和删除操作，语句如下：

```
UPDATE admins SET status=2 WHERE name='root';
INSERT INTO admins(name,email,password) VALUES('manage','mgr@qq.com','12345678');
DELETE FROM admins WHERE name='manage';
```

现在查询 admins_logs 表查看是否记录了上述操作，使用的语句及执行结果如下：

```
SQL> SELECT * FROM admins_logs;

CONTENT                                                                              CTIME
----------------------------------------------------------------------------         -------------------
UPDATE 操作前：name=root，email=root@qq.com，mobile=18678901234                         23-1 月 -18
用户 C##MYCODES 执行了 UPDATE 操作                                                       23-1 月 -18
用户 C##MYCODES 执行了 INSERT 操作                                                       23-1 月 -18
用户 C##MYCODES 执行了 DELETE 操作                                                       23-1 月 -18
```

可见，对 admins 表执行了 INSERT、UPDATE 和 DELETE 操作之后，也向 admins_logs 表插入了相应的记录。

 提示

这里的 trig_admins_logs 触发器不是行级触发器，因此如果一次修改了 admins 表的一条记录，只会向 admins_logs 表中插入一条数据。

12.6.3 DDL 触发器

DDL 触发器（用户级触发器）是创建在当前用户模式的触发器，只能被当前的这个用户触发。DDL 触发器主要针对于对用户对象有影响的 CREATE、ALTER 或 DROP 等语句。

⚠️ **注意**

创建 DDL 触发器，需要使用 ON schema.SCHEMA 子句，即表示创建的触发器是 DDL 触发器（用户级触发器）。

【例 12-18】

创建一个 DDL 触发器，禁止 C##MYCODES 用户使用 DROP 命令删除自己模式中的对象。首先需要以 sys 用户登录到 Oracle，然后再创建 DDL 触发器。具体语句如下：

```
CREATE TRIGGER trig_ddl_mycodes
BEFORE
    DROP ON "C##MYCODES"."SCHEMA"
BEGIN
    RAISE_APPLICATION_ERROR(-20000,' 不能对当前用户中的对象进行删除操作！ ');
END trig_ddl_mycodes;
```

为了验证该触发器是否有效，需要使用 C##HOTEL 用户模式登录数据库。假设要删除该模式中的 admins_logs 表，DROP TABLE 语句如下：

```
DROP TABLE admins_logs;
```

执行结果如图 12-3 所示，从输出结果中可以看到，DDL 触发器 trig_ddl_hotel 阻止了 admins_logs 表的删除操作。

图 12-3　测试 DDL 触发器

 12.6.4　INSTEAD OF 触发器

对于简单视图，可以直接执行 INSERT、UPDATE 和 DELETE 操作。但是对于复杂视图，不允许直接执行 INSERT、UPDATE 和 DELETE 操作。当视图符合以下任何一种情况时，都不允许直接执行 DML 操作。具体情况如下。

① 具有集合操作符（UNION、UNION ALL、INTERSECT、MINUS）。

② 具有分组函数（MIN()、MAX()、SUN()、AVG()、COUNT() 等）。

③ 具有 GROUP BY、CONNECT BY 或 START WITH 等子句。

④ 具有 DISTINCT 关键字。

⑤ 具有连接查询。

为了在具有以上情况的复杂视图上执行 DML 操作，必须要基于视图建立 INSTEAD OF 触发器。在建立了 INSTEAD-OF 触发器之后，就可以基于复杂视图执行 INSERT、UPDATE 和 DELETE 语句。但建立 INSTEAD OF 触发器有以下注意事项。

① INSTEAD OF 选项只适用于视图。

② 当基于视图建立触发器时，不能指定 BEFORE 和 AFTER 选项。

③ 在建立视图时不能指定 WITH CHECK OPTION 选项。

④ 在建立 INSTEAD OF 触发器时，必须指定 FOR EACH ROW 选项。

【例 12-19】

创建 INSTEAD OF 触发器，当在 departs 表中删除部门信息时，首先显示这些部门的编号和名称，再删除这些部门信息，并从 users 表删除该部门下的用户信息。

创建一个基于 departs 表的视图 v_departs，语句如下：

```
CREATE VIEW v_departs
 AS
 SELECT * FROM departs;
```

从视图中查询出编号为 1 的部门信息，使用的语句及执行结果如下：

```
SQL> SELECT * FROM departs WHERE id=1;
```

ID	D_NAME	NAME_PINY	PARENT_ID
1	财务部	CWB	0

创建针对 departs 表 DELETE 操作的 INSTEAD OF 触发器，在触发器中输出要删除的用户名称和角色。其实现代码如下：

```
CREATE TRIGGER trig_delete_users
    INSTEAD OF DELETE
    ON v_departs
    FOR EACH ROW
BEGIN
    DECLARE CURSOR cur_users IS
        SELECT * FROM users WHERE depart_id=:OLD.id;
    myuser cur_users%rowtype;
    BEGIN
        FOR myuser IN cur_users LOOP
            DBMS_OUTPUT.PUT_LINE(' 要删除的用户编号：'||myuser.id||'，姓名：'
                                    ||myuser.name||'，角色：'||myuser.roles);
        END LOOP;
    END;
END trig_delete_users;
```

假设要从视图 v_departs 中删除编号为 1 的部门信息，使用的语句及执行结果如下：

```
DELETE FROM v_departs WHERE ID=1;

要删除的用户编号：1，姓名：胡莲柯，角色：管理员
要删除的用户编号：3，姓名：范春燕，角色：普通会员
要删除的用户编号：5，姓名：刘文娟，角色：VIP 会员
```

从上述输出结果可以看到，编号为 1 的部门下有 3 个用户，执行后该部门和这 3 条用户并没有被删除。这是因为 trig_delete_users 触发器屏蔽了 DELETE 语句，使用触发器的语句作为代替输出信息，因此并没有执行真正的删除操作。

下面对 trig_delete_users 触发器进行修改，增加删除部门信息和用户信息的语句，具体如下：

```
CREATE OR REPLACE TRIGGER trig_delete_users
    INSTEAD OF DELETE
    ON v_departs
    FOR EACH ROW
BEGIN
    DECLARE CURSOR cur_users IS
        SELECT * FROM users WHERE depart_id=:OLD.id;
    myuser cur_users%rowtype;
    BEGIN
        FOR myuser IN cur_users LOOP
            DBMS_OUTPUT.PUT_LINE(' 要 删 除 的 用 户 编 号：'||myuser.id||'， 姓 名：'||myuser.
name||'，角色：'||myuser.roles);
        END LOOP;
    END;
    DELETE FROM users WHERE depart_id=:OLD.id;
    DELETE FROM departs WHERE id=:OLD.id;
END trig_delete_users;
```

在上述触发器的语句块中增加了 DELETE 语句。再次从视图 v_departs 中删除编号为 1 的部门信息，执行后会发现 departs 表和 users 表的相关也随之被删除。说明 INSTEAD OF 触发器中的两个 DELETE 语句都被执行了，分别删除了 users 表中部门编号是 1 的用户信息和 departs 表中编号为 1 的部门信息。

 ## 12.7 实践案例：跟踪数据库和用户状态

事件触发器是指基于 Oracle 数据库事件所建立的触发器，触发事件是数据库事件，如数据库的启动、关闭，对数据库的登录或退出等。创建事件触发器需要 ADMINISTER DATABASE TRIGGER 系统权限，一般只有系统管理员拥有该权限。

通过使用事件触发器，可以跟踪数据库或数据库的变化。常用的事件及说明如表 12-1 所示。

表 12-1 常用事件触发器

事件名称	说　明
LOGOFF	用户从数据库注销
LOGON	用户登录数据库
SERVERERROR	服务器发生错误
SHUTDOWN	关闭数据库实例
STARTUP	打开数据库实例

其中，对于 LOGOFF 和 SHUTDOWN 事件只能创建 BEFORE 触发器；对于 LOGON、SERVERERROR 和 STARTUP 事件只能创建 AFTER 触发器。创建数据库事件触发器，需要使用 ON DATABASE 子句，即表示创建的触发器是数据库级触发器。

【例 12-20】

为了跟踪数据库启动和关闭事件，可以分别建立数据库启动触发器和数据库关闭触发器。

下面以 DBA 身份登录 Oracle 并创建一个名为 db_log 的数据表。该表用于记录登录的用户名与操作时间，使用的语句及执行结果如下：

```
SQL> CONNECT sys/oracle AS SYSDBA;
已连接。
SQL>   CREATE TABLE db_log
  2   (
  3       uname VARCHAR2(20),
  4       rtime    TIMESTAMP
  5   );
表已创建。
```

接着分别创建数据库启动触发器和数据库关闭触发器，并向 db_log 数据表中插入记录，存储登录的用户名和操作时间。语句如下：

```
SQL> CREATE TRIGGER trigger_startup
  2   AFTER STARTUP
  3   ON DATABASE
  4   BEGIN
  5      INSERT INTO db_log VALUES(user,SYSDATE);
  6   END;
  7   /
触发器已创建
SQL>   CREATE TRIGGER trigger_shutdown
  2   BEFORE SHUTDOWN
  3   ON DATABASE
  4   BEGIN
  5      INSERT INTO db_log VALUES(user,SYSDATE);
  6   END;
  7   /
触发器已创建
```

其中，AFTER STARTUP 指定触发器的执行时间为数据库启动之后，BEFORE SHUTDOWN 指定触发器的执行时间为数据库关闭之前。ON DATABASE 指定触发器的作用对象；INSERT 语句用于向表 db_log 中添加新的日志信息，以记录数据库启动和关闭时的当前用户和时间。

注意

这里无须指定数据库名称，此时的数据库即为触发器所在的数据库。

现在关闭和启动数据库测试上述触发器是否生效，即检测是否执行触发器的相应代码向 db_log 表中插入数据。使用的语句及执行结果如下：

```
SQL> SHUTDOWN
数据库已经关闭。
已经卸载数据库。
ORACLE 例程已经关闭。

SQL> STARTUP
ORACLE 例程已经启动。
Total System Global Area   431038464 bytes
Fixed Size                   1375088 bytes
Variable Size              322962576 bytes
Database Buffers           100663296 bytes
Redo Buffers                 6037504 bytes
数据库装载完毕。
数据库已经打开。

SQL> SELECT * FROM db_log;
UNAME                              RTIME
--------------------------------   -------------------------------------------
SYS                                31-8 月 -12 04.26.10.000000 下午
SYS                                31-8 月 -12 04.27.51.000000 下午
```

从 db_log 表中的数据可知，当启动和关闭数据库之后将成功地向 db_log 数据表中插入两条新的记录。

【例 12-21】

为了记录用户登录和退出时间，可以分别建立登录和退出触发器。具体的实现步骤如下。

01 创建日志数据表 logon_log，用于记录用户的名称、登录时间或退出时间，使用的语句及执行结果如下：

```
SQL> CREATE TABLE logon_log
  2  (
  3      uname VARCHAR2(20),
  4      logontime TIMESTAMP,
  5      offtime TIMESTAMP
  6  );
表已创建。
```

02 创建登录触发器和退出触发器。使用的语句及执行结果如下：

```
SQL> CREATE OR REPLACE TRIGGER trigger_logon
  2    AFTER LOGON
  3    ON DATABASE
  4    BEGIN
  5      INSERT INTO logon_log(uname,logontime)
  6      VALUES(user,SYSDATE);
  7    END;
  8  /
触发器已创建
SQL> CREATE OR REPLACE TRIGGER trigger_logoff
  2    BEFORE LOGOFF
  3    ON DATABASE
  4    BEGIN
  5      INSERT INTO logon_log(uname,offtime)
  6      VALUES(user,SYSDATE);
  7    END;
  8  /
触发器已创建
```

03 触发器创建完成后，当用户登录或退出数据库时，将向 logon_log 表中插入数据。测试语句及执行结果如下：

```
SQL> CONNECT hr/tiger;
已连接。
SQL> CONNECT sys/oracle AS SYSDBA;
已连接。
SQL> SELECT * FROM logon_log;
```

UNAME	LOGONTIME	OFFTIME
HR		31-8 月 -12 05.51.03.000000 下午
SYS	31-8 月 -12 05.51.03.000000 下午	
SYS		31-8 月 -12 05.50.57.000000 下午
HR	31-8 月 -12 05.50.57.000000 下午	

12.8　管理触发器

前面介绍了各种触发器的创建，本节将介绍如何对已存在的触发器进行操作，包括查看触发器的信息、禁用与启用触发器以及删除触发器。

12.8.1　查看触发器信息

在 Oracle 中可以通过以下 3 个数据字典查看触发器信息。

① USER_TRIGGERS：存放当前用户的所有触发器。

② ALL_TRIGGERS：存放当前用户可以访问的所有触发器。

③ DBA_TRIGGERS：存放数据库中的所有触发器。

【例 12-22】

以 C##MYCODES 身份登录数据库，要查看当前用户下的所有触发器可以使用 USER_TRIGGERS 数据字典。使用的语句及执行结果如下：

```
SQL> SELECT trigger_type " 类型 ",trigger_name " 名称 "
  2   FROM user_triggers;


类型                              名称
------------------------------    ------------------------------------
BEFORE EACH ROW                   TRIG_CHECK_PASSWORD
BEFORE EACH ROW                   TRIG_CHECK_NAME
AFTER STATEMENT                   TRIG_ADMINS_LOGS
AFTER EACH ROW                    TRIG_BACKUP_ADMINS
INSTEAD OF                        TRIG_DELETE_USERS
```

12.8.2　改变触发器的状态

触发器有两种可能的状态，即启用或禁用。通常触发器是启用状态，但也有些特殊情况。例如，当进行表维护时，不需要触发器起作用，所以需要禁用触发器。

在 Oracle 中需要使用 ALTER TRIGGER 语句来启用或禁用触发器，语法格式如下：

```
ALTER TRIGGER trigger_name ENABLE | DISABLE;
```

其中，trigger_name 表示触发器名称；ENABLE 表示启用触发器；DISABLE 表示禁用触发器。

【例 12-23】

假设要禁用 TRIG_BACKUP_ADMINS 触发器，语句如下：

```
ALTER TRIGGER TRIG_BACKUP_ADMINS DISABLE;
```

如果使一个表上的所有触发器都有效或无效，可以使用下面的语句：

```
ALTER TABLE table_name ENABLE ALL TRIGGERS;     -- 启用 table_name 上所有触发器
ALTER TABLE table_name DISABLE ALL TRIGGERS;    -- 禁用 table_name 上所有触发器
```

【例 12-24】

假设要禁用 departs 表上的所有触发器, 语句如下:

```
SQL> ALTER TABLE departs DISABLE ALL TRIGGERS;
```

 ### 12.8.3 删除触发器

删除触发器和删除存储过程或函数不同。如果删除存储过程或函数所使用到的数据表, 则存储过程或函数只是被标记为 INVAID 状态, 仍存在于数据库中。如果删除触发器所关联的表或视图, 那么也将删除这个触发器。删除触发器的语法格式如下:

```
DROP TRIGGER trigger_name;
```

【例 12-25】

要删除 TRIG_BACKUP_ADMINS 触发器, 可以使用以下语句:

```
SQL> DROP TRIGGER TRIG_BACKUP_ADMINS;
```

12.9 实践案例: 实现主键自动增长

在一个信息表中可能会没有一个能够唯一确定这条记录的字段。例如, 对于用户信息表就很难使用用户信息的某个属性唯一确定某个用户。如果使用姓名, 可能会存在重名的情况; 如果使用身份证号, 可能存在缺少该属性的情况 (如用户忘记带身份证之类的情况)。

所以通常在遇到这种情况时, 会采取数字编号的方式。例如, 第一个录入的用户编号是 1, 第二个录入的用户编号是 2, 依次类推。在 SQL Server 中可以创建自动编号的列来实现这种功能, 而 Oracle 并没有直接提供该功能。

在 Oracle 中要实现数字的自动编号, 需要通过序列自动生成不重复的有序数字。借助本章的 BEFORE INSERT 触发器, 可以在插入数据之前调用序列的 nextval 作为数据表的主键列值, 从而实现自动为主键列赋值的功能。

本案例将创建一个用户信息表 user_info, 然后实现在向该表中添加数据时自动为主键列 no 赋值。具体实现步骤如下。

01 创建数据表 user_info, 其实现代码如下:

```
CREATE TABLE user_info(
    no NUMBER(4),
    name VARCHAR2(20),
    sal NUMBER(6),
    CONSTRAINT pk1_no PRIMARY KEY(no)    -- 设置主键
);
```

02 创建一个名为 seq_user_no 的序列, 代码如下:

```
CREATE SEQUENCE seq_user_no;
```

 Oracle 12c 数据库

03 向 user_info 表中添加一条用户记录，并检测是否添加成功，代码及检测结果如下：

```
SQL> INSERT INTO user_info VALUES(seq_emp.nextval,' 刘朋 ',4000);
已创建 1 行。

SQL> SELECT * FROM user_info;
NO                NAME                    SAL
---------------   ------------------      ----------------
1                 刘朋                    4000
```

04 创建 BEFORE INSERT 类型的 trigger_add_user_no 触发器，实现为主键列自动赋值的功能。触发器的创建语句如下：

```
CREATE OR REPLACE TRIGGER trigger_add_user_no
BEFORE INSERT
    ON user_info
    FOR EACH ROW
BEGIN
  IF :NEW.no IS NULL THEN
            SELECT seq_user_no.nextval INTO :NEW.no   FROM dual;      -- 生成 no 值
    END IF;
END;
```

05 触发器创建好之后，在向 user_info 表中添加新记录时可以不再关心主键列 no 的赋值问题。下面使用以下语句向 user_info 表中添加一条用户信息。

```
SQL> INSERT INTO user_info(name,sal) VALUES(' 王丽 ',2500);
```

06 查询 user_info 表中是否已经成功地添加了此用户。代码及查询结果如下：

```
SQL> SELECT * FROM user_info;
NO                NAME                    SAL
---------------   ------------------      ----------------
1                 刘朋                    4000
2                 王丽                    2500
```

12.10 练习题

1. 填空题

（1）调用存储过程可以使用 _____ 命令或 EXECUTE 命令。

（2）在存储过程中使用 _____ 关键字表示传递一个输入参数。

（3）在空白处填写代码，使存储过程可以根据学生 ID（stuid）返回学生姓名（stuname）。

```
CREATE PROCEDURE stu_pro
( stu_id IN NUMBER , stu_name OUT VARCHAR2 )
AS
BEGIN
    SELECT stuname INTO _____
    FROM student WHERE stuid = stu_id;
END stu_pro ;
```

（4）在创建触发器时指定 _____ 子句表示是一个行级触发器。

（5）创建事件触发器使用 _____ 子句表示创建的触发器是数据库级触发器。

（6）触发器可以使用的操作标识符有 INSERTING、_____ 和 DELETING。

2. 选择题

（1）下面（　　）参数类型具有默认值。

    A. IN

    B. OUT

    C. IN OUT

    D. 都具有

（2）假设有存储过程 add_student，其创建语句的头部内容如下：

```
CREATE PROCEDURE add_student (stu_id IN NUMBER , stu_name IN VARCHAR2)
```

请问下列调用该存储过程的语句中，不正确的是（　　）。

    A. EXEC add_student (1001 , 'CANDY') ;

    B. EXEC add_student ('CANDY' , 1001) ;

    C. EXEC add_student (stu_id => 1001 , stu_name => 'CANDY') ;

    D. EXEC add_student (stu_name => 'CANDY' , stu_id => 1001) ;

（3）关于触发器，下列说法正确的是（　　）。

    A. 可以在表上创建 INSTEAD OF 触发器

    B. 触发器可以嵌套

    C. 触发器不可以使用事务

    D. 触发器可以显式调用

（4）（　　）动作不会激发触发器。

    A. 查询数据（SELECT）

    B. 更新数据（UPDATE）

    C. 删除数据（DELETE）

    D. 插入数据（INSERT）

（5）删除触发器应该使用（　　）语句。

    A. ALTER TRIGGER

    B. DROP TRIGGER

    C. CREATE TRIGGER

    D. CREATE OR REPLACE TRIGGER

Oracle 12c 数据库

上机练习：操作课程信息表

假设有一个课程信息表 Course，包含 Cno（课程编号）、Cname（课程名称）和 Credit（课程的学分）列；成绩信息表 Scores，包含 Sno（学生编号）、Cno（课程编号）和 score（成绩）列。使用本章学习内容完成以下操作。

① 创建存储过程实现根据课程编号，查找该课程的所有成绩信息。

② 创建存储过程实现根据最低成绩和最高成绩查找成绩信息。

③ 创建存储过程实现根据课程编号，统计该课的最高成绩、最低成绩和平均成绩。

④ 创建存储过程实现传入学生编号，输出该学生的最高成绩。

⑤ 创建触发器实现检测成绩是否大于 0，且小于等于 100。

⑥ 创建触发器实现删除课程时，同时删除该课程的所有成绩。

⑦ 创建触发器实现更新学生的成绩时备份课程名称和旧成绩。

第13章
Oracle 数据库的安全性

  对于数据库来讲，安全性在实际应用中最重要。如果安全性得不到保证，那么数据库将面临各种各样的威胁，轻则数据丢失，重则直接导致系统瘫痪。因此，数据安全是数据库系统的重要基础，Oracle 12c 是一套重量级的大型关系数据库管理系统，它的数据安全控制措施非常完善，运用多种方式进行数据保护。

  Oracle 12c 提供了非常强大的内置安全性和数据库保护来实现数据安全，数据库安全机制涉及用户、角色、权限等多个与安全性有关的概念，本章将详细介绍这些知识。

 本章学习要点

- ◎ 理解 Oracle 中模式与用户的概念
- ◎ 掌握用户的创建与管理
- ◎ 了解用户配置文件的作用
- ◎ 了解 Oracle 中的权限
- ◎ 了解系统权限与对象权限的区别
- ◎ 了解系统预定义角色
- ◎ 掌握角色的创建与管理
- ◎ 掌握如何为角色授予权限
- ◎ 掌握如何为用户授予权限和角色
- ◎ 熟悉用户配置文件的使用

13.1　用户和模式

用户是 Oracle 数据库的对象之一，只有使用了合法的用户登录后才能登录成功。用户可以直接操作表、索引和视图等对象。但是在 Oracle 中，有些逻辑结构是数据库用户不能直接进行操作的对象。它需要通过模式来组织和管理这些数据库对象。Oracle 数据库中每个用户都拥有唯一的模式，该用户所创建的所有对象都保存在自己的模式中。

13.1.1　用户

用户只有在合法登录之后才能对数据库进行访问和操作。但是这些操作又必须是受限制的，这就要求数据库对用户的权限进行控制。角色是权限的集合，用以更加高效、灵活地分配权限给用户。

每个 Oracle 数据库至少应该配备一名管理员（DBA）。数据库管理员需要做以下工作。

① 下载安装 Oracle。
② 创建所需要的数据库。
③ 创建数据库的主要对象，如表、视图、索引。
④ 处理优化，数据库异常分析，日常管理。
⑤ 数据的恢复与备份。

1.　特权用户

在 Oracle 中有一些用户具有特权。这些用户是指具有 SYSDBA 或 SYSOPER 特殊权限，他们可以启动例程（STARTUP）、关闭例程（SHUTDOWN）、执行备份和恢复等操作。特权用户是指该用户具有 Oracle 系统的最高权限。我们在安装和日常维护中经常涉及的 sys 用户就有 SYSDBA 权限。SYSDBA 是管理 Oracle 实例的，它的存在不依赖于整个数据库完全启动，只要实例启动了，它就已经存在。以 SYSDBA 身份登录，装载数据库、打开数据库。只有数据库打开了，或者说整个数据库完全启动后，DBA 角色才有了存在的基础。

特权用户的 6 种登录方法如下。
① SYS/WWW AS SYSDBA。
② SYS/ AS SYSDBA。
③ SYS AS SYSDBA。
④ / AS SYSDBA。
⑤ SQLPLUS/AS SYSDBA。
⑥ SQLPLUS/NOLOG。

2.　DBA 用户

DBA 用户是指具有 DBA 角色的数据库用户。特权用户可以启动例程（实例）、关闭例程等特殊操作，而 DBA 用户只有在启动了数据库之后才能执行各种管理操作。默认的 DBA 用户为 sys 和 system。

⚠ 注意

sys 用户不仅有 SYSDBA 和 SYSOPER 的特权，而且还具有 DBA 角色，因此他不仅可以启动例程、停止例程，也可以执行任何操作。而 system 用户只具有 DBA 角色，因此不能启动例程、停止例程。

◀)) 13.1.2 模式

模式是数据库对象的集合。这些数据库对象包括索引、对象表、视图、触发器、存储过程、PL/SQL 程序包和函数等。在 Oracle 数据库中，用户和模式是一一对应的关系，并且二者名称相同。每个用户都拥有唯一的模式，该用户创建的所有对象都保存在自己的模式中。

用户和模式的关系如图 13-1 所示。

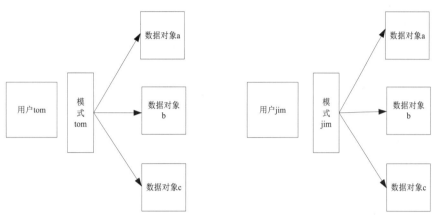

图 13-1 用户和模式的关系

在使用 Oracle 数据库模式时应该注意以下两点。

① 在同一个模式中不能存在同名对象，但是不同模式可以具有相同对象名。

② 用户可以直接访问其模式对象，但是要访问其他模式对象必须有相应的权限。

当访问其他模式对象时，必须要加模式名作为前缀。例如，用户 jim 要访问 tom 下的 info 表，必须使用 tom.info 来访问。

13.2 创建用户

Oracle 12c 将用户分为两类，分别是公有用户（Commons User）和本地用户（Local User）。之所以这样划分，其目的是为了 Oracle 云平台的创建，同时两个用户的内存结构不同，其中公有用户保存在了 CDB 中，而本地用户保存在了 PDB 中。一个 CDB 下会包含多个 PDB。如果是 CDB 用户，必须使用 C## 或 c## 开头（本章主要介绍 CDB）；如果是 PDB 用户则不需要使用 C## 或 c## 开头。

创建用户需要使用 CREATE USER 语句，基本语法格式如下：

```
CREATE USER 用户名 IDENTIFIED BY 密码
[DEFAULT TABLESPACE 表空间名称 ]
[TEMPORARY TABLESPACE 表空间名称 ]
[QUOTA 数字 [K|M] | UNLIMITED ON 表空间名称
QUOTA 数字 [K|M] | UNLIMITED ON 表空间名称 ...]
[PROFILE 配置文件名称 | DEFAULT]
[PASSWORD EXPIRE]
[ACCOUNT LOCK | UNLOCK];
```

上述语法的参数说明如下。

（1）CREATE USER 用户名 IDENTIFIED BY 密码：创建用户同时为其指定密码，创建时用户名和密码不能使用 Oracle 的关键字（如 CREATE 和 DROP），也不能以数字开头，如果要设置数字，需要将数字使用 """" 声明。

（2）DEFAULT TABLESPACE 表空间名称：可选选项，用户存储默认使用的表空间，当用户创建对象没有设置表空间时，就将保存在此处指定的表空间下，这样可以和系统表之间进行区分。

（3）TEMPORARY TABLESPACE 表空间名称：可选选项，用户使用的临时表空间。

（4）QUOTA 数字 [K|M] | UNLIMITED ON 表空间名称：可选选项，用户在表空间上的使用限额，可以指定多个表空间的限额，如果设置为 UNLIMITED，则表示不设置限额。

（5）PROFILE 配置文件名称 | DEFAULT：可选选项，用户操作的资源文件，如果不指定则使用默认配置资源文件。

（6）PASSWORD EXPIRE：用户密码失效，则在第一次使用时必须修改密码。

（7）ACCOUNT LOCK | UNLOCK：用户是否为锁定状态，LOCK 表示锁定，UNLOCK 为默认值，表示未锁定。

【例 13-1】

创建名称为 user1 的公有用户，设置密码为 123456。语句如下：

```
CREATE USER c##user1 IDENTIFIED BY 123456;
```

由于这里创建的是公有用户，因此需要在用户名前添加 "c##" 前缀。

【例 13-2】

创建名称为 user2 的公有用户，设置密码为 111000，并且设置用户密码失效，强制用户修改密码。语句如下：

```
CREATE USER c##user2 IDENTIFIED BY 111000 PASSWORD EXPIRE;
```

【例 13-3】

创建名称为 user3 的公有用户，设置密码为 000111，密码失效，强制用户修改密码，且该用户处于锁定状态。语句如下：

```
CREATE USER c##user3 IDENTIFIED BY 000111 PASSWORD EXPIRE ACCOUNT LOCK;
```

新创建的用户并不能直接使用，因为它不具有 CREATE SESSION 系统权限。因此，在创建数据库用户后，通常需要使用 GRANT 语句为用户授权该权限。

13.3 管理用户

管理 Oracle 数据库最常用的要求之一就是管理用户。因为只有合法的 Oracle 用户才能成功登录 Oracle 系统。如果用户想要对 Oracle 进行操作，还必须拥有相对应的权限。下面详细介绍关于用户的查看、修改和删除。

13.3.1 查看用户

使用 dba_users 数据字典可查看所有数据库用户的详细信息。在创建一个用户后，如果只查看某一个数据库用户的详细信息，可以在 WHERE 子句中指定 username 列的值。

【例 13-4】

查询 c##user1 用户的详细信息，这里只查看 username 列、user_id 列、default_tablespace 列、temporary_tablespace 列、created 列、lock_date 列及 profile 列。使用的语句和执行结果如下：

```
SQL> SELECT username, user_id, default_tablespace ts, temporary_tablespace tt, created, lock_date, profile
  2    FROM dba_users
  3    WHERE username='C##USER1';


USERNAME           USER_ID        TS          TT             CREATED            LOCK_DATE         PROFILE
------------------ --------------- ----------- -------------- ------------------ ----------------- --------------------
C##USER1           103            USERS       TEMP           23-1 月 -18                            DEFAULT
```

从上述输出结果可以发现，c##user1 用户的 lock_date 列信息为 null，这是因为该用户并非锁定用户，如果是锁定用户，那么 lock_date 列的值会变为锁定日期。

【例 13-5】

查询 c##user3 用户的信息，使用的语句和执行结果如下：

```
SQL> SELECT username,user_id,created,lock_date
  2    FROM dba_users
  3    WHERE username='C##USER3';


USERNAME            USER_ID CREATED               LOCK_DATE
------------------- ------------------------------ -------------------
C##USER3            105 23-1 月 -18                23-1 月 -18
```

👉 **提示** — — — — — — — — — — — —

每一个用户都存在着多个可操作的表空间，可以通过 dba_ts_quotas 数据字典查询一个用户所使用的表空间配额。

13.3.2 修改用户

除了创建和查询用户外，管理员还可以对用户进行其他操作，如修改用户的密码或者表空间配额以及使用户密码失效等。

1. 修改用户密码

创建用户需要使用 CREATE USER 语句，而修改用户则需要 ALTER USER 语句。基本语法如下：

```
ALTER USER 用户名 IDENTIFIED BY 新密码；
```

【例 13-6】

将 c##user1 用户的密码修改为 "147258"。语句如下：

ALTER USER c##user1 IDENTIFIED BY 147258;

2. 使用户密码失效

在创建新用户时可以设置用户密码失效，如果创建用户时没有指定，那么在修改时指定也可以。

【例 13-7】

修改 c##user1 用户的信息，让用户密码失效。语句如下：

ALTER USER c##user1 PASSWORD EXPIRE;

执行上述语句完成后，当使用 c##user1 用户登录时将强制用户更改密码，如图 13-2 所示。

图 13-2　使密码失效

3. 修改用户表空间配额

大多数情况下，数据库使用的时间越长，所需要保存的数据量就越大，此时就可以利用 ALTER 语句修改用户在表空间上的配额。修改语法格式如下：

ALTER USER 用户名 QUOTA 数字 [K|M] UNLIMITED ON 表空间名称；

【例 13-8】

修改 c##user1 用户的信息，指定该用户的表空间配额。语句如下：

ALTER USER c##user1 QUOTA 30M ON system QUOTA 40M ON users;

修改完成后可以执行以下语句查看用户的表空间配额：

SELECT * FROM dba_ts_quotas WHERE username='C##USER1';

执行上述语句的输出结果如下：

TABLESPACE_NAME	USERNAME	BYTES	MAX_BYTES	BLOCKS	MAX_BLOCKS	DROPPED
SYSTEM	C##TEST1	0	31457280	0	3840	NO
USERS	C##TEST1	0	41943040	0	5120	NO

4. 修改锁定状态

如果要禁止某个用户访问 Oracle 数据库，那么最好的方式是锁定该用户，而不是删除该用户。锁定用户并不影响用户所拥有的对象和权限，它们依然存在，只是暂时不能以该用户的身份访问系统。当解除锁定后，该用户可以正常地访问系统，按照自己原来的权限访问各种对象。控制用户的锁定状态时需要使用 ACCOUNT LOCK 或 ACCOUNT UNLOCK 子句。语法格式如下：

```
ALTER USER 用户名 ACCOUNT LOCK | UNLOCK;
```

【例 13-9】

修改 c##user3 用户的锁定状态，将其解锁，即不再锁定该用户。语句如下：

```
ALTER USER c##user3 ACCOUNT UNLOCK;
```

修改完成后，可以重新执行以下语句查看用户的锁定状态：

```
SELECT LOCK_DATE FROM dba_users WHERE username='C##USER3';
```

13.3.3 删除用户

当不再需要某一个用户时，开发人员可以执行 DROP USER 语句将其删除。如果用户在存在期间进行了数据库对象创建，则可以利用 CASCADE 子句删除模式中的所有对象。语法格式如下：

```
DROP USER 用户名 [CASCADE];
```

【例 13-10】

假设要删除 c##user3 用户，语句如下：

```
DROP USER c##user3;
```

⚠️ **注意**

当一个用户被删除之后，此用户下的所有对象（如表、索引和子程序等）都会被删除。因此，在删除用户之前需要做好用户数据的备份。

13.3.4 管理用户会话

当用户连接到数据库后，如果在数据库实例中创建了一个会话，那么每个会话对应于一个用户。一个会话是存在于实例中的逻辑实体。逻辑实体是一个表示唯一会话的内存数据结构的集合，用于执行 SQL、提交事务、运行存储过程等。为了查看当前数据库中用户的会话情况，保证数据库的安全运行。Oracle 提供了一系列相关的数据字典对用户会话进行监视，用以防止用户无限制地使用系统资源。

1. 监视用户会话信息

通过动态视图 v$session 可查看当前用户的用户名、活动状态、上次连接数据库的时间以及登录时使用计算机的名称等信息。

【例 13-11】

调用动态视图 v$session 查询当前登录用户的状态，语句和执行结果如下：

```
SELECT sid, serial#, username, status, logon_time, machine
FROM v$session
WHERE username IS NOT NULL;


SID      SERIAL#       USERNAME        STATUS           LOGON_TIME              MACHINE
------   ---------- ------  -------------------   ----- --------- --------   -------------------------   -------------------------
40       52959         SYS             ACTIVE           23-1 月 -18             zhht
44       46543         SYS             INACTIVE         23-1 月 -18             WORKGROUP\ZHHT
```

其中，sid 和 serial# 这两个字段用于唯一标识一个会话信息；username 表示用户名；
status 表示该用户的活动状态；logon_time 表示该用户登录数据库的时间；machine 表示用户
登录数据库时使用的计算机名。

2. 终止用户会话

由于 sid 和 serial# 能标识一个会话。因此终止会话时，可以使用这两个关键字对应的值
来确定会话。终止会话可以使用 ALTER SYSTEM 语句，其语法格式如下：

```
ALTER SYSTEM KILL SESSION ' sid, serial #';
```

其中，sid 和 serial # 的值可以通过查询动态视图 v$session 获得。

【例 13-12】

假设要终止 system 模式下的空用户。具体语句及执行结果如下：

```
SELECT sid, serial#, username, status, logon_time, machine
FROM v$session
WHERE username IS NULL;


SID      SERIAL#       USERNAME        STATUS           LOGON_TIME              MACHINE
------   ---------- ------  -------------------   ----- --------- --------   -------------------------   -------------------------
1        1                             ACTIVE           23-1 月 -18             zhht
2        1                             ACTIVE           23-1 月 -18             zhht
3        1                             ACTIVE           23-1 月 -18             zhht
...
已选择 23 行。
SQL> ALTER SYSTEM KILL SESSION '1,1';
系统已更改。
```

3. 查询最新执行 SQL 语句

在数据字典视图 V$OPEN_CURSOR 中记录了用户连接数据库后所执行的 SQL 语句。

【例 13-13】

查询 SYSTEM 用户连接数据库后最新执行的 SQL 语句，输出结果如下：

```
SELECT SID,USER_NAME,SQL_TEXT
FROM V$OPEN_CURSOR
WHERE USER_NAME='SYSTEM';


SID     USER_NAME          SQL_TEXT
-----   ----------------   -------------------------------
143     SYSTEM             declare   m_stmt  varchar2(512); begin      m_stmt:='delete fr
...
143     SYSTEM             insert into sys.aud$( sessionid,entryid,statement,ntimestamp
```

4. 其他数据字典视图

除了上面介绍的几个数据字典外，还有一些比较复杂的数据字典视图，如 V$SESSION_ WAIT、V$PROCESS、V$SESSTAT 和 V$SESS_IO 等。使用不同的数据字典视图，可以获得不同的信息，如使用 V$SESSION_WAIT 可以监控数据库中事件的等待信息。

如果将数据字典视图结合使用，可以获得更多的会话信息，或者一些统计信息等。例如，通过联合查询数据字典视图 V$PROCESS、V$SESSTAT、V$SESS_IO 和 V$SESSION，可以获得数据库资源竞争状况的统计信息。

13.4 实践案例：使用 SQL Developer 管理用户

在本节之前，对用户的所有操作都是通过 SQL 语句实现的。实际上，使用 SQL Developer 工具也可以实现与上述内容相同的功能，而且使用该工具操作非常简单。具体步骤如下。

01 打开 SQL Developer 工具后创建一个全新的连接，该连接以 sys 用户进行登录。

02 在新创建的连接下找到【其他用户】节点并展开，可以在该节点下查看所有的用户信息。

03 选择【其他用户】节点并右击，在弹出的快捷菜单中选择【创建用户】命令，弹出【创建/编辑用户】对话框，如图 13-3 所示。

图 13-3 【创建/编辑用户】对话框

从图 13-3 中可以发现，开发人员已经在【创建/编辑用户】对话框的【用户】选项卡中

343

输入用户名与口令，并且选中"账户已锁定"和"版本已启用"复选框。除了这些设置外，还可以在【用户】选项卡中选择默认表空间和临时表空间。

04 单击图 13-3 所示的【角色】选项卡，可以查看全部的角色，这些角色包括预定义角色和用户创建的角色，如果要为用户授予某个角色，直接选中角色之后的复选框即可，如图 13-4 所示。

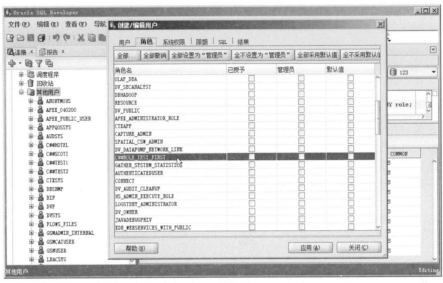

图 13-4　【角色】选项卡

05 单击图 13-4 所示对话框中的 SQL 选项卡，可以查看与创建用户、角色、系统权限以及限额有关的 SQL 语句，如图 13-5 所示。

图 13-5　SQL 选项卡

06 继续单击图 13-5 中的其他选项卡进行测试，如【系统权限】选项卡可以查看权限信息，【限额】选项卡可以设置表空间的额度，效果图不再显示。

13.5 管理权限

权限是数据库中执行某种操作的权力。例如，创建一个用户，该用户就有了连接和操作数据库的资格，但是要对数据库进行实际操作还需要该用户具有相应的操作权限。在 Oracle 数据库中，根据系统管理方式的不同，可以将权限分为两类，即系统权限（针对用户）和对象权限（针对表和视图）。

13.5.1 系统权限

系统权限是指在系统级控制数据库的存取和使用的机制，即执行某种 SQL 语句的能力。例如，数据库管理员（DBA）是数据库系统中级别最高的用户，它拥有一切系统权限及各种资源的操作能力。

1. 为用户授予系统权限

授予系统权限时需要使用 GRANT 关键字，基本语法格式如下：

```
GRANT sys_privilege[, sys_privilege ,...] TO [user_name|role_name|PUBLIC] [WITH ADMIN OPTION];
```

其中，sys_privilege 表示将要授予的系统权限，多个权限之间使用逗号分隔；user_name 表示将要授予系统权限的用户名称；role_name 表示将要授予系统权限的角色；PUBLIC 将权限设置为公共权限；WITH ADMIN OPTION 表示用户可以将这种系统权限继续授予其他用户。

【例13-14】

假设要为 c##user1 用户授予创建角色、创建用户和创建会话的权限。语句如下：

```
GRANT CREATE ROLE,CREATE USER,CREATE SESSION TO c##user1;
```

授予权限时，如果允许用户继续将权限授予其他用户，那么直接在语句结尾添加 WITH ADMIN OPTION 即可。语句如下：

```
GRANT CREATE ROLE,CREATE USER,CREATE SESSION TO c##user1 WITH ADMIN OPTION;
```

2. 查看用户的系统权限

授予权限之后，便可以通过 dba_sys_privs 数据字典查看某一个用户的权限。

【例13-15】

下面的语句查询 c##user1 用户所拥有的权限：

```
SELECT * FROM dba_sys_privs WHERE GRANTEE=' C##USER1 ';
```

执行上述语句，输出结果如下：

GRANTEE	PRIVILEGE	ADMIN_OPTION	COMMON
C##USER1	CREATE ROLE	NO	NO
C##USER1	CREATE USER	NO	NO
C##USER1	CREATE SESSION	NO	NO

从上述输出结果中可以发现，查询结果与例 13-14 授予的权限一致，C##USER1 用户具有 CREATE ROLE、CREATE USER 和 CREATE SESSION 这 3 个权限。

实际上，在 Oracle 数据库中有 100 多种系统权限，并且不同的数据库版本相应的权限数也会增加。表 13-1 列出了部分常用的系统权限。

表 13-1　部分常用的系统权限

系统权限	说　明	系统权限	说　明
CREATE USER	创建用户	CREATE ROLE	创建角色
ALTER USER	修改用户	ALTER ANY ROLE	修改任意角色
DROP USER	删除用户	DROP ANY ROLE	删除任意角色
CREATE PROFILE	创建配置文件	ALTER PROFILE	修改配置文件
DROP PROFILE	删除配置文件	CREATE SYNONYM	为用户创建同义词
SELECDT TABLE	使用用户表	UPDATE TABLE	修改用户表中的行
DELETE TABLE	为用户删除表行	CREATE TABLE	为用户创建表
ALTER TABLE	修改拥有的表	CREATE TABLESPACE	创建表空间
ALTER TABLESPACE	修改表空间	DROP TABLESPACE	删除表空间
CREATE SESSION	创建会话	ALTER SESSION	修改数据库会话
CREATE VIEW	创建视图	SELECT VIEW	使用视图
UPDATE VIEW	修改视图中的行	DELETE VIEW	删除视图行
CREATE SEQUENCE	创建序列	ALTER SEQUENCE	修改序列

 提示

表 13-3 列出了部分权限，如果想要查询自己所拥有的全部权限，那么可以通过 session_privs 或者 user_sys_privs 数据字典查看。

3.　取消用户的系统权限

授予权限需要使用 GRANT 关键字，而取消权限可以使用 REVOKE 关键字。语法格式如下：

```
REVOKE sys_privilege[,sys_privilege,...] FROM user_name;
```

【例 13-16】

取消 c##user1 用户的 CREATE SESSION 权限。语句如下：

```
REVOKE CREATE SESSION FROM c##user1;
```

13.5.2　对象权限

对象权限是指在数据库中针对特定的对象执行的操作，即可以通过一个用户的对象权限，让其他用户来操作本用户中所有授权的对象。在 Oracle 中共定义了 8 种对象权限，其说明如表 13-2 所示。

表 13-2　Oracle 数据库提供的对象权限

对象权限	表	序列	视图	子程序
INSERT（插入）	YES	NO	YES	NO
UPDATE（修改）	YES	NO	YES	NO
DELETE（删除）	YES	NO	YES	NO
SELECT（查询）	YES	YES	YES	NO
EXECUTE（执行）	NO	NO	NO	YES

续表

对象权限	表	序列	视图	子程序
ALTER（修改）	YES	YES	YES	NO
INDEX（索引）	YES	NO	YES	NO
REFERENCES（关联）	YES	NO	NO	NO

在表13-4中，第一列表示对象权限，而后面4列则表示对象是否具有指定的权限。

1. 为用户授予对象权限

如果需要将对象权限授予某一个用户，那么也需要使用GRANT关键字。基本语法格式如下：

```
GRANT object_privilege|ALL[(column_name)] ON object_name TO [user_name|role_name|PUBLIC] [WITH
GRANT OPTION];
```

其中，object_privilege 表示对象权限，多个对象权限使用逗号进行分隔，使用 ALL 时表示所有的对象权限；column_name 表示对象中的列名称；object_name 表示指定的对象名称；user_name 表示接受权限的目标用户名称；WITH GRANT OPTION 表示允许用户将当前的对象权限继续授予其他用户。

【例 13-17】

为 c##user1 用户授予 c##mycodes 用户 admins 表的增加和删除权限。语句如下：

```
GRANT INSERT,DELETE ON c##mycodes.admins TO c##user1;
```

执行上述语句成功后，以 c##user1 的身份进行登录，然后查询 admins 表的数据。由于该用户只有插入和删除 admins 表的权限，因此执行查询操作时会提示权限不足，如图13-6所示。

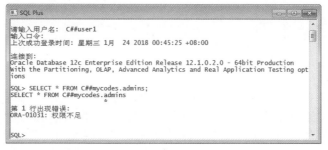

图 13-6　查询 c##mycodes.admins 表的数据

使用 INSERT 语句向 admins 表中插入一条数据，此时会提示插入成功，如图13-7所示。

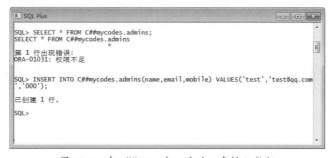

图 13-7　向 c##mycodes.admins 表插入数据

2. 取消为用户授予的对象权限

取消为用户授予的对象权限需要使用 REVOKE 关键字。语法格式如下：

```
REVOKE object_privilege[,object_privilege,...]|ALL ON object_name FROM [user_name|role_name|PUBLIC];
```

【例 13-18】

取消 c##user1 用户对 c##mycodes 用户 admins 表的 INSERT 权限。语句如下：

```
REVOKE INSERT ON c##mycodes.admins FROM c##user1;
```

取消 INSERT 权限成功后，如果再次向 c##mycodes.admins 表插入数据，这时提示用户权限不足。

 注意

取消对象权限与取消系统权限不同的是：当某个用户的对象权限被取消后，从该对象继续授权出去的对象权限也会被自动撤销。另外，用户不能自己为自己授权（GRANT）和取消权限（REVOKE）。

13.6 角色

数据库中的权限较多，为了方便对用户权限的管理，Oracle 数据库允许将一组相关的权限授予某个角色，故角色是一组权限的集合。可以向用户授予角色，也可以从用户中回收角色。如果将角色赋给一个用户，这个用户就拥有了这个角色的所有权限。

13.6.1 角色概述

对管理权限而言，角色是一个工具，权限能够被授予一个角色，角色也能被授予另一个角色或者用户，用户可以通过角色继承权限。

由于角色集合了多种权限，所以为用户授予某个角色时，相当于为用户授予多种权限。这样就避免了向用户逐一授权，从而简化了用户权限的管理。例如，为两个用户授予 4 个不同的权限。在未使用角色时，需要 8 次操作才能完成。如果使用角色，将这 4 个权限组成一个角色，然后将这个角色授予这两个用户，只需要两次操作就能完成，如图 13-8 所示。

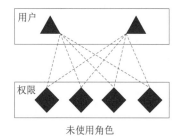

图 13-8　使用角色管理权限

角色具有以下优点。

① 并不是一次一个地将权限直接授予一个用户，而是先创建角色，向该角色授予一些权

限，然后再将该角色授予多个用户。

② 在增加或者删除一个角色的权限时，被授予该角色的所有用户都会自动获得或者失去相应权限。

③ 可以将多个角色授予一个用户。

④ 可以为角色设置口令。

 提示

在为用户授予角色时，既可以向用户授予系统预定义的角色，也可以授予自定义的角色。

13.6.2　系统预定义角色

系统预定义角色是在数据库安装后，系统自动创建的一些常用角色，这些角色已经由系统授予了相应的权限。管理员不再需要先创建预定义角色，就可以将它们授予用户。

通过查询数据字典DBA_ROLES，可以了解数据库中的系统预定义角色信息。其中常用的预定义角色及说明如表13-3所示。

表 13-3　Oracle 数据库的预定义角色

角色名称	说　　明
EXP_FUL_DATABASE	导出数据库权限
IMP_FULL_DATABASE	导入数据库权限
SELECT_CATALOG_ROLE	查询数据字典权限
EXECUTE_CATALOG_ROLE	数据字典上的执行权限
DELETE_CATALOG_ROLE	数据字典上的删除权限
DBA	系统管理的相关权限
CONNECT	授予用户最典型的权限
RESOURCE	授予开发人员的权限

通常情况下，角色 CONNECT、RESOURCE 和 DBA 主要用于数据库管理，这 3 个角色之间没有包含与被包含的关系。对于数据库管理员需要分别授予 CONNECT、RESOURCE 和 DBA 角色，对于开发人员来说，需要授予 CONNECT 和 RESOURCE 角色。图 13-9 所示为在 SQL Developer 中查询 CONNECT 和 RESOURCE 角色的权限。

图 13-9　CONNECT 和 RESOURCE 角色的权限

13.6.3　创建角色

创建角色需要使用 CREATE ROLE 语句，但是创建者必须是数据库管理员或具有相应 CREATE ROLE 权限的用户。创建角色的语法格式如下：

```
CREATE ROLE role_name [NOT IDENTIFIED | IDENTIFIED BY role_password];
```

其中 role_name 表示要创建的角色名称，在 Oracle 12c 中的 CDB 下创建角色时，所创建的角色名称必须以 "C##" 或 "c##" 开头；否则出现错误提示消息。消息内容如下：

```
公共用户名或角色名无效
```

NOT IDENTIFIED 是默认值，不需要任何口令标记。IDENTIFIED BY role_password 表示创建角色时为其设置口令，该口令在角色激活时使用。

【例 13-19】

下面的语句创建名称为 c##role_test_first 的普通角色：

```
CREATE ROLE c##role_test_first;
```

上述语句等价于下面的语句：

```
CREATE ROLE c##role_test_first NOT IDENTIFIED;
```

【例 13-20】

创建名称为 c##role_test_second 的角色，指定该角色的密码为 role_test。语句如下：

```
CREATE ROLE c##role_test_second IDENTIFIED BY role_test;
```

13.7　管理角色

单纯地创建一个角色没有任何意义，必须将它与用户或者权限进行关联。这就包括授予用户和权限以及取消角色等，此外还可以删除角色。

13.7.1　角色授权

对于角色来说，既可以授予系统权限，也可以授予对象权限，还可以把另一个角色的权限授予给它。角色授权的简单语法格式如下：

```
GRANT role_privilege[,role_privilege,...]TOrole_name;
```

【例 13-21】

为 c##role_test_first 角色授予 CREATE SESSION、CREATE USER、CREATE TABLE 和 CREATE VIEW 这 4 个权限。语句如下：

```
GRANT CREATE SESSION,CREATE USER,CREATE TABLE,CREATE VIEW TO c##role_test_first;
```

【例 13-22】

为 c##role_test_second 角色授予 CREATE SESSION、CREATE INDEX 和 CREATE SEQUE NCE 这 3 个权限。语句如下：

```
GRANT CREATE SESSION,CREATE ANY INDEX,CREATE SEQUENCE TO c##role_test_second;
```

13.7.2 为用户授予角色

将某一个角色赋予用户的方法很简单，它与将权限赋予用户的方法相似，需要使用 GRANT 语句。简单语法格式如下：

```
GRANT role_name TO user_name;
```

【例 13-23】

下面的语句将 c##role_test_first 角色授予 c##user1 用户：

```
GRANT c##role_test_first TO c##user1;
```

【例 13-24】

下面的语句将 c##role_test_second2 角色授予 c##user2 用户：

```
GRANT c##role_test_second TO c##user2;
```

⚠ 注意

与授权操作一样，可以为一个用户同时指定多个角色，这些角色之间使用逗号进行分隔。指定多个角色之后，该用户自动拥有这些角色包含的所有权限。

13.7.3 修改角色密码

创建角色时可以设置角色密码，该密码是在角色启用时使用的。开发人员如果要设置或取消角色密码，可以利用 ALTER ROLE 语句实现。语法格式如下：

```
ALTER ROLE role_name [NOT IDENTIFIED | IDENTIFIED BY password];
```

【例 13-25】

为 c##role_test_first 角色设置密码，指定其密码为 1112222。语句如下：

```
ALTER ROLE c##role_test_first IDENTIFIED BY 111222;
```

【例 13-26】

取消 c##role_test_second 角色的密码。语句如下：

```
ALTER ROLE c##role_test_second NOT IDENTIFIED;
```

Oracle 12c 数据库

13.7.4 取消角色权限

取消角色权限时需要使用 REVOKE 关键字，语法格式如下：

```
GRANT role_privilege[,role_privilege,...] FROM role_name;
```

【例 13-27】

c##role_test_second 角色拥有 CREATE SESSION、CREATE ANY INDEX 和 CREATE SEQUENCE 这 3 个权限。使用 REVOKE 取消该角色的 CREATE ANY INDEX 权限。语句如下：

```
REVOKE CREATE ANY INDEX FROM c##role_test_second;
```

试一试

从 REVOKE 语句中可以发现，可以同时取消某个角色的多个权限，多个权限之间使用逗号进行分隔。另外，可以取消某个用户的角色，取消用户角色的语法与取消角色权限类似，这里不再详细解释，感兴趣的读者可以亲自动手试一试。

13.7.5 禁用与启用角色

当用户登录数据库时，会话会自动加载当前用户的角色信息。为了控制所有拥有该角色用户的相关权限的使用，数据库管理员可以禁用与启用角色。角色被禁用后，该用户不再具备该角色的权限。用户根据自己的需要可以自己启用角色，如该角色设置有口令，则需要提供口令。禁用与启用角色的具体语法格式如下：

```
SET ROLE
{
    role_name[IDENTIFIED BY password]
    [,...]
    |ALL[EXCEPT role_name[,...]]
    |NONE
};
```

上述语法中，IDENTIFIED BY 表示启用用户时为角色提供的口令；ALL 表示启用所有的角色，要求所有角色不能有口令；EXCEPT 表示启用除某些角色以外的所有角色；NONE 表示禁用所有角色。

【例 13-28】

要禁用 c##role_test_second 角色。语句如下：

```
SET ROLE ALL EXCEPT c##role_test_second;
```

13.7.6 查看角色

在 Oracle 数据库中可以通过 dba_sys_privs 查看用户所拥有的权限，通过 dba_role_privs 查看用户所拥有的角色，通过 role_sys_privs 查看角色所拥有的权限。

【例 13-29】

查看 c##user1 用户所拥有的角色。使用的语句和执行结果如下：

```
SELECT * FROM dba_role_privs WHERE grantee='C##USER1';

GRANTEE     GRANTED_ROLE        ADMIN_OPTION  DELEGATE_OPTION  DEFAULT_ROLE  COMMON
----------- ------------------- ------------- ---------------- ------------- ------
C##USER1    C##ROLE_TEST_FIRST  NO            NO               YES           NO
```

【例 13-30】

查看 c##role_test_first 角色拥有的权限。使用的语句和执行结果如下：

```
SELECT * FROM role_sys_privs WHERE role='C##ROLE_TEST_FIRST';

ROLE                         PRIVILEGE            ADMIN_OPTION         COMMON
---------------------------- -------------------- -------------------- ------------------------
C##ROLE_TEST_FIRST           CREATE TABLE         NO                   NO
C##ROLE_TEST_FIRST           CREATE SESSION       NO                   NO
C##ROLE_TEST_FIRST           CREATE USER          NO                   NO
C##ROLE_TEST_FIRST           CREATE VIEW          NO                   NO
```

13.7.7　删除角色

当某个角色不再使用时，可以直接使用 DROP 语句删除该角色。角色被删除后，拥有此角色的用户权限也将一起被删除。基本语法格式如下：

```
DROP ROLE role_name;
```

【例 13-31】

删除 c##role_test_second 角色，语句如下。

```
DROP ROLE c##role_test_second;
```

13.8　配置文件

在创建用户时可以通过 PROFILE 指定配置文件，配置文件是口令限制、资源限制的命名集合。开发人员在建立 Oracle 数据库时，Oracle 会自动建立名为 DEFAULT 的 PROFILE，初始化的 DEFAULT 没有进行任何口令和资源限制。

13.8.1　创建配置文件

创建配置文件的语法格式如下：

```
CREATE PROFILE 配置文件名称 LIMIT 命令 (s);
```

上述语法中 Oracle 12c 版本的"配置文件名称"必须使用"C##"或"c##"开头；否则会出现以下错误提示信息：

```
ORA-65140: invalid common profile name
```

命令包括口令限制命令和资源限制命令。表 13-4 和表 13-5 分别对这两组命令的参数进行了说明，这些参数的取值可以是数字、UNLIMITED 或 DEFAULT。

表 13-4　口令限制命令的参数

参数名称	说　明
FAILED_LOGIN_ATTEMPTS	当连续登录失败次数达到该参数指定值时，用户被加锁
PASSWORD_LIFE_TIME	口令的有效期（天），默认值为 UNLIMITED
PASSWORD_REUSE_TIME	口令被修改后原有口令隔多少天后可以被重新使用，默认值为 UNLIMITED
PASSWORD_REUSE_MAX	口令被修改后原有口令被修改多少次才允许被重新使用
PASSWORD_VERIFY_FUNCTION	口令校验函数
PASSWORD_LOCK_TIME	账户因 FAILED_LOGIN_ATTEMPTS 锁定时，加锁天数
PASSWORD_GRACE_TIME	口令过期后，继续使用原口令的宽限期（天）

表 13-5　资源限制命令的参数

参数名称	说　明
SESSION_PER_USER	允许一个用户同时创建 SESSION 的最大数量
CPU_PER_SESSION	每一个 SESSION 允许使用 CPU 的时间数，单位为毫秒
CPU_PER_CALL	限制每次调用 SQL 语句期间，CPU 的时间总量
CONNECT_TIME	每个 SESSION 的连接时间数，单位为分
IDLE_TIME	每个 SESSION 的超时时间，单位为分
LOGICAL_READS_PER_SESSION	为了防止笛卡儿积的产生，可以限定每一个用户最多允许读取的数据块数
LOGICAL_READS_PER_CALL	每次调用 SQL 语句期间，最多允许用户读取的数据库块数

Oracle 12c 数据库

【例 13-32】

创建名称为 c##profile1 的配置文件，并指定连接登录失败次数为 10，口令的有效期为 6000 天，允许用户同时创建 SESSION 的最大数量为 10000。其实现代码如下：

```
CREATE PROFILE c##profile1 LIMIT
FAILED_LOGIN_ATTEMPTS 10
PASSWORD_REUSE_TIME 6000
CPU_PER_SESSION 10000;
```

可以在创建用户时使用创建的配置文件，使用时有以下几点注意事项。

① 建立 PROFILE 时，如果只设置了部分口令或资源限制选项，其他选项会自动使用默认值（DEFAULT 的相应选项）。

② 建立用户时，如果不指定 PROFILE 选项，Oracle 会自动将 DEFAULT 分配给相应的数据库用户。

③ 一个用户只能分配一个 PROFILE。如果要同时管理用户的口令和资源，那么在建立 PROFILE 时应该同时指定口令和资源选项。

④ 使用 PROFILE 管理口令时，口令管理选项总是处于被激活状态，但如果使用 PROFILE 管理资源，则必须要激活资源限制。

13.8.2　查看配置文件

查看配置文件的完整信息时需要借助 dba_profiles 数据字典。在 SQL Developer 中的执行效果如图 13-10 所示。

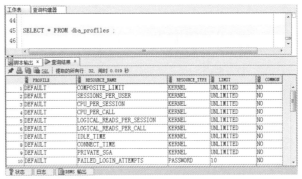

图 13-10　查看配置文件的完整信息

13.8.3　修改配置文件

配置文件创建之后也可以修改，修改时需要使用 ALTER 语句。

【例 13-33】

下面的语句修改配置文件连续登录失败时的最大次数为 3。

```
ALTER PROFILE c##profile1 LIMIT FAILED_LOGIN_ATTEMPTS 3;
```

13.8.4　删除配置文件

删除配置文件非常简单，需要借助 DROP PROFILE 语句。当配置文件被删除后，所有拥有此配置文件的用户自动将使用的配置文件变为 DEFAULT。语法格式如下：

```
DROP PROFILE 配置文件名称 [CASCADE];
```

【例 13-34】

下面的语句删除了名称为 c##profile1 的配置文件：

```
DROP PROFILE c##profile1;
```

 # 13.9　练习题

1. 填空题

（1）要在数据库中创建一个用户需要使用 _____ 语句。
（2）修改用户需要使用 _____ 语句。
（3）通过 _____ 视图，可以查询 Oracle 所有会话信息。

（4）必须要有_____的系统权限才能够创建用户配置文件。

（5）权限可以分为两类：系统权限和_____。

2. 选择题

（1）系统权限（   ）拥有全部特权，是系统最高权限。

    A．DBA

    B．RESOURCE

    C．CONNECT

    D．SYS

（2）可以使用（   ）语句向用户授予系统权限。

    A．SELECT

    B．GRANT

    C．CONNECT

    D．CREATE

（3）下列（   ）不属于对象权限。

    A．CREATE

    B．DROP

    C．DELETE

    D．SELECT

（4）使用 SQL 语句（   ）可撤销用户角色。

    A．CREATE

    B．DROP

    C．REVOKE

    D．SELECT

（5）可以通过查看数据字典视图（   ）查看用户所拥有的角色。

    A．SESSION_ROLES

    B．UER_ROLES

    C．ROLE_TAB_PRIVS

    D．DBA_ROLE_PRIVS

上机练习：维护商品管理系统安全性

本章详细介绍了 Oracle 的用户、权限及角色，本次上机要求为商品管理系统创建用户。具体要求如下。

（1）创建一个名称为 product_admin 的管理员用户，该用户拥有对本系统中所有数据表的增、删、改、查权限。

（2）以 SYSTEM 用户的身份连接数据库，创建系统管理员用户 product_admin。

（3）创建系统管理员角色 product_role。

（4）为 product_role 角色授予权限，包括连接数据库的 CREATE SESSION 权限、对商品信息管理系统中各个表的 INSERT、DELETE、UPDATE、SELECT 权限。

（5）将 product_role 角色授予 product_admin 用户，从而将 product_admin 用户拥有 product_role 角色所拥有的一切权限，即对商品信息管理系统中的所有表进行增、删、改、查的操作权限。

第 14 章

Oracle 数据库文件

在 Oracle 物理存储结构中，文件系统存储了数据库核心信息和数据库数据等重要记录。其中，控制文件记录数据库的详细信息，关系到数据库的正常运行；而如果数据库出现问题则需要使用日志文件进行恢复；数据文件则存储了数据库中的数据表、视图等对象。

本章将详细介绍这 3 类文件的作用、创建、查看和删除操作。

 本章学习要点

- ◎ 了解控制文件的作用
- ◎ 了解创建控制文件的方法
- ◎ 熟悉控制文件的备份与恢复
- ◎ 掌握如何移动与删除控制文件
- ◎ 了解日志文件的作用
- ◎ 掌握日志文件组及其成员的创建与管理
- ◎ 了解归档模式与非归档模式的区别
- ◎ 掌握如何设置数据库归档模式和归档目标
- ◎ 掌握数据文件的创建
- ◎ 掌握数据文件的管理

14.1 控制文件

控制文件是 Oracle 数据库最重要的物理文件，它是在数据库建立时自动创建的。在 Oracle 数据库启动过程中需要打开控制文件，再利用控制文件打开日志文件和数据文件等对象，从而最终打开数据库。

14.1.1 控件文件简介

每一个数据库都拥有控制文件，控制文件里记录的是对数据库物理结构的详细信息，如数据库的名称、数据文件的名字和存在位置、重做日志文件的名字和存储位置以及数据库创建的时间标识等。

控制文件是 Oracle 数据库最重要的物理文件，它以一个非常小的二进制文件形式存在，保存了以下内容。

① 数据库名和标识。

② 数据库创建时的时间戳。

③ 表空间名。

④ 数据文件和日志文件的名称和位置。

⑤ 当前日志文件序列号。

⑥ 最近检查点信息。

⑦ 恢复管理器信息。

Oracle 可以使用多重的控制文件，也就是说，它可以同时维护多个完全一样的控制文件，这么做就是为了防止数据文件损坏而造成的数据库故障。例如，Oracle 同时维护 3 个控制文件，当其中有 1 个控制文件出问题了，把出问题的删了，再复制一份没有问题的就可以了。

控制文件在数据库启动的 MOUNT 阶段被读取，一个控制文件只能与一个数据库相关联，即控制文件与数据库是一对一关系。由此可以看出控制文件的重要性，所以需要将控制文件放在不同硬盘上，以防止控制文件的失效造成数据库无法启动，控制文件的大小在 CREATE DATABASE 语句中被初始化。

在数据库启动时会首先使用默认的规则找到并打开参数文件，参数文件中保存了控制文件的位置信息（也包含内存配置等信息）；打开控制文件，然后通过控制文件中记录的各种数据库文件的位置打开数据库，从而启动数据库到可用状态。

当成功启动数据库后，在数据库的运行过程中，数据库服务器可以不断地修改控制文件中的内容。所以在数据库被打开阶段，控制文件必须是可读写的。但是只有数据库服务器可以修改控制文件中的信息。

由于控制文件关系到数据库的正常运行，所以控制文件的管理非常重要。控制文件的管理策略主要有使用多路复用控制文件和备份控制文件。

1. 使用多路复用控制文件

多路复用控制文件，实际上就是为一个数据库创建多个控制文件，一般将这些控制文件存放在不同的磁盘中进行多路复用。

Oracle 一般会默认创建 3 个包含相同信息的控制文件，目的是为了其中一个受损时可以调用其他控制文件继续工作。

2. 备份控制文件

备份控制文件比较好理解，就是每次对数据库的结构做出修改后，重新备份控制文件。

例如，对数据库的结构进行以下修改操作之后备份控制文件。

① 添加、删除或者重命名数据文件。

② 添加、删除表空间或者修改表空间的状态。

③ 添加、删除日志文件。

14.1.2 创建控制文件

在 Oracle 中可以使用 CREATE CONTROLFILE 语句创建控制文件，语法格式如下：

```
CREATE CONTROLFILE
REUSE DATABASE "database_name "
[ RESETLOGS | NORESETLOGS ]
[ ARCHIVELOG | NOARCHIVELOG ]
MAXLOGFILES number
MAXLOGMEMBERS number
MAXDATAFILES number
MAXINSTANCES number
MAXLOGHISTORY number
LOGFILE
    GROUP group_number logfile_name [ SIZE number K | M ]
    [ , … ]
DATAFILE
    datafile_name [ , … ] ;
```

对上述语法格式中的关键字说明如下。

- database_name：数据库名。
- RESETLOGS | NORESETLOGS：表示是否清空日志。
- ARCHIVELOG | NOARCHIVELOG：表示日志是否归档。
- MAXLOGFILES：表示最大的日志文件个数。
- MAXLOGMEMBERS：表示日志文件组中最大的成员个数。
- MAXDATAFILES：表示最大的数据文件个数。
- MAXINSTANCES：表示最大的实例个数。
- MAXLOGHISTORY：表示最大的历史日志文件个数。
- LOGFILE：为控制文件指定日志文件组。
- GROUP group_number：表示日志文件组编号。日志文件一般以组的形式存在。可以有多个日志文件组。
- DATAFILE 为控制文件指定数据文件。

Oracle 数据库在启动时需要访问控制文件，这是因为控制文件中包含了数据库的数据文件与日志文件信息。因此，在创建控制文件时需要指定与数据库相关的日志文件与数据文件。

创建新的控制文件，除了需要了解创建的语法以外，还需要做一系列准备工作。因为在创建控制文件时，有可能会在指定数据文件或日志文件时出现错误或遗漏，所以需要先对数据库中的数据文件和日志文件有一个认识。创建控制文件的一般步骤如下。

01 查看数据库中的数据文件和重做日志文件信息，了解文件的路径和名称。

02 关闭数据库。

03 备份前面查询出来的所有数据文件和重做日志文件。

04 启动数据库实例，但不打开数据库。

05 创建新的控制文件。在创建时指定前面查询出来的所有数据文件和日志文件。

06 修改服务器参数文件 SPFILE 中参数 CONTROL_FILES 的值，让新创建的控制文件生效。

上述步骤中涉及多种操作技术，以下对这些技术进行说明。

① 查看数据文件地址需要查询 V$DATAFILE 数据字典。

② 查看重做日志文件需要查询 V$LOGFILE 数据字典。

③ 关闭数据库需要使用 SHUTDOWN IMMEDIATE 语句。

④ 启动数据库实例使用 STARTUP NOMOUNT 命令。

⑤ 修改参数 CONTROL_FILES 的值，需要通过 V$CONTROLFILE 数据字典查询控制文件信息，再根据查询结果为 CONTROL_FILES 赋值。

【例 14-1】

创建一个控制文件，具体步骤如下。

01 首先通过 V$DATAFILE 数据字典查询数据文件的信息。语句如下：

```
SQL> SELECT name FROM v$datafile;
```

上述语句的执行结果如下：

```
NAME
-------------------------------------------------------------------------------
C:\APP\ORACLE\ORADATA\ORCL\SYSTEM01.DBF
C:\APP\ORACLE\ORADATA\ORCL\PDBSEED\SYSTEM01.DBF
C:\APP\ORACLE\ORADATA\ORCL\SYSAUX01.DBF
C:\APP\ORACLE\ORADATA\ORCL\PDBSEED\SYSAUX01.DBF
C:\APP\ORACLE\ORADATA\ORCL\UNDOTBS01.DBF
C:\APP\ORACLE\ORADATA\ORCL\USERS01.DBF
C:\APP\ORACLE\ORADATA\ORCL\PDBORCL\SYSTEM01.DBF
C:\APP\ORACLE\ORADATA\ORCL\PDBORCL\SYSAUX01.DBF
C:\APP\ORACLE\ORADATA\ORCL\PDBORCL\SAMPLE_SCHEMA_USERS01.DBF
C:\APP\ORACLE\ORADATA\ORCL\PDBORCL\EXAMPLE01.DBF
D:\ORACLEDATA\MYSPACE.DBF

NAME
-------------------------------------------------------------------------------
D:\ORACLEDATA\SPACE1.DBF
D:\ORACLEDATA\SHOPING.DBF

已选择 13 行。
```

上述执行结果分成了两部分，下面的两个地址是已经被删除的表空间留下的文件，可以不作考虑。

02 可以通过 V$LOGFILE 数据字典查询日志文件的信息。语句如下：

```
SQL> SELECT * FROM v$logfile;
```

上述语句的执行结果如图 14-1 所示。

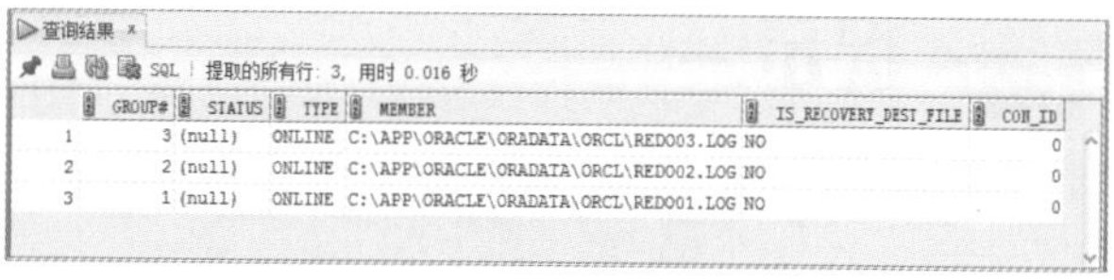

查询结果

SQL | 提取的所有行：3，用时 0.016 秒

	GROUP#	STATUS	TYPE	MEMBER	IS_RECOVERY_DEST_FILE	CON_ID
1	3	(null)	ONLINE	C:\APP\ORACLE\ORADATA\ORCL\REDO03.LOG	NO	0
2	2	(null)	ONLINE	C:\APP\ORACLE\ORADATA\ORCL\REDO02.LOG	NO	0
3	1	(null)	ONLINE	C:\APP\ORACLE\ORADATA\ORCL\REDO01.LOG	NO	0

图 14-1 查询日志文件信息

03 关闭数据库，需要使用 sysdba 角色。使用的语句和执行结果如下：

```
SQL> CONNECT AS sysdba
请输入用户名： sys
输入口令：
已连接。
SQL> SHUTDOWN IMMEDIATE;
数据库已经关闭。
已经卸载数据库。
ORACLE 例程已经关闭。
```

04 备份前面查询出来的所有数据文件和日志文件。备份的方式有很多种，建议采用操作系统的冷备份方式。

05 使用 STARTUP NOMOUNT 命令启动数据库实例，但不打开数据库。语句如下：

```
SQL> STARTUP NOMOUNT;
```

06 创建新的控制文件。在创建时指定前面查询出来的所有数据文件和日志文件。语句如下：

```
CREATE CONTROLFILE
REUSE DATABASE 'orcl'
NORESETLOGS
NOARCHIVELOG
MAXLOGFILES 50
MAXLOGMEMBERS 3
MAXDATAFILES 50
MAXINSTANCES 5
MAXLOGHISTORY 449
logfile
group 3 'C:\APP\ORACLE\ORADATA\ORCL\REDO03.LOG' size 50m,
group 2 'C:\APP\ORACLE\ORADATA\ORCL\REDO02.LOG' size 50m,
group 1 'C:\APP\ORACLE\ORADATA\ORCL\REDO01.LOG' size 50m
datafile
'C:\APP\ORACLE\ORADATA\ORCL\SYSTEM01.DBF',
'C:\APP\ORACLE\ORADATA\ORCL\PDBSEED\SYSTEM01.DBF',
'C:\APP\ORACLE\ORADATA\ORCL\SYSAUX01.DBF',
'C:\APP\ORACLE\ORADATA\ORCL\PDBSEED\SYSAUX01.DBF',
'C:\APP\ORACLE\ORADATA\ORCL\UNDOTBS01.DBF',
'C:\APP\ORACLE\ORADATA\ORCL\USERS01.DBF',
'C:\APP\ORACLE\ORADATA\ORCL\PDBORCL\SYSTEM01.DBF',
'C:\APP\ORACLE\ORADATA\ORCL\PDBORCL\SYSAUX01.DBF',
'C:\APP\ORACLE\ORADATA\ORCL\PDBORCL\SAMPLE_SCHEMA_USERS01.DBF',
'C:\APP\ORACLE\ORADATA\ORCL\PDBORCL\EXAMPLE01.DBF',
'D:\ORACLEDATA\MYSPACE.DBF';
```

> **提示**
>
> 上述控制文件创建语句中的 myoracle 是笔者的数据库实例名称。

07 修改服务器参数文件 SPFILE 中参数 CONTROL_FILES 的值，让新创建的控制文件生效。

首先通过 V$CONTROLFILE 数据字典了解控制文件的信息，使用的语句和执行结果如下：

```
SQL> SELECT name FROM v$controlfile;
NAME
--------------------------------------------------------------------------------
C:\APP\ORACLE\ORADATA\ORCL\CONTROL01.CTL
C:\APP\ORACLE\FAST_RECOVERY_AREA\ORCL\CONTROL02.CTL
```

然后修改参数 CONTROL_FILES 的值，让它指向上述几个控制文件，使用的语句和执行结果如下：

```
SQL> ALTER system SET CONTROL_FILES=
  2    ' C:\APP\ORACLE\ORADATA\ORCL\CONTROL01.CTL',
  3    ' C:\APP\ORACLE\FAST_RECOVERY_AREA\ORCL\CONTROL02.CTL'
  4    scope = spfile;
系统已更改。
```

08 最后使用 ALTER DATABASE OPEN 命令打开数据库，语句如下：

```
SQL> ALTER DATABASE OPEN;
数据库已更改。
```

> **注意**
>
> 如果在创建控制文件时使用了 RESETLOGS 选项，则应该使用以下命令打开数据库：ALTER DATABASE OPEN RESETLOGS。

14.1.3 查看控制文件信息

Oracle 提供了 3 个数据字典来查看控制文件的不同信息，即 v$controlfile、v$parameter 和 v$controlfile_record_section，它们都需要 sysdba 角色。

1. v$controlfile

v$controlfile 包含所有控制文件的名称和状态信息。

【例 14-2】

使用 v$controlfile 查询控制文件信息。语句如下：

```
SELECT * FROM v$controlfile;
```

上述语句的执行结果如图 14-2 所示。

图 14-2　控制文件基本信息

系统默认的控制文件是 3 个，但由于例 14-1 创建并使用了新的控制文件，替代了原有的文件，因此只有两个控制文件生效。

2. v$parameter

v$parameter 包含系统的所有初始化参数，其中包括与控制文件相关的参数 control_files。查询 v$parameter 中的内容，其效果如图 14-3 所示。

图 14-3　系统参数

3. v$controlfile_record_section

v$controlfile_record_section 包含控制文件中各个记录文档段的信息，控制文件中记录文档的类型（TYPE）、每条记录的大小（RECORD_SIZE）、记录段中可以存储的记录条数（RECORDS_TOTAL）以及记录段中已经存储的记录条数（RECORDS_USED）等。查询 v$controlfile_record_section 中的内容，其效果如图 14-4 所示。

图 14-4　控制文件中各个记录文档段的信息

14.1.4　移动和删除控制文件

控制文件会遇到需要移动或删除的情况，如磁盘出现故障，导致应用中的控制文件所在的物理位置无法访问，那么需要移动控制文件。下面分别介绍控制文件的移动和删除。

1. 移动控制文件

移动控制文件实际上就是改变服务器参数文件 SPFILE 中的参数 CONTROL_FILES 的值，

让该参数指向一个新的控制文件路径。在移动控制文件时首先需要找出控制文件的位置、接着修改路径，最后重启数据库才能生效。

【例 14-3】

利用图 14-2 中查询出来的控制文件地址，将当前控制文件移动到 D 盘 ocl_data 文件夹下。语句如下：

```
ALTER SYSTEM SET control_files=
'D:\ocl_data\ORCL\CONTROL01.CTL',
'D:\ocl_data\ORCL\CONTROL02.CTL'
SCOPE=SPFILE;
```

使用 SHUTDOWN IMMEDIATE 命令关闭数据库，并使用 STARTUP 命令启动并打开数据库，步骤省略。

2. 删除控制文件

删除控制文件之前需要修改参数 control_files 所指向的控制文件；否则将无法删除正在使用的控制文件。而且在删除时需要使用 SHUTDOWN IMMEDIATE 命令关闭数据库，使用 STARTUP 命令启动并打开数据库，从磁盘上物理地删除指定的控制文件。

14.1.5 备份控制文件

为了进一步降低因控制文件受损而影响数据库正常运行的可能性，确保数据库的安全，DBA 需要在数据库结构发生改变时，立即备份控制文件。如果数据库中有一个或者多个控制文件丢失或者出错，可以根据控制文件的损坏程度进行不同的恢复处理。

1. 备份为二进制文件

备份为二进制文件，实际上就是复制控制文件。这需要使用 ALTER DATABASE BACKUP CONTROLFILE 语句，在指定位置创建备份的二进制文件。

例如，将 orcl 数据库的控制文件备份为二进制文件 orcl_control.bkp。语句如下：

```
ALTER DATABASE BACKUP CONTROLFILE
TO 'D:\ocl_data\orcl_control.bkp';
```

2. 备份为脚本文件

备份为脚本文件，实际上也就是生成创建控制文件的 SQL 脚本。生成的脚本文件将自动存放到系统定义的目录中，并由系统自动命名。该目录由 user_dump_dest 参数指定，可以使用 SHOW PARAMETER 语句查询该参数的值。

【例 14-4】

将 orcl 数据库的控制文件备份为脚本。语句如下：

```
ALTER DATABASE BACKUP CONTROLFILE TO TRACE ;
```

系统自动为脚本文件命名的格式为 <sid>_ora_<spid>.trc，其中 <sid> 表示当前会话的标识号，<spid> 表示操作系统进程标识号。例如，上述示例生成的脚本文件名称为 orcl_ora_4780.trc。

14.1.6　恢复控制文件

在数据库中如果有一个或者多个控制文件丢失或者出错时，可以根据以下几种损坏程度进行不同的恢复处理。

1.　部分控制文件损坏的情况

如果数据库正在运行，应先关闭数据库，再将完整的控制文件复制到已经丢失或者出错的控制文件的位置，但是要更改该丢失或者出错控制文件的名字。如果存储丢失控制文件的目录也被破坏，则需要重新创建一个新的目录用于存储新的控制文件，并为该控制文件命名。此时需要修改数据库初始化参数中控制文件的位置信息。

2.　控制文件全部丢失或者损坏的情况

此时应该使用备份的控制文件重建控制文件，这也是为什么 Oracle 强调在数据库结构发生变化后要进行控制文件备份的原因。恢复的步骤如下。

01 以 sysdba 身份连接到 Oracle，使用 SHUTDOWN IMMEDIATE 命令关闭数据库。

02 在操作系统中使用完好的控制文件副本覆盖损坏的控制文件。

03 使用 STARTUP 命令启动并打开数据库。执行 STARTUP 命令时，数据库以正常方式启动数据库实例，加载数据库文件，并且打开数据库。

3.　手动重建控制文件

在使用备份的脚本文件重建控制文件时，通过 TRACE 文件重新定义数据库的日志文件、数据文件、数据库名及其他一些参数信息；然后执行该脚本重新建立一个可用的控制文件。

14.2　实践案例：多路复用控制文件策略

众所周知，如果 Windows 注册表文件被损坏了，就会影响操作系统的稳定性。严重时还会导致操作系统无法正常启动。而控制文件对于 Oracle 数据库来说，其作用就好像是注册表一样的重要。如果控制文件出现了意外的损坏，那么此时 Oracle 数据库系统很可能无法正常启动。为此作为 Oracle 数据库管理员，务必要保证控制文件的安全。

在实际工作中，数据库管理员可以通过备份控制文件来提高控制文件的安全性。但是当控制文件出现损坏时，通过备份文件来恢复，会出现数据库在一段时间内的停机。因此管理员最好采用多路复用来保障控制文件的安全。

在采用多路复用的情况下，当某个控制文件出现损坏时，系统会自动启用另一个没有问题的控制文件来启动数据库，避免出现停机的状况。

多路复用的原理其实很简单，就是在数据库服务器上将控制文件存放在多个磁盘分区或者多块硬盘上。数据库系统在需要更新控制文件的时候，就会自动同时更新多个控制文件。如此的话，当其中一个控制文件出现损坏时，系统会自动启用另外的控制文件。

通过把控制文件存放在不同的硬盘上，数据库管理员就能够避免数据库出现单点故障的风险。当采用多路复用技术启用多个控制文件时，数据库在更新控制文件时会同时更新这些控制文件。

在采用多路复用的时候，最好不要将控制文件存储在网络上的服务器中。因为如果系统在更新控制文件时刚好碰到网络性能不好甚至网络中断的情况，那么这个控制文件的更新就需要耗用比较长的时间。

Oracle 12c 数据库

如果在 Windows 操作系统下安装 Oracle 数据库，其默认情况下就启用了多路复用技术。不过这个多路复用技术不怎么合理。默认状态将其余的两个控制文件副本保存在同一个分区的同一个目录下。万一这台服务器的硬盘出现了故障，由于控制文件保存在同一个硬盘中，为此多路复用就失去了意义。所以最好将控制文件保存在不同的硬盘中，以提高控制文件的安全性。

在 Windows 操作系统下要实现多路复用控制文件是比较简单的，只需要通过几个简单的步骤就可以完成。

01 修改系统参数 control_files。

Oracle 数据库系统通过这个初始化参数来打开控制文件。即这个初始化参数中指定有多少个控制文件、分别存放在哪里，到时候数据库就会更新多少控制文件。不过需要注意的是，一般数据库在使用时，只打开一个控制文件。所以要启用多路复用时，首先需要使用 ALTER SYSTEM 命令来设置这个初始化参数，以便在管理员指定的位置添加控制文件。其具体语法格式如下：

ALTER SYSTEM control_files ' 控制文件 1',' 控制文件 2'

需要注意的是，这里的控制文件都需要使用绝对路径。

02 关闭数据库以及相关服务。

初始化参数设置之后还需要关闭数据库以及相关服务后才能进行下一步的操作。所以，最好在数据库投入生产使用之前就做好控制文件多路复用的准备；否则后续再进行调整的话，就不得不付出数据库停机的代价。使用 SHUTDOWN 命令关闭数据库之后，还需要在操作系统的服务管理窗口中关闭相关的服务。

03 复制控制文件并改名。

为了确保所有控制文件能够互为镜像，完全相同，最好在关闭数据库的情况下，将原先的控制文件复制到一个新的位置，然后进行重命名。

04 重新启动数据库与相关的服务。

启动数据库之后，需要注意手工启动服务窗口中的相关选项。还可以重新启动一下操作系统，系统会在重新启动的过程中自动启用相关的 Oracle 数据库服务。数据库重新启动之后，多路复用的控制文件就可以使用了。

上述过程需要注意以下几点。

① 步骤（3）中的路径和控制文件的名字，必须同第（1）步指定的路径和名字相同。

② 在使用 ALTER SYSTEM 更改初始化参数的时候，一定要把原先的控制文件信息带上。默认情况下 Oracle 数据库已经有了 3 个控制文件。如果数据库管理员还需要在其他硬盘上多采用两个控制文件的话，那么在 ALTER SYSTEM 语句中必须加入 5 条信息，原先的控制文件信息必须也带上；否则数据库系统会直接采用后面加上的两个控制文件来代替。

③ 需要考虑多路复用控制文件的存储位置。至少要将控制文件放置在不同的硬盘上或者分区上。具体来说，控制文件的每个副本都应该保存在不同的磁盘驱动器上。也就是说可以将控制文件的副本存储在每个存储有重做日志文件组成员的硬盘驱动器上。

④ 这个控制文件的默认存储位置在不同的操作系统中是不同的，为此如果要在不同的操作系统上复制控制文件时，就需要通过上面的查询语句来查询当前生效的控制文件。

14.3　重做日志文件

每个 Oracle 数据库都拥有一组或多组重做日志文件，每一组包括两个或者多个重做日志文件。而重做日志又是由一条一条的重做记录组成的，所以也被称为重做记录。下面详细介绍重做日志文件的使用方法，如查看、创建、切换及删除等。

14.3.1　重做日志文件简介

重做日志的主要作用就是记录所有的数据变化，当一个故障导致被修改过的数据没有从内存中永久地写到数据文件里，那么数据的变化是可以从重做日志中获得的，从而保证了对数据修改的不丢失。

为了防止重做日志自身的问题导致故障，Oracle 拥有多重重做日志功能，可以同时保存多组完全相同的重做日志在不同的磁盘上。

重做日志里的信息只是用于恢复由于系统或者介质故障所引起的数据无法写入数据文件的数据。像突然断电导致数据库的关闭，那么内存中的数据就不能写入到数据文件中，内存中的数据就会丢失。

当数据库重新启动时丢失的数据是可以被恢复的。从最近重做日志中读取丢失的信息，然后应用到数据文件中，这样就把数据库恢复到断电前的状态。在恢复操作中，恢复重做日志信息的过程叫做前滚。

在数据库运行过程中，用户更改的数据会暂时存放在数据库调整缓冲区中，而为了提高数据库的读写速度，数据的变化不会立即写到数据文件中，要等到数据库调整缓冲区中的数据达到一定的量或者满足一定条件时，才会将变化了的数据提交到数据库。

为了提高磁盘效率，防止日志文件的损坏，Oracle 数据库实例在创建完后就会自动创建3 组日志文件。默认每个日志文件组中只有一个成员，但建议在实际应用中应该每个日志文件组至少有两个成员，而且最好将它们放在不同的物理磁盘上，以防止一个成员损坏，所有日志信息都丢失的情况发生。

Oracle 中的日志文件组是循环使用的，当所有日志文件组的空间都被填满后，系统将转换到第一个日志文件组。而第一个日志文件组中已有的日志信息是否被覆盖，取决于数据库的运行模式。

14.3.2　重做记录和回滚段

重做日志记录用户对数据的操作，主要由重做记录和回滚段构成。重做记录实质就是记录所有做过的操作。如果用户做了一个 INSERT 操作，那么重做日志里面就记录了这条SQL。Oracle 提供了 LOGMINER 工具可以解析重做记录，使用它可以看到里面记录的就是做过的操作。重做记录的主要作用就是维护数据持久性，在出现实例恢复时用于重演。另外备份和恢复中，重做记录和归档日志是非常重要的。

回滚段（UNDO）主要用于回滚和一致性读。例如，当用户做 UPDATE 操作的时候，首先会把修改前的记录复制一份到 UNDO。假如另一个会话的查询是在用户做更新还未提交之前发起的，那么涉及修改的记录会根据 SCN 时间到 UNDO 里面查，那么查出的就是更新前的数据。回滚就是指直接把 UNDO 的数据复制回来。

14.3.3 查看重做日志文件

通常可以使用 3 个数据字典查看日志组的信息，分别是 V$LOG、V$LOGFILE 和 V$LOG_HISTORY。

1. V$LOG 数据字典

V$LOG 数据字典包含控制文件中的日志文件信息，如日志文件组的编号、成员数目、当前状态和上一次写入的时间，有以下几个常用字段。

- group#：重做日志组的组号。
- sequence#：重做日志的序列号，供将来数据库恢复时使用。
- members：重做日志组成员的个数。
- bytes：重做日志组成员的大小。
- archived：是否归档。
- status：状态，有 INACTIVE、ACTIVE、CURRENT 和 UNUSED 这几个种常用状态。
- first_time：上一次写入的时间。

status 字段的 4 种状态含义如下。

① INACTIVE 表示实例恢复不用的联机重做日志组。

② ACTIVE 表示该联机重做日志文件是活动的但不是当前组，在实例恢复时需要这组联机重做日志。

③ CURRENT 表示当前正在写入的联机重做日志文件组。

④ UNUSED 表示 Oracle 服务器从未写过该联机重做日志文件组，这是重做日志刚被添加到数据库中的状态。

【例 14-5】

使用 V$LOG 数据字典查询日志文件组的编号、大小、成员数目和当前状态。使用的语句及执行结果如下：

```
SQL> select group#,bytes,members,status from v$log;
    GROUP#  BYTES            MEMBERS          STATUS
    --------------  ------------------  ----------------  --------------------
      1     52428800         1                INACTIVE
      2     52428800         1                INACTIVE
      3     52428800         1                CURRENT
```

从结果中可以看出当前共有 3 个日志组，与每个日志文件对应的日志序列号是全局唯一的，同一个日志组中的日志序列号相同，用户数据库恢复时使用每个日志组的成员数量及日志组的当前状态。日志组 3 为当前正在使用的日志组。

【例 14-6】

通过 V$LOG 数据字典查询日志文件组的编号、成员数目、当前状态和上一次写入的时间，执行结果如下：

```
    GROUP#     MEMBERS     STATUS              FIRST_TIME
    --------------  ------------  --------------------  ----------------------
      1        1           INACTIVE            2013-5-14 2
      2        1           INACTIVE            2013-5-14 2
      3        1           CURRENT             2013-5-16 1
```

2. V$LOGFILE 数据字典

V$LOGFILE 数据字典包含日志文件组及其成员信息。其 status 字段表示日志状态，有以下几种取值。

- stale　说明该文件内容为不完整的。
- 空白　说明该日志正在使用。
- invalid　说明该文件不能被访问。
- deleted　说明该文件已经不再使用。

【例 14-7】

通过 V$LOGFILE 数据字典查看日志文件的信息，语句及执行结果如下：

```
SQL> select group#,status,type,member from v$logfile;

GROUP#    STATUS      TYPE        MEMBER
--------------- ----------- ----------- ---------------------------------------------------------------
    3                     ONLINE      E:\APP\ADMINISTRATOR\ORADATA\ORCL\REDO03.LOG
    2                     ONLINE      E:\APP\ADMINISTRATOR\ORADATA\ORCL\REDO02.LOG
    1                     ONLINE      E:\APP\ADMINISTRATOR\ORADATA\ORCL\REDO01.LOG
```

从结果中可以看到，当前有 3 个日志文件组，且都为联机日志文件。

3. V$LOG_HISTORY 数据字典

V$LOG_HISTORY 数据字典包含日志历史信息，主要记录控制文件与归档日志的信息，其主要字段如下。

- recid：控制文件记录的 ID。
- stamp：控制文件记录时间。
- thread#：归档日志线程号。
- sequence#：归档日志序列号。
- first_time：归档日志中的第一项的时间（最低 SCN）。
- first_change#：日志中最低 SCN。
- next_change#：日志中最高 SCN。

14.3.4 创建重做日志文件组

Oracle 建议一个数据库实例一般需要两个以上的重做日志文件组，如果重做日志文件组太少，可能会导致系统的事务切换频繁，这样就会影响系统性能。创建重做日志文件组的语法格式如下：

```
ALTER DATABASE database_name
ADD LOGFILE [GROUP group_number]
(file_name [, file_name [, …]])
[SIZE size] [REUSE];
```

上述语法格式中主要参数的含义如下。

- database_name：数据库实例名称。
- group_number：重做日志文件组编号。

Oracle 12c 数据库

- file_name：重做日志文件名称。
- size：重做日志文件大小，单位为 K 或 M。
- REUSE：如果创建的重做日志文件已经存在，则使用该关键字可以覆盖已有文件。

【例 14-8】

向 orcl 数据库中添加一个重做日志文件组 GROUP 4 含有两个重做日志文件成员，即 redo01.log 文件与 redo02.log 文件，大小都是 10M。语句如下：

```
ALTER DATABASE orcl ADD LOGFILE GROUP 4
(
'D:\ocl_data\redo01.log',
'D:\ocl_data\redo02.log'
)
size 10m;
```

若没有指定重做日志所属的重做日志组，Oracle 会自动为这个新重做日志组生成一个编号，即在原来重做日志组编号的基础上加 1。重做日志文件组的编号应尽量避免出现跳号情况，如重做日志文件组的编号为 1、3、5、...，这会造成控制文件的空间浪费。

如果在创建重做日志文件组时，组中的重做日志成员已经存在，则 Oracle 会提示错误信息。若需要替换原有的重做日志成员，可以在创建语句后面使用 REUSE 关键字，语句如下：

```
ALTER DATABASE orcl ADD LOGFILE GROUP 4
(
'D:\ocl_data\redo01.log',
'D:\ocl_data\redo02.log'
)
size 10m REUSE;
```

⚠ 注意

使用 REUSE 关键字可以替换已经存在的重做日志文件，但是该文件不能属于其他重做日志文件组；否则无法替换。

🔊 14.3.5 切换重做日志组

日志切换是指停止向某个重做日志文件组写入，而向另一个联机的重做日志文件组写入。在日志切换的同时，还要产生检查点操作，还有一些信息被写入控制文件中。

每次日志切换都会分配一个新的日志顺序号，归档时也将顺序号进行保存。每个联机或归档的重做日志文件都通过它的日志顺序号进行唯一标识。

当 LGWR 进程停止向某个重做日志文件写入而开始向另一个联机重做日志文件写入的那一刻，称为日志切换。日志有以下 3 种切换方式。

① 重做日志文件组容量满的时候，会发生日志切换。

② 以时间指定日志切换的方式：如以一个星期或者一个月作为切换的单位，这样就不用理会是否写满。

③ 强行日志切换。出于数据库维护的需要，如当发现存放数据重做日志的硬盘容量快用

光时，需要换一块硬盘，此时就需要在当前时刻进行日志的切换动作。

强行日志切换可使用 ALTER SYSTEM SWITCH LOGFILE 语句，当发生日志切换时，系统会在后台完成 checkpoint 的操作，以保证控制文件、数据文件头、日志文件头的 SCN 一致，是保持数据完整性的重要机制。

强行产生检查点有两种方式：一种使用 ALTER SYSTEM CHECK 语句；另一种是设置参数 fast_start_mttr_target 来强制产生检查点，如 fast_start_mttr_target =900 表示实例恢复的时间不会超过 900 秒。

【例 14-9】

使用 ALTER SYSTEM SWITCH LOGFILE 语句切换当前日志组是 group 4。语句如下：

```
ALTER SYSTEM SWITCH LOGFILE;
```

接下来查询当前重做日志组状态。使用的语句和执行结果如下：

```
SQL> SELECT group# , status FROM v$log ;
    GROUP#        STATUS
------------------ -- ------- ---------------
    1             INACTIVE
    2             INACTIVE
    3             ACTIVE
    4             CURRENT
```

14.3.6　实践案例：管理重做日志组成员

重做日志组成员（重做日志文件）是重做日志组相的成员，在一个重做日志组中至少有一个重做日志文件，并且同一重做日志组的不同重做日志文件可以分布在不同的磁盘目录下。在同一个重做日志组中的所有重做日志文件大小都相同。

1. 添加成员

重做日志组成员在创建重做日志组创建时就指定了，当然也可以向已存在的重做日志组中添加重做日志文件成员。添加时同样需要使用 ALTER DATABASE 语句，其语法格式如下：

```
ALTER DATABASE [database_name]
ADD LOGFILE MEMBER
file_name [ , … ] TO GROUP group_number;
```

新加的重做日志文件与该组其他成员的大小一致。

【例 14-10】

使用 REUSE 关键字重新创建重做日志组 GROUP 4，并向创建的重做日志文件组中添加一个新的重做日志文件成员，语句如下：

```
ALTER DATABASE orcl
ADD LOGFILE MEMBER
' D:\ocl_data\redo03.log'
TO GROUP 4;
```

2. 删除成员

如果一个重做日志成员不需要了，可以将其删除。通常所做的日志维护就是删除和重建日志成员的过程。对于一个损坏的重做日志，即使没有发现重做日志切换时无法成功，数据库最终也会挂起。

在删除重做日志成员时要注意，并不是所有的重做日志成员都可以删除。Oracle 对删除操作有以下限制。

① 如果要删除的重做日志成员是重做日志组中最后一个有效的成员，则不能删除。

② 如果重做日志组正在使用，则在重做日志切换之前不能删除日志组中成员。

③ 如果数据库正运行 ACHIVELOG 模式下，并且要删除的重做日志成员所属的重做日志组没有被归档，则该组的重做日志成员不能被删除。

删除重做日志文件成员的语法格式如下：

```
ALTER DATABASE [database_name]
DROP LOGFILE MEMBER file_name [ , … ]
```

【例 14-11】

删除 GROUP 4 中的 redo03.log 重做日志文件成员。语句如下：

```
ALTER DATABASE orcl
DROP LOGFILE MEMBER
'D:\ocl_data\redo03.log';
```

3. 重定义成员

重定义重做日志文件成员，是指使用新的重做日志替代原有的重做日志组中的一个重做日志文件。要改变重做日志文件的位置或名称，必须拥有 ALTER DATABASE 系统权限。

在改变重做日志文件的位置和名称之前，或者对数据库做出任何结构上的改变之前，需要完整地备份数据库，以防在执行重新定位时出现问题。作为预防，在改变重做日志文件的位置和名称后，应立即备份数据的控制文件。

重定义成员的操作需要关闭数据库执行，并使用 STARTUP MOUNT 重新启动数据库，但不打开，使用 ALTER DATABASE database_name RENAME FILE 的子句修改日志文件的路径与名称。重定义成员的语法格式如下：

```
ALTER DATABASE [database_name]
RENAME FILE
old_file_name TO new_file_name;
```

其中，old_file_name 表示日志文件组中原有的日志文件成员；new_file_name 表示要替换成的日志文件成员。

【例 14-12】

使用例 14-11 中移除的 redo03.log 文件重定义 GROUP 4 文件组中的 redo02.log 重做日志文件。语句如下：

```
ALTER DATABASE orcl
RENAME FILE
'D:\ocl_data\redo02.log'
TO
'D:\ocl_data\redo03.log';
```

14.3.7 设置重做日志模式

日志信息循环写入重做日志文件，即写满一个文件换下一个文件。在向原来的重做日志文件中循环写入日志信息时，存在两种处理模式，即归档模式和非归档模式。

① 非归档模式不需要数据库进行自动备份。

② 归档模式下，当重做日志改写原有的重做日志文件以前，数据库会自动对原有的日志文件进行备份。

可以使用 ARCHIVE LOG LIST 语句查看数据库重做日志文件的归档方式，其代码和执行效果如下：

```
SQL> ARCHIVE LOG LIST;
数据库日志模式              非存档模式
自动存档                   禁用
存档终点                   USE_DB_RECOVERY_FILE_DEST
最早的联机日志序列          40
当前日志序列               43
```

从查询结果可以看出，数据库当前运行在非归档模式下。数据库默认设置运行于非归档模式，这样可以避免对创建数据库的过程中生成的日志进行归档，从而缩短数据库的创建时间。

在数据库成功运行后，数据库管理员可以根据需要修改数据库的运行模式。修改数据库的运行模式使用以下语句：

```
ALTER DATABASE ARCHIVELOG | NOARCHIVELOG ;
```

其中，ARCHIVELOG 表示归档模式；NOARCHIVELOG 表示非归档模式。修改数据库运行模式，需要关闭数据库才能修改。要了解归档模式还需要了解归档目标，归档目标就是指存放归档日志文件的目录。一个数据库可以有多个归档目标。

在创建数据库时，默认设置的归档目标可以通过 db_recovery_file_dest 参数查看，其查看语句和执行结果如下：

```
SQL> SHOW PARAMETER db_recovery_file_dest ;

NAME                                    TYPE              VALUE
--------------------------------------  ----------------  -----------------------------
db_recovery_file_dest                   string            C:\app\oracle\fast_recovery_area
db_recovery_file_dest_size              big integer       6930M
```

其中，db_recovery_file_dest 表示归档目录；db_recovery_file_dest_size 表示目录大小。

数据库管理员也可以通过 log_archive_dest_N 参数设置归档目标，其中 N 表示 1 ～ 10 的整数，也就是说，可以设置 10 个归档目标。

提示 — — — — — — —

为了保证数据的安全性，一般将归档目标设置为不同的目录。Oracle 在进行归档时会将日志文件组以相同的方式归档到每个归档目标中。

设置归档目标的语法格式如下：

```
ALTER SYSTEM SET
log_archive_dest_N = ' { LOCATION | SERVER } = directory ';
```

其中，directory 表示磁盘目录；LOCATION 表示归档目标为本地系统的目录；SERVER 表示归档目标为远程数据库的目录。

通过参数 log_archive_format，可以设置归档日志名称格式。其语法格式如下：

```
ALTER SYSTEM SET log_archive_format = ' fix_name%S_%R.%T '
SCOPE = scope_type ;
```

Oracle 12c 数据库

语法说明如下。

- fix_name%S_%R.%T：其中，fix_name 是自定义的命名前缀；%S 表示日志序列号；%R 表示联机重做日志（RESETLOGS）的 ID 值；%T 表示归档线程编号。

> ⚠️ **注意**
>
> log_archive_format 参数值必须包含 %S、%R 和 %T 匹配符。

- SCOPE = scope_type：SCOPE 有 3 个参数值，包括 MEMORY、SPFILE 和 BOTH。其中，MEMORY 表示只改变当前实例运行参数；SPFILE 表示只改变服务器参数文件 SPFILE 中的设置；BOTH 表示两者都改变。

🔊 14.3.8 删除重做日志组

如果一个重做日志组不再需要可以将其删除，在删除重做日志组时需要注意以下几点。
① 一个数据库至少需要两个日志文件组。
② 重做日志文件组不能处于使用状态。
③ 如果数据库运行在归档模式下，应该确定该重做日志文件组已经被归档。
删除重做日志文件组的语法格式如下：

```
ALTER DATABASE [database_name]
DROP LOGFILE GROUP group_number ;
```

【例 14-13】

将前面创建的重做日志组 GROUP 4 删除。语句如下：

```
ALTER DATABASE orcl
DROP LOGFILE
GROUP 4;
```

> ⚠️ **注意**
>
> 使用这种方式删除日志组之后，仅仅是从 Oracle 中移除对该日志组的关联信息，而日志组包含的日志文件仍然存在，需要手动删除这些文件。

🔧 14.4 数据文件

一个数据库在逻辑上由表空间组成，一个表空间包含一个或者多个数据文件，一个数据文件又包含一个或多个数据库对象。本节详细介绍数据文件的概念以及相关操作的实现。

🔊 14.4.1 数据文件简介

每一个 Oracle 数据库都要有一个或者多个物理的数据文件，这些数据文件里存储的就是

Oracle 数据库里的数据。另外，像表和索引等这些数据库的逻辑结构也都被物理地存储在数据文件里。

数据文件有以下 3 个特性。

① 一个数据文件只能属于一个数据库。

② 数据库中的数据文件可以被设置成自动增长（当数据库空间用完时，数据库中的数据文件就会自动增长，如原来 1G 的数据文件自动变成 2G）。

③ 一个或者多个数据文件就组成了数据库的一个逻辑单元，叫做表空间。

数据文件里的数据在需要时就会被读取到 Oracle 的缓冲区中。例如，当查看一条数据时，而这条数据恰好又不在 Oracle 的缓冲区中，那么 Oracle 就会把这条数据从数据文件中读取到 Oracle 的缓冲区中来。

当更改或者新增一条数据时，也不是马上就写到数据文件里面，会先存储在缓冲区，然后再一次性写入数据文件。这么做是为了减少对磁盘的访问，提高运行效率。

14.4.2   创建数据文件

每一个数据文件都要归属于表空间，因此创建数据文件需要在指定的表空间创建。向表空间中增加数据文件需要使用 ALTER TABLESPACE 语句，并指定 ADD DATAFILE 子句，语法格式如下：

```
ALTER TABLESPACE tablespace_name
ADD DATAFILE
file_name SIZE number K | M
    [
            AUTOEXTEND OFF | ON
            [ NEXT number K | M MAXSIZE UNLIMITED | number K | M ]
    ]
[ , …];
```

对上述语法格式中的关键字和参数解释如下。

- tablespace_name：表示表空间的名称。
- file_name：表示数据文件的名称。
- number K | M：表示数据文件的大小，可以使用 K 或 M 作为数据文件大小的单位。
- AUTOEXTEND OFF | ON：指定数据文件是否自动扩展。OFF 表示不自动扩展；ON 表示自动扩展。默认情况下为 OFF。
- NEXT number：如果指定数据文件为自动扩展，则 NEXT 子句用于指定数据文件每次扩展的大小。
- MAXSIZE UNLIMITED | number：如果指定数据文件为自动扩展，则 MAXSIZE 子句用于指定数据文件的最大容量。如果指定 UNLIMITED，则表示大小无限制，默认为此选项。

【例 14-14】

在 MYSHOP 表空间下创建两个数据文件分别为 datafile1.dbf 和 datafile2.dbf，放在 D 盘 ocl_data 文件夹下。其中 datafile1.dbf 初始大小为 10MB、自动扩展 5MB、最大为 30MB；datafile2.dbf 最大容量为 20MB。语句如下：

```
ALTER TABLESPACE MYSHOP
ADD DATAFILE
'D:\ocl_data\datafile1.dbf'
SIZE 10M
AUTOEXTEND ON NEXT 5M MAXSIZE 30M ,
'D:\ocl_data\datafile2.dbf'
SIZE 10M
AUTOEXTEND ON NEXT 5M MAXSIZE 20M ;
```

 ## 14.4.3 查看数据文件信息

可以使用 dba_data_files 数据字典查看数据文件的详细信息，包括数据文件的路径、标识、所属的表空间、数据文件大小和文件状态等数据。其常用字段及其说明如表 14-1 所示。

表 14-1 dba_data_files 常用字段及其说明

字段名称	说　明
FILE_NAME	数据文件名称
FILE_ID	数据文件标识 ID
TABLESPACE_NAME	数据文件归属的表空间
BYTES	数据文件的空间大小
BLOCKS	数据文件的块数，满足 BYTES = BLOCKS $\times$ 8 $\times$ 1024
STATUS	文件状态
RELATIVE_FNO	相对文件标识。FILE_ID 在整个数据库中是唯一的；RELATIVE_FNO 在整个表空间中是唯一的，在数据库中不唯一。一个表空间中的最大文件数量为 1023，所以，一旦超过该极限，则 RELATIVE_FNO 将重新计算
AUTOEXTENSIBLE	自动扩展的标记，可以设定数据文件随着表空间内的方案对象增长而动态地增长
MAXBYTES	最大的数据文件的大小
MAXBLOCKS	最大的块数
INCREMENT_BY	数据文件自动扩展数据块的个数
USER_BYTES	数据文件的可用空间，等于数据文件的大小减去数据块的大小
USER_BLOCKS	数据使用的块数

【例 14-15】

查询当前数据库下所有的数据文件信息。语句如下：

```
SELECT * FROM dba_data_files;
```

上述语句的执行效果如图 14-5 所示。

图 14-5　数据文件信息

如图 14-5 所示，使用 dba_data_files 查找出了 MYSHOP 表空间有 3 个数据文件，所创建的两个数据文件的标识是 19 和 20，从图中查询出了这两个文件的当前大小、是否自动扩展、最大的大小等信息。由于查询量较大，图 14-5 展示了部分字段的数据。

14.4.4　修改数据文件大小和状态

修改中数据文件包括修改数据文件的名称、位置、大小、自动扩展性以及数据文件的状态，本节介绍修改数据文件大小和状态。

1.　修改表空间中数据文件的大小

如果表空间所对应的数据文件都被写满，则无法再向该表空间中添加数据。这时可以通过修改表空间中数据文件的大小来增加表空间的大小。在修改之前可通过数据库 dba_free_space 和数据字典 dba_data_files 查看表空间和数据文件的空间及大小信息。

修改数据文件需要使用 ALTER DATABASE 语句。语法格式如下：

```
ALTER DATABASE DATAFILE file_name RESIZE newsize K | M;
```

语法说明如下。
- file_name：数据文件的名称与路径。
- RESIZE newsize：修改数据文件的大小为 newsize。

【例 14-16】
修改 datafile1.dbf 数据文件的大小为 15MB。语句如下：

```
ALTER DATABASE
DATAFILE 'D:\ocl_data\datafile1.dbf'
RESIZE 15M;
```

2.　修改表空间中数据文件的自动扩展性

将表空间的数据文件设置为自动扩展，目的是为了在表空间被填满后，Oracle 能自动为表空间扩展存储空间，而不需要管理员手动修改。

数据文件的扩展性除了在添加时指定外，也可以使用 ALTER DATABASE 语句修改其自动扩展性，语法格式如下：

```
ALTER DATABASE
DATAFILE file_name
AUTOEXTEND OFF | ON
    [ NEXT number K | M MAXSIZE UNLIMITED | number K | M ]
```

【例 14-17】
修改 datafile1.dbf 数据文件的最大容量为 35MB。语句如下：

```
ALTER DATABASE
DATAFILE 'D:\ocl_data\datafile1.dbf'
AUTOEXTEND ON NEXT 5M MAXSIZE 35M;
```

datafile1.dbf 数据文件经过修改之后，查看该文件的大小和扩展大小。语句如下：

```
SELECT FILE_NAME,TABLESPACE_NAME,BYTES,MAXBYTES FROM dba_data_files;
```

上述代码的执行效果中，省略其他数据文件的信息，datafile1.dbf 数据文件信息如下：

FILE_NAME TABLE	SPACE_NAME	BYTES	MAXBYTES
D:\ORACLEDATA\DATAFILE1.DBF	MYSHOP	15728640	36700160

3. 修改表空间中数据文件的状态

设置数据文件状态的语法格式如下：

```
ALTER DATABASE
DATAFILE file_name ONLINE | OFFLINE | OFFLINE DROP
```

其中，ONLINE 表示联机状态，此时数据文件可以使用；OFFLINE 表示脱机状态，此时数据文件不可使用，用于数据库运行在归档模式下的情况；OFFLINE DROP 与 OFFLINE 一样用于设置数据文件不可用，但它用于数据库运行在非归档模式下的情况。

提示

如果将数据文件切换成 OFFLINE DROP 状态，则不能直接将其重新切换回 ONLINE 状态。

14.4.5 修改数据文件的位置

数据文件是存储于磁盘中的物理文件，它的大小受到磁盘大小的限制。如果数据文件所在的磁盘空间不够，则需要将该文件移动到新的磁盘中保存。

移动数据文件首先要设置其所归属的表空间为脱机状态，接着手动移动数据文件，最后修改表空间中数据文件的路径和名称。

【例 14-18】

假设要移动 orclspace 表空间中数据文件 orclspace1.dbf。具体步骤如下。

01 修改 orclspace 表空间的状态为 OFFLINE，语句如下：

```
SQL> ALTER TABLESPACE orclspace OFFLINE;
```

02 在操作系统中将磁盘中的 orclspace1.dbf 文件移动到新的目录中，如移动到 E:\oraclefile 目录中。文件的名称也可以修改，如修改为 myoraclespace.dbf。

03 使用 ALTER TABLESPACE 语句，将 orclspace 表空间中 orclspace1.dbf 文件的原名称与路径修改为新名称与路径。语句如下：

```
SQL> ALTER TABLESPACE orclspace
  2   RENAME DATAFILE 'D:\oracle\files\orclspace1.dbf'
  3   TO
  4   'E:\oraclefile\myoraclespace.dbf';
```

04 修改 orclspace 表空间的状态为 ONLINE，语句如下：

```
SQL> ALTER TABLESPACE orclspace ONLINE;
```

检查文件是否移动成功，也就是检查 orclspace 表空间的数据文件中是否包含了新的数据文件。使用数据字典 dba_data_files 查询 orclspace 表空间的数据文件信息，语句如下：

```
SQL> SELECT tablespace_name , file_name
  2    FROM dba_data_files
  3    WHERE tablespace_name = 'MYSPACE';
```

14.4.6 删除数据文件

由于数据文件是表空间的一部分，因此不能直接删除数据文件。哪怕当前数据文件处于脱机状态。

想要删除数据文件，首先要删除数据文件所在的表空间，再找到文件路径进行手动删除；否则将导致整个数据库无法打开。

可以使用修改表空间的方式来移走一个空的数据文件，并且相应的数据字典信息也会清除。语句如下：

```
ALTER TABLESPACE 表空间名称 DROP DATAFILE 数据文件名称 ;
```

【例 14-19】

删除前面创建的数据文件 D:\ocl_data\datafile2.dbf。语句如下：

```
ALTER TABLESPACE MYSHOP DROP DATAFILE 'D:\ocl_data\datafile2.dbf';
```

⊗ **警告**

上述代码只能删除空白的数据文件，若数据文件中有数据，上述操作将提示错误。

14.5 实践案例：操作数据文件

控制文件、重做日志文件和数据文件都是 Oralce 数据库系统的核心文件，且三者之间相辅相成、缺一不可。本章详细介绍了这 3 类文件的使用方法。本次案例以数据文件为例，要求完成以下操作。

① 创建表空间名为 SHOPSPACE。
② 创建 SHOPSPACE 表空间下的数据文件 shopdata 原始大小为 5MB，不支持扩展。
③ 在 SHOPSPACE 表空间下创建表，来为表空间中的数据文件添加数据。
④ 创建 SHOPSPACE 表空间下的数据文件 shopdata2 原始大小为 5MB。
⑤ 修改 shopdata 的初始大小并设置其为 10MB 支持扩展，扩展大小为 5MB、最大为 30MB。
⑥ 查看 SHOPSPACE 表空间下的数据文件。
⑦ 删除 shopdata2 数据文件，并再次查看 SHOPSPACE 表空间下的数据文件。

实现上述操作的步骤和语句如下。

<u>01</u> 创建表空间名为 SHOPSPACE。其实现代码如下：

```
CREATE TABLESPACE SHOPSPACE
DATAFILE 'D:\ocl_data\SHOPSPACE.dbf'
SIZE 20M
AUTOEXTEND ON NEXT 5M
MAXSIZE 100M;
```

<u>02</u> 创建 SHOPSPACE 表空间下的数据文件 shopdata 原始大小为 5MB，不支持扩展。其实现代码如下：

```
ALTER TABLESPACE SHOPSPACE
ADD DATAFILE
'D:\ocl_data\shopdata.dbf'
SIZE 5M
AUTOEXTEND OFF;
```

<u>03</u> 在 SHOPSPACE 表空间下创建表，由于 SHOPSPACE 表空间不是当前系统默认的表空间，因此首先需要创建表，接着需要将表转移到 SHOPSPACE 表空间下，步骤省略。

<u>04</u> 创建 SHOPSPACE 表空间下的数据文件 shopdata2 原始大小为 5MB。其实现代码如下：

```
ALTER TABLESPACE SHOPSPACE
ADD DATAFILE
'D:\ocl_data\shopdata2.dbf'
SIZE 5M
AUTOEXTEND OFF;
```

<u>05</u> 修改 shopdata 的初始大小为 10MB，并设置其支持扩展，扩展大小为 5MB、最大为 30MB。其实现代码如下：

```
ALTER DATABASE
DATAFILE 'D:\ocl_data\shopdata.dbf'
RESIZE 10M;
ALTER DATABASE
DATAFILE 'D:\ocl_data\shopdata.dbf'
AUTOEXTEND ON NEXT 5M MAXSIZE 30M;
```

<u>06</u> 查看 SHOPSPACE 表空间下的数据文件，其代码和执行结果如下：

```
SQL> SELECT FILE_NAME,TABLESPACE_NAME,BYTES,MAXBYTES FROM dba_data_files WHERE TABLESPACE_
NAME='SHOPSPACE';
```

FILE_NAME	TABLESPACE_NAME	BYTES	MAXBYTES
D:\ORCL_DATA\SHOPSPACE.DBF	SHOPSPACE	20971520	104857600
D:\ORCL_DATA\SHOPDATA.DBF	SHOPSPACE	10485760	31457280
D:\ORCL_DATA\SHOPDATA2.DBF	SHOPSPACE	5242880	0

07 删除 shopdata2 数据文件的代码如下：

```
ALTER TABLESPACE SHOPSPACE DROP DATAFILE 'D:\ocl_data\shopdata2.dbf';
```

08 再次查看 SHOPSPACE 表空间下的数据文件。执行结果如下：

FILE_NAME	TABLESPACE_NAME	BYTES	MAXBYTES
D:\ORCL_DATA\SHOPSPACE.DBF	SHOPSPACE	20971520	104857600
D:\ORCL_DATA\SHOPDATA.DBF	SHOPSPACE	10485760	31457280

14.6 练习题

1. 填空题

（1）在 Oracle 数据库启动时的 _____ 阶段，控制文件被读取。

（2）备份控制文件主要有两种方式：_____ 和备份成脚本文件。

（3）通过数据字典 _____ 可以查看控制文件信息。

（4）通过 _____ 数据字典，可以了解控制文件中每条记录的大小。

（5）如果在创建控制文件时使用了 RESETLOGS 选项，则应该执行 _____ 语句打开数据库。

（6）使用 CREATE CONTROLFILE 创建控制文件时，可通过 _____ 参数设置最大的日志文件数量。

二、选择题

（1）假设要查询控制文件的名称和状态信息，应该使用（　　）数据字典。

　　A．V$CONTROLFILE

　　B．V$PARAMETER

　　C．V$LOG

　　D．V$CONTROLFILE_HISTORY

（2）下面对日志文件组及其成员，叙述正确的是（　　）。

　　A．日志文件组中可以没有日志成员。

　　B．日志文件组中的日志成员大小一致。

　　C．在创建日志文件组时，其日志成员可以是已经存在的日志文件。

　　D．在创建日志文件组时，如果日志成员已经存在，则使用 REUSE 关键字就一定可以成功替换该文件。

（3）Oracle 的 LGWR 进程负责把用户更改的数据先写到（　　）。

　　A．控制文件

　　B．日志文件

　　C．数据文件

　　D．归档文件

（4）日志文件的 SATAUS 列为（　　）表示该文件内容不完整。

    A．NULL

    B．STALE

    C．DELETED

    D．INVALID

（5）当日志文件组处于下列（　　）情况时，无法清空该日志文件组。

    A．ACTIVE

    B．INACTIVE

    C．CURRENT

    D．UNUSED

（6）下面（　　）语句用于切换日志文件组。

    A．ALTER DATABASE SWITCH LOGFILE；

    B．ALTER SYSTEM SWITCH LOGFILE；

    C．ALTER SYSTEM ARCHIVELOG；

    D．ALTER DATABASE ARCHIVELOG；

（7）假设要删除日志文件组 4 中的 E:\orcl\datafile\redo01.log 成员，正确的语句是（　　）。

    A．ALTER DATABASE DROP LOGFILE ' E:\orcl\datafile\redo01.log '；

    B．ALTER DATABASE DROP LOGFILE GROUP 4 ' E:\orcl\datafile\redo01.log '；

    C．ALTER DATABASE DROP LOGFILE MEMBER ' E:\orcl\datafile\redo01.log '；

    D．ALTER GROUP 4 DROP LOGFILE ' E:\orcl\datafile\redo01.log '；

上机练习：操作控制文件

    Oracle 数据库启动时需要通过控制文件找到数据文件、日志文件的位置。因此如果控制文件损坏，数据库将无法启动。本次练习要求读者先将 orcl 数据库中的控制文件备份为二进制文件，然后以脚本文件的形式再次备份控制文件，最后查看脚本文件的存放位置，并打开该文件，查看其生成的控制文件脚本。

第 15 章

医院预约挂号系统数据库的设计

网上预约挂号系统是一种基于互联网的新型挂号系统，是医院进行信息化建设的基础项目之一。通过该门诊预约挂号系统，患者足不出户在家中就可以预约医院的专家，而无须再受排队挂号之苦。利用本系统能够更好地简化就医环节，节省就医时间，更加灵活地选择就医时间，真正体现了以病人为中心，一切从方便患者出发，符合当今医院人性化温馨服务的理念。

通过本章前面内容的学习，相信读者一定掌握了 Oracle 12c 的各种数据库操作，像表设计、数据的插入和更新以及数据库编程等。作为本书的最后一章，以医院预约挂号系统为背景进行需求分析，然后在 Oracle 12c 中实现。具体实现包括表空间和用户的创建、创建表和视图，并在最后模拟常见业务的办理及实现，像就诊注册、更新患者姓名和查询预约信息等。

 本章学习要点

◎ 了解医院网上预约挂号系统的开发意义
◎ 掌握表空间及用户的使用
◎ 掌握数据表的创建及约束的应用
◎ 掌握视图的创建
◎ 掌握使用 INSERT、UPDATE 和 DELETE 语句实现基本业务逻辑
◎ 掌握触发器在本系统中的创建及测试
◎ 掌握如何在存储过程中使用参数及判断业务逻辑
◎ 熟悉网上预约的实现过程及测试方法

15.1　系统概述

进入 21 世纪后，医院作为一个极其重要的服务部门，其发展应适应计算机技术的发展。我国的医疗体制正在进行改革，需要医疗市场的进一步规范化，这就需要利用现代化的工具对医院进行有效的管理，有利于提高医疗水平和服务质量，更好地服务于社会。

15.1.1　开发背景

随着计算机技术的飞速发展与进步，计算机在系统管理中的应用越来越普及，已经进入到社会生活中的每一个角落，人们与网络应用之间的联系也越来越多，利用计算机实现各个系统的管理显得越来越重要。对于一些大中型管理部门来说，利用计算机支持管理高效率完成日常事务的管理，是适应现代管理制度要求、推动管理走向科学化、规范化的必要条件。

我国人口多，进而带来医院看病难的问题，由于人口众多，需要排队进行挂号，这样会浪费患者的时间，而且医院的效率也不高。患者挂号是一项琐碎、复杂而又十分细致的工作，患者数量之庞大，一般不允许出错，如果实行手工操作，每天挂号的情况以及挂号事件等须手工填制大量的表格，这就会耗费医院管理人员大量的时间和精力，患者排队等候时间长，辗转过程多，影响了医疗的秩序。如果利用现代信息技术使企业拥有快速、高效的市场反应能力和高效率，已是医院特别关心的问题，尽快建立一个医院预约挂号系统，完善现代医院的信息化管理机制，已成为医院生存与发展的当务之急。因此，建立网上预约挂号系统势在必行。

网上预约挂号主要是指患者通过登录网站实现远程挂号，不需要走出家门，不需要排队等候。医院网上预约挂号看病在国外已经成为最主要的就医方式，这是很普及的一件事情。通过预约就医，既方便了患者，也减轻了医院管理的负担，对于医院和患者都非常方便和快捷，是一种比较受大众欢迎的服务方式。

15.1.2　可行性分析

开发医院预约挂号系统，使患者就诊系统化、规范化和自动化，从而达到提高管理效率的目的。其主要意义在于以下几点。

① 本系统开发设计思想是实现患者预约挂号的数字化，尽量采用现有软硬件环境，及先进的管理系统开发方案，提高系统开发水平和应用效果的目的。

② 系统应符合医院管理的规定，满足日常管理的需要，并达到操作过程中的直观、方便、实用、安全等要求。

③ 系统采用模块化程序设计方法，这样既方便与系统功能的各种组合，又方便于未参与开发的技术维护人员补充和维护。

④ 系统应具备数据库维护功能，及时根据用户需求进行数据的添加、删除和修改等操作。

目前，门诊一直是阻挠医院提高服务质量的一个复杂环节，特别是医疗水平高、门诊量大的医院。而造成门诊量难以提高的因素主要有以下两个方面。

① 集中式挂号，就诊人员流量不均，具有不确定性，有明显的就诊高峰和低谷。高峰期患者挂号排队长，就诊时间长，医生熟人插号现象，环境拥挤混乱，医生就诊时间短、不仔细、服务差。而低谷期，医生无患者可看，医院资源浪费。

② 专家号难挂，特别是知名专家，会出现倒号、炒号现象，严重损害患者利益，影响医

院的声誉。

采用网上预约挂号，可有效解决这一问题，通过网上有效的身份验证，杜绝倒、炒专家号的现象，提高医院门诊服务质量，取得良好的社会效益和经济效益。另外，患者到医院就诊前对医院的相关信息了解不多，对所要挂的专科医生的情况不太了解，只能凭经验和印象进行选择，具有较大的盲目性。当医院开通网上预约挂号服务以后，求医者只需坐在家中轻点鼠标，就可以挂上医院专家门诊号，可以做到"足不出户选医生"。网上预约正悄然改变着求医者的看病观念。所以，预约看病应用将越来越广泛。

15.1.3 功能性分析

一个完整的医院管理系统包含多个功能，医院预约系统只是其中的实现功能之一，一个具体、完整的预约系统功能也非常强大，本书只是完成简单的数据库和数据表的设计，更多的数据库功能或前台功能等操作读者可自动实现。

当一个系统涉及数据库时，其运行效率、冗余程度、可靠性、稳定性等评价指标除了与上层代码有关外，更多的会受到底层数据库效率的影响。因此，一个好的数据库设计能够让系统跑得更顺畅、更稳定。数据库设计得好坏对编程起到很大的影响，一个好的数据库设计可以简化很多代码，给读者带来编程方便，也可以节省很多时间。

在预约挂号系统中，系统面向的对象有两个，即管理员和普通用户，因此数据库需求分析中需要考虑这两方面的因素。

对于普通用户来说，他们关心的是医院预约挂号、信息检索以及信息浏览等。

① 医院信息包含医生信息和科室信息等内容。

② 信息检索包含医生信息检索、科室信息检索等。

③ 预约挂号包含普通患者注册、挂号操作、取消挂号操作（主要是针对已挂号进行取消操作）、挂号记录和用户信息修改等。

普通用户要在网上预约挂号，如果没有注册过可以进行注册，再选择科室进行挂号，当然可以修改自己的信息，或者取消预约挂号、查看挂号记录等。

对于管理员来说，他们关心如何对数据进行查询、添加、修改、删除等操作。

- 医生信息管理：对医生信息进行添加、修改、删除、查询。
- 预约设置管理：对预约设置进行添加、修改、删除、查询。
- 科室信息管理：对科室信息进行添加、修改、删除、查询。
- 普通用户管理：对患者进行查询、注销和删除等。

针对上述分析和需求总结，设计以下数据项和数据结构。

- 医生信息表：包含医生编号、所属科室、医生姓名、医生性别、医生照片、创建时间、职称、医生类别、从医年数、专业名称、学历、电子邮件等。
- 就诊人信息（普通用户）表：包含用户编号、用户名、用户密码、社保卡号、真实姓名、性别、联系电话、证件类型、证件号码、通信地址、邮编号码、注册时间、备注、修改时间、信誉分、用户状态等。
- 科室信息表：包含科室编号、科室名称、科室描述等。
- 预约信息（挂号单）表：包含预约信息编号、医生编号、用户编号、挂号时间、预约状态、预约就诊日期等。
- 系统用户表：包含管理员编号、登录名和登录密码。

15.2 数据库 E-R 图的设计

设计 E-R 图时，需要先确定各个实体之间的相互关系，这是设计好的一个数据库的基础。根据上面设计的 5 个实体，即医生信息实体、就诊人信息实体、科室信息实体、预约信息实体和系统用户实体，它们实体间的关系如图 15-1 所示。

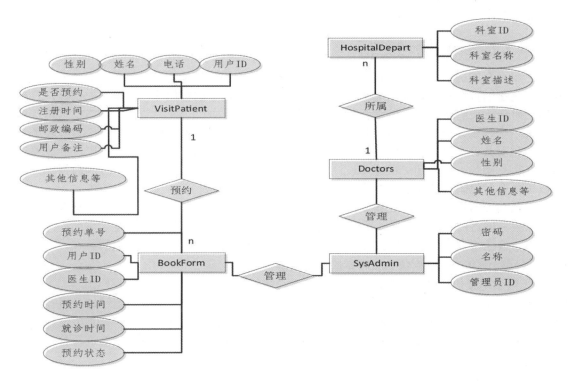

图 15-1 数据库的 E-R 关系图

从图 15-1 中可知，本数据库共有 5 个角色，即管理员（Sys）可以对医生信息（Doctors）进行管理，每个医生又属于一个科室（HostipalDepart），用户可以进行预约挂号。将各个角色的所有信息分别放在独立的表中，其中包含该角色的全部信息，选取一个作为主键。

15.3 数据库的设计

完成系统 E-R 图的设计之后，系统由概念阶段到逻辑设计阶段的工作就结束了。那么接下来进入数据库的设计阶段，具体的工作就是将逻辑设计阶段的结果在数据库系统中进行实现，这包括创建表空间、创建用户、创建表、创建视图和存储过程等工作。

下面所有的操作都是以 Oracle 12c 为环境在 SQL Developer 工具中进行的，并且所有操作都以语句的形式完成。

15.3.1　创建表空间和用户

在本书第 8 章详细介绍了如何在 Oracle 中管理表空间。本系统中创建的表空间名称为 HospitalResSys_TS，默认保存在系统 E 盘 orcl_data 目录下。HospitalResSys_TS 表空间文件的初始大小为 15M，自动增长率也是 15M，最大容量为 150M，对盘区的管理方式为 UNIFORM 方式。

具体创建语句如下：

```
CREATE TABLESPACE HospitalResSys_TS
OEXTEND ON NEXT 15M MAXSIZE 150M
EXTENT MANAGEMENT LOCAL UNIFORM SIZE 800K;
```

在执行上述代码时要使用 system 用户登录，使用其他用户创建表空间时，该用户必须具有创建表空间的权限。执行完成之后在 E:\orcl_data 目录下将看到 HospitalResSys_TS.DBF 文件，说明创建成功。

在本书第 13 章详细介绍了 Oracle 中数据库的安全管理。出于安全考虑，在系统中针对上面创建的表空间创建一个用户。用户名称为 C##hospital，密码为 123456，使用的默认表空间为 HospitalResSys_TS，临时表空间为 TEMP。

创建用户需要具有 CREATE USER 权限，可以在 system 用户下执行。具体语句如下：

```
CREATE USER "C##hospital"
IDENTIFIED BY 123456
DEFAULT TABLESPACE "HOSPITALRESSYS_TS"
TEMPORARY TABLESPACE "TEMP"
QUOTA 30M ON HOSPITALRESSYS_TS;
```

为了方便后面的使用，还需要对 C##hospital 用户授予其他权限。语句如下：

```
GRANT CONNECT TO "C##hospital" WITH ADMIN OPTION;
GRANT RESOURCE TO "C##hospital" WITH ADMIN OPTION;
GRANT CREATE ANY VIEW TO "C##hospital";
GRANT UNLIMITED TABLESPACE TO "C##hospital";
```

15.3.2　创建数据表

从图 15-1 中可以看出，系统涉及 5 个实体，因此需要创建 5 张数据表，即医生信息表、普通用户表（就诊人信息表）、预约信息表、科室信息表和系统用户表。

在执行以下创建数据表的语句之前，首先需要使用上节创建的 C##hospital 用户登录 Oracle 数据库。本书的第 3 章详细介绍了如何创建表和管理表。

1.　医生信息表

医生信息表主要包含医生的基本信息，如医生 ID、所在的科室 ID、医生编号、姓名、性别、照片、职称、从医年数、专业名称、学历、简介等，其中医生 ID 字段为主键，具体设计如表 15-1 所示。

表 15-1 医生信息表

字 段	含 义	类 型	长 度	是否为空	备 注
docID	医生 ID	int		否	主键，自增
docCode	医生编号	varchar2	12	否	
docName	医生姓名	varchar2	20	否	
docPic	医生照片	varchar2	100	是	
docPost	职称	varchar2	10	是	
docSex	性别	varchar2	2	否	
docSpecialty	专业名称	varchar2	30	是	
docType	医生类别	varchar2	10	否	
docXl	医生学历	varchar2	30	是	
docYears	从医年数	int		否	
email	电子邮箱	varchar2	30	否	
docBrief	简介	varchar2	1000	是	
docHostipalDepartId	科室 ID	Int		否	外键，对应科室表

根据表 15-1 的说明，医生信息表的创建语句如下：

```
-- 创建 Doctors 表
CREATE TABLE Doctors(
        docID int PRIMARY KEY NOT NULL,           ---- 医生 ID
        docCode varchar2(12) NOT NULL,            -- 医生编号
        docName varchar2(20) NOT NULL,            -- 医生姓名
        docPic varchar2(100) NULL,                -- 医生照片
        docPost varchar2(10) NULL,                -- 职称
        docSex varchar2(2) NOT NULL,              -- 性别
        docSpecialty varchar2(30) NULL,           -- 专业名称
        docType varchar2(10) NOT NULL,            -- 医生类别
        docXl varchar2(30) NULL,                  -- 医生学历
        docYears int NOT NULL,                    -- 从医年数
        email varchar2(30) NOT NULL,              -- 电子邮箱
        docBrief varchar2(1000) NULL,             -- 简介
        docHostipalDepartId int NOT NULL          -- 科室 ID
);
```

2. 科室信息表

科室信息表 HospitalDepart 包含科室 ID、科室名称、科室描述 3 个字段，其中科室 ID 为主键，字段说明如表 15-2 所示。

表 15-2　科室信息表

字 段	含 义	类 型	长 度	是否为空	备 注
hosDepartId	科室 ID	int		否	主键，自增
hosDepartName	科室名称	varchar2	30	否	
hosDepartDes	科室描述	varchar2	1000	是	

根据表 15-2 的说明创建科室信息数据表，创建表的语句如下：

```
-- 创建 HospitalDepart 表
CREATE TABLE HospitalDepart(
    hosDepartId int PRIMARY KEY NOT NULL,          -- 科室 ID
    hosDepartName varchar2(30) NOT NULL,           -- 科室名称
    hosDepartDes varchar2(1000) NULL               -- 科室描述
);
```

3. 预约信息表

预约信息表 BookForm 包含预约信息 ID、医生 ID、用户 ID、挂号时间、预约状态、出诊日期、出诊开始时间段和结束时间段、用户预约状态等字段，其中预约信息 ID 为主键，说明如表 15-3 所示。

表 15-3　预约信息表

字　段	含　义	类　型	长　度	是否为空	备　注
bookID	预约信息 ID	int		否	主键，自增
bookDocID	医生 ID	int		否	外键
bookVisitID	用户 ID	int		否	外键
bookState	预约状态	varchar2	2	否	是否过期
bookTime	就诊时间	date		否	
bookNow	挂号时间	date		否	

根据表 15-3 的说明创建对应的数据表，创建表的语句如下：

```
-- 创建 BookForm 表
CREATE TABLE BookForm(
    bookID int PRIMARY KEY NOT NULL,          -- 预约信息 ID
    bookDocID int NOT NULL,                   -- 医生 ID
    bookVisitID int NOT NULL,                 -- 用户 ID
    bookState varchar2(2) NOT NULL,           -- 预约状态
    bookTime date NOT NULL,                   -- 就诊时间
    bookNow date NOT NULL                     -- 挂号时间
);
```

4. 普通用户表

普通用户（VisitPatient）表又可以看作是就诊人信息表或就诊患者信息表，该表包含用户 ID、用户名、用户密码、社保卡号、真实姓名、性别等多个字段，其中用户 ID 为主键，字段说明如表 15-4 所示。

表 15-4　普通用户表

字　段	含　义	类　型	长　度	是否为空	备　注
visitID	用户 ID	int		否	主键，自增
visitName	真实姓名	varchar2	30	否	
visitPassword	用户密码	varchar2	12	否	
visitSex	性别	varchar2	2	否	
visitNumber	证件号码	varchar2	30	否	

续表

字　段	含　义	类　型	长　度	是否为空	备　注
visitType	证件类型	varchar2	10	否	
visitTel	联系电话	varchar2	20	否	
visitState	是否预约	varchar2	2	否	
visitAddress	居住地址	varchar2	30	否	
visitPostCode	邮编	varchar2	10	是	
visitTime	注册时间	date		否	
visitRemark	备注	varchar2	1000	是	
visitRepValue	信誉分	int	5	是	
visitSbNumber	社保卡号	varchar2	20	是	

根据表 15-4 的描述创建普通用户数据表，具体语句如下：

```
-- 创建 VisitPatient 表
CREATE TABLE VisitPatient(
    visitID int PRIMARY KEY NOT NULL,                -- 用户 ID
    visitName varchar2(30),                          -- 真实姓名
    visitPassword varchar2(12) NOT NULL,             -- 用户密码
    visitSex varchar2(2) NOT NULL,                   -- 性别
    visitNumber      varchar2(30) NOT NULL,          -- 证件号码
    visitType varchar2(10) NOT NULL,                 -- 证件类型
    visitTel varchar2(20) NOT NULL,                  -- 联系电话
    visitState varchar2(2) NOT NULL,                 -- 是否预约
    visitAddress      varchar2(30) NOT NULL,         -- 居住地址
    visitPostCode varchar2(10) NULL,                 -- 邮编
    visitTime date NOT NULL,                         -- 注册时间
    visitRemark varchar2(1000) NULL,                 -- 备注
    visitRepValue int   NULL,                        -- 信誉分
    visitSbNumber      varchar2(20) NULL             -- 社保卡号
);
```

5.　系统用户表

系统用户（SysAdmin）表包含管理员编号、管理员用户名、管理员密码 3 个字段，说明如表 15-5 所示。

表 15-5　系统用户表

字　段	含　义	类　型	长　度	是否为空	备　注
sysID	管理员编号	int		否	主键，自增
sysLoginName	管理员用户名	varchar2	30	否	
sysLoginPass	管理员密码	varchar2	20	否	

根据表 15-5 的字段说明创建系统用户数据表，具体语句如下：

```
-- 创建 SysAdmin 表
CREATE TABLE SysAdmin(
    sysID int   PRIMARY KEY NOT NULL,          -- 管理员 ID
    sysLoginName varchar2(30) NOT NULL,        -- 管理员用户名
    sysLoginPass varchar2(20) NOT NULL         -- 密码
);
```

15.3.3　创建约束

创建上述表以后，需要为表创建约束。在第 4 章介绍了为表添加约束的方法，本系统中主要包含 3 个外键约束，分别是 Doctors 表的 docHostipalDepartId 字段列、BookForm 表的 bookDocID 字段列和 bookVisitID 字段列。

创建外键约束的语句如下：

```
-- 为 Doctors 表的 docHostipalDepartId 列添加外键约束
ALTER TABLE Doctors ADD CONSTRAINT fk_docdepart
    FOREIGN KEY(docHostipalDepartId) REFERENCES HospitalDepart(hosDepartId);
-- 为 BookForm 表的 bookDocID 列添加外键约束
ALTER TABLE BookForm ADD CONSTRAINT fk_bookdoc
    FOREIGN KEY(bookDocID) REFERENCES Doctors(docID);
-- 为 BookForm 表的 bookVisitID 列添加外键约束
ALTER TABLE BookForm ADD CONSTRAINT fk_bookvisitpatient
    FOREIGN KEY(bookVisitID) REFERENCES VisitPatient(visitID);
```

除了外键约束外，还需要为 Doctors 表的 docSex 字段列和 VisitPatient 表的 visitSex 字段列创建 CHECK 约束，性别只能为"男"或"女"。约束语句如下：

```
-- 为 Doctors 表的 docSex 列创建 CHECK 约束
ALTER TABLE Doctors
    ADD CONSTRAINT chk_Doctors CHECK (docSex IN (' 男 ',' 女 '));
-- 为 VisitPatient 表的 visitSex 列创建 CHECK 约束
ALTER TABLE VisitPatient
    ADD CONSTRAINT chk_VisitPatient CHECK (visitSex IN (' 男 ',' 女 '));
```

15.3.4　创建视图

视图（View）是一种查看数据的方法，当用户需要同时从数据库的多个表中查看数据时，可以通过使用视图来实现。本书第 11 章详细介绍了视图的使用，这里为 HospitalResSys 系统定义了以下 3 个视图。

① Doctors 表的视图。

② VisitPatient 表的视图。

③ BookForm 表的视图。

1.　Doctors 表的视图

为 Doctors 表中的字段定义别名，并创建名为 V_Doctors 的视图，具体语句如下：

```
-- 为 Doctors 表创建视图
CREATE VIEW V_Doctors
AS
    SELECT docCode 医生编号 , docName 医生名字 , docSex   医生姓名 ,
            docPost   职称 , docYears   工作年数 , email   邮箱
    FROM Doctors;
```

2. VisitPatient 表的视图

为 VisitPatient 表中的字段指定别名，并创建名为 V_VisitPatient 的视图。具体语句如下：

```
-- 为 VisitPatient 表创建视图
CREATE VIEW V_VisitPatient
AS
    SELECT visitName   用户姓名 , visitSex   性别 , visitTel   电话 , visitAddress   居住地址
    FROM VisitPatient;
```

3. BookForm 表的视图

为 BookForm 表中的字段指定别名，并创建名为 V_BookForm 的视图。该视图比前两个视图复杂，因为它涉及多张表，用于获取预约详细信息，包含预约人姓名、联系方式、预约医生名字以及就诊科室名称等。具体语句如下：

```
-- 为 BookForm 表创建视图
CREATE VIEW V_BookForm
AS
    SELECT bf.bookID 预约 ID , vp.visitName 预约人 , vp.visitTel 联系方式 , bf.bookTime 就诊时间 ,
            bf.bookNow 预约时间 , d.docName 预约医生 , hd.hosDepartName 就诊科室
    FROM BookForm bf,Doctors d,VisitPatient vp,HospitalDepart hd
    WHERE bf.bookDocID=d.docID AND bf.bookVisitID=vp.visitID
            AND d.docHostipalDepartId=hd.hosDepartId;
```

15.3.5 创建序列

在 15.3.2 小节创建数据表时，为每个表都分配了一个主键且不能为空的 ID 列。由于 Oracle 数据库没有自动增长和自动编号功能，因此这里需要使用序列来实现，有关序列的详细操作可参考第 11.2 节。

本系统中 5 个数据表所需的序列创建语句如下：

```
CREATE SEQUENCE seq_docID;
CREATE SEQUENCE seq_hosDepartId;
CREATE SEQUENCE seq_bookID;
CREATE SEQUENCE seq_visitID;
CREATE SEQUENCE seq_sysID;
```

下面以为 doctors 表的 docId 列上绑定 seq_docId 序列为例，触发器的实现语句如下：

```
CREATE TRIGGER trig_for_docId
BEFORE INSERT
    ON doctors
    FOR EACH ROW
BEGIN
    IF :NEW.docId IS NULL THEN
            SELECT seq_docID.nextval INTO :NEW.docId    FROM dual;       -- 生成 docId 值
    END IF;
END;
```

15.3.6　创建存储过程

存储过程与视图不同，它们根本没有可比较性。视图是并不存在的一张表，是虚拟表，而存储过程可以解决视图不能解决的问题，如定义参数。

在第 12 章详细讲解了 Oracle 中存储过程的创建、调用和编写方法。为了方便演示，本章只介绍 3 个存储过程。

1. 向医生表中添加信息

用户可以直接通过 INSERT 语句向表中添加信息，当然可以创建存储过程，通过调用存储过程向 Doctors 表中添加信息。

创建名称为 proc_DoctorAdd 的存储过程，具体语句如下：

```
CREATE    PROCEDURE proc_DoctorAdd (
  p_code    doctors.doccode%type,
  p_name    doctors.docname%type,
  p_sex    doctors.docsex%type,
  p_type    doctors.doctype%type,
  p_years    doctors.docyears%type,
  p_email    doctors.email%type,
  p_hostipalDepartId    doctors.dochostipalDepartId%type
)
IS
v_cnt number;
BEGIN
  select count(*) into v_cnt FROM doctors    WHERE docCode=p_code;
  IF(v_cnt>0) THEN
    RAISE_APPLICATION_ERROR(-20001,' 不能重复添加医生编号！ ');
  END IF;

  INSERT INTO doctors(docCode,docName,docSex,docType,docYears,email,docHostipalDepartId)
  VALUES(p_code,p_name,p_sex,p_type,p_years,p_email,p_hostipalDepartId);
  commit;
END;
```

使用 CALL 语句调用 proc_DoctorAdd 存储过程向 Doctors 表中添加一条记录，语句如下：

```
CALL    proc_DoctorAdd( 'A1006','张涵雨 ',' 女 ',' 主治医师 ',5,'zhanghanyu1988@163.com',1);
```

上述语句在执行第二次时，由于医生编号相同，会有相应的提示信息，如图 15-2 所示。

图 15-2　插入数据失败提示

执行 SELECT 语句查询 Doctors 表的数据，执行语句及其结果如图 15-3 所示。从图 15-3 所示的结果中可以看出，向 Doctors 表中成功插入一条数据。

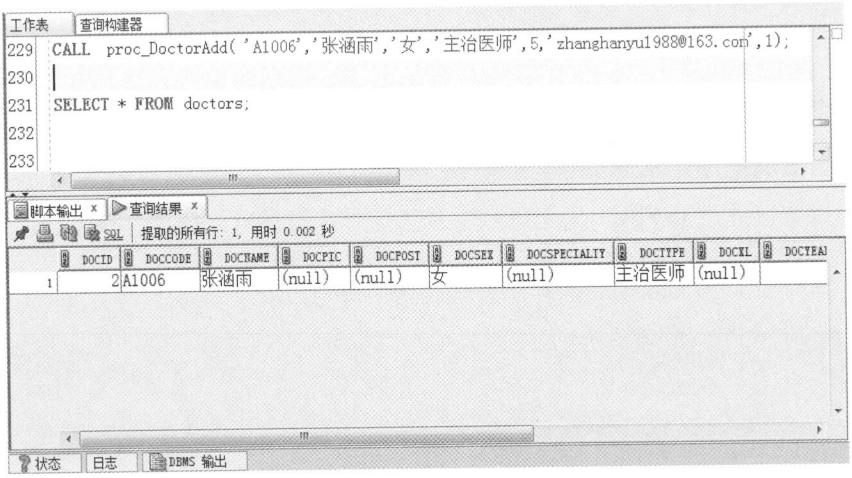

图 15-3　查询插入后的数据

2. 查询指定预约单号的预约信息

创建用于查询指定单号的存储过程，具体语句如下：

```
CREATE PROCEDURE proc_bfMessage(p_bfid BookForm.bookid%type)
IS
BEGIN
    DECLARE CURSOR cur_BookForm IS
        SELECT * FROM BookForm WHERE bookID=p_bfid;
    my_cur cur_BookForm%rowtype;
    BEGIN
        FOR my_cur IN cur_BookForm LOOP
            DBMS_OUTPUT.put_line(' 预约编号：'||my_cur.bookid||' 医生 ID：'||my_cur.bookDocId||',
用户 ID：'||my_cur.bookVisitId);
        END LOOP;
    END;
END;
```

在上述语句中，proc_bfMessage 存储过程用于从 BookForm 表中读取指定的预约信息。执行 CALL 语句，调用 proc_bfMessage 存储过程获取单号为 3 的预约信息：

```
CALL proc_bfMessage(p_bfid=>3);
```

除了使用存储过程，还可以从 V_BookForm 视图中读取，语句如下。

```
SELECT * FROM V_BookForm    WHERE 预约 ID=3;
```

执行上述语句，效果如图 15-4 所示。

图 15-4 调用存储过程和视图查询预约信息

3. 根据挂号单号删除预约信息

用户可以根据单号删除指定的预约信息，该存储过程与获取指定单号预约信息的存储过程类似。具体语句如下：

```
CREATE    PROCEDURE proc_BookFormDelete (p_id BookForm.bookID%type)
IS
BEGIN
    DELETE FROM BookForm WHERE bookID=p_id;
    commit;
END ;
```

4. 查询指定编号的医生学历

创建存储过程 proc_DoctorXL，该存储过程用于获取指定编号的医生学历。具体语句如下：

```
CREATE    PROCEDURE proc_DoctorXL (p_DocCode doctors.doccode%type)
IS
    JianLi varchar2(1000);
BEGIN
    SELECT docXl INTO Jianli FROM doctors WHERE docCode = p_DocCode;
    DBMS_OUTPUT.put_line(' 医生编号：'||p_DocCode||'，简历：'||Jianli);
END ;
```

执行上述存储过程，获取编号为"A1001"的医生学历。语句如下：

```
CALL proc_DoctorXL(p_DocCode=>'A1001');
```

15.4 业务测试

至此已经完成了医院预约系统从需求分析到数据库的创建，再到数据表的创建及约束数据，包含视图、序列和存储过程的创建。

接下来可以先向各个表中添加一些测试数据，然后调用上节编写视图和存储过程对系统进行业务逻辑的测试，从而验证每个功能是否符合要求。

🔊 15.4.1 注册就诊信息

假设现有 4 个用户要进行注册，分别为刘晓宇、杜成生、徐玲玲和陈志强，这就需要向 VisitPatient 表中插入数据。具体步骤如下。

01 刘晓宇注册，身份证：410182XXXXXXXX3220，性别：女，联系电话：'13232018965'，家庭住址：上海市金水区，邮政编码：452384，证件类型：身份证。其实现语句如下：

```
INSERT INTO VisitPatient(visitName, visitPassword, visitSex, visitNumber, visitType, visitTel, visitState,
visitAddress, visitPostCode, visitTime, visitRemark, visitRepvalue, visitSbNumber)
VALUES (' 刘 晓 宇 ','123456',' 女 ','410182XXXXXXXX3220',' 身 份 证 ','13232018965',' 否 ',' 上 海 市 金 水
区 ','452384',sysdate,'',0,'');
```

02 徐玲玲注册，身份证：410188XXXXXXXX0202，性别：女，联系电话：'13232019966'，家庭住址：杭州市，邮政编码：452300，证件类型：身份证。其实现语句如下：

```
INSERT INTO VisitPatient(visitName, visitPassword, visitSex, visitNumber, visitType, visitTel, visitState,
visitAddress, visitPostCode, visitTime, visitRemark, visitRepvalue, visitSbNumber)
VALUES (' 徐 玲 玲 ','xll123456',' 女 ','410188XXXXXXXX0202',' 身 份 证 ','13232019966',' 否 ',' 杭 州
市 ','452300',sysdate,' 徐玲玲是一名教师，目前正在休息 ',0,'');
```

03 陈志强注册，身份证：412180XXXXXXXX4485，性别：男，联系电话：'13236528855'，家庭住址：河南省南阳市，邮政编码：452300，证件类型：身份证。其实现语句如下：

```
INSERT INTO VisitPatient(visitName, visitPassword, visitSex, visitNumber, visitType, visitTel, visitState,
visitAddress, visitPostCode, visitTime, visitRemark, visitRepvalue, visitSbNumber)
VALUES (' 陈 志 强 ','czq23456',' 男 ','412180XXXXXXXX4485',' 身 份 证 ','13236528855',' 否 ',' 河 南 省 南 阳
市 ','452300',sysdate,' 陈志强英文 Jone',0,'');
```

04 杜成生注册，身份证：410182XXXXXXXX2227，性别：男，联系电话：'13232018855'，家庭住址：上海市管城区，邮政编码：452384，证件类型：身份证。其实现语句如下：

```
INSERT INTO VisitPatient(visitName, visitPassword, visitSex, visitNumber, visitType, visitTel, visitState,
visitAddress, visitPostCode, visitTime, visitRemark, visitRepvalue, visitSbNumber)
VALUES (' 杜 成 生 ','zys123456',' 男 ','410182XXXXXXXX2227',' 身 份 证 ','13232018855',' 否 ',' 上 海 市 管 城
区 ','452384',sysdate,'',0,'');
```

上述代码向 VisitPatient 表中插入 4 条数据，成功注册 4 个用户。执行 SELECT 语句查询 VisitPatient 表中的数据，或者通过 V_VisitPatient 视图查询，实现语句如下：

```
-- 查询 VisitPatient 表的数据
SELECT * FROM VisitPatient;
-- 从 V_VisitPatient 视图中获取数据
SELECT * FROM V_VisitPatient;
```

执行结果如图 15-5 所示。

图 15-5 查看 VisitPatient 表数据

15.4.2 注册医生数据

向 Doctors 表中添加 5 条医生信息，具体步骤如下。

01 输入"上官剑医生，性别：男，职称：主任医师，邮箱：shangguan@163.com，科室 ID：1（儿科）"。语句如下：

```
INSERT INTO Doctors(docCode,docName,docSex,docType,docYears,email,docHostipalDepartId)
VALUES('A1001',' 上官剑 ',' 男 ',' 主任医师 ',20,'shangguan@163.com',1);
```

02 输入"上官秋月医生，性别：女，职称：副主任医师，邮箱：sgqiuyu@163.com，科室 ID：2（外科）"。语句如下：

```
INSERT INTO Doctors(docCode,docName,docSex,docType,docYears,email,docHostipalDepartId)
VALUES('A1002',' 上官秋月 ',' 女 ',' 副主任医师 ',25,'sgqiuyu@163.com',2);
```

03 输入"张晓培医生，性别：女，职称：主治医师，邮箱：zhangxiaopei@163.com，科室 ID：3（内科）"。语句如下：

```
INSERT INTO Doctors(docCode,docName,docSex,docType,docYears,email,docHostipalDepartId)
VALUES('A1003',' 张晓培 ',' 女 ',' 主治医师 ',8,'zhangxiaopei@163.com',3);
```

04 输入"阚晴晴医生，性别：女，职称：主治医师，邮箱：kanqingzi1980@163.com，科室 ID：4（新生儿科）"。语句如下：

```
INSERT INTO Doctors(docCode,docName,docSex,docType,docYears,email,docHostipalDepartId)
VALUES('A1004',' 阚晴晴 ',' 女 ',' 主治医师 ',6,'kanqingzi1980@163.com',4);
```

05 输入"钱向宇医生，性别：男，职称：主治医师，邮箱：xiangyuqian@163.com，科室 ID：5（肠道科）"。语句如下：

```
INSERT INTO Doctors(docCode,docName,docSex,docType,docYears,email,docHostipalDepartId)
VALUES('A1005',' 钱向宇 ',' 男 ',' 主治医师 ',7,'xiangyuqian@163.com',5);
```

06 上述代码向 Doctors 表中插入 5 条医生数据，执行 SELECT 查询 Doctors 表数据，效果如图 15-6 所示。

07 执行 V_Doctors 视图查询 Doctors 表数据，效果如图 15-7 所示。

图 15-6 用 SELECT 语句查询医生数据   图 15-7 用 V_Doctors 视图查询医生数据

15.4.3 更改密码

假设就诊患者刘晓宇需要更改个人的密码，将原密码 123456 更改为 "wxy123456"。编写 UPDATE 语句，具体如下：

```
UPDATE VisitPatient
SET visitPassword='wxy123456'
WHERE visitName=' 刘晓宇 ';
```

更新后可以执行 SELECT 语句查询 VisitPatient 表中的该条数据：

```
SELECT * FROM VisitPatient WHERE visitName=' 刘晓宇 ';
```

上述语句的效果如图 15-8 所示。从图 15-8 中可以看出，UPDATE 语句更改 "刘晓宇" 患者的密码已经成功。

图 15-8 查询更改后的密码

15.4.4 更新患者姓名

用户一旦注册后，该用户的真实姓名是不能更改的。因此，可以为用户信息表创建一个 FOR UPDATE 触发器，一旦对用户表 VisitPatient 中的 visitName 字段列进行 UPDATE 更改操作，那么将触发该触发器并抛出异常。

创建 trig_DenyUpdateVisitName 触发器，具体语句如下：

```
-- 禁止更新就诊患者的真实姓名
CREATE TRIGGER trig_DenyUpdateVisitName
    BEFORE UPDATE ON VisitPatient
    FOR EACH ROW
BEGIN
IF updating('visitName') THEN
    RAISE_APPLICATION_ERROR(-20001,' 操作失败！不允许修改用户（就诊患者）的真实姓名！ ');
    END IF;
 END ;
```

一旦上述的 trig_DenyUpdateVisitName 触发器创建成功，将无法对就诊患者的姓名进行修改操作。

下面编写一条 UPDATE 语句，对 VisitPatient 表中的 visitName 列进行修改操作，将编号 ID 为 1 的用户的真实姓名修改为"汪晓宇"，从而达到检测触发器是否有效的目的。语句如下：

```
UPDATE VisitPatient SET visitName=' 刘晓宇 '
WHERE visitID=1
```

执行结果如图 15-9 所示，从该图中可以看到，trig_DenyUpdateVisitName 触发器阻止了对 visitName 列的更新操作。

图 15-9 测试 trig_DenyUpdateVisitName 触发器

15.4.5 修改密码

一个预约系统的账号对应一个密码，因此当用户输入的账号和原密码相对应时，可以为该管理员设置新的密码。修改密码的实现代码如下：

```
CREATE    PROCEDURE proc_UpdateUserPass(
    p_sysId sysAdmin.sysId%type,                    -- 管理员 ID
    p_oldPass sysAdmin.sysLoginPass%type,           -- 原密码
    p_newPass sysAdmin.sysLoginPass%type            -- 新密码
)
IS
    p_row int ;
    p_tmp_pass sysAdmin.sysLoginPass%type ;
BEGIN
    SELECT COUNT(sysId) INTO p_row FROM sysAdmin WHERE sysId=p_sysId;
    IF(p_row=0) THEN
        RAISE_APPLICATION_ERROR(-20001,' 编号错误，找不到此管理员信息！ ');
    END IF;
    SELECT sysLoginPass INTO p_tmp_pass FROM sysAdmin WHERE sysId=p_sysId;
    IF(p_oldPass=p_tmp_pass) THEN
        RAISE_APPLICATION_ERROR(-20001,' 旧密码输入不正确！ ');
    END IF;
    UPDATE SysAdmin SET sysLoginPass=p_newPass    WHERE sysID=p_sysId;
    DBMS_OUTPUT.put_line(' 密码修改成功！ ');
END;
```

上述实现代码创建了一个名为 proc_UpdateUserPass 的存储过程，实现修改密码操作。该

存储过程需要 3 个参数，分别是要修改密码的管理员 ID、管理员的原始密码和新密码，在存储过程中对卡号是否存在以及原始密码是否正确进行了判断。

假设 ID 是 1（用户名 sytem）的管理员要修改密码，将原密码"123456"修改为"654321"。调用 proc_UpdateUserPass 存储过程的语句如下：

```
-- 使用不存在的编号
CALL proc_UpdateUserPass(100,'123456','654321');
-- 使用不正确的旧密码
CALL proc_UpdateUserPass(1,'000000','654321');
-- 正常调用
CALL proc_UpdateUserPass(1,'123456','654321');
```

上面演示了 3 种调用情况，只有最后一种能正确执行，效果如图 15-10 所示。为了确保密码已经被修改为 654321，可以在执行存储过程前后分别使用 SELECT 语句查询编号为 1 的密码信息。

图 15-10　修改密码操作

15.4.6　更改医生信息

用户可以针对医生表执行添加、修改、删除等操作，但是有时候，并不想更改所有的信息，如不能向医生表中添加、删除、修改工龄小于 3 年的信息，这时可以通过触发器实现。

创建名称为 trig_DocGG 的触发器，具体代码如下：

```
CREATE TRIGGER trig_DocGG
 AFTER INSERT OR UPDATE OR DELETE
 ON Doctors
 FOR EACH ROW
 BEGIN
    IF :NEW.docYears<3 THEN
```

```
            RAISE_APPLICATION_ERROR(-20001,' 操作失败，原因：工龄小于 3！ ');
      END IF;
 END ;
```

trig_DocGG 触发器一旦创建成功，那么向 Doctors 表中执行添加、修改、删除操作时，如果医生的工作时间小于 3 年，将无法实现更改。

例如，要更新编号为 2 的医生工龄为 2，语句如下：

```
UPDATE Doctors SET docYears=2 WHERE docId=2;
```

上述语句执行时会被触发器拦截，由于不满足修改条件，所以会显示出错提示，效果如图 15-11 所示。

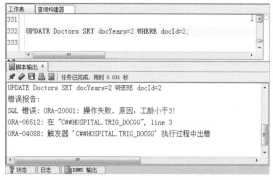

图 15-11　测试 trig_DocGG 触发器

15.4.7　查询预约信息

用户可以使用医院预约挂号系统查询预约信息，查询时系统要求用户输入真实姓名和密码，当用户输入的姓名和密码都合法时才能查询用户的预约信息；否则给出错误提示"您提供的姓名或密码错误，不能查询预约信息！"。

查询预约信息的实现代码如下：

```
CREATE PROCEDURE proc_Query_BookForm(
  p_visitName VisitPatient.visitName%type,
  p_oldPass VisitPatient.visitPassword%type
)
IS
  p_row int;
  p_visitId VisitPatient.VisitId%type;
BEGIN
  SELECT COUNT(visitId) INTO p_row
          FROM VisitPatient WHERE visitName=p_visitName AND visitPassword=p_oldPass;
  IF(p_row=0) THEN
    RAISE_APPLICATION_ERROR(-20001,' 您提供的姓名或密码错误，不能查询预约信息！ ');
  END IF;
  SELECT visitID INTO p_visitId FROM VisitPatient WHERE visitName=p_visitName;
  SELECT COUNT(*) INTO p_row FROM BookForm WHERE bookVisitID=p_visitId;
  IF(p_row=0) THEN
    DBMS_OUTPUT.put_line(' 暂时没有预约，请核实！ ');
  END IF;
```

```
DECLARE CURSOR cur_BookForm IS
    SELECT bf.bookDocID, vp.visitName  ,vp.visitTel ,
        d.docName , bf.bookTime
    FROM BookForm bf,Doctors d,VisitPatient vp
    WHERE bf.bookVisitID=p_visitId
    AND bf.bookDocID=d.docID
    AND bf.bookVisitID =vp.visitID;
    my_cur cur_BookForm%rowtype;
    BEGIN
        FOR my_cur IN cur_BookForm LOOP
            DBMS_OUTPUT.put_line('预约编号：'||my_cur.bookDocID||'，就诊患者：'||my_cur.
visitName||'，联系方式：'||my_cur.visitTel
                ||'，预约医生：'||my_cur.docName||'，就诊时间：'||my_cur.bookTime);
        END LOOP;
    END;
END;
```

　　上述代码创建了一个名为 proc_Query_BookForm 的存储过程实现预约查询操作。该存储过程需要两个参数，分别是要查询的预约人姓名和密码，在存储过程中对姓名不存在的情况进行判断。图 15-12 所示为信息不存在时的效果；图 15-13 所示为无预约信息时的效果；图 15-14 所示为正常查询时的效果。

图 15-12　信息不存在时的效果

图 15-13　无预约信息时的效果

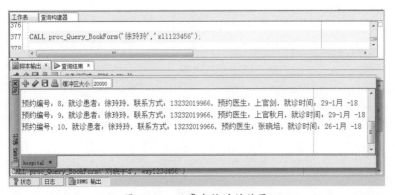

图 15-14　正常查询时的效果

第1章

1. 填空题

（1）网状模型
（2）键
（3）实体完整性规则
（4）PGA
（5）数据库缓冲区
（6）服务器进程
（7）配置参数文件

2. 选择题

（1）A
（2）A
（3）A
（4）B
（5）D

第2章

1. 填空题

（1）lsnrctl status
（2）desc
（3）&
（4）DEFINE
（5）tnsnames.ora

2. 选择题

（1）A
（2）A
（3）C
（4）D
（5）D

第3章

1. 填空题

（1）堆组织
（2）DECIMAL
（3）TABLESPACE

（4）drop table Product
（5）ANALYZE

2. 选择题

（1）D
（2）B
（3）C
（4）C

第4章

一、填空题

（1）CONSTRAINT、(EMPNO)
（2）行级约束
（3）空值或 NULL 值
（4）DROP CONSTRAINT

2. 选择题

（1）D
（2）A
（3）B
（4）D

第5章

1. 填空题

（1）%
（2）NOT
（3）NOT NULL
（4）IN
（5）DESC

2. 选择题

（1）B
（2）A
（3）D
（4）A
（5）B

第6章

1. 填空题

（1）update

（2）update info set status=1 where name='ying'

（3）INSERT SELECT

（4）set

（5）TRUNCATE

2. 选择题

（1）D

（2）A

（3）A

（4）C

（5）A

第7章

1. 填空题

（1）全外连接

（2）自连接

（3）INTERSECT

（4）INNER JOIN

2. 选择题

（1）C

（2）B

（3）D

（4）A

（5）D

（6）C

（7）B

第8章

1. 填空题

（1）临时表空间

（2）只读

（3）SIZE

（4）TEMP

2. 选择题

（1）D

（2）D

（3）C

（4）C

（5）A

第9章

1. 填空题

（1）DECLARE

（2）CONSTANT

（3）%TYPE

（4）120

（5）/

（6）GOTO

（7）隔离性

2. 选择题

（1）B

（2）A

（3）C

（4）A

（5）D

第10章

1. 填空题

（1）CONCAT()

（2）可变数组

（3）检索游标

（4）ROLLBACK

（5）DROP FUNCTION

2. 选择题

（1）A

（2）D

（3）A

（4）A

（5）B

第11章

1. 填空题

（1）drop package pkg_getAllBySno

（2）INCREMENT BY

（3）私有 Oracle 同义词

（4）B 树索引

（5）WITH CHECK OPTION

Oracle 12c 数据库

（6）相对文件号

2. 选择题

（1）B
（2）C
（3）A
（4）B
（5）A

第 12 章

1. 填空题

（1）CALL
（2）IN
（3）stu_name
（4）FOR EACH ROW
（5）ON DATABASE
（6）UPDATING

2. 选择题

（1）A
（2）B
（3）C
（4）A
（5）B

第 13 章

1. 填空题

（1）CREATE USER
（2）ALTER USER

（3）V$SESSION
（4）CREATE PROFILE
（5）对象权限

2. 选择题

（1）A
（2）B
（3）B
（4）C
（5）D

第 14 章

1. 填空题

（1）MOUNT
（2）备份为二进制文件
（3）V$CONTROLFILE
（4）V$CONTROL_RECORD_SECTION
（5）ALTER DATABASE OPEN RESETLOGS
（6）MAXLOGFILES

2. 选择题

（1）A
（2）B
（3）B
（4）B
（5）C
（6）B
（7）C